Craftsman Esthetician

피부미용기능사 필기
적중모의고사 (상시시험 대비)

김은희

전) 이화여대, 숙명여대, 단국대, 대진대, 경민대 평생교육원 외래교수 역임
　　한국미용전문학교 부학장 (피부미용학과 교수)
　　코오롱 패션연구원 강의
　　위닝이미지 스쿨 강의
　　쟈끄데상쥬 피부관리실 경영

현) CIDESCO 정회원
　　한국이미지컨설턴트협회 이사
　　한국두피모발관리사협회 이사
　　한국프로네일협회 이사

방송출연
　　– KBS‘ 아침마당’출연
　　– KBS‘ 무엇이든물어보세요’출연
　　– YTN‘ 사이언스+’출연
　　– 국군방송‘열린초대석’출연

➡➡➡ 현대는 자격증의 시대라 해도 과언이 아닐 정도로 전문화된 자격증을 취득하려는 열기가 뜨거워지고 있습니다. 이에 따라 미용사(피부) 자격검정에 대한 관심이 날로 높아지고 이를 교육하려는 교육기관의 증가와 더불어 우수한 인재를 교육하기 위한 교재의 활용이 적극적으로 요구되어지고 있습니다.

본 도서는 이러한 교재의 필요성에 의해 기획되고 집필된 필기시험 교재로 다음과 같은 구성적 장점을 통해 수험생 여러분들께 보다 쉬운 자격시험 합격의 지름길을 제공할 것입니다.

1. 본문 구성에 앞서 있는 Keynote는 한국산업인력공단이 주관 및 시행하고 있는 상시시험에 자주 출제되는 내용을 핵심적으로 정리하여 수험생 여러분께 실질적인 도움을 드리고자 하였습니다.
2. 본문 구성은 주관처인 산업인력공단의 출제기준에 맞춰 피부미용이론, 해부생리학, 피부미용기기학, 화장품학, 공중위생관리학의 순으로 그 핵심적인 이론을 요약하여 수록하였습니다.
3. 끝으로, 상시시험으로 운영되고 있는 미용사(피부) 필기시험 출제문제를 반영한 총 12회분의 CBT 대비 적중모의고사를 상세한 해설과 함께 수록하여 효과적인 시험대비가 가능하도록 하였습니다.

이 책을 통해 수험생들이 보다 쉽게 자격증을 취득할 수 있도록 많은 보탬이 되고 또한 우수한 미용인 양성에 초석이 되었으면 하는 바람입니다. 수험생 여러분, 인생에서 초심이 가장 중요하듯이 책장이 한 장 한 장 넘어갈 때마다 여러분들이 가졌던 첫 마음을 다시 한 번 생각하면서, 소망하는 미용전문인이 되기를 두 손 모아 기대합니다.

김은희

기술검정안내

개요
피부미용업무는 공중위생분야로서 국민의 건강과 직결되어 있는 중요한 분야로 향후 국가의 산업구조가 제조업에서 서비스업 중심으로 전환되는 차원에서 수요가 증대되고 있다. 머리, 피부미용, 화장 등 분야별로 세분화 및 전문화 되고 있는 미용의 세계적인 추세에 맞추어 피부미용을 자격제도화 함으로써 피부미용분야 전문인력을 양성하여 국민의 보건과 건강을 보호하기 위하여 자격제도를 제정

직무내용
얼굴 및 전신의 피부를 아름답게 유지·보호·개선 관리하기 위하여 각 부위와 유형에 적절한 관리법과 기기 및 제품을 사용하여 피부미용을 수행

취득방법
1. 시 행 처 : 한국산업인력공단
2. 훈련기관 : 대학 및 전문대학 미용관련학과, 노동부 관할 직업훈련학교, 시·군·구 관할 여성발전(훈련)센터, 기타 학원 등
3. 시험과목
    - 필기 : 해부생리, 미용기기·기구 및 피부미용관리
    - 실기 : 피부미용실무
4. 검정방법
    - 필기 : 객관식 4지 택일형, 60문항(60분)
    - 실기 : 작업형(2시간 15분 정도)
5. 합격기준 : 100점 만점에 60점 이상
6. 응시자격 : 제한 없음

진로 및 전망
피부미용사, 미용강사, 화장품 관련 연구기관, 피부미용업 창업, 유학 등

필기시험 출제기준

주요항목	세부항목	세세항목
피부미용 이론	1. 피부미용개론	1. 피부미용의 개념, 2. 피부미용의 역사
	2. 피부분석 및 상담	1. 피부분석의 목적 및 효과, 2. 피부상담, 3. 피부유형분석 4. 피부분석표
	3. 클렌징	1. 클렌징의 목적 및 효과, 2. 클렌징 제품, 3. 클렌징 방법
	4. 딥클렌징	1. 딥클렌징의 목적 및 효과, 2. 딥클렌징 제품, 3. 딥클렌징 방법
	5. 피부유형별 화장품 도포	1. 화장품도포의 목적 및 효과, 2. 피부유형별 화장품 종류 및 선택, 3. 피부유형별 화장품 도포
	6. 매뉴얼 테크닉	1. 매뉴얼 테크닉의 목적 및 효과, 2. 매뉴얼 테크닉의 종류 및 방법
	7. 팩·마스크	1. 목적과 효과, 2. 종류 및 사용방법
	8. 제모	1. 제모의 목적 및 효과, 2. 제모의 종류 및 방법
	9. 신체 각 부위(팔, 다리 등) 관리	1. 신체 각 부위(팔, 다리 등)관리의목적 및 효과 2. 신체 각 부위(팔, 다리 등)관리의종류 및 방법
	10. 마무리	1. 마무리의 목적 및 효과, 2. 마무리의 방법
	11. 피부와 부속기관	1. 피부구조 및 기능, 2. 피부 부속기관의 구조 및 기능
	12. 피부와 영양	1. 3대 영양소, 비타민, 무기질, 2. 피부와 영양, 3. 체형과 영양
	13. 피부장애와 질환	1. 원발진과 속발진, 2. 피부질환
	14. 피부와 광선	1. 자외선이 미치는 영향, 2. 적외선이 미치는 영향
	15. 피부면역	1. 면역의 종류와 작용
	16. 피부노화	1. 피부노화의 원인, 2. 피부노화현상
해부생리학	1. 세포와 조직	1. 세포의 구조 및 작용, 2. 조직구조 및 작용
	2. 뼈대(골격)계통	1. 뼈(골)의 형태 및 발생, 2. 전신뼈대(전신골격)
	3. 근육계통	1. 근육의 형태 및 기능, 2. 전신근육
	4. 신경계통	1. 신경조직, 2. 중추신경, 3. 말초신경
	5. 순환계통	1. 심장과 혈관, 2. 림프
	6. 소화기계통	1. 소화기관의 종류, 2. 소화와 흡수
피부미용 기기학	1. 피부미용기기	1. 기본용어와 개념, 2. 전기와 전류, 3. 피부미용기기의 종류 및 기능
	2. 피부미용기기사용법	1. 기기 사용법, 2. 유형별 사용방법
화장품학	1. 화장품학개론	1. 화장품의 정의, 2. 화장품의 분류
	2. 화장품제조	1. 화장품의 원료, 2. 화장품의 기술, 3. 화장품의 특성
	3. 화장품의 종류와 기능	1. 기초 화장품, 2. 메이크업 화장품, 3. 모발 화장품 4. 바디(body)관리 화장품, 5. 네일 화장품, 6. 향수 7. 에센셜(아로마) 오일 및 캐리어 오일, 8. 기능성 화장품
공중위생 관리학	1. 공중보건학	1. 공중보건학 총론, 2. 질병관리, 3. 가족 및 노인보건 4. 환경보건, 5. 식품위생과 영양, 6. 보건행정
	2. 소독학	1. 소독의 정의 및 분류, 2. 미생물 총론, 3. 병원성 미생물 4. 소독방법, 5. 분야별 위생·소독
	3. 공중위생관리법규 (법, 시행령, 시행규칙)	1. 목적 및 정의, 2. 영업의 신고 및 폐업, 3. 영업자준수사항 4. 면허, 5. 업무, 6. 행정지도감독, 7. 업소 위생등급 8. 위생교육, 9. 벌칙, 10. 시행령 및 시행규칙 관련사항

NCS(국가직무능력표준) 안내

NCS(국가직무능력표준)와 NCS 학습모듈

- 국가직무능력표준(NCS, National Competency Standards)이란 산업현장에서 직무를 수행하기 위해 요구되는 지식·기술·소양 등의 내용을 국가가 산업부문별·수준별로 체계화한 것으로 국가적 차원에서 표준화한 것을 의미합니다.
- NCS 학습모듈은 NCS 능력단위를 교육 및 직업훈련 시 활용할 수 있도록 구성한 교수·학습자료입니다. 즉, NCS 학습모듈은 학습자의 직무능력 제고를 위해 요구되는 학습 요소(학습 내용)를 NCS에서 규정한 업무 프로세스나 세부 지식, 기술을 토대로 재구성한 것입니다.

NCS 개념도

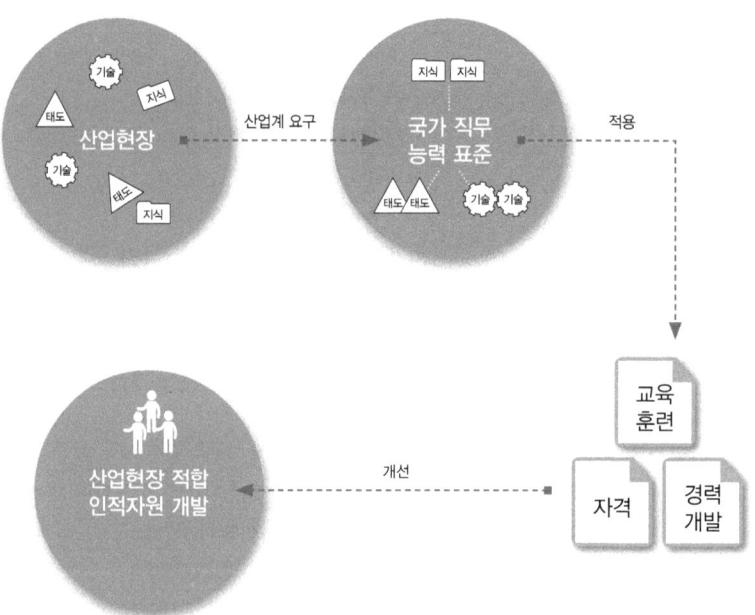

NCS의 활용영역

구분		활용 콘텐츠
산업현장	근로자	평생경력개발경로, 자가진단도구
	기업	현장수요 기반의 인력채용 및 인사관리기준, 직무기술서
교육훈련기관		직업교육 훈련과정 개발, 교수계획 및 매체·교재개발, 훈련기준 개발
자격시험기관		자격종목설계, 출제기준, 시험문항, 시험방법

NCS 학습모듈의 특징

- NCS 학습모듈은 산업계에서 요구하는 직무능력을 교육훈련 현장에 활용할 수 있도록 성취목표와 학습의 방향을 명확히 제시하는 가이드라인의 역할을 합니다.
- NCS 학습모듈은 특성화고, 마이스터고, 전문대학, 4년제 대학교의 교육기관 및 훈련기관, 직장 교육기관 등에서 표준교재로 활용할 수 있으며 교육과정 개편 시에도 유용하게 참고할 수 있습니다.

NCS와 NCS 학습모듈의 연결 체제

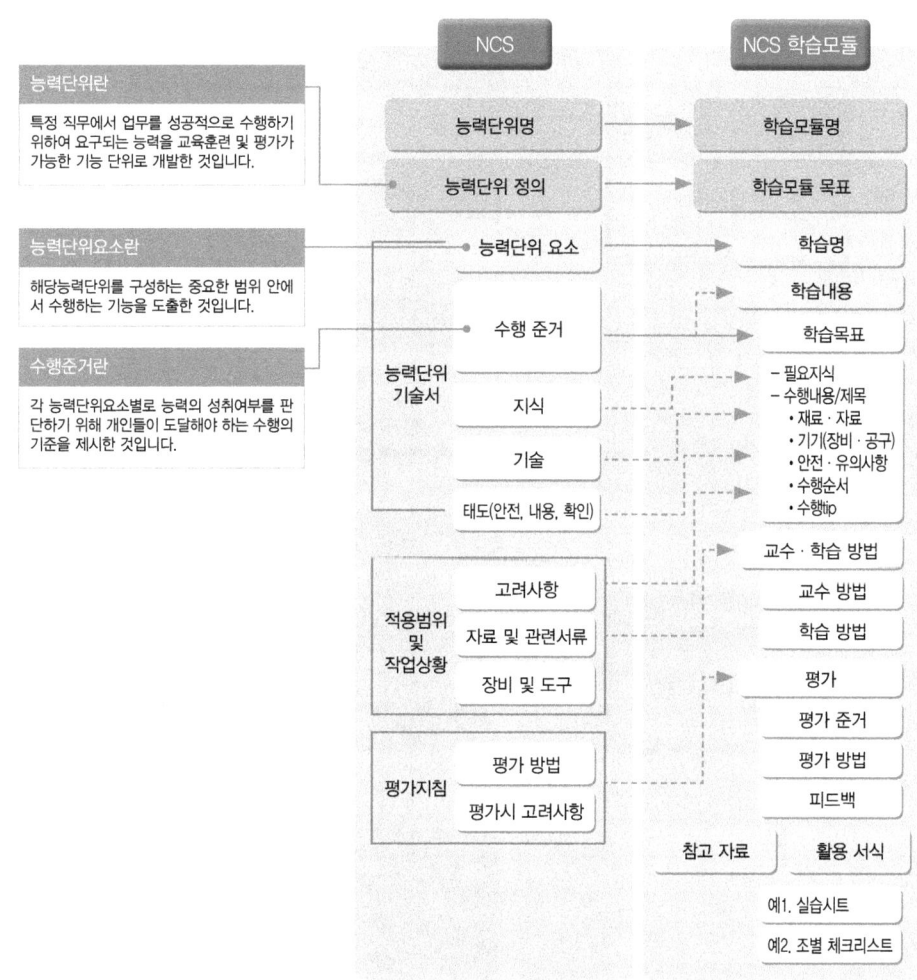

과정평가형 자격취득 안내

과정평가형 자격

과정평가형 자격은 국가기술자격법에 근거하여 국가직무능력표준(NCS)에 따라 설계된 교육·훈련과정을 체계적으로 이수한 교육·훈련생에게 내·외부 평가를 통해 국가기술자격증을 부여하는 새로운 개념의 국가기술자격 취득 제도로서 2015년부터 시행되고 있다.

과정평가형 자격 운영 절차

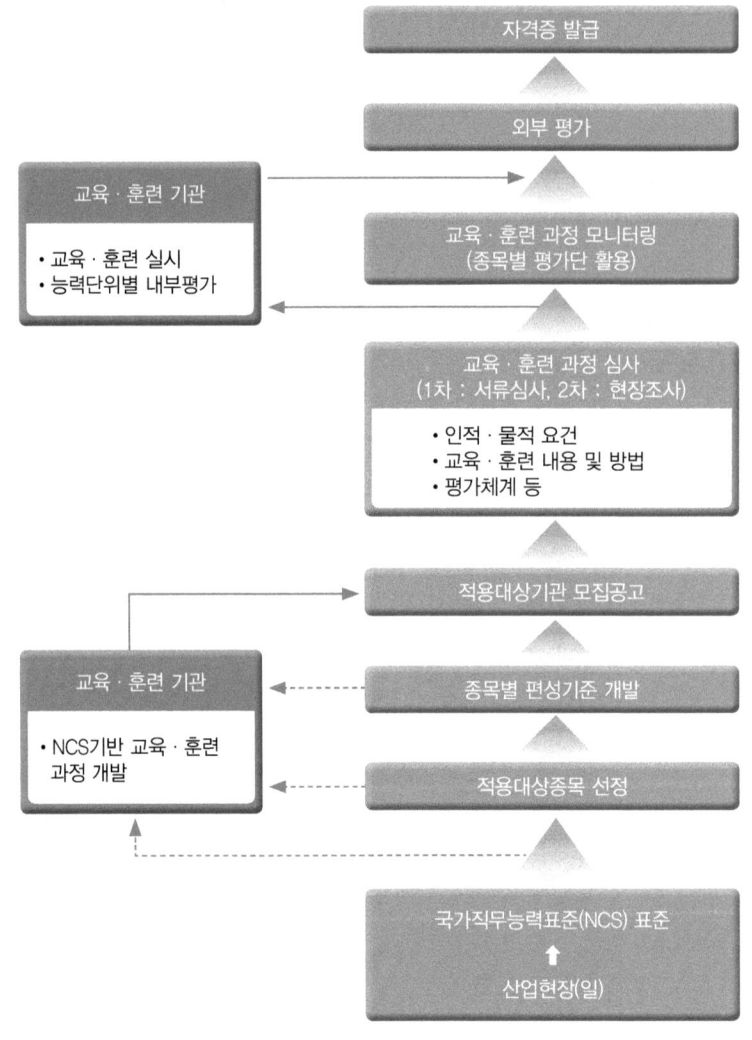

시행 대상

국가기술자격법의 과정평가형 자격 신청자격에 충족한 기관 중 공모를 통하여 지정된 교육·훈련기관의 단위과정별 교육·훈련을 이수하고 내부평가에 합격한 자

교육·훈련생 평가

① 내부평가(지정 교육·훈련기관)
  ㉮ 평가대상 : 능력단위별 교육·훈련과정의 75% 이상 출석한 교육·훈련생
  ㉯ 평가방법
    ㉠ 지정받은 교육·훈련과정의 능력단위별로 평가
    ㉡ 능력단위별 내부평가 계획에 따라 자체 시설·장비를 활용하여 실시
  ㉰ 평가시기
    ㉠ 해당 능력단위에 대한 교육·훈련이 종료된 시점에서 실시하고 공정성과 투명성이 확보되어야 함
    ㉡ 내부평가 결과 평가점수가 일정수준(40%) 미만인 경우에는 교육·훈련기관 자체적으로 재교육 후 능력단위별 1회에 한해 재평가 실시
② 외부평가(한국산업인력공단)
  ㉮ 평가대상 : 단위과정별 모든 능력단위의 내부평가 합격자
  ㉯ 평가방법 : 1차·2차 시험으로 구분 실시
    ㉠ 1차 시험 : 지필평가(주관식 및 객관식 시험)
    ㉡ 2차 시험 : 실무평가(작업형 및 면접 등)

합격자 결정 및 자격증 교부

① 합격자 결정 기준
  내부평가 및 외부평가 결과를 각각 100점을 만점으로 하여 평균 80점 이상 득점한 자
② 자격증 교부
  기업 등 산업현장에서 필요로 하는 능력보유 여부를 판단할 수 있도록 교육·훈련 기관명·기간·시간 및 NCS 능력단위 등을 기재하여 발급

> NCS 및 과정평가형 자격에 대한 내용은 NCS국가직무능력표준 홈페이지(www.ncs.go.kr)에서 보다 자세하게 살펴볼 수 있습니다.

CBT 필기시험제도 안내

CBT 필기시험 개요

CBT(컴퓨터 기반 시험) 필기시험제도는 한국산업인력공단 상설시험장과 외부기관의 시설 및 장비를 임차하여 시행하기 때문에 시험장 사정에 따라 시험일자가 달라질 수 있으며, 수험생들이 선호하는 시험장은 조기 마감될 수 있으므로 주의하여야 합니다.

원서접수 기간 및 접수처

- 한국산업인력공단이 주관 및 시행하는 기능사 정기 CBT 필기시험 및 상시 CBT 필기시험과 관련한 정보는 큐넷 홈페이지(http://www.q-net.or.kr)를 방문하여 확인합니다.
- 기능사 필기시험의 원서접수는 인터넷으로만 가능하며 정기 및 상시시험 모두 큐넷 홈페이지(http://www.q-net.or.kr)에서 접수할 수 있습니다.
- 기능사 상시시험 종목 : 한식조리기능사, 양식조리기능사, 일식조리기능사, 중식조리기능사, 제과기능사, 제빵기능사, 미용사(일반), 미용사(피부), 미용사(네일), 미용사(메이크업), 굴착기운전기능사, 지게차운전기능사, 건축도장기능사, 방수기능사 [14종목]
  ※ 건축도장기능사, 방수기능사 2종목은 정기검정과 병행 시행

CBT 부별 시험시간 안내

구분	입실시간	시험시간	비고
1부	09:30	09:50~10:50	
2부	10:00	10:20~11:20	
3부	11:00	11:20~12:20	
4부	11:30	11:50~12:50	
5부	13:00	13:20~14:20	시험실 입실 시간은 시험 시작 20분 전
6부	13:30	13:50~14:50	
7부	14:30	14:50~15:50	
8부	15:00	15:20~16:20	
9부	16:00	16:20~17:20	
10부	16:30	16:50~17:50	

※ 지역별 접수인원에 따라 일일 시행횟수는 변동될 수 있으며, 원거리 시험장으로 이동할 수 있습니다.

합격자 발표

종이 시험과 달리 CBT 필기시험은 시험이 종료된 후 시험점수와 함께 합격 여부를 확인할 수 있으며, 이 결과는 시험일정 상의 합격자 발표일에 최종 확인할 수 있습니다.

CBT 필기시험 체험하기

01 CBT 필기시험 응시를 위해 지정된 좌석에 앉으면 해당 컴퓨터 단말기가 시험감독관 서버에 연결되었음을 알리는 연결 성공 메시지가 나타납니다.

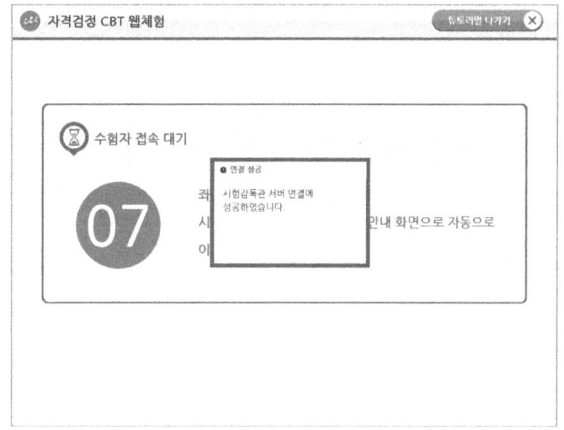

02 수험자 접속 대기 화면에서 좌석번호를 확인합니다. 좌석번호 확인이 끝나면 시험감독관의 지시에 따라 시험 안내 화면으로 자동으로 이동합니다.

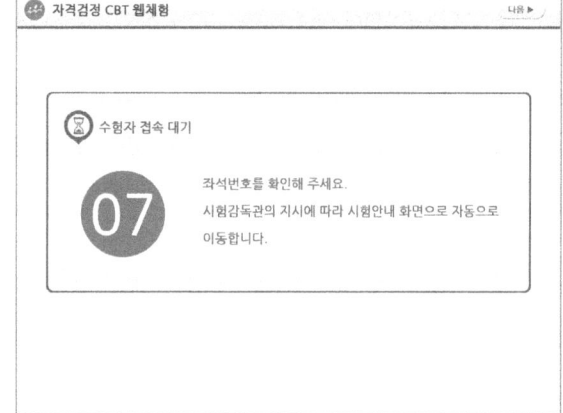

03 수험자 정보를 확인합니다. 감독관의 신분 확인 절차가 진행됩니다. 신분 확인이 모두 끝나면 시험을 시작할 수 있습니다.

04 CBT 필기시험에 대한 안내사항이 나타납니다. 화면은 예제이며, 실제 기능사 필기시험은 총 60문제로 구성되며, 60분간 진행됩니다.

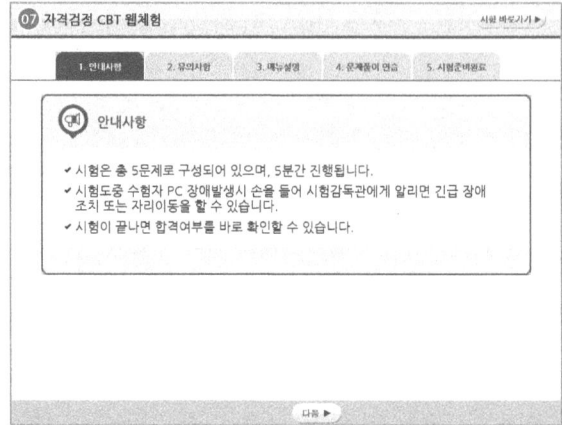

05 다음 항목에서 시험과 관련된 유의사항을 확인합니다. 특히, 시험과 관련한 부정행위 적발 시 퇴실과 함께 해당 시험은 무효처리되어 불합격 될 뿐만 아니라, 이후 3년간 국가기술자격검정에 응시할 수 있는 자격이 정지되므로 부정행위로 인정되는 내용을 꼼꼼히 확인하도록 합니다.

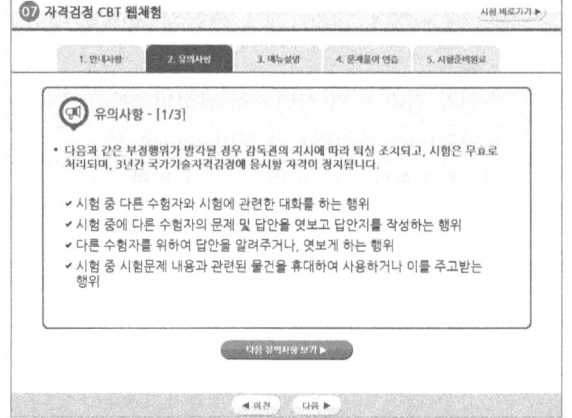

06 메뉴설명 항목에서는 문제풀이와 관련된 메뉴에 대한 설명을 확인할 수 있습니다. CBT 화면에서는 글자 크기를 크게 하거나 작게 할 수 있을 뿐 아니라, 화면 배치를 1단 또는 2단 화면 보기 혹은 한 문제씩 보기로 선택할 수 있습니다.

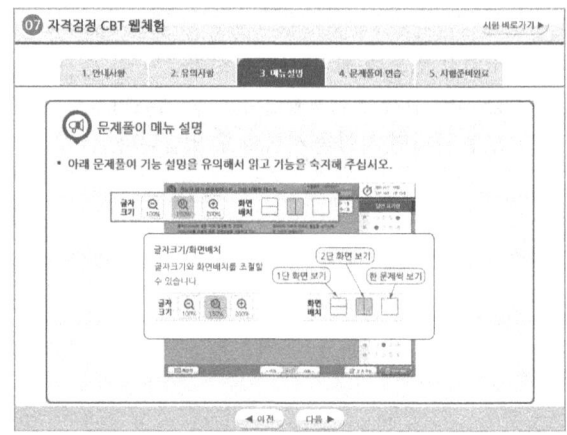

07 문제풀이 연습 항목에서는 실제 문제를 풀어보는 과정을 연습할 수 있습니다. 실제 시험에서 실수하지 않도록 하기 위해 [자격검정 CBT 문제풀이 연습] 버튼을 클릭합니다.

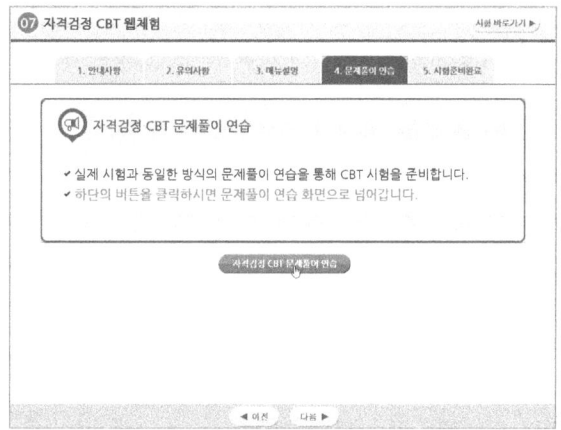

08 보기의 연습 문제는 국가기술자격시험의 정부 위탁기관인 한국산업인력공단의 본부 청사 소재지를 묻는 것입니다. 현재 한국산업인력공단 본부는 울산광역시에 소재하고 있습니다. 문제 아래의 보기에서 번호 항목을 클릭하거나 답안 표기란의 번호 항목에서 해당 답안을 클릭하여 답안을 체크합니다.

09 문제 아래의 보기를 클릭하거나 오른쪽 답안 표기란의 답안 항목을 클릭하면 화면과 같이 선택한 답안이 OMR 카드에 색칠한 것과 같이 색이 채워집니다.

　　답안을 수정할 때는 마찬가지 방법으로 수정하고자 하는 문제의 보기 항목이나 답안 표기란의 보기 항목에서 수정하고자 하는 답안을 클릭합니다.

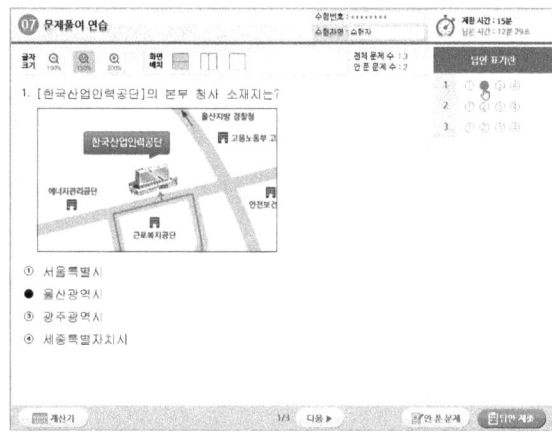

10 문제를 풀고 나면 다음 문제를 풀기 위해 화면 하단의 [다음] 버튼을 클릭하여 문제를 계속 풀어나가면 됩니다. 참고로 하단 버튼 중 [계산기]를 클릭하면 간단한 공학용 계산기를 사용하여 계산 문제를 푸는 데 도움을 받을 수 있습니다.

> 계산이 끝나고 계산기를 화면에서 사라지게 하려면 계산기 창의 오른쪽 상단에 있는 닫기 ❌ 버튼을 클릭합니다.

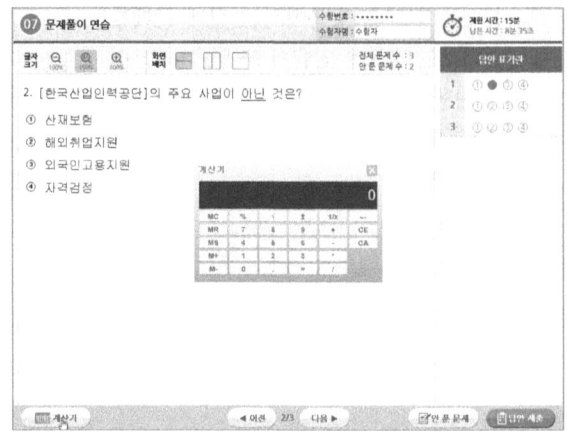

11 문제 풀이 연습이 끝나면 하단의 [답안 제출] 버튼을 클릭하여 답안을 제출합니다.

> 어려운 문제의 경우 하단의 [다음] 버튼을 클릭하여 다음 문제를 풀 수도 있습니다. 단, 이러한 경우 답안을 제출하기 전에 하단의 [안 푼 문제] 버튼을 클릭하여 혹시 풀지 않은 문제가 있는 지 최종적으로 확인하도록 합니다.

12 답안 제출을 클릭하면 나타나는 화면입니다. 수험생들이 실수로 답안을 모두 체크하지 않고 제출할 수 있는 실수를 방지하기 위해 2회에 걸쳐 주의 화면이 나타납니다. 답안을 제출하려면 [예] 버튼을 누릅니다.

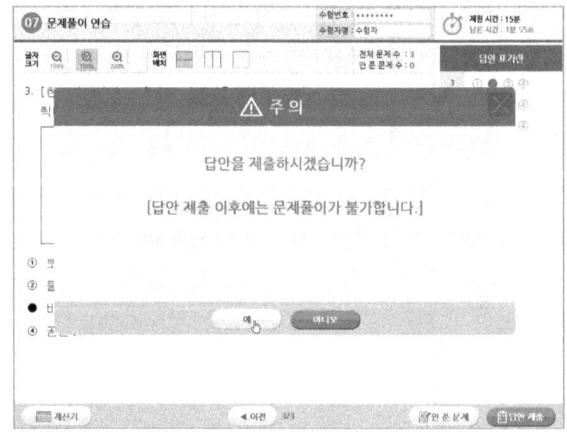

13 문제풀이 연습을 모두 마치면 나타나는 화면에서 [시험 준비 완료] 버튼을 클릭합니다. 이후 시험 시간이 되면 시험감독관의 지시에 따라 시험이 자동으로 시작됩니다.

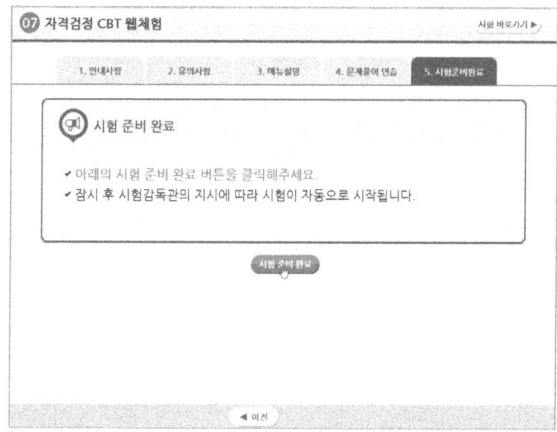

14 본 시험이 시작되면 첫 번째 문제가 화면에 나타납니다. 앞서 문제풀이 연습 때와 마찬가지 방법으로 문제의 보기에서 정답을 클릭하거나 답안 표기란에 해당 문제의 정답 항목을 클릭하여 답을 선택합니다.

15 화면 하단의 [다음] 버튼을 클릭하면 다음 문제를 풀 수 있습니다. 앞서와 마찬가지 방법으로 답안에 체크하고 모든 문제를 풀었다면 [답안 제출] 버튼을 클릭합니다.

화면의 상단 오른쪽에 제한 시간과 남은 시간이 표시됩니다. 본 예제는 체험을 위한 것으로 실제 시험시간은 60분이며, 이에 따라 남은 시간도 표시됩니다.

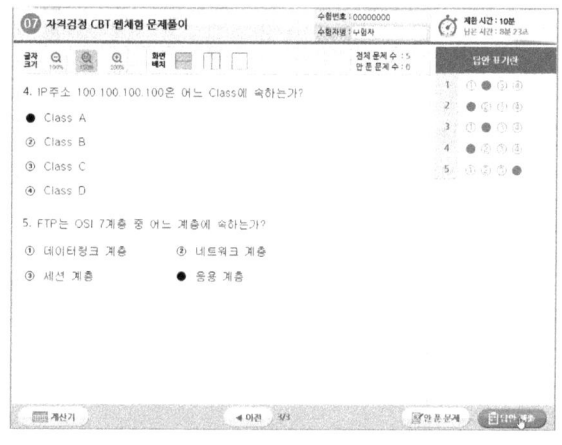

16 수험생의 실수를 방지하기 위해 2회에 걸쳐 주의 문구가 출력됩니다. 모든 문제를 이상없이 풀고 답안에 체크했다면 [예] 버튼을 클릭하여 답안을 제출하고 시험을 마무리합니다.

> 문제 화면으로 다시 돌아가고자 한다면 [아니오] 버튼을 클릭하여 이미 푼 문제들을 다시 확인하고 필요한 경우 답안을 수정할 수 있습니다.

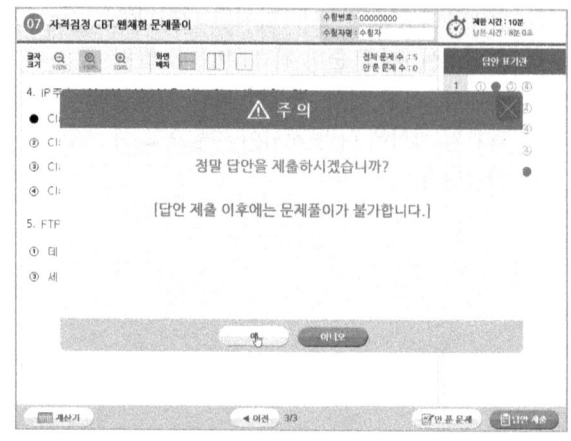

17 답안 제출 화면이 나타납니다. 잠시 기다립니다.

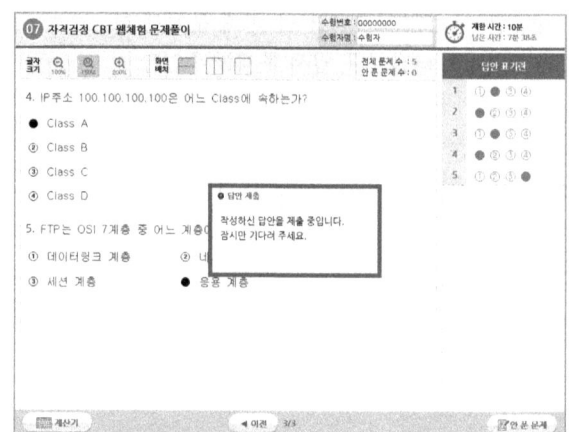

18 CBT 필기시험을 모두 끝내고 답안을 제출하면 곧바로 합격, 불합격 여부를 화면과 같이 확인할 수 있습니다. 독자분들은 꼭 화면과 같은 합격 축하 문구를 볼 수 있기를 기원합니다.

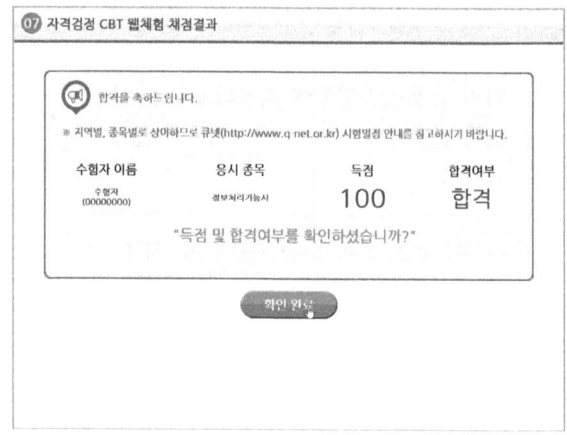

19 앞서의 합격 여부 화면에서 [확인 완료] 버튼을 클릭하면 CBT 필기시험이 종료됩니다. 고생하셨습니다.

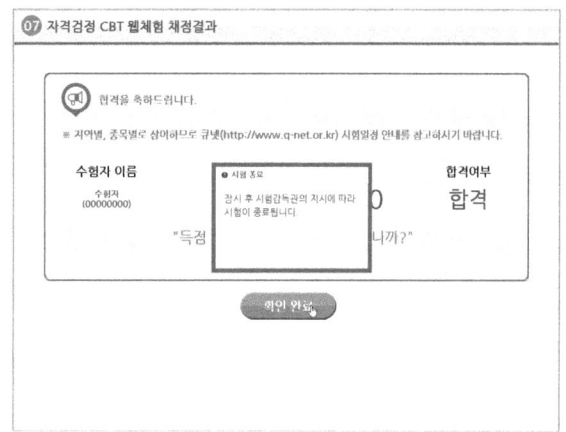

본 도서에 수록된 CBT 필기시험 체험하기 내용은 한국산업인력공단의 CBT 체험하기 과정을 인용하여 구성 및 정리한 것입니다. 직접 한국산업인력공단에서 제공하는 CBT 필기시험을 체험하고자 하는 독자께서는 한국산업인력공단이 운영하는 큐넷 홈페이지(www.q-net.or.kr)를 방문하시기 바랍니다.

Contents 목차

Section 00

머리말	003
기술검정안내	004
NCS(국가직무능력표준) 안내	006
CBT 필기시험제도안내	010

Keynote
01 피부미용 이론	022
02 해부생리학	030
03 피부미용기기학	033
04 화장품학	037
05 공중위생관리학	042

Section 01

핵심이론요약

Lesson 01 피부미용학

01 피부미용개론	050
02 피부분석 및 상담	051
03 클렌징(Cleansing)	055
04 딥클렌징(Deep Cleansing)	057
05 피부유형별 화장품 도포	058
06 매뉴얼 테크닉	062
07 팩(Pack)	064
08 제모(Dpilation And Epilation)	067
09 전신관리	069
10 마무리	073

Lesson 02 피부학

01 피부와 피부 부속기관의 구조 및 기능	075
02 피부유형분석	081
03 피부와 영양	083
04 피부장애와 질환	093
05 피부와 광선	097
06 피부면역과 램프	101
07 피부와 노화	104

Lesson 03 **해부생리학**
- 01 세포의 생리 및 작용 ... 106
- 02 골격계 ... 111
- 03 근육계 ... 117
- 04 신경계 ... 121
- 05 순환계 ... 123
- 06 소화계 ... 126
- 07 내분비계 ... 128
- 08 배설계 ... 130
- 09 생식기계 ... 132

Lesson 04 **피부미용기기학**
- 01 기기관리를 위한 기초과학의 이해 ... 134
- 02 피부미용기기의 종류 및 사용법 ... 138

Lesson 05 **화장품학**
- 01 화장품학 개론 ... 149
- 02 화장품 성분 ... 151
- 03 화장품의 종류와 작용 ... 155

Lesson 06 **공중위생관리학**
- 01 공중보건학 ... 170
- 02 소독학 ... 193
- 03 공중위생관리법규 ... 203

Section 02 CBT 대비 적중모의고사

- **01회 | CBT 대비 적중모의고사** ... 216
- **02회 | CBT 대비 적중모의고사** ... 226
- **03회 | CBT 대비 적중모의고사** ... 236
- **04회 | CBT 대비 적중모의고사** ... 246
- **05회 | CBT 대비 적중모의고사** ... 255
- **06회 | CBT 대비 적중모의고사** ... 264
- **07회 | CBT 대비 적중모의고사** ... 273
- **08회 | CBT 대비 적중모의고사** ... 282
- **09회 | CBT 대비 적중모의고사** ... 291
- **10회 | CBT 대비 적중모의고사** ... 300
- **11회 | CBT 대비 적중모의고사** ... 309
- **12회 | CBT 대비 적중모의고사** ... 318

한국산업인력공단 출제기준에 따른 핵심이론,
CBT 대비 적중모의고사로 최단기 합격!

피부미용사 필기

키노트
(Keynote)

Esthetician

01. 피부미용 이론
02. 해부생리학
03. 피부미용기기학
04. 화장품학
05. 공중위생관리학

01 피부미용이론

● 피부미용의 영역
① 안면관리(face treatment)
② 전신관리(body treatment)
③ 발관리(foot reflexology)
④ 제모(depiltion) 및 눈썹정리

● 한국 피부미용의 역사
① 고대의 미용 : 미백관리, 피부 보호
② 삼국시대 : 목욕문화의 대중화
③ 고려시대 : 면약(面藥) 사용
④ 조선시대 : '규합총서' 저술, 숙종 때는 판매용 화장품 제조 판매
⑤ 20세기 : 1981년 YMCA에서 피부미용사 교육을 통해 피부관리사 배출

● 서양 피부미용의 역사
① 이집트 시대 : 향유사용 피부보호
② 그리스 시대 : 청결함과 깨끗한 피부를 가꾸는데 노력
③ 로마 시대 : 과일산(AHA) 사용, 갈렌은 크림을 개발
④ 중세 시대 : 피부를 깨끗하게 관리하는 것에 중점
⑤ 르네상스 시대 : 향수, 화장수, 크림, 팩 등 화장품이 성행
⑥ 근세 (19세기) : 화장품이 일반에게 보급되고 비누 사용이 보편화
⑦ 현대 (20세기~) : 자연 그대로의 피부건강과 아름다움을 추구

● 피부분석의 종류 및 방법
① 문진법 : 고객에게 질문을 하여 자료를 얻는 방법
② 견진법 : 육안으로 피부를 판독하는 방법
③ 촉진법 : 피부를 직접 만져보아 손의 촉감을 통해 피부를 판독하는 방법
④ 기기를 이용한 분석법 : 확대경, 우드램프, 피부분석기, 유수분측정기, pH 측정기 등

◉ 피부유형별 진단법
① 정상피부(Normal Skin) : 이상적인 피부, 표면이 매끄럽고 부드러우며 탄력이 좋음
② 건성피부(Dry Skin) : 피부가 고와보이나 맑지는 않고, 건조하고 윤기가 없으며, 잔주름이 많이 나타남
③ 지성피부(Oily Skin) : 피부가 거칠고 모공이 넓으며, 번들거고 화장이 잘 지워짐
④ 복합성 피부(Combination Skin) : T-zone은 지성, U-zone은 건성의 형태를 나타냄
⑤ 민감성 피부(Sensitive Skin) : 온도변화에 따라 붉어지고 가려움의 반응이 일어남
⑥ 여드름 피부(Acne) : 피지 분비가 많은 코, 이마, 뺨 등에 면포, 구진, 농포가 생김
⑦ 색소침착 피부(Hyper pigmentation) : 기미, 주근깨, 모반, 잡티 등이 보임
⑧ 노화피부(Aging Skin) : 건조하고 당김이 심하며 탄력이 없고 잔주름이 많음

◉ 클렌징의 목적 및 효과
① 클렌징의 목적 : 피부표면에 붙어있는 피지, 죽은 각질, 땀의 잔여물 등이나 먼지, 미생물, 이물질, 메이크업 잔여물 등을 제거
② 클렌징의 효과 : 노폐물 제거, 혈액순환과 신진대사 촉진, 트리트먼트의 준비단계

◉ 클렌징의 종류
① 클렌징 크림(cleansing cream) : 진한 화장을 지우는데 효과적이나 오일성분이 모공을 막아 피부트러블을 일으킬 수 있음
② 클렌징 로션(cleansing lotion) : 사용감이 좋으나 세정력은 다소 떨어짐
③ 클렌징 젤(cleansing gel) : 촉촉하고 산뜻한 사용감이 좋음
④ 클렌징 워터(cleansing water) : 세정력이 약함
⑤ 클렌징 오일(cleansing oil) : 물에 잘 용해되며 사용감이 좋고 세정력이 우수
⑥ 클렌징 폼(cleansing foam) : 세정력과 보호기능을 겸비

◉ 딥클렌징의 목적 및 효과
① 딥클렌징의 목적 : 모낭 속 깊은 곳의 노폐물과 노화된 각질층을 제거
② 딥클렌징의 효과
  ㉮ 불필요한 각질 제거
  ㉯ 유효 성분의 피부흡수를 촉진
  ㉰ 피부의 분비기능 원활

◉ 딥클렌징의 종류 및 시술방법
① 스크럽제(scrub)
  ㉮ 특징 : 열매의 씨나 게 껍질, 인공적인 미세한 알갱이가 혼합된 제품

㉯ 시술방법 : 적당량의 물을 적셔가며 약한 압으로 문지름. 자극이 있으므로 민감성 피부나 실핏줄이 확장된 피부에는 사용하지 않음
② 고마쥐(gommage)
　㉮ 특징 : 동식물의 단백질 분해효소 함유
　㉯ 시술방법 : 얼굴에 얇게 펴 바른 후 완전히 건조되지 않은 상태에서 왼손으로 한쪽을 고정시키고 오른손을 이용하여 안에서 밖으로, 가볍게 문질러서 죽은 각질을 제거
③ 효소(enzyme)
　㉮ 특징 : 단백질 분해 효소를 이용
　㉯ 시술방법 : 가루형태는 미지근한 물에 잘 섞 어서, 크림형태는 그대로 얼굴전체에 일정한 두께로 펴 바르고 15~20분 후에 해면으로 제거, 적당한 온도와 습도를 유지시켜주면 효과적
④ AHA(alpha hydroxy acid)
　㉮ 특징 : 과일류에서 추출한 성분을 혼합
　㉯ 시술방법 : 화장솜이나 면봉을 이용하여 민감 한 부위를 제외하고 얼굴 전체에 균일하게 도포하며, 피부자극이 있으므로 시술 후는 반드시 진정 팩으로 관리

● 화장품 도포의 목적
① 세정
② 피부정돈
③ 피부보호

● 화장품의 종류 및 기능
① 화장수(Skin Lotion)
　㉮ 유연화장수 : 수분공급, pH 밸런스 유지
　㉯ 수렴화장수 : 모공수축, 과잉 피지분비 억제, 지성피부에 적합
② 로션 (Lotion) : 모이스쳐 밸런스, 보습, 피부유연기능
③ 크림 (Cream) : 보습과 유연, 영양공급

● 매뉴얼 테크닉의 종류
① 쓰다듬기(경찰법, 무찰법, Effleurage) : 손바닥 전체를 이용하여 부드럽게 쓰다듬는 동작으로, 모든 동작의 처음과 끝이나 다른 동작으로의 전환 시에 사용됨
② 문지르기(강찰법, 마찰법, Friction) : 손가락의 끝 부분을 이용하여 원을 그리면서 가볍게 움직이며 이동하는 동작으로, 쓰다듬기보다 조금 강한 동작
③ 주무르기(유연법, 유찰법, Kneading) : 손가락 전체를 이용하여 피부를 강하게 쥐거나 반죽하듯이 주무르는 동작으로, 기본기 중 가장 강한 동작

④ 두드리기(고타법, Tapotement) : 손가락 끝이나 측면, 손바닥, 주먹, 손 전체를 사용하여 다양하게 두드리는 동작
⑤ 떨기(진동법, Vibration) : 손가락이나 손 전체를 이용하여 피부에 진동을 주는 동작

매뉴얼 테크닉의 효과
① 혈액순환 및 신진대사 촉진
② 조직의 노폐물 제거
③ 피지선 및 한선의 활성화
④ 조직의 긴장과 탄력성 부여
⑤ 근육이완 효과
⑥ 모세혈관 강화
⑦ 심리적 안정감 부여

팩(pack)
① 팩의 종류
  ㉮ 필 오프 타입(peel off type) : 마른 후 떼어 내는 유형
  ㉯ 워시 오프 타입(wash off type) : 물로 씻어 내는 유형
  ㉰ 티슈 오프 타입(tissue off type) : 티슈로 닦아내는 유형
  ㉱ 특수팩 : 콜라겐 벨벳 마스크(collagen velvet mask), 석고 모델링 마스크(thermo modeling mask), 고무 모델링 마스크(algin modeling mask, seaweed mask), 왁스 마스크(wax mask, paraffin mask)
② 팩 바르는 순서 : 안에서 바깥방향으로(턱-볼-코-이마), 아래에서 위쪽으로 바르며, 온도가 낮은 뺨 부위는 얇게 발라준다.

제모 및 왁스 제모
① 제모의 종류 및 방법
  ㉮ 일시적 제모(Depilation) : 털을 일시적, 한시적으로 제거하는 방법으로 면도기, 핀셋, 제모크림, 왁스 등을 이용
  ㉯ 영구적 제모(Epilation) : 전기적 작용을 이용 하여 모근까지 제거
② 왁스 제모 방법
  ㉮ 온왁스(warm wax) : 부드럽게 녹여서 사용하며, 도포 전 팔목에 테스트를 하고 털이 자라는 방향으로 얇게 발라 강하게 문질러 밀착시킨 후 털이 자라는 반대방향으로 빠르게 떼어냄
  ㉯ 냉왁스(cold wax) : 상온에서 유동상태이므로 데우지 않고 바로 사용, 털이 자라는 반대방향 으로 빠르게 떼어냄

⬤ 전신관리의 종류 및 효과
① 스웨디쉬 마사지 : 가장 기초적인 마사지법으로 스웨덴의 링에 의해 발전
② 림프드레나쥐 : Dr. Vodder에 의해 만들어진 수기요법으로 림프순환 촉진, 세포의 노폐물 배출, 면역기능을 강화시킴
③ 아로마 마사지 : 혈액순환 및 림프의 흐름 개선, 노폐물배출 촉진, 스트레스 및 정신적 피로감을 감소시킴
④ 경락마사지 : 정체된 신체 부위의 흐름을 증진시킴
⑤ 데이 스파(수요법) : 물을 이용하여 혈액순환을 촉진시키고 체내의 독소배출 및 세포 재생, 스트레스해소 등 건강을 증진시키는 마사지요법

⬤ 피부의 구조
① 표피(Epidermis)
 ㉮ 기저층 : 물결 모양으로, 각질형성세포와 멜라닌형성세포가 존재
 ㉯ 유극층 : 표피의 대부분을 차지하며, 랑게르한스 세포가 존재
 ㉰ 과립층 : 수분침투에 대한 방어막 역할과 피부 내부의 수분증발을 조절
 ㉱ 투명층 : 손바닥, 발바닥에만 존재하며 과다한 수분 침투를 방지
 ㉲ 각질층 : 피부의 가장 바깥으로, 방어막 작용을 하며, 외부 유해물질의 침투를 막아 주는 역할을 함
② 진피(Dermis)
 ㉮ 유두층 : 표피의 기저층과 인접한 부분으로 기저세포에 영양을 공급
 ㉯ 망상층 : 교원섬유(콜라겐)와 탄력섬유(엘라스틴), 기질물질로 구성
③ 피하조직(Subcutaneous fat tissue)
 ㉮ 절연체의 역할
 ㉯ 외부로부터의 충격 완화

⬤ 랑게르한스 세포(Langerhans cell)
① 표피의 유극층에 존재
② 면역기능(항원 인식 및 전달기능)

⬤ 천연보습인자(NMF, natural moisturizing factor)
① 각질층에 존재하는 천연보습성분
② 수분유지 및 건조 방지역할

⬤ 셀룰라이트(Cellulite)
① 대사과정의 노폐물, 독소 등이 배설되지 못하고 쌓인 결과

② 지방의 부피가 증가하면서 울퉁불퉁한 표면을 형성함
③ 여성호르몬 불균형, 불규칙한 식습관 및 수면, 운동부족 등이 원인

● 피부의 생리기능
① 보호 작용
② 체온조절 작용
③ 저장 작용
④ 감각 작용
⑤ 분비 및 배설 작용
⑥ 흡수 작용
⑦ 비타민 D 형성 작용
⑧ 재생 작용
⑨ 표정 작용

● 피부의 부속기관
① 한선(sweat glands)
  ㉮ 에크린선(소한선, eccrine sweat gland) : 피부 전신, 특히 손바닥, 발바닥, 이마, 겨드랑이, 코, 서혜부 등에 많이 분포
  ㉯ 아포크린선(대한선, apocrine sweet gland) : 겨드랑이, 유두주위, 성기 및 항문주위 등에서만 존재하며, 특유의 냄새를 가짐
② 피지선(sebaceous glands) : 입술, 유두, 눈꺼풀 등에는 독립피지선이 있음
③ 모발(hair)
  ㉮ 모표피(cuticle) : 기와 또는 비늘 모양의 무핵의 각화세포로 내부의 모피질을 보호
  ㉯ 모피질(cortex) : 모발의 85~90%를 차지하며, 멜라닌 색소를 함유
  ㉰ 모수질(medula) : 모발의 중심부에 벌집모양의 형태로 존재. 공기 함유

● 3대 영양소 및 기능
① 탄수화물(carbohydrate, 당질) : 열량의 주요 공급원. 과잉섭취 시 간이나 근육에 글리코겐 형태로 저장되거나 지방으로 전환됨
② 지질(lipids, 지방) : 세포막 및 뇌조직의 주요 구성성분이며, 필수 지방산 공급
③ 단백질(protein) : 신체의 성장과 유지에 필요한 조직의 형성, 재생, 보수 및 면역기능

● 비타민의 종류 및 기능
① 비타민의 종류
  ㉮ 수용성 비타민 : 비타민 B군, 비타민 C

㉯ 지용성 비타민 : 비타민 A, 비타민 D, 비타민 E, 비타민 K
② 기능 : 보조효소 작용, 저항력 증강, 생리대사 기능

자외선과 적외선
① 자외선 (Ultraviolet light)
  ㉮ 자외선 A : 320~400nm의 장파장으로 피부 깊숙이 침투, 즉시 색소침착 및 광노화를 촉진 하여 피부탄력 감소, 피부위축, 주름형성을 야기 시킴
  ㉯ 자외선 B : 290~320nm의 중파장으로 일광 화상(sun burn), 지연 색소침착을 일으키며, 피부암 유발의 원인으로 작용
  ㉰ 자외선 C : 200~290nm의 단파장으로 자외선 중 가장 에너지가 강하여 살균력이 있으나 피부암 유발
② 적외선 (Infrared light) : 온열작용에 의한 체온상승으로 신진대사 및 혈액순환을 촉진

피부색의 결정요인
① 멜라닌(melanin) : 흑색
② 헤모글로빈(hemoglobin) : 적색
③ 카로틴(carotene) : 황색

자연노화와 광노화
① 자연노화(내적 노화) : 나이가 들어감에 따라 피부의 탄력이 떨어지고 주름 및 색소침착이 발생하며, 피부의 표면이 거칠어지면서 광택을 잃어버리게 되는 노화현상
  ㉮ 표피의 변화 : 표피층이 얇아지며, 랑게르한스 세포, 멜라닌 세포의 수가 감소함
  ㉯ 진피의 변화 : 탄력이 저하되고 주름이 생기며, 진피의 두께가 얇아지고 피부건조가 심해짐
② 광노화 (외적 노화) : 태양광선, 주변 환경 등에 의한 노화현상.
  ㉮ 표피의 변화 : 표피가 거칠고 두꺼워지며 가죽같이 뻣뻣해지며 불규칙한 색소침착이 나타남
  ㉯ 진피의 변화 : 탄력이 떨어지고 주름이 발생, 광에 의해 피부암이 발생할 수 있음

피부노화 방지성분
① 레티노이드 : 비타민 A와 유도체인 레티날(retinal), 레틴산(retinoic acid)으로 주름개선 및 완화에 효과적
② AHA : 사탕수수 및 과일, 우유에서 발견되며 각질세포의 탈락 촉진, 주름 감소 및 피부 유연에 효과적
③ 항산화제 : 카로틴, 비타민 E, 비타민 C, 녹차추출물, SOD(superoxide dismutase)

④ 멜라닌 생성 억제 : 알부틴(arbutin), 비타민 C, 코직산(kojic acid), 하이드로퀴논(hydroquinone), 감초추출물

● **피부의 면역작용**
① 랑게르한스세포 : 외부항원을 인식하여 림프구로 전달하는 역할
② 각질형성세포 : 면역학적 반응을 조절, 염증 및 면역반응 매개 역할
③ 한선과 피지선 : 세균에 독성작용을 하는 물질 분비

02 해부생리학

◉ 세포(cell)
① 세포질(원형질, cytoplasm) : 세포소기관
  ㉮ 미토콘드리아(사립체, mitochondria) : 세포 내의 호흡생리를 담당하며, 에너지 생산
  ㉯ 소포체(endoplasmic reticulum) : 단백질 합성
  ㉰ 골지체(golgi apparatus) : 단백질의 농축 저 장, 분비
  ㉱ 리보소체(ribosome) : 단백질 합성
  ㉲ 중심체(centrosome) : 세포분열의 중심적 역할
  ㉳ 용해소체(lysosome) : 가수분해작용
② 핵(nucoeus)
  ㉮ 핵막(nucoear membrane) : 세포질과의 사이에 물질교환 작용
  ㉯ 핵소체(nucleolus) : RNA와 단백질로 구성
  ㉰ 염색질(chromatin) : DNA와 단백질로 구성

◉ 골격계의 기능
① 지지작용
② 지렛대 작용
③ 내부장기 보호작용
④ 조혈작용
⑤ 무기질저장 작용

◉ 뼈의 분류
① 장골(long bone) : 대퇴골, 상완골, 척골, 비골, 경골 등 사지의 뼈
② 단골(sort bone) : 수근골, 족근골 등 손목과 발목의 뼈
③ 편평골(flat bone) : 두개골 일부, 견갑골, 늑골, 흉골
④ 불규칙골(irregular) : 척추뼈, 접형골, 추골
⑤ 종자골(sesamoid bone) : 슬개골, 비복근
⑥ 함기골(pneumatic bone) : 상악골, 전두골, 측두골
⑦ 봉합골(suture bone) : 두정골과 후두골의 봉합 사이

◉ 근육
① 근육의 형태 : 골격근, 평활근, 심장근
② 근육의 기능
  ㉮ 운동 작용
  ㉯ 체온조절 작용
  ㉰ 신체를 움직이는 기능 및 체중 유지 기능

◉ 신경조직
① 신경 세포(neuron)
  ㉮ 신경세포체 (body) : 닛슬소체, 신경원섬유, 골지체 및 핵으로 구성
  ㉯ 돌기 : 세포체로부터 자극이 전달되는 축삭 돌기와 신경세포체로 자극을 전달하는 수상 돌기로 구성
② 신경교(neuroglia) : 신경조직의 지지작용, 손상부위의 청소와 복구, 절연체 역할을 하는 수초의 형성, 식작용의 기능
③ 시냅스(synapse) : 뉴런과 뉴런의 만나는 부위

◉ 중추신경계
① 뇌 : 대뇌, 간뇌, 중뇌, 소뇌, 교뇌, 연수
② 척수 : 경신경(8쌍), 흉신경(12쌍), 요신경(5쌍), 천골신경(5쌍), 미골신경(1쌍)

◉ 말초신경계
① 뇌신경(cranial nerves) : 후신경, 시신경, 동안신경, 활차신경, 삼차신경, 외선신경, 안면신경, 내이신경, 설인신경, 미주신경, 부신경, 설하신경
② 자율신경계
  ㉮ 교감신경(sympathetic nerve) : 긴급사태에 대응하는 스트레스성 신경. 심장박동수의 증가, 혈압 상승, 소화액 분비 억제
  ㉯ 부교감신경(parasympathetic nerve) : 심박 동수를 줄이고 혈압을 하강, 동공의 축소 작용과 소화액의 분비를 촉진

◉ 혈액(blood)
① 혈액의 구성
  ㉮ 적혈구 : 산소운반
  ㉯ 백혈구 : 탐식작용, 인체면역
  ㉰ 혈소판 : 혈액응고
  ㉱ 혈장 : 알부민(삼투압유지, 혈액 pH유지), 면역글로불린(생체방어), 피브리노겐(혈액

응고)
② 혈액의 기능 : 운반작용, 조절작용, 방어(면역)작용, 지혈작용
③ 혈액의 순환
   ㉮ 체순환(systemic circulation) : 전신순환 또는 대순환이라 부르며 혈액이 폐를 제외한 전신을 돌아 다시 심장으로 돌아옴
   ㉯ 폐순환(pulmonary circulation) : 소순환 이라고도 부르며 심장과 폐 사이만을 순환하며 이산화탄소를 내보내고 산소를 받아들임

● **소화계통의 종류**
① 구강(oral cavity) : 입술에서 목구멍까지의 전체를 말하며, 구강 내에서의 음식물 이동과 연하운동, 치아는 저작운동이 주 기능
② 인두 : 깔때기 모양의 관으로, 음식물의 연하운동, 호흡기 및 소화기의 기능
③ 식도 : 연속적 수축작용으로 음식물을 밀어내리는 역할을 함
④ 위 : 위액의 분비(염산, 펩신), 소화된 음식물의 저장고, 연동운동 등
⑤ 소장 : 영양분의 흡수, 장액, 췌액, 담즙이 분비됨
⑥ 대장 : 알칼리성(pH8.4)의 대장액을 분비, 반고형 상태의 대변을 만들어 체외로 배출
⑦ 간 : 단백질 합성기능, 혈당조절 기능, 지질대사 기능, 비타민대사 기능, 해독 기능, 담즙 생성 및 분비작용
⑧ 담낭 : 담즙을 농축하고 저장하는 기능
⑨ 췌장 : 인슐린과 글루카곤을 분비하여 혈당을 조절, 췌액 분비

03 피부미용기기학

● 전류의 방향 및 방식
① 전류의 방향 : (+) 극에서 (-) 극으로 흐름
② 전류의 방식
   ㉮ 직류(direct current) : 전류의 흐르는 방향이 일정하게 한 방향으로 흐르는 전류
   ㉯ 교류(alternating current) : 전류의 방향과 크기가 시간이 흐름에 따라 주기적으로 변화하는 전류

● 갈바닉 전류(galvanic current) : 직류
① 음(-)극 : 알칼리성 형성, 피부연화 작용, 혈액공급의 증가, 세정작용, 신경 자극효과, 피지분해 효과
② 양(+)극 : 산 생성, 신경 안정 효과, 혈액공급 감소, 수렴효과, 진정효과

● 패러딕 전류(faradic current) : 교류
① 저주파 전류 : 근육과 신경 자극, 혈액순환 촉진, 한선과 피지선의 자극, 근육 이완과 수축작용, 노폐물 제거 촉진
② 중주파 전류 : 근육의 수축과 이완 효과, 세포 활성화, 림프순환의 증진, 셀룰라이트 및 지방분해 효과, 진통 효과
③ 고주파 전류 : 세포내 발열작용, 혈관 확장 및 혈액순환 촉진, 통증완화 작용, 피부진정 효과, 살균작용, 유효 성분의 피부 침투 효과

● 초음파 전류(ultrasound)
① 진동 주파수가 17,000 ~ 20,000Hz 이상의 진동 음파
② 심부조직의 온도 상승, 혈관 확장 및 혈액순환 촉진, 조직의 대사 증진, 피부 탄력성 증강, 통증 완화 작용이 있음

● 스티머(vapozone, steamer)
① 센서가 내장된 물통의 물을 가열하여 방출되는 증기를 이용하여 안면을 관리하는 기기
② 사용방법
   ㉮ 기기의 플러그를 연결하고, 물을 채운다음 미리 예열을 한다.

㉯ 스팀이 나오면 턱선을 따라 얼굴 전체에 퍼지 도록 기기를 조절하는데, 얼굴과의 거리는 약 30~50cm 정도 거리를 유지하는 것이 좋다.
　　㉰ 정상피부, 노화 및 건성피부는 약 8~10분 정도, 지성피부는 10~15분, 민감성 및 모세혈관 확장피부는 3~5분 정도가 적당하다.
　③ 효과
　　㉮ 온열효과
　　㉯ 모공확장 작용으로 모공의 노폐물 제거에 용이
　　㉰ 피부보습 효과 상승
　　㉱ 혈액순환 및 신진대사 활성
　　㉲ 각질층의 연화 및 탈락
　　㉳ 다음 관리단계의 유효성분의 흡수를 도움

● 후리마톨(frimator brush)
① 천연모 브러시를 이용하여 클렌징, 딥클렌징, 필링, 마사지 등의 효과를 얻는 미용기기
② 사용방법
　㉮ 스위치를 켜고 미지근한 물에 적신 브러시를 이용하여 적당한 회전속도로 관리한다.
　㉯ 브러시가 직각이 되도록 하여 가볍게 누르듯 원을 그리며 이동하며, 건조 시는 물을 적시거나 스티머를 틀면서 한다.
　㉰ 사용 후 브러시는 중성세제로 깨끗이 세척하여 자외선 소독기에 소독한다.
③ 효과
　㉮ 클렌징
　㉯ 딥클렌징
　㉰ 필링
　㉱ 마사지

● 갈바닉 기기(galvanic, ionos)
① 이온토포레시스(iontophoresis) : 전기이온영동법이라고도 하며 음극(-)과 양극(+)의 성질을 이용하여 이온화된 물질을 피부 깊숙이 흡수시키는 기기
　㉮ 유효물질 침투
　㉯ 혈액 및 림프순환 촉진
　㉰ 노폐물 배출
　㉱ 미백효과(비타민 C 등 수용성 물질 침투)
　㉲ 피부 재생력 향상
② 디스인크러스테이션(desincrustation) : 음극을 이용하여 피지분해, 각질제거 및 피부 노

폐물을 제거할 수 있는 기기

● **고주파기 (high frequency machine)**
① 교류전류를 이용하여 근수축을 자극하지 않고 열을 발생시켜 살균 및 피부를 활성화 시킬 수 있는 기기
② 효과
㉮ 피부 노폐물 배출
㉯ 온열효과
㉰ 신진대사 촉진
㉱ 스파킹 효과(살균, 소독, 박테리아의 번식 억제)

● **진공 흡입기(vaccum suction)**
① 석션기라고 하며, 유리관의 압력 조절을 통해 피부를 흡입함으로써 림프와 혈액의 흐름을 원활하게 하는 피부미용기기
② 효과
㉮ 한선과 피지선의 활성화
㉯ 각질제거
㉰ 셀룰라이트 분해
㉱ 신진대사 촉진

● **초음파기(ultrasound machine)**
① 음파의 미세진동을 통해 피부의 탄력과 신진대사를 높여주는 기기
② 효과
㉮ 각질제거 및 세정효과
㉯ 마사지효과
㉰ 영양물질 공급
㉱ 지방분해 작용

● **광선을 이용한 기기**
① 적외선 램프 : 적외선의 온열작용을 이용하여 마사지나 팩을 하기 전 단계, 팩을 실시하는 동안 조사(照射)하여 미용의 효과를 높이는 기기
㉮ 온열작용으로 혈액 및 림프순환 촉진
㉯ 노폐물과 독소 배출
㉰ 영양물질의 흡수 촉진
㉱ 근육 이완 및 통증 완화

② 원적외선 사우나기 : 비만관리나 체형관리의 시작단계에 이용하여 혈액순환 및 신진대사 촉진, 노폐물 배출 등의 효과를 높이는 기기
③ 선탠기 : 자외선 중 UVA만을 이용하여 피부표면을 갈색으로 태우는 기기. 자연광의 UVA와 같이 광노화, 색소침착 등을 일으킬 수 있음
④ 컬러테라피 기기(color theraphy) : 가시광선을 이용하여 만든 기기로, 색을 이용한 오감 자극을 통해 정신적 스트레스와 심리적 불안 등 심리적, 정신적 치료요법에 사용
 ㉮ 빨강 : 에너지, 심장기능 활성, 혈액순환 및 신진대사 촉진. 노화피부, 여드름피부, 셀룰라이트 관리에 효과적
 ㉯ 노랑 : 뇌의 활동자극, 근육의 긴장상승, 간 기능 강화. 문제성피부, 신진대사저하피부
 ㉰ 녹색 : 정신적 조화, 심리적 안정, 긴장완화, 면역력 증강, 눈의 피로회복 효과
 ㉱ 파랑 : 진정작용, 염증 및 열 진정효과, 근육 및 혈관수축, 부종완화
 ㉲ 보라 : 림프계에 영향, 면역력 증진, 식욕조절

04 화장품학

● 화장품의 정의
인체를 청결·미화하여 매력을 더하고 용모를 건강하고 아름답게 변화시키거나 피부·모발의 건강을 유지 또는 증진하기 위하여 인체에 사용되는 물품으로서 인체에 대한 작용이 경미한 것

● 기능성 화장품의 분류
① 미백제품 : 피부의 미백에 도움을 주는 제품
② 주름개선제품 : 피부의 주름개선에 도움을 주는 제품
③ 자외선차단제품 : 피부를 곱게 태워주거나 자외선으로부터 피부를 보호하는 데 도움을 주는 제품

● 화장품의 품질 특성
① 안전성 : 피부에 대한 자극, 알러지, 경구독성, 이물혼입, 파손 등이 없을 것
② 안정성 : 보관에 따른 변질, 변색, 변취, 미생물 오염 등이 없을 것
③ 사용성 : 사용감, 편리성, 기호성
④ 유효성 : 적절한 보습효과, 노화억제, 자외선차단, 미백, 세정, 색채효과 등

● 계면활성제(surface active agents, surfactants)
① 음이온 계면활성제 : 기포형성능과 세정작용이 있어 샴푸 등의 제품에 많이 사용
② 양이온 계면활성제 : 정전기 방지 효과가 있어 헤어린스, 트리트먼트 등에 사용
③ 양쪽성 계면활성제 : 피부자극성과 독성이 낮아 저자극 샴푸나 클렌저 제품에 주로 이용
④ 비이온 계면활성제 : 피부자극이 적어 기초화장품에 가장 많이 사용

● 자외선 차단 성분
① 자외선 산란제 : 자외선을 반사시켜 피부를 보호하는 작용을 하며 이산화티탄, 산화아연이 주 성분
② 자외선 흡수제 : 자외선을 미세한 열에너지로 바꾸어 피부 밖으로 방출하며, 성분은 옥틸디메틸파바, 옥틸 메톡시신나메이트, 벤조페논-3 등이 있음

◉ 미백제
① 알부틴 : 티로시나제의 활성을 저해
② 비타민 C류 : 멜라닌을 환원시키는 작용
③ 코직산 : 구리이온과 킬레이트를 형성함으로써 멜라닌의 생성을 억제
④ 하이드로 퀴논 : 멜라닌 세포 자체를 사멸
⑤ 옥틸디메틸 파바, 이산화티탄 등 : 자외선 차단

◉ 주름개선제
① 레티노이드(비타민 A류) : 히아루론산 합성 촉진 효과 및 각질층의 수분을 증가시키는 효과로, 주름을 완화시킴
② 알파 하이드록시산(AHA) : 각질의 각화작용을 도와 주름 개선의 효과가 있음

◉ 색소(착색료)
① 염료 : 화장품의 시각적인 색상효과를 부여하기 위해 사용
② 안료 : 무기안료, 유기안료, 착색안료, 백색안료, 체질안료, 펄안료
③ 레이크(Lake) : 수용성 염료에 알루미늄, 마그네슘, 칼슘염을 가해 물과 오일에 녹지 않게 만든 색소

◉ 화장품 제조의 주요 기술
① 가용화 : 소량의 유성성분을 계면활성제의 작용을 이용하여 투명한 상태로 용해시키는 것(화장수, 에센스, 향수 등)
② 유화 : 다량의 유성성분을 균일하게 혼합하는 기술(크림 등)
③ 분산 : 고체 입자를 액체 속에 균일하게 혼합시키는 것(파운데이션, 마스카라 등)

◉ 기초화장품의 기능
① 세정, 청결
② 각화현상의 정상화
③ 피부 재생
④ 탄력성 부여
⑤ 보습유지
⑥ 미백기능
⑦ 자외선차단
⑧ 여드름 방지

기초화장품의 종류
① 세안화장품 : 클렌징폼, 클렌징 워터, 클렌징 로션, 클렌징 크림, 클렌징 젤
② 화장수(스킨 로션) : 유연화장수, 수렴화장수
③ 로션(lotion) : 건성용, 지성용, 중성용, 복합성용, 민감성용
④ 크림(cream) : 데이 크림, 나이트 크림
⑤ 에센스(essence)
⑥ 젤(gel) : 수성젤, 유성젤
⑦ 팩 & 마스크 : 필오프타입, 워시오프타입

메이크업 화장품의 분류
① 베이스 메이크업 : 피부색을 아름답게 보이도록 하기위한 목적으로 사용되는 화장품으로 메이크업 베이스, 파운데이션, 파우더 등이 있음
② 포인트 메이크업 화장품 : 눈 볼 입술 기타신체부위에 부분적으로 사용하여 매력적인 용모로 보이도록 사용하는 화장품으로 아이브라우 펜슬, 아이섀도, 아이라이너, 마스카라, 립스틱, 블러셔, 립라이너 등이 있음

모발화장품의 종류
① 세발용 화장품 : 샴푸, 헤어린스
② 정발용 화장품 : 헤어오일, 포마드, 헤어크림 & 로션, 헤어무스, 헤어스프레이, 헤어젤
③ 헤어 트리트먼트(hair treatment) : 크림, 헤어팩, 헤어 블로우, 헤어코트
④ 헤어토닉(hair tonic)
⑤ 헤어블리치(hair bleach)
⑥ 염모제 : 영구염모제, 반영구 염모제, 일시염모제
⑦ 탈모 & 제모제

향수의 유형

유형	특징 및 용도	유부향률	지속시간
퍼퓸 (perfume)	농도가 가장 강하며, 향이 풍부하고 농후한 분위기 연출	15~30%	6~7시간
오데퍼퓸 (eaude perfume)	퍼퓸과 오데토일렛의 중간타입	9~12%	5~6시간
오데토일렛 (eaude toilet)	오데퍼퓸과 오데코롱의 중간타입	6~8%	3~5시간
오데코롱 (eau de cologne)	향수를 처음 사용하는 사람에게 적합	3~5%	1~2시간

| 샤워코롱
(shower cologne) | 목욕, 샤워 후에 적합 | 1~3% | 약 1시간 |

● 향수의 발산 속도에 따른 구분

구분	특징	예
탑 노트 (top note)	향수를 뿌린 후 처음 느껴지는 첫 느낌	시트러스, 그린
미들 노트 (middle note)	알코올이 날아간 다음 느껴지는 향취	플로럴, 프푸티
베이스 노트 (base note)	시간이 지난 뒤 나는 잔류성이 강한 향	무스크, 우디

● 천연향의 추출법
① 수증기 증류법 : 대부분의 천연향을 추출하는 방법
② 압착법
③ 추출법 : 휘발성 용매추출법, 비휘발성 용매추출법
④ 냉침법 : 품질이 좋고 가격이 비싼 정유들을 추출하는 방법
⑤ 온침법 : 냉침법에 비해 효율이 좋음
⑥ 침출법 : 뿌리나 가지에 상처를 내서 흘러나오는 수액을 받는 방법
⑦ 침적법 : 사향, 영묘향, 엠버 등을 알코올에 담아 우려내는 방법

● 자외선차단제
① 자외선 산란제(물리적 차단제) : 이산화티탄, 산화아연, 탈크, 카올린 등
② 자외선 흡수제(화학적 차단제) : 살리실산계, 벤조페논계, 벤조트리아졸계

● 아로마테라피 적용방법
① 목욕법 : 따뜻한 물에 아로마오일을 5~10방울 떨어뜨려 사용
② 마사지법 : 식물성오일에 아로마오일을 혼합하여 마사지
③ 흡입법
　㉮ 습식호흡법 : 더운 물에 아로마오일을 혼합하여 흡입
　㉯ 건식호흡법 : 헝겊에 아로마오일을 2~3방울 묻혀서 흡입
④ 확산법 : 램프나 스프레이 등을 이용하여 실내에 아로마오일을 확산
⑤ 습포법 : 아로마오일을 4~5방울 넣은 물을 수건이나 거즈에 적셔 피부에 얹어 놓음

⑥ 족욕법 : 아로마오일을 6~8방울 정도 넣은 물에 발을 담그고 씻어 주는 방법

● AHA(알파히드록시산)의 종류
① 글리콜릭산(glycolic acid) : 사탕수수에서 추출. 각질의 접착력을 떨어뜨림
② 젖산(lactic acid) : 쉰 우유에서 추출. 보습효과
③ 사과산(malic acid) : 사과, 복숭아 등에 함유
④ 주석산(tartaric acid) : 신포도에서 추출
⑤ 구연산(citric acid) : 오렌지, 레몬 등에 함유. pH 조절제로 사용

05 공중위생관리학

- **공중보건의 목적**
  ① 질병예방
  ② 수명(생명)연장
  ③ 신체적, 정신적 건강 및 효율의 증진

- **건강의 정의 및 지표**
  ① 건강의 정의 : 단지 질병이 없거나 허약의 부재만을 뜻하는 것이 아니라 신체적, 정신적 및 사회적으로 완전히 안녕한 상태(세계보건기구, WHO)
  ② 건강 수준 평가의 지표 : 비례사망지수, 평균수명, 조사망율, 영아사망율(대표지수)

- **감염병 발생의 3대 요인**
  ① 감염원
  ② 감염경로
  ③ 숙주(host)

- **면역의 분류**
  ① 선천성 면역 : 종족, 인종, 풍토, 개인 등에 따른 차이
  ② 후천성 면역(능동면역)
    ㉮ 자연능동면역 : 감염병에 감염된 후 성립되는 면역
    ㉯ 인공능동면역 : 예방접종 후 생성된 면역
  ③ 수동면역(피동면역)
    ㉮ 자연수동면역 : 모체 면역, 태반 면역
    ㉯ 인공수동면역 : 혈청제제(백신 등) 접종 후 얻게 되는 면역

- **주요 법정감염병**
  ① 제1급 감염병
    ㉮ 정의 : 생물테러감염병 또는 치명률이 높거나 집단 발생의 우려가 커서 발생 또는 유행 즉시 신고하여야 하고, 음압격리와 같은 높은 수준의 격리가 필요한 감염병
    ㉯ 종류 : 에볼라바이러스병, 마버그열, 라싸열, 크리미안콩고출혈열, 남아메리카출혈열,

리프트밸리열, 두창, 페스트, 탄저, 보툴리눔독소증, 야토병, 신종감염병증후군, 중증급성호흡기증후군(SARS), 중동호흡기증후군(MERS), 동물인플루엔자 인체감염증, 신종인플루엔자, 디프테리아

② 제2급 감염병
  ㉮ 정의 : 전파가능성을 고려하여 발생 또는 유행 시 24시간 이내에 신고하여야 하고, 격리가 필요한 감염병
  ㉯ 종류 : 결핵, 수두, 홍역, 콜레라, 장티푸스, 파라티푸스, 세균성이질, 장출혈성대장균감염증, A형간염, 백일해, 유행성이하선염, 풍진, 폴리오, 수막구균 감염증, b형헤모필루스인플루엔자, 폐렴구균 감염증, 한센병, 성홍열, 반코마이신내성황색포도알균(VRSA) 감염증, 카바페넴내성장내세균속균종(CRE) 감염증, E형간염

③ 제3급 감염병
  ㉮ 정의 : 그 발생을 계속 감시할 필요가 있어 발생 또는 유행 시 24시간 이내에 신고하여야 하는 감염병
  ㉯ 종류 : 파상풍, B형간염, 일본뇌염, C형간염, 말라리아, 레지오넬라증, 비브리오패혈증, 발진티푸스, 발진열, 쯔쯔가무시증, 렙토스피라증, 브루셀라증, 공수병, 신증후군출혈열, 후천성면역결핍증(AIDS), 크로이츠펠트-야콥병(CJD) 및 변종크로이츠펠트-야콥병(vCJD), 황열, 뎅기열, 큐열(Q열), 웨스트나일열, 라임병, 진드기매개뇌염, 유비저, 치쿤구니야열, 중증열성혈소판감소증후군(SFTS), 지카바이러스 감염증, 매독

④ 제4급 감염병
  ㉮ 정의 : 제1급 감염병부터 제3급 감염병까지의 감염병 외에 유행 여부를 조사하기 위하여 표본감시 활동이 필요한 감염병
  ㉯ 종류 : 인플루엔자, 회충증, 편충증, 요충증, 간흡충증, 폐흡충증, 장흡충증, 수족구병, 임질, 클라미디아감염증, 연성하감, 성기단순포진, 첨규콘딜롬, 반코마이신내성장알균(VRE) 감염증, 메티실린내성황색포도알균(MRSA) 감염증, 다제내성녹농균(MRPA) 감염증, 다제내성아시네토박터바우마니균(MRAB) 감염증, 장관감염증, 급성호흡기감염증, 해외유입기생충감염증, 엔테로바이러스감염증, 사람유두종바이러스 감염증

⑤ 인수공통감염병
  ㉮ 정의 : 동물과 사람 간에 서로 전파되는 병원체에 의하여 발생되는 감염병
  ㉯ 종류 : 결핵, 광견병, 페스트, 탄저, 살모넬라, 파상풍, 일본뇌염 등

● **백신의 종류와 질병**
① 생균백신 : 홍역, 결핵, 황열, 폴리오(소아마비), 탄저, 두창, 광견병 등
② 사균백신 : 콜레라, 백일해, 장티푸스, 파라티푸스, 일본뇌염 등
③ 항독소 : 디프테리아, 파상풍 등

● 기후의 3대 요소
① 기온 : 대기의 온도, 실내 적정 온도는 18~20℃
② 기습 : 습도, 인체에 쾌적한 습도는 40~70%
③ 기류 : 바람, 실내의 쾌적 풍속은 0.2~0.3m/sec, 실외는 1m/sec

● 영양소
① 영양소의 종류
  ㉮ 3대 영양소 : 단백질, 탄수화물(당질), 지방(지질)
  ㉯ 5대 영양소 : 단백질, 탄수화물, 지방, 무기질, 비타민
  ㉰ 6대 영양소 : 단백질, 탄수화물, 지방, 무기질, 비타민, 물
② 영양소의 작용
  ㉮ 에너지공급 작용
  ㉯ 신체조직 구성 작용
  ㉰ 생리기능 조절 작용

● 소독관련 용어정의
① 멸균 : 병원성 또는 비병원성 미생물 및 포자를 가진 것을 전부 사멸하는 것
② 살균 : 미생물을 급속하게 죽이는 것으로 멸균과 달리 내열성 포자는 잔존함.
③ 소독 : 비교적 약한 살균작용으로 세균의 포자에까지는 작용하지 못함.
④ 방부 : 미생물의 발육과 작용을 정지시켜서 음식물의 부패나 발효를 방지하는 것

● 소독법의 분류
① 자연소독법 : 희석, 태양광선, 한랭
② 물리적 방법
  ㉮ 가열살균법
    ㉠ 저온장시간살균법 : 62~65℃에서 30분간 살균, 우유의 살균에 주로 이용
    ㉡ 고온단시간살균법(HTST) : 70~72℃에서 15초간 살균
    ㉢ 초고온순간살균법(UHTH) : 132℃에서 2초간 살균
  ㉯ 자외선 살균법 : 일광 또는 자외선 살균 등을 이용
  ㉰ 방사선 살균법 : 코발트 60(60Co)등의 방사선을 조사
  ㉱ 세균 여과법 : 세균여과기로 세균을 걸러내는 방법
  ㉲ 열탕소독법(자비멸균법) : 끓는 물에 넣어 10~ 30분간 가열하는 방법
③ 화학적 방법

소독제	설명
페놀(석탄산)	3%의 수용액(온수) 사용

소독제	설명
크레졸	세균의 소독, 석탄산 소독력의 2배 효과
승홍	0.1%의 농도를 사용(승홍 1+식염 1+물 1000)
생석회	생석회 분말 2, 물 8의 비율로 사용
과산화수소 (옥시풀)	3%의 수용액을 사용
알코올	에탄올과 이소프로판올을 사용
머큐로크롬	수은화합물로 2%의 수용액을 사용(과망간산칼륨은 0.2~0.5% 수용액)
역성비누	0.01~0.1%의 농도를 사용
염소류	액화염소(0.4기압), 클로르칼크(표백분), 차아염소산나트륨

소독약의 구비조건

① 살균력이 강해야 한다(미량으로 효과가 클 것).
② 물품의 부식성, 표백성이 없어야 한다.
③ 용해성이 높고, 안정성이 있어야 한다.
④ 침투력이 강해야 한다.
⑤ 경제적이고 사용방법이 간편해야 한다.
⑥ 독성이 약하여 인체에 무독해야 한다.
⑦ 식품에 사용 후에도 수세가 가능해야 한다.
⑧ 냄새(방취력)가 강하지 않아야 한다.

미생물 증식환경

① 습도 : 보통 40%(미생물 증식에 필요한 수분량은 세균 > 효모 > 곰팡이 순)
② 온도 : 최고온도는 사멸을 초래하고 최저온도는 신진대사를 멈춰 휴면상태를 일으킴.
③ 수소이온농도(pH) : pH 6.0~8.0에서 최적 발육
④ 산소 : 호기성균, 혐기성균
⑤ 삼투압 : 농도가 높으면 미생물이 사멸
⑥ 광선 : 가시광선 (어두운 곳에서 잘 생육), 자외선(260nm 파장의 빛이 살균력이 가장 강함)

공중위생영업의 신고 및 폐업신고

① 시장·군수·구청장에 신고 : 공중위생영업을 하고자 하는 자는 공중위생영업의 종류별로 보건복지부령이 정하는 시설 및 설비를 갖추고 시장·군수·구청장에게 신고해야 한다.
② 공중위생영업신고시 시장·군수·구청장에게 제출할 서류
  ㉮ 영업시설 및 설비개요서

㉯ 교육필증(미리 교육을 받은 경우)
　　　㉰ 면허증 원본(이용업·미용업의 경우)
　③ 폐업신고 : 폐업한 날부터 20일 이내에 시장·군수·구청장에게 신고해야 한다.

● 변경신고
　① 변경신고 : 영업신고사항의 변경 시 보건복지부령이 정하는 중요사항의 변경인 경우에는 시장·군수·구청장에게 변경신고를 해야 한다.
　② 보건복지부령이 정하는 중요한 사항일 경우
　　　㉮ 영업소의 명칭 또는 상호
　　　㉯ 영업소의 소재지
　　　㉰ 신고한 영업장 면적의 3분의 1이상의 증감
　　　㉱ 대표자의 성명(법인의 경우에 한함)
　③ 영업신고사항 변경신고시 시장·군수·구청장에게 제출할 서류
　　　㉮ 영업신고증
　　　㉯ 변경사항을 증명하는 서류

● 미용사 면허의 결격사유
　① 금치산자
　② 정신보건법상 정신질환자. 다만, 전문의가 이용사 또는 미용사로서 적합하다고 인정하는 경우 제외
　③ 감염성 결핵 환자
　④ 마약, 기타 대통령령으로 정하는 약물중독자(대마 또는 향정신성의약품의 중독자)
　⑤ 면허가 취소된 후 1년이 경과되지 아니한 자

● 미용업의 세분
　① 미용업 : 손님의 얼굴·머리·피부 등을 손질하여 손님의 외모를 아름답게 꾸미는 영업
　② 미용업(일반) : 파마·머리카락자르기·머리카락모양내기·머리피부손질·머리카락염색·머리감기, 의료기기나 의약품을 사용하지 아니하는 눈썹손질을 하는 영업
　③ 미용업(피부) : 의료기기나 의약품을 사용하지 아니하는 피부상태분석·피부관리·제모(除毛)·눈썹손질을 하는 영업
　④ 미용업(손톱·발톱) : 손톱과 발톱을 손질·화장(化粧)하는 영업
　⑤ 미용업(화장·분장) : 얼굴 등 신체의 화장, 분장 및 의료기기나 의약품을 사용하지 아니하는 눈썹손질을 하는 영업
　⑥ 미용업(종합) : 미용업(일반), 미용업(피부), 미용업(손톱·발톱), 미용업(화장·분장)의 업무를 모두 하는 영업

● 위생교육
① 공중위생영업자는 매년 위생교육을 받아야 하며, 교육시간은 3시간으로 한다.
② 공중위생영업의 신고를 하고자 하는 자는 미리 위생교육을 받아야 한다. 다음의 사유로 미리 교육을 받을 수 없는 경우에는 영업개시 후 6개월 이내에 위생교육을 받을 수 있다.
  ㉮ 천재지변, 본인의 질병·사고, 업무상 국외출장 등의 사유로 교육을 받을 수 없는 경우
  ㉯ 교육을 실시하는 단체의 사정 등으로 미리 교육을 받기 불가능한 경우

● 사업장 용품관리
① 피부관리 시술시 사용되는 용품은 1회용품을 사용하여 감염을 예방
② 면봉과 클렌징 패드는 1회용을 사용
③ 해면스펀지는 중성세제를 이용하여 세탁 후 채광과 통풍이 잘되는 곳에 건조
④ 베드 깔개는 별도 보관하여 세탁하고, 타월은 삶아서 세탁, 가운은 고객마다 새것을 교환해서 사용
⑤ 핀셋은 70%의 알코올 적신 솜으로 소독

● 이·미용기구 소독의 일반기준
① 자외선소독 : $1cm^2$당 85㎼ 이상의 자외선을 20분 이상 쬐어준다.
② 건열멸균소독 : 섭씨 100℃ 이상의 건조한 열에 20분 이상 쬐어준다.
③ 증기소독 : 섭씨 100℃ 이상의 습한 열에 20분 이상 쬐어준다
④ 열탕소독 : 섭씨 100℃ 이상의 물속에 10분 이상 끓여준다.
⑤ 석탄산수소독 : 석탄산수(석탄산 3%, 물 97%의 수용액을 말한다)에 10분 이상 담가둔다.
⑥ 크레졸소독 : 크레졸수(크레졸 3%, 물 97%의 수용액을 말한다)에 10분 이상 담가둔다.
⑦ 에탄올소독 : 에탄올수용액(에탄올이 70%인 수용액을 말한다)에 10분 이상 담가두거나 에탄올수용액을 머금은 면 또는 거즈로 기구의 표면을 닦아준다.

● 미용업자의 위생관리기준
① 점빼기·귓볼뚫기·쌍꺼풀수술·문신·박피술 그 밖에 이와 유사한 의료행위를 하여서는 아니된다.
② 피부미용을 위하여 「약사법」에 따른 의약품 또는 「의료기기법」에 따른 의료기기를 사용하여서는 아니 된다.
③ 미용기구 중 소독을 한 기구와 소독을 하지 아니한 기구는 각각 다른 용기에 넣어 보관하여야 한다.
④ 1회용 면도날은 손님 1인에 한하여 사용하여야 한다.
⑤ 영업장안의 조명도는 75룩스(Lux) 이상이 되도록 유지하여야 한다.

⑥ 영업소 내부에 미용업 신고증 및 개설자의 면허증 원본을 게시하여야 한다.
⑦ 영업소 내부에 최종지불요금표를 게시 또는 부착하여야 한다.
⑧ 위 ⑦항에도 불구하고 신고한 영업장 면적이 66m² 이상인 영업소의 경우 영업소 외부에도 손님이 보기 쉬운 곳에 「옥외광고물 등 관리법」에 적합하게 최종지불요금표를 게시 또는 부착하여야 한다. 이 경우 최종지불요금표에는 일부항목(5개 이상)만을 표시할 수 있다.

미용업(피부)의 시설 및 설비기준
① 피부미용업무에 필요한 베드(온열장치포함), 미용기구, 화장품, 수건, 온장고, 사물함 등을 갖추어야 한다.
② 미용기구는 소독을 한 기구와 소독을 하지 아니한 기구를 구분하여 보관할 수 있는 용기를 비치하여야 한다.
③ 소독기·자외선살균기 등 미용기구를 소독하는 장비를 갖추어야 한다.
④ 작업장소, 응접장소, 상담실 등을 분리하기 위해 칸막이를 설치할 수 있으나, 설치된 칸막이에 출입문이 있는 경우 출입문의 3분의 1 이상을 투명하게 하여야 한다.
⑤ 작업장 내 베드와 베드 사이에 칸막이를 설치할 수 있으나, 설치된 칸막이에 출입문이 있는 경우 그 출입문의 3분의 1 이상은 투명하게 하여야 한다.

공중위생감시원의 자격
① 위생사 또는 환경기사 2급 이상의 자격증이 있는 자
② 「고등교육법」에 의한 대학에서 화학·화공학·환경공학 또는 위생학 분야를 전공하고 졸업한 자 또는 이와 동등 이상의 자격이 있는 자
③ 외국에서 위생사 또는 환경기사의 면허를 받은 자
④ 3년 이상 공중위생 행정에 종사한 경력이 있는 자

공중위생감시원의 업무범위
① 공중이용시설 및 설비의 확인
② 공중위생영업 관련 시설 및 설비의 위생상태 확인·검사, 공중위생영업자의 위생관리의무 및 영업자준수사항 이행여부의 확인
③ 공중이용시설의 위생관리상태의 확인·검사
④ 위생지도 및 개선명령 이행여부의 확인
⑤ 공중위생영업소의 영업의 정지, 일부 시설의 사용중지 또는 영업소 폐쇄명령 이행여부의 확인
⑥ 위생교육 이행여부의 확인

피부미용사 필기
핵심이론 요약

한국산업인력공단 출제기준에 따른 핵심이론,
CBT 대비 적중모의고사로 최단기 합격!

Esthetician *

Lesson 01. 피부미용학
Lesson 02. 피부학
Lesson 03. 해부생리학
Lesson 04. 피부미용기기학
Lesson 05. 화장품학
Lesson 06. 공중위생관리학

LESSON 01

피부미용학

STEP 01 피부미용개론

1 피부미용의 의미와 영역

● 피부미용의 의미

피부미용은 두발을 제외한 얼굴 및 전신의 피부를 아름답게 유지, 보호, 개선, 관리하는 것으로, 과학적 지식을 바탕으로 각 부위와 유형별 매뉴얼 테크닉과 기기 및 제품을 이용하여 피부를 건강하고 아름답게 만드는 전신미용술을 의미한다.

● 피부미용의 영역

① 안면관리(Face Treatment)
② 전신관리(Body Treatment)
③ 발관리(Foot Reflexology)
④ 제모(Depiltion) 및 눈썹정리
⑤ 제품 판매(Cosmetic Sale)
⑥ 홈케어(Home Care)에 대한 조언

2 피부미용의 기능 및 자세

● 피부미용의 기능

① **보호기능** : 외부 환경으로부터 피부를 보호하고, 피부의 정상적인 기능을 유지시킴.
② **심리적 기능** : 피부관리에 따르는 정서적, 심리적 안정감 부여.
③ **미적 기능** : 피부를 건강하게 유지하거나 개선시킴으로 외모를 아름답게 함.

피부미용사의 기본자세

① 깨끗한 관리복과 신발을 선택하고 불필요한 장신구를 피한다.
② 손톱은 짧고 청결하게 정돈하고, 머리도 단정하게 정리한다.
③ 체취나 구취 등 불쾌한 냄새가 나지 않도록 주의한다.
④ 성의 있고 친절한 태도로 고객을 대한다.
⑤ 전문 피부관리 및 상담에 필요한 지식 및 기술을 습득한다.

STEP 02 피부분석 및 상담

1 피부분석의 목적 및 효과

피부분석의 목적

고객 상담과 다양한 피부 판독 방법을 통해 피부유형을 분석하고, 피부분석표를 작성하여 고객의 단계적 피부관리에 필수자료로 이용한다.

피부분석의 효과

① 고객의 피부유형과 피부상태를 파악
② 피부분석에 따른 적합한 제품의 선택
③ 피부의 문제점을 찾아내고 개선을 위한 관리방향을 제시
④ 고객에게 알맞은 프로그램의 선정
⑤ 관리 과정에 따른 가정에서의 손질법 등의 조언

2 피부상담

피부상담의 목적

① 고객의 방문 목적 확인
② 고객의 피부 문제점 파악
③ 고객의 피부유형에 따른 피부관리 방법 설명
④ 성공적 상담을 통한 티켓팅 유도

피부상담의 효과

① 고객의 피부 문제점에 대한 효과적인 관리계획 수립

② 피부관리에 전반에 관한 고객의 이해를 높임
③ 고객과의 신뢰감 형성 및 만족도 제고

3 피부유형 분석

● 피부분석의 종류 및 방법

① **문진법** : 고객에게 질문을 하여 자료를 얻는 방법
② **견진법** : 육안으로 피부를 판독하는 방법
③ **촉진법** : 피부를 직접 만져보아 손의 촉감을 통해 피부를 판독하는 방법
④ **기기를 이용한 분석법**
  ㉮ 확대경(Magnifying Lamp) : 육안으로 볼 때에 비해 3~5배 정도로 확대시켜 볼 수 있는 기기
  ㉯ 우드램프(Wood Lamp) : 자외선을 이용한 광학 피부분석기기로, 다양한 색상으로 피부상태를 나타냄
  ㉰ 피부분석기(Skin Scope, Derma Scope) : 피부와 두피, 모발을 30~800배 정도 확대해서 비교 분석할 수 있는 기기로, 모니터를 통해 피부상태를 관찰하고 프린터로 출력이 가능. 일반적으로 피부는 80배율로 분석
  ㉱ 유분측정기(Sebum Meter) : 유분의 변화에 반응하는 특수한 측정지를 이용해 피지의 빛 통과도를 광도 측정하는 기기로 수치의 정도에 따라 건성, 정상, 지성피부의 유형을 파악
  ㉲ 수분측정기(Corneometer) : 표피의 수분함량을 측정하는 기기로, 수분함량의 정도가 수치로 표시되어 피부의 수분상태를 나타냄
  ㉳ pH측정기 : 피부의 pH를 분석해 주는 기기

● 피부상태 측정법

① **모공의 크기** : 일반적인 피부에 비해 지성, 여드름성 피부는 모공이 크며, 중성피부나 건성피부의 경우 모공이 보이지 않는다.
② **피부결** : 과각화 현상이 일어나거나 수분부족 상태가 되면 손으로 만졌을 때 거칠거나 피부 표면이 울퉁불퉁한 느낌이 난다.
③ **탄력도** : 엄지와 검지를 이용하여 눈 밑의 근육을 잡았다 놓아 보거나 누웠을 때 늘어진 피부의 상태를 진단한다.
④ **유분량** : 이마부분을 티슈로 눌러보아 피지 분비의 정도를 확인한다.
⑤ **수분량** : 피부를 볼 아래에서 이마 위쪽으로 쓸어 올려보아 생기는 잔주름의 형성 정도로 판단한다.

⑥ 민감도 : 스파츌라를 이용하여 이마나 목 부위를 가볍게 긁어서 붉은 자국이 생기는지의 여부를 살핀다.

⑦ 순환 상태 : 모세혈관 확장의 유무와 피부색으로 판단한다.

⑧ 색소분포 여부 : 기미, 주근깨, 점 등 멜라닌 색소의 정도를 확인하며, 백반증, 백피증 등은 색소 결핍으로 나타난다.

● 피부유형별 진단법

① 정상피부(Normal Skin)
  ㉮ 유수분의 밸런스가 잡혀있기 때문에 피부표면이 매끄럽고 부드럽다.
  ㉯ 모공이 섬세하고, 탄력성이 좋다.
  ㉰ 화장이 잘되고 지속력이 좋다.
  ㉱ 계절 변화에 따라 약건성이나 약지성으로 바뀔 수 있다.
  ㉲ 각질층의 수분함량이 10~20%로 정상이다

② 건성피부(Dry Skin)
  ㉮ 모공이 작아 외관상 피부가 고와 보이나 맑지는 않다.
  ㉯ 피지와 땀의 분비가 적어 건조하고 윤기가 없다.
  ㉰ 각질층의 수분 함량이 10%이하로 부족하다.
  ㉱ 세안 후 심하게 당김이 있다.
  ㉲ 피부가 거칠어 보이고 잔주름이 많이 나타난다.
  ㉳ 화장이 잘 받지 않고 들뜨기 쉽다.
  ㉴ 노화현상이 빠르게 나타난다.

③ 지성피부(Oily Skin)
  ㉮ 각질층이 두껍고 탁해 보인다.
  ㉯ 피부가 거칠고 모공이 넓다.
  ㉰ 피지가 과다 분비되어 항상 번들거린다.
  ㉱ 화장이 잘 지워진다.
  ㉲ 모공이 막혀 면포나 여드름이 생기기 쉽다.
  ㉳ 다른 피부에 비해 외부자극에 대한 저항력이 강하다.

④ 복합성 피부(Combination Skin)
  ㉮ 한 얼굴에 두 가지 이상이 타입이 공존하는 피부유형이다.
  ㉯ T-Zone은 지성피부나 여드름 피부의 형태를, U-Zone은 피지분비가 적고 수분함량이 적어 건성이나 민감성의 형태를 나타낸다.
  ㉰ 피부톤이나 조직이 전체적으로 일정하지 않다.
  ㉱ 볼과 눈 주위는 피지 분비가 적어 잔주름이 나타난다.

㉮ 화장품 성분에 민감하여 피부에 맞는 화장품의 선택이 어렵다.
⑤ 민감성 피부(Sensitive Skin)
　　㉮ 정상피부에 비해 환경변화에 쉽게 반응한다.
　　㉯ 모공이 작고 피부 조직이 섬세하다.
　　㉰ 모세혈관이 잘 드러나 보인다.
　　㉱ 온도변화가 심할 경우 붉어지고 가려움의 반응이 일어난다.
　　㉲ 피부 당김이 심하고 건조화 되기 쉽다.
　　㉳ 색소침착이 일어나기 쉽다.
　　㉴ 향에 민감하다.
⑥ 여드름 피부(Acne)
　　㉮ 각질층이 정상보다 두꺼워 모공이 크다.
　　㉯ 피부조직이 울퉁불퉁하고 거칠다.
　　㉰ 화장이 잘 지워지고 늘 번들거리는 느낌이 있다.
　　㉱ 피지 분비가 많은 코, 이마, 뺨 등에 면포가 생긴다.(1단계)
　　㉲ 구진이나 농포가 나타나고 심하면 화농상태가 된다.(2~3단계)
　　㉳ 결절과 낭종이 함께 나타나며 흉터도 보인다.(4단계)
⑦ 색소침착 피부(Hyper Pigmentation)
　　㉮ 색소침착은 유전적 요인과 호르몬의 불균형, 일광노출 등에 의해 발생한다.
　　㉯ 기미, 주근깨, 오타모반, 잡티 등의 다양한 형태로 피부표면에 침착된다.
　　㉰ 기미 : 유전적요인, 자외선노출, 내분비적인 문제 등으로 인해 생기며, 볼 부위에 대칭적인 넓은 반점의 형태로 생성된다.
　　㉱ 주근깨 : 선천성으로 자외선에 민감한 멜라닌세포를 가지고 태어나 자외선이 강한 여름철에 짙어지고 겨울철에 다소 옅어짐. 2~5mm의 크기로 얼굴이나 어깨 등에 불규칙적으로 생성된다.
　　㉲ 오타모반 : 피부 심층에 회갈색이나 청색의 색소 침착이 형성된 상태를 말한다.
　　㉳ 잡티 : 자외선이 노출된 부위에 발생한다.
⑧ 모세혈관 확장피부(Cuperose)
　　㉮ 지나친 날씨변화에 노출되거나 알코올이나 자극성 음식의 지속적 섭취 등으로 인해 표피 아래의 모세혈관이 파열되거나 확장된 상태이다.
　　㉯ 표피가 얇고 실핏줄이 드러나 보인다.
　　㉰ 체온이 낮은 뺨이나 콧망울 주위에 많이 생긴다.
　　㉱ 각화과정이 정상보다 빨리 진행되어 각질층이 얇다.
⑨ 노화피부(Aging Skin)
　　㉮ 피지 및 수분의 감소로 피부가 건조하고 당김이 심하다.
　　㉯ 콜라겐과 엘라스틴의 변화로 탄력이 없고 잔주름이 많다.
　　㉰ 각질세포의 응집력이 약해지고 각질형성과정의 주기가 길어져 표피가 거칠다.

㉺ 자외선에 대한 방어력이 떨어져 색소침착이 일어난다.

● 피부분석 시 유의사항

① 피부의 상태는 내적인 요인과 외적인 요인, 화장품 사용 및 개인적인 습관 등에 의해 많이 달라질 수 있으므로 같은 피부유형이라도 수시로 체크한다.
② 피부는 바람, 습도, 온도 등 계절적 요인에 의해서 변화가 심하다.
③ 클렌징이나 세안이 끝난 후에 실시한다.
④ 확대경이나 우드램프로 피부분석을 할 때는 아이패드를 덮어 눈을 보호한다.

STEP 03 클렌징(Cleansing)

1 클렌징의 목적 및 효과

● 클렌징의 목적

클렌징은 피부표면에 붙어있는 피지, 죽은 각질, 땀의 잔여물 등의 피부생리 대사물질이나 외부로부터 파생되는 먼지, 미생물, 이물질, 메이크업의 잔여물 등을 제거하는 것을 목적으로 한다.

● 클렌징의 효과

① 노폐물 제거
② 혈액순환과 신진대사 촉진
③ 트리트먼트의 준비단계

2 클렌징 제품

● 계면활성제형(씻어내는 타입)

① 비누(Soap)
  ㉠ 간편하고 사용감이 좋으며 노폐물 제거 효과가 큼
  ㉡ 사용 후 탈수·탈지현상으로 인해 피부 건조나 당김이 생김
  ㉢ 알칼리성 작용으로 약산성인 피부의 pH를 일시적으로 상승시킴

② 클렌징 폼(Cleansing Foam)
  ㉠ 비누의 우수한 세정력과 크림의 보호기능을 겸비
  ㉡ 보습제와 에몰리엔트제가 배합되어 과도한 탈지와 건조를 방지

㉰ 용제형의 세안제를 사용한 후 이중세안용으로 적합

● 용제형(닦아내는 타입)

① 클렌징 크림(Cleansing Cream)
㉮ 광물성오일(유동파라핀)이 40~50% 정도 함유되어 진한 화장이나 피지 등 물에 잘 지워지지 않는 피부 표면의 기름기를 제거하는데 효과
㉯ 진한 화장을 했을 때 사용
㉰ 잔여물이 남으면 오일성분에 의해 모공을 막아 피부트러블을 일으킬 수 있음

② 클렌징 로션(Cleansing Lotion)
㉮ 클렌징 크림에 비해 수분을 많이 함유
㉯ 사용감이 좋으나 세정력은 다소 떨어짐
㉰ 옅은 화장을 지울 때 적합

③ 클렌징 젤(Cleansing Gel)
㉮ 반투명 상태로 촉촉하고 산뜻한 사용감이 특징
㉯ 유성성분이 없거나 소량 함유된 수성젤은 세정효과가 다소 약하지만 유성젤이나 오일젤은 진한 화장의 제거에도 효과적이며 세정효과도 큼

④ 클렌징 워터(Cleansing Water)
㉮ 화장수 타입으로 세정력이 약함
㉯ 가벼운 화장이나 피부의 더러움을 제거하는 목적으로 사용

⑤ 클렌징 오일(Cleansing Oil)
㉮ 클렌징 크림의 세정력과 클렌징 폼의 물 세안의 기능을 함께 갖춤
㉯ 사용감이 좋고 세정력이 우수
㉰ 오일과 친수성 계면활성제를 사용하여 물에 잘 용해됨

3 클렌징 시술

● 1차 클렌징(Point Make-Up Cleansing)
포인트 메이크업 전용 리무버를 이용하여 눈과 입술의 색조화장을 지운다.

● 2차 클렌징(Face Cleansing)
피부 유형에 맞는 제품을 사용하여 얼굴 및 목(데콜테) 부위 피부표면의 노폐물을 제거한다.

● 3차 클렌징
화장수를 이용하여 피부에 남아있는 잔여물을 제거하고 피부의 pH 조절 및 수분을 공급한다

STEP 04 딥클렌징(Deep Cleansing)

1 딥클렌징의 목적 및 효과

● **딥클렌징의 목적**

딥클렌징은 일반적인 클렌징으로 제거할 수 없는 모낭 속 깊은 곳의 노폐물과 노화된 각질층을 제거하고, 영양물질의 흡수를 용이하게 하는 목적으로 실시한다.

● **딥클렌징의 효과**

① 각질층과 모낭의 불필요한 각질 제거
② 유효 성분의 피부흡수 기능을 촉진
③ 면포 및 여드름의 완화
④ 피부의 분비기능 원활
⑤ 각질 형성세포의 증식활동 촉진

2 딥클렌징 제품

● **물리적 제품**

① 스크럽제(Scrub) : 열매의 씨나 껍질 등의 천연물질의 잘게 부순 것이나 인공적인 미세한 알갱이가 혼합된 제품으로 손끝에 약간의 압력을 주어 연마작용에 의해 각질을 제거한다.
② 고마쥐(Gommage) : 고마쥐는 피부에 얇게 펴 바른 후 피부결을 따라 가볍게 문질러 각질을 제거한다.

● **화학적 제품**

① 효소(Enzyme) : 파파야에서 추출한 파파인이나 파인애플에서 추출한 브로멜린 등의 단백질 분해 효소를 이용하여 만든 제품으로 가수분해작용을 통해 죽은 각질층의 케라틴과 피지를 분해시켜 각질을 제거한다.
② AHA(Alpha Hydroxy Acid) : 주로 과일류에서 추출한 성분을 혼합하여 만든 제품으로 주로 분자구조가 작은 글리콜산과 락틱산을 사용하며 각질세포의 응집력을 약화시켜 자연 탈락을 유도시킨다.

3 딥클렌징 시술

◉ 스크럽
① 적당량의 제품을 덜어 얼굴 전체에 골고루 펴 바른 후, 적당량의 물을 적셔가며 손가락 끝에 약간의 압을 주어 작은 동작으로 문지름
② 사용 시 알갱이가 눈이나 코, 입에 들어가지 않도록 유의
③ 자극이 있으므로 민감성 피부나 실핏줄이 확장된 피부에는 사용하지 않음

◉ 고마쥐
① 동식물의 단백질 분해 효소가 함유
② 얼굴에 얇게 펴 바른 후 완전히 건조되지 않은 상태에서 왼손으로 한쪽을 고정시키고 오른손을 이용하여 안에서 밖으로, 근육결을 따라 가볍게 문질러서 죽은 각질을 제거
③ 노화피부나 칙칙한 피부에 효과적

◉ 효소
① 파파야, 파인애플, 우유 등에서 추출한 단백질 분해 효소가 함유되어 각질 성분인 케라틴과 피지를 분해
② 가루형태의 딥클렌징제는 미지근한 물에 잘 섞어서, 크림형태는 그대로 얼굴전체에 일정한 두께로 펴 바른 후 15~20분 후에 해면으로 제거
③ 스티머를 이용하여 적당한 온도와 습도를 유지시켜 주면 효과적이며, 모든 피부에 적용이 가능

◉ AHA
① 여러 과일에서 추출한 천연 과일산으로 역사가 오래된 성분
② 화장솜이나 면봉을 이용하여 민감한 부위를 제외하고 얼굴 전체에 균일하게 도포하며, 피부상태에 따라 AHA의 농도 및 적용시간을 결정
③ 피부자극이 있으므로 시술 후는 반드시 진정팩 관리가 필요

STEP 05 피부유형별 화장품 도포

1 화장품 도포의 목적 및 효과

◉ 화장품 도포의 목적
① 세정 : 피부 표면의 노폐물이나 화장의 잔여물을 제거하여 피부를 청결하게 한다.

② 피부정돈 : 일시적으로 상승된 피부의 pH를 정상화시키고 유분과 수분을 공급하여 피부밸런스를 유지시킨다.

③ 피부보호 : 피부표면의 건조를 방지해 주고 천연 피지막의 보충역할을 한다.

화장품 도포의 효과

① 피부 청결
② 피부 보습유지
③ 각화현상의 정상화
④ 피부 재생
⑤ 탄력성 부여
⑥ 피지분비 기능의 정상화

2 피부유형별 화장품 종류 및 선택

가. 화장수(Skin Lotion)

① 유연화장수 : 보습제와 유연제가 함유되어 각질층에 대한 수분과 보습성분을 공급하여 피부에 유연성을 주며 다음 단계의 화장품 흡수를 용이하게 한다.

② 수렴화장수 : 각질층에 수분을 공급하고 모공을 수축시켜 과잉의 피지분비를 억제하고 피부결을 정돈하는 작용을 하며, 지성이나 여드름성 피부에 적합하다.

로션(Lotion)

① 수분이 60~80%, 유분은 30% 이하의 화장수와 크림의 중간적 성격을 가진다.
② 화장수로 수분을 공급한 후 다시 한 번 수분과 영양분을 공급하여 피부의 모이스처 밸런스, 보습, 유연 기능을 높이는 목적으로 사용된다.

크림(Cream)

① 크림은 반(半)고형상으로 피부의 모이스처 밸런스를 지켜주고 피부에 보습과 유연성을 제공한다.
② 피부표면에 천연보호막을 제공하여 외부환경으로부터 피부를 보호하며, 피부의 생리기능을 돕고, 피부의 문제점을 개선하기 위한 목적으로 사용한다.

더알고가기 화장품의 유화 형태

화장품은 유화 형태에 따라 물에 기름이 분산된 O/W형(수중유적형)과 반대로 기름에 물이 분산된 W/O형(유중수적형)으로 나눌 수 있다.

3 피부유형별 화장품 도포

● 중성피부(Normal Skin)

이상적인 피부의 상태이므로 정상적인 상태를 유지하기 위한 피부의 영양공급과 유·수분의 밸런스, 노화예방 관리를 목적으로 한다.
① 외부 환경적 요인이나 계절적인 변화, 영양상태, 심리적 요인 등에 의해 다른 피부 유형으로 변화되기 쉬우므로 꾸준하고 규칙적인 관리가 필요하다.
② 주 1회 크림이나 효소타입의 딥클렌징 제품으로 죽은 각질과 노폐물을 제거한다.
③ 세안제, 팩, 스크럽제 등 지나친 제품의 남용을 피한다.
④ NMF, 콜라겐, 히아루론산 등 보습 성분과 비타민 A, E 등 노화방지 성분이 함유된 화장수, 로션, 크림 등을 사용하여 관리한다.

● 건성피부(Dry Skin)

피부의 보습기능과 피지분비 기능을 원활히 하여 피부 건조와 노화를 예방하는 것을 목적으로 한다.
① 세안 후엔 심하게 당기는 현상이 있어 특히 피지와 수분이 부족하지 않도록 비누 세안보다는 밀크타입이나 크림타입의 클렌징제를 이용하여 관리하는 것이 좋다.
② 더운 물보다는 미지근한 물을 이용하여 세안한다.
③ 화장수도 보습기능이 좋은 제품을 사용하는 것이 좋으며, 크림도 세라마이드나 콜라겐, 히아루론산, 호호바 오일 등 유분과 수분을 보충해 주는 성분이 들어있는 제품을 사용한다.
④ 지나치게 유분이 많은 제품을 장기간 사용할 경우 피부의 항상성 기능을 떨어뜨려 건성화를 가속화시킬 수 있으므로 유의한다.

● 지성피부(Oily Skin)

피지 제거 및 과잉 피지분비를 억제하여 트러블을 감소시키고 피지선과 한선의 기능을 정상화시키는 것을 목적으로 한다.
① 주 1~2회 정도 효소나 스크럽제, 고마쥐 타입을 이용해 딥클렌징을 해 준다.
② 주 1회 정도 피지흡착이 뛰어난 클레이 마스크를 해 준다.
③ 화장품은 유분이 적거나 들어있지 않은 오일프리(Oil Free)제품을 사용하고, 피지분비를 억제하거나 모공수축 효과가 있는 지성용 화장수를 사용하는 것이 좋다.

● 복합성피부(Combination Skin)

부위별 관리를 통해 T-Zone과 U-Zone의 피지분비량 및 한선의 기능을 원활하게 하여 피부의 유분과 수분 밸런스를 맞추는 것을 목적으로 한다.
① 복합성 피부는 부위별로 차별적으로 적용하여 관리하는 것이 필요하다. 유분기가 많은 T-Zone 부

위는 스크럽제 등을 이용하여 주 1~2회, 건조하고 예민한 U-Zone 부위는 2주에 1회 정도 딥클렌징을 한다.
② 로션이나 크림, 팩류도 두 가지 타입의 제품은 선정하여 부위별로 차별적으로 적용한다.

민감성 피부(Sensitive Skin)

피부진정 및 보습을 목적으로 한다.
① 피부조직이 얇고 자극에 쉽게 반응하므로 강한 필링제의 사용을 금하며 자극이 적은 크림타입의 필링제를 이용해 2주에 1회 정도 딥클렌징을 한다.
② 팩도 자극이 적은 젤타입이나 크림타입을 이용해 주 1회 정도 해 준다.
③ 향이나 알코올, 색소, 방부제 등이 적게 들어 있는 저자극성 전용 화장품을 사용한다.

여드름성 피부(Acne)

피지 분비의 조절 및 염증완화를 목적으로 한다.
① 여드름의 예방은 피부를 청결히 하는 것으로, 자극이 적은 화장비누나 약산성 세안제를 이용하여 미지근한 물로 하루 2회 정도 세안한다.
② 주 2~3회 효소필링제와 AHA를 사용하여 각질과 피지를 제거하여 피지의 배출을 원활하게 한다.
③ 화장품은 유분이 적고, 비타민 B_2, 유칼립투스, 멘톨, 글리실리친산 등 염증진정과 피지조절 성분이 들어있는 것을 사용한다.

색소침착 피부

이미 발생한 색소침착을 완화시키고, 멜라닌 색소 생성 억제를 목적으로 한다.
① 각질층에 함유된 멜라닌 색소제거를 위해서 살리실산, AHA, 단백질 분해효소 등이 들어있는 딥클렌징제를 이용하여 주 1회 정도 각질을 제거한다.
② 멜라닌 합성을 저해하고 활성산소를 제거할 수 있는 비타민 C, 알부틴, 상백피 추출물, 감초추출물, 비타민 E, 녹차추출물, 코엔자임 Q10 등이 들어있는 미백전용 화장품을 사용한다.
③ 자외선 차단제를 반드시 발라 멜라닌의 생성을 예방한다.

노화피부

주름 완화 및 세포 형성의 촉진하고, 생리기능의 활성화를 목적으로 한다.
① 규칙적인 마사지로 혈액순환과 신진대사를 원활하게 한다.
② 보습과 피부재생 효과가 큰 콜라겐, 히아루론산, 로즈힙 오일, 레티놀, 태반 추출물, 세라마이드, 비타민 E 등이 함유된 제품을 사용한다.

STEP 06 매뉴얼 테크닉

1 매뉴얼 테크닉의 목적 및 효과

● 매뉴얼 테크닉의 목적

매뉴얼 테크닉은 손을 이용하여 쓰다듬기, 주무르기, 문지르기, 두드리기, 떨기 등의 가벼운 마찰과 자극의 동작을 통해 혈액순환과 신진대사의 기능을 높이고, 세포를 활성화시켜 신체조직의 기능을 회복하거나 유지하기 위한 목적으로 시행한다.

● 매뉴얼 테크닉의 효과

① 혈액순환
② 조직의 노폐물 제거
③ 피지선과 한선의 기능의 활성화
④ 결체조직의 긴장과 탄력성 부여
⑤ 근육이완 효과
⑥ 모세혈관 강화
⑦ 신진대사 촉진
⑧ 심리적 안정감 부여

2 매뉴얼 테크닉의 종류

● 쓰다듬기(경찰법, 무찰법 : Effleurage)

손바닥 전체를 이용하여 부드럽게 쓰다듬는 동작으로, 모든 동작의 처음과 끝이나 다른 동작으로의 전환 시에 사용된다.
① 자율신경계에 영향을 주어 피부 진정 및 긴장 완화
② 혈액과 림프순환을 활성화하여 조직의 독소 제거 및 죽은 각질 제거 효과

● 문지르기 (강찰법, 마찰법 : Friction)

손가락의 끝 부분을 이용하여 원을 그리면서 가볍게 움직이며 이동하는 동작으로, 이마나 볼 등에 부분적으로 사용되며 쓰다듬기보다 조금 강한 동작이다.
① 피지선을 자극하여 노폐물 제거 및 피지분비에 영향
② 피부 탄력성 증진, 결체조직 강화, 신진대사 촉진

◎ 주무르기(유연법, 유찰법 : Kneading)

손가락 전체를 이용하여 피부를 강하게 쥐거나 반죽하듯이 주무르는 동작으로, 매뉴얼 테크닉의 기본기 중 가장 강한 동작이다.
① 근육의 긴장완화 및 근육, 피하조직과 결체조직을 강화
② 혈액순환 촉진, 노폐물 제거에 효과적

◎ 두드리기(고타법 : Tapotement)

손가락 끝이나 측면, 손바닥, 주먹, 손 전체를 사용하여 다양하게 두드리는 동작으로, 피부의 상태에 따라 두드림의 강약을 조절하여 시행한다.
① 혈액순환과 신진대사 촉진
② 말초신경조직 자극
③ 피부탄력 증진
④ 과잉지방 축적 방지

◎ 떨기(진동법 : Vibration)

손가락이나 손 전체를 이용하여 피부에 진동을 주는 동작으로, 떨기의 세기에 따라 효과가 다르다.
① 경직된 근육을 이완
② 혈액과 림프순환 촉진
③ 결체조직 탄력 증진

3 매뉴얼 테크닉 시술

◎ 매뉴얼 테크닉 시술방법

① **방향(Direction)** : 매뉴얼 테크닉의 방향은 아래에서 위로, 안면 중심에서 바깥쪽으로, 근육의 결을 따라 시행하며, 심장의 방향으로 실시한다.

② **압력(Pressure)** : 지나치게 강하거나 약한 압력은 피하며, 피부 상태에 따라 적절한 힘의 세기를 이용한 압력이 필요하다.

③ **속도와 리듬(Rate & Rhythm)** : 일정한 속도와 휴식과 안정을 주는 리듬을 맞춘다.

④ **시간(Time)** : 일반적으로 10~15분 정도 실시하며, 피부상태에 따라 반복 횟수를 고려하여 적용한다.

⑤ **매개체(Media)** : 마찰에 의한 피부자극을 줄이고 동작의 유연성을 위해 로션이나 크림, 오일 등을 피부 상태에 따라 적절하게 선택하여 사용한다.

◉ 매뉴얼 테크닉을 피해야 하는 경우

① 피부질환이나 외상이 있는 경우
② 정맥류가 있어 혈관이 튀어나온 경우
③ 염증이나 화농성 피부
④ 선번으로 홍반현상이 있는 경우
⑤ 근육이나 골격에 질병이 있는 경우
⑥ 약이나 화장품 부작용으로 인한 알레르기 반응의 경우
⑦ 수술 직후

STEP 07 팩(Pack)

1 팩의 목적 및 효과

◉ 팩의 목적

팩은 표피의 과잉 피지 및 오염물질을 제거하여 피부를 청결하게 하는 목적과 영양 및 보습 등의 유효성분을 피부 깊숙이 침투시켜 피부의 생리기능을 높이는 목적으로 사용된다.

◉ 팩의 효과

① 혈액과 림프 순환 및 신진대사 촉진
② 피부 청정 및 수렴효과
③ 피부유형에 맞는 유효성분의 침투를 통한 보습, 재생, 미백, 진정, 염증완화 등의 효과

2 팩(마스크)의 종류 및 사용방법

◉ 팩의 종류

① 제거 방법에 의한 분류
  ㉮ 필오프 타입(Peel Off Type : 마른 후 떼어 내는 유형) : 젤이나 액체 형태로 되어 있어 바른 후 마르면서 얇은 막을 형성, 피부에 긴장감을 주며, 피지, 각질제거, 노폐물 등을 제거하는 효과가 있음
  ㉯ 워시 오프 타입(Wash Off Type : 물로 씻어 내는 유형) : 대부분의 팩제가 여기에 속하며, 크림, 젤, 클레이, 분말 등의 다양한 형태로 되어 있어 바르고 일정시간이 경과 한 후 물로 제거해 줌
  ㉰ 티슈 오프 타입(Tissue Off Type : 티슈로 닦아내는 유형) : 흡수가 잘되는 크림이나 젤의 형태로, 팩제를 티슈로 가볍게 닦아 냄

② 제형에 따른 분류
  ㉮ 크림 타입(Cream Type) : 사용감이 부드럽고, 보습과 유연효과가 좋아 모든 피부유형에 적합
  ㉯ 젤 타입(Gel Type) : 건조되면서 얇은 막을 형성하는 제품과 건조되지 않는 형태로 나뉘며, 전자는 노폐물 제거 등 피부 청정효과가 있고, 후자는 진정 및 보습작용이 뛰어남
  ㉰ 파우더 타입(Powder Type) : 가루 상태로 정제수나 화장수를 섞어서 사용
  ㉱ 시트 타입(Sheet Type) : 활성성분이 흡착된 부직포나 시트를 얼굴에 붙여 두었다가 떼어내는 형태로 즉각적인 효과가 있으며, 사용이 간편
  ㉲ 무스 타입(Mousse Type) : 무스형태로 가벼운 느낌을 주며, 유효성분의 흡수율이 높음

③ 특수팩
  ㉮ 콜라겐 벨벳 마스크(Collagen Velvet Mask) : 콜라겐이 90% 이상 함유되어 피부 표면의 수분 공급, 진정, 탄력 증가 및 잔주름에 효과적
  ㉯ 석고 모델링 마스크(Thermo Modeling Mask) : 석고의 발열작용에 의해 피부에 바른 유효성분의 침투를 극대화 시키는 방법으로, 혈액순환 촉진과 피부 활성화
  ㉰ 고무 모델링 마스크(Algin Modeling Mask, Seaweed Mask) : 해조류에서 추출한 다양한 활성성분이 주성분으로, 고무막이 응고되면서 활성성분과 영양이 피부 깊숙이 침투, 수분공급 및 피부진정에 뛰어난 효과
  ㉱ 왁스 마스크(Wax Mask, Paraffin Mask) : 파라핀의 따뜻한 열로 피지 및 노폐물 배출을 원활히 하고 혈액순환을 촉진시켜 피부에 탄력과 보습력을 증대시킴

④ 한방 팩
  ㉮ 미용효과가 있는 한방재료를 분말로 가공하여 사용하는 팩
  ㉯ 가격이 저렴하고 사용이 간편하나 피부 흡수율이 낮고 부작용이 일어날 수 있으므로 정확한 효능을 알고 사용하는 것이 필요함

⑤ 천연 팩
  ㉮ 먹을 수 있는 재료를 거의 모두 이용할 수 있으나 제품으로 만든 팩에 비해 안전성이 떨어져 피부 트러블의 원인으로 작용할 수 있음
  ㉯ 목적에 맞는 사용방법과 만드는 방법을 잘 알고 사용하는 것이 중요(바나나, 당근, 계란, 요구르트, 사과, 딸기 등)

◎ 제형별 팩 사용방법

① 크림 타입(Cream Type)의 팩
  ㉮ 피부유형에 맞는 제품을 선택하여 적당량을 볼에 덜어 스파츌라나 팩붓을 이용하여 일정한 두께로 도포한다.
  ㉯ 10~20분 정도 경과 후 젖은 해면과 스팀타월을 이용하여 닦아낸다.

② 젤 타입(Gel Type)의 팩
  ㉮ 적당량의 제품을 볼에 덜어내어 팩붓을 이용하여 얼굴에 도포한다.

ⓑ 10~15분경과 후 건조되지 않는 제품은 해면과 스팀타월을 이용하여 닦아내고, 피막이 형성되는 제품은 마른 후 아래에서 위로 피부가 자극을 받지 않도록 떼어준다.
　　ⓒ 잔여물은 젖은 해면으로 정리한다.
③ 파우더 타입(Powder Type)의 팩
　㉮ 석고 모델링 마스크(Thermo Modeling Mask)
　　㉠ 고객의 모발에 석고가 닿지 않도록 티슈와 터번을 이용하여 잘 싼다(석고가 말라서 붙으면 머리카락을 잘라야 하므로 주의).
　　㉡ 피부유형에 따라 앰플을 도포하고, 영양크림을 두껍게 발라준다.
　　㉢ 거즈나 아이패드를 이용하여 눈부위, 입술부위를 눈썹을 포함하여 덮는다.
　　㉣ 숨구멍을 낸 거즈를 얼굴 전체에 덮어준다.
　　㉤ 석고 분말을 볼에 넣고 증류수를 부어 적절한 묽기가 되도록 섞어 스파츌라를 이용하여 빠른 동작으로 일정한 두께를 조절하며 바른다.
　　㉥ 시간이 경과하여 뜨거운 열기가 가라앉으면 양손을 턱 끝에 대고 굳어진 석고를 가볍게 흔들어 떼어 낸 후 잔여물을 정리한다.
　㉯ 고무 모델링 마스크(Algin Modeling Mask, Seaweed Mask, Algae Mask)
　　㉠ 모발에 마스크가 묻지 않도록 터번으로 잘 싼다.
　　㉡ 증류수에 잘 개어 스파츌라로 발라준다.
　　㉢ 고무형상으로 굳어진 마스크를 약 20분 정도 경과한 후 아래서부터 위로 떼어내고 정리한다.
　㉰ 한방 팩
　　㉠ 피부유형에 맞는 한방재료를 선택하여 적당량을 덜어 둔다.
　　㉡ 증류수나 감초달인 물 등에 잘 개어 섞는다.
　　㉢ 거즈는 콧구멍 부위에 구멍을 낸 후 물에 적셔 얼굴에 잘 밀착 되도록 덮어준다.
　　㉣ 팩붓을 이용하여 일정한 두께로 발라준다.
　　㉤ 10~20분 정도의 시간이 지나고 제거한다.
④ 시트 타입(Sheet Type)
　㉮ 벨벳 마스크(Velvet Mask, Collagen Mask, Matrix Mask)
　　㉠ 천연 콜라겐을 냉동, 건조시킨 것으로 수용성 콜라겐의 침투가 어려우므로 유분을 잘 닦아내고 실시한다.
　　㉡ 시트지를 반으로 접어 코와 입 부위를 절개하고 이마의 끝부분은 맞춰 자른 다음 적절한 양의 증류수나 화장수에 시트지를 적신 후 얼굴에 덮어 기포가 생기지 않게 밀착시킨다.
　　㉢ 20~30분 경과한 후 제거하고 에센스, 크림으로 마무리한다.
　㉯ 패치 마스크(Patch Mask)
　　㉠ 영양액 등의 특수용액에 적셔진 부직포나 거즈를 얼굴에 밀착시킨다.
　　㉡ 10~20분 후 제거한 다음 크림으로 마무리한다.
　　㉢ 안면전체에 적용하는 패치마스크 외에, 코의 블랙헤드를 제거하는 코팩이나 눈 전용 아이패드가 있다.

⑤ 왁스 마스크 (Wax Mask, Paraffin Mask)
  ㉮ 왁스가 닿지 않도록 고객의 머리를 터번으로 잘 감싼다.
  ㉯ 눈과 입을 물에 적신 아이패드로 덮고 눈, 코, 입부위가 절개된 거즈를 얼굴에 덮어준다.
  ㉰ 온열기에 미리 녹여놓은 왁스마스크가 뜨겁지 않은지 확인한 후 붓을 이용하여 일정한 두께로 펴 바른다.
  ㉱ 5겹 정도의 두께로 바른 후 랩을 덮어 온도를 유지시킨다.
  ㉲ 약 30분 정도 경과 후 스파츌라를 이용하여 떼어낸 후 마무리한다.

STEP 08 제모(Dpilation And Epilation)

1 제모의 목적 및 효과

● 제모의 목적
미용적 효과를 위해 불필요한 체모를 제거하는 것을 목적으로 한다.

● 제모의 효과
① 체모로 인해 외견상 불편한 부분을 매끈하게 정리한다.
② 불필요한 체모의 제거로 화장 및 용모의 아름다움을 높인다.

2 제모의 종류 및 방법

● 제모의 종류
① 일시적 제모(Depilation) : 털을 일시적, 한시석으로 제거하는 방법으로 면도기, 핀셋, 제모크림, 왁스 등을 이용하여 모간이나 모근까지 제거하는 방법이다.
② 영구적 제모(Epilation) : 전기적 작용을 이용하여 모근까지 제거하는 방법이다.

● 제모의 방법
① 면도기(Shaving)를 이용한 방법
  ㉮ 모공을 충분히 열어주고 털이 부드럽게 되었을 때 충분히 거품을 낸 클렌저나 쉐이빙 크림을 바른 후 털이 자라는 반대방향으로 밀어준다.
  ㉯ 면도 후에는 깨끗한 물로 씻어내고 쉐이빙 로션을 발라 피부를 진정 시킨다.

② 족집게(Tweezer)를 이용한 방법
  ㉮ 눈썹 수정이나 왁스 제모 후 잔털, 겨드랑이의 털을 제거할 때 이용하는 방법이다.
  ㉯ 자극을 줄이기 위해 스팀타월 등을 이용하여 모공을 충분히 열어 준 후 털이 자라는 방향으로 뽑는다.
  ㉰ 털을 제거한 후 진정 화장수를 발라주어 피부 진정시키고 염증유발을 억제한다.
  ㉱ 자주 실시할 경우 피부가 늘어질 수 있으므로 유의한다.

③ 화학적 제모 방법
  ㉮ 강알칼리성의 제모크림으로 털을 연화시켜 제거하는 방법이다.
  ㉯ 피부를 클렌징 한 후 건조시킨 다음, 제모제를 제거할 부위에 두껍게 바른다
  ㉰ 5~10분 정도 제모제를 발라 둔 후 미지근한 물로 씻어 준 다음 산성 화장수를 바르고 진정로션이나 파우더를 발라주어 피부자극을 줄인다.

④ 왁스(Waxing) 제모 방법
  ㉮ 온왁스(Warm Wax)
    ㉠ 온왁스는 상온에서 굳은 상태이므로 왁스포트에 데워서 부드럽게 녹여둔다.
    ㉡ 제모 할 부위는 Pre-Wax 로션이나 화장수 등을 이용하여 땀과 유분기를 제거하고 파우더를 발라 건조시킨다.
    ㉢ 관리사는 장갑을 착용하고 도포 전 자신의 팔목에 테스트를 하여 왁스가 너무 뜨겁지 않은지 확인한다
    ㉣ 일회용 스파츌라를 이용하여 털이 자라는 방향으로 얇게 발라준다.
    ㉤ 머슬린 천이나 특수 Paper를 부착하여 강하게 문질러 밀착시킨 후 털이 자라는 반대방향으로 빠르게 떼어낸다.
    ㉥ 남은 털은 족집게를 이용해 제거하고, 진정용 화장수나 After-Wax 로션, 젤을 발라 피부를 진정시키고 감염의 위험을 줄인다.
  ㉯ 냉왁스(Cold Wax)
    ㉠ 상온에서 유동상태이므로 데우지 않고 바로 사용한다.
    ㉡ 제모 할 부위는 파우더로 습기를 제거한다.
    ㉢ 스파츌라를 이용하여 냉왁스를 떠서 털이 자라는 방향으로 발라준다.
    ㉣ 머슬린 천이나 특수 페이퍼를 부착하여 손바닥과 손끝으로 문질러 접착시킨 후 털이 자라는 반대방향으로 빠르게 떼어낸다.
    ㉤ 제거되지 않은 털은 족집게로 제거하고, 진정 화장수나 크림을 바른다.

⑤ 영구 제모
  ㉮ 직류를 이용해 전기가 통하는 바늘 끝부분을 모근에 꽂아 모구를 전기로 파괴하는 전기분해법(Epilation)과 단파에서 발생하는 높은 열로 모근을 가열하여 응고시키는 전기응고술(Coagulation)이 있다.
  ㉯ 약하고 가는 털을 제외하고 모든 털의 제거가 가능하나 시간이 많이 걸리고 여러 번 시술해야 하는 단점이 있다.

◎ 제모를 금해야 하는 경우

① 정맥류 등 혈관 이상이 있는 경우
② 상처나 피부질환이 있는 경우
③ 사마귀나 점 부위
④ 당뇨병 환자
⑤ 일광화상을 입은 경우
⑥ 모세혈관 확장 피부
⑦ 사우나 또는 장시간의 목욕 직후

STEP 09 전신관리

1 전신관리의 목적 및 효과

◎ 전신관리의 목적

혈액과 림프의 순환을 원활히 하여 신진대사 및 노폐물 배출을 촉진하며, 결체조직을 강화시켜 피부의 탄력을 높이고 긴장 완화 등 심리적인 안정을 목적으로 한다.

◎ 전신관리의 효과

① 순환과 신진대사 촉진
② 노폐물배출 원활
③ 영양물질의 흡수로 피부노화 방지 및 유연성 효과
④ 육체의 피로해소
⑤ 신경이나 근육의 진정효과
⑥ 신체 불균형의 조절기능

2 전신관리의 종류 및 방법

◎ 스웨디쉬 마사지(Swedish Massage)

① 전신관리의 가장 기초적인 마사지법으로 스웨덴의 링에 의해 체계적이고 과학적으로 발전되었으며, 유럽에서는 유럽피안 마사지로 불린다.
② 방법
  ㉮ 테크닉의 방향은 심장쪽을 향하여 실시하며, 안에서 밖으로, 아래에서 위로 근육의 결을 따라 실시한다.

㉯ 기본 동작인 쓰다듬기(경찰법), 문지르기(강찰법), 두드리기(고타법), 주무르기(유찰법), 떨기(진동법)를 이용하여 적절한 압력을 사용해 리듬감 있게 행한다.

림프 드레나쥐(Lymph Drainage)

① Dr. Vodder에 의해 만들어진 수기요법으로 림프순환을 촉진하고, 세포의 노폐물의 배출을 용이하게 함으로써 조직의 대사를 원활하게 해 주며, 면역기능을 강화시켜 준다.

② 방법
  ㉮ 림프의 방향대로 실시한다.
  ㉯ 일반적인 매뉴얼 테크닉에 비해 가볍게, 정확하게, 리듬감 있게 하되 일정한 속도를 유지하면서 손끝으로 조직을 느껴가면서 시행한다.
  ㉰ 고객의 근육이 수축되면 림프의 순환을 방해하므로 모두 근육이 이완된 상태에서 실시한다.
  ㉱ 2~3방울 정도의 소량의 오일이나 유분기가 적은 크림을 소량 사용한다.
  ㉲ 원 동작(Stationary Circles), 펌프 동작(Pump Technique), 퍼올리기 동작(Scoop Technique), 회전동작(Rotary Technique)의 4가지의 기본동작을 이용하여 실시한다.
  ㉳ 피부염증, 혈전증, 갑상선기능 장애, 천식, 독감에 걸린 임산부는 마사지를 금한다.

아로마 마사지(Aroma Massage)

① 아로마 에센셜 오일을 캐리어 오일에 희석하여 피부에 도포하는 방법으로, 아로마의 유효성분이 피부를 통과하거나 코로 흡입되어 혈액순환 및 림프의 흐름을 개선하고, 노폐물배출을 촉진하며, 스트레스 및 정신적 피로감을 감소시키는 효과를 준다.

② 방법
  ㉮ 근육이나 림프의 방향을 따라 스웨디쉬 마사지, 림프 드레나쥐, 반사요법 등을 적용 시켜서 실시한다.
  ㉯ 에센셜 오일은 피부에 자극이 있을 수 있으므로 캐리어 오일에 섞어서 사용하며, 에센셜 오일과 캐리어 오일의 용량을 정확히 지켜야 한다.
  ㉰ 피부알레르기가 있는지 패치테스트를 거친 후 실시한다.
  ㉱ 임산부, 고혈압환자, 간질환자, 3개월 미만의 어린아이에게는 오일을 잘 선택하여 사용한다.
  ㉲ 감광성 오일은 색소침착의 우려가 있으므로 낮 동안 관리에 주의한다.
  ㉳ 일반 마사지에 비해 아로마 오일 특유의 생리적, 심리적 효과를 함께 볼 수 있다.

경락 마사지(Meridian)

① 경락은 한의학의 영역에서 다뤄지는 것으로, 12정경맥과 임맥과 독맥을 포함하는 8기경맥이 오장육부(五臟六腑)와 사지백절(四肢白節)과 연결되어 인체의 생리학적 기능을 수행하고 있다는 개념을 바탕으로, 미용 경락은 수기를 이용하여 체표의 경혈부분에 적절한 압력을 주어 정체된 신체 부위의 흐름을 원활하게 하여 건강을 유지, 증진시키는 마사지 요법이다.

② 방법
  ㉮ 관리사는 양손을 비벼 열을 올려서 시작한다.
  ㉯ 손을 몸에 밀착시키고 체중을 이용하여 무리 없는 동작을 시행한다.
  ㉰ 필요이상의 압은 신경과 근육의 긴장을 가져오므로 적당한 압을 적용시키며, 특히 가슴, 배, 목 부위의 모혈(급소)을 강하게 지압하지 않는다.
  ㉱ 섬세한 피부 부위나 민감한 부위는 손바닥으로 부드럽게 문질러 긴장을 이완시킨다.
  ㉲ 손가락, 손바닥, 팔꿈치, 전완, 반주먹 등 신체의 다양한 부위를 이용하여 시술한다.
  ㉳ 만성 염증성 피부질환자, 감염성질환자, 정맥류가 있는 경우, 임산부, 식후 1시간 이내는 마사지를 금한다.

● 타이 마사지(Thai Massage)

① 태국 전통의학 중의 일부로, 에너지의 통로인 센(Sen)의 흐름을 원활하게 하여 기(氣)의 균형을 맞추어서 몸과 마음의 건강을 증진시킨다.

② 방법
  ㉮ 옷을 입은 상태에서 실시한다.
  ㉯ 신체를 부드럽게 눌러주고 당겨주고 비틀어주는 스트레칭 동작을 사용한다.
  ㉰ 센 라인(10개)의 중요한 포인트를 따라 실시한다.

● 아율베딕 마사지(Ayurvedic Massage)

① 인도의 전통의학을 기본으로 한 마사지로, 트리도샤(Tridosha)로 불리는 바타(Vata, 호흡), 피타(Pitta, 담즙), 카파(Kapha, 점액)의 균형을 중시한다. 아율베딕 마사지는 근육, 신경, 골격과 전신을 이완시켜 혈액과 림프의 순환을 촉진시키고, 독소의 배출을 원활히 하며, 몸과 마음의 밸런스를 맞춰준다.

② 방법
  ㉮ 마사지를 하기 전에 긴장을 풀도록 심호흡을 시킨다.
  ㉯ 마사지를 할 오일을 뜨거운 물에 중탕으로 데워 30~41℃ 정도가 되도록 데운다.
  ㉰ 손바닥에 몇 방울의 기름을 떨어뜨려 문질러 따뜻해지면 마사지를 시행한다.
  ㉱ 신체의 지압점인 마르마(Marmas, 107개)의 위치를 정확하게 파악하여 실시한다.
  ㉲ 전체 마사지 시간은 45분~60분 정도이나 허약한 체질의 사람은 30분~35분을 넘겨서는 안 된다.
  ㉳ 문지르기(Strokes), 두드리기(Tapping), 주무르기(Kneading), 마찰하기(Rubbing), 짜기(Squeezing)의 동작을 이용하여 실시한다.
  ㉴ 인후부분은 오로지 윗 방향으로 문지르고, 팔과 다리의 긴뼈는 오르내리는 방법으로, 어깨와 팔꿈치, 무릎과 같은 관절은 돌려가면서 문지른다.

● 시아추 마사지(지압, Shiatsu Massage)

① 지압은 중국 전통 의학에 기초를 두고 일본에 안마라는 이름으로 널리 보급되었던 것으로, 경락 전체를 맨손으로 적당한 압을 통해 자극하여 신체가 가지고 있는 자연치유능을 회복시킨다.

② 방법
- ㉮ 고객이 편안한 자세와 복장을 한 상태에서 실시한다.
- ㉯ 얼굴이나 머리 지압 시 수건을 대고 그 위에서 지압한다.
- ㉰ 지압의 정도는 시원하게 쾌감을 느끼는 정도의 압(쾌압)을 사용한다.
- ㉱ 압은 몸 표면을 향해 수직으로 누른다(수직압).
- ㉲ 압을 가하여 누른 후는 그 힘을 멈추지 않고 3~5초 정도의 시간을 유지한 후 서서히 힘을 빼 준다(안정 지속압).
- ㉳ 등뼈, 늑골, 목의 앞부분은 지압을 피한다.
- ㉴ 손톱을 짧게 자르고 정성을 다해 실시한다.
- ㉵ 고열, 염증성질환, 부종, 감염병이 있는 경우 실시하지 않는다.
- ㉶ 식후 1시간이 지난 후에 실시한다.

● 데이 스파(Day Spa)

① 물의 수압, 부력, 물의 열 등을 이용하여 혈액순환을 촉진시키고 체내의 독소배출 및 세포재생, 스트레스해소 등 건강을 증진시키는 스파 테라피(Spa Therapy)를 뷰티 영역의 한 분야로 발전시킨 형태로, 수요법(Hydrotherapy)을 적용시킨 전신 마사지법이다.

② 방법
- ㉮ 발열로션으로 순환을 촉진한다.
- ㉯ 바디 스크럽제나 타월, 브러시 등으로 죽은 각질을 제거한다.
- ㉰ 40℃ 정도의 물에 아로마 오일을 넣고 몸을 담궈 20분 정도 수요법(목욕관리, 샤워 등)을 실시한다.
- ㉱ 아로마 오일 등을 이용하여 전신 마사지를 행한다.
- ㉲ 팩을 바른 후 20분 정도 적용 후 제거한다.
- ㉳ 바디로션이나 크림으로 마무리한다.

● 바디 랩핑(Body Wrapping)

① 바디 팩을 한 후 천이나 비닐 등으로 전신을 감싸주어 유효성분의 침투를 돕고 피부보습 및 유연성 부여, 탄력의 효과 및 사이즈의 감량 등을 통해 비만관리에 도움을 주는 전신관리 방법이다.

② 방법
- ㉮ 전신 마사지 후 머드나 해조류, 클레이 등을 전신에 바르거나 국소 부위에 독소배출 기능이 있는 제품을 바른다.
- ㉯ 천이나 폴리비닐 등의 재료로 전신을 감싼 후 원적외선이나 빔 샤워를 이용하여 20~30분 정도 적용시킨 다음 제거한다.

③ 랩핑의 종류
- ㉮ 알긴 랩핑

㉯ 아미노 단백질 랩핑
㉰ 냉동 랩핑
㉱ 원적외선 온열 랩핑

STEP 10 마무리

1 마무리의 목적 및 효과

◉ 마무리의 목적
각 단계 후 피부정돈 및 유연성의 부여로 다음 단계로의 효과를 극대화시키며, 팩이 끝나는 마지막 단계는 피부타입에 맞는 화장수와 로션, 영양크림으로 마무리함으로써 건강하고 아름다운 피부를 유지하게 한다.

◉ 마무리의 효과
① 피부 정돈
② 피부 유연성 부여
③ 피부 영양공급

2 마무리의 방법

◉ 얼굴 마사지
① 팩(마스크) 제거 후 냉습포로 마무리한다.
② 화장수와 로션으로 피부결을 정돈하고 수분과 유분을 공급한다.
③ 아이크림, 립크림을 바른다.
④ 피부 유형별 영양크림(낮에는 데이크림, 저녁에는 나이트크림)을 도포한다.
⑤ 자외선 차단제품으로 마무리한다.

◉ 바디 마사지
① 호호바 오일 등 피부에 잘 흡수되는 오일은 닦아낼 필요가 없으나 일반적인 마사지 오일을 사용했을 경우 온습포를 이용해 잘 닦아낸다.
② 스킨로션으로 정리하고 건성이나 노화피부의 경우는 바디로션을 발라 마무리한다.

◎ 마무리 동작

① 헤어밴드를 풀고 머리를 감싸 지그시 눌러준 다음, 두피전체를 가볍게 튕겨준다.
② 따뜻한 온습포를 목 뒤에 받치고 경추라인을 지그시 잡아 누른다.
③ 어깨 부위를 양손바닥을 이용해 교대로 눌러주고 상완을 주물러 준다.
④ 양팔을 머리 위로 올려 상완 내측을 교대로 주물러주고, 기지개를 켜는 자세로 늘려준 다음 원위치 시킨다.
⑤ 고객을 일으켜 앉히고 목과 등을 가볍게 두드려 준 후 온습포로 닦아준다.
⑥ 바디로션을 발라 마무리한다.
⑦ 관리 후 순환을 돕기 위해 따뜻한 허브 차나 물을 마시게 한다.

LESSON 02

피부학

STEP 01 피부와 피부 부속기관의 구조 및 기능

1 피부의 구조

피부는 신체의 외표면을 덮고 있는 가장 역동적인 기관으로, 표피(Epidermis), 진피(Dermis), 피하조직(Subcutaneous Fat Tissue)의 3층으로 구성되어 있으며, 피부부속기로는 한선(Sweat Gland), 피지선(Sebaceous Gland), 모발(Hair) 및 손·발톱(Nail) 등이 있다.

피부의 두께는 성인의 경우 체중의 약 16%를 차지한다. 또한 개인별, 부위별 차이가 있으나 일반적으로 여성보다 남성이 두꺼우며, 가장 두꺼운 곳은 손바닥, 발바닥이고 가장 얇은 곳은 눈꺼풀이다.

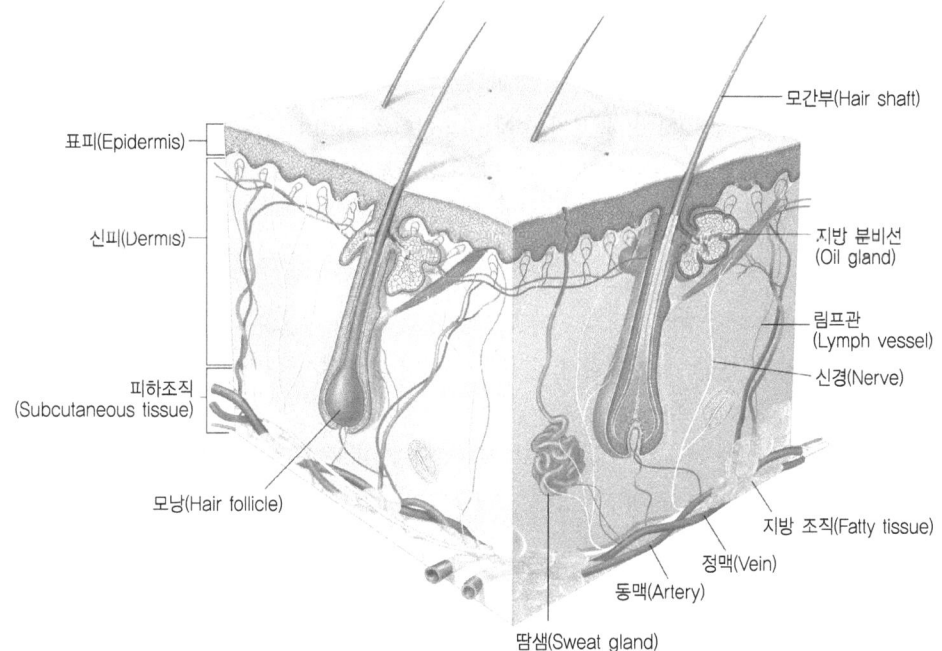

▲ 피부단면도

◉ 표피(Epidermis)

표피는 각질형성세포(Keratinocyte)와 멜라닌세포(Melanocyte)로 구성되어 있으며, 각질형성세포가 대부분을 차지하고 있다.

① 기저층(Stratium Basale, Basal Layer)
- ㉮ 표피의 가장 아래층으로 진피와 접하고 있으며 물결 모양을 이룬다.
- ㉯ 단층의 원추형 유핵세포로 진피층의 모세혈관으로부터 영양을 공급받아 세포분열을 하여 새로운 세포를 만들어낸다.
- ㉰ 케라틴을 만드는 각질형성세포(Keratinocyte)와 피부색을 좌우하는 멜라닌형성세포(Melanocyte)가 4:1~10:1의 비율로 존재한다.
- ㉱ 머켈세포(Merkel Cell)이라 불리는 촉각세포가 존재하는데, 주로 손바닥이나 발바닥, 입술 등에 많다.

② 유극층(가시층, Stratium Spinosum, Prickle Layer)
- ㉮ 표피의 대부분을 차지하며, 세포사이에 림프액이 있어 영양분의 교환이 자유롭다.
- ㉯ 피부면역을 담당하는 랑게르한스 세포(Langerhans Cell)가 존재한다.
- ㉰ 세포분열로 피부손상을 복구한다.

③ 과립층(Stratium Granulosum, Granular Layer)
- ㉮ 2~5개 층으로 구성된 다이아몬드형의 세포로 구성되어 있다.
- ㉯ 각질화 과정이 시작되는 곳으로 세포 내에 케라토히알린(Keratohyalin 각질유리과립)이라는 황을 많이 함유한 단백질이 뭉쳐진 과립을 형성한다.
- ㉰ 수분침투에 대한 방어막 역할과 피부 내부의 수분증발을 조절하여 피부 건조를 방지한다.

④ 투명층(Stratium Lucidium, Clear Layer)
- ㉮ 손바닥, 발바닥에만 존재하며, 세포질 속에 엘레이딘(Eleidin)이라는 반유동 지방성분이 함유되어 있어 유연성과 탄력성을 부여하여 손발의 기능을 부드럽게 해 준다.
- ㉯ 과다한 수분 침투를 방지한다.

⑤ 각질층(Stratium Corneum, Horny Layer)
- ㉮ 피부의 가장 바깥의 무핵세포로 약 20~30개층으로 이루어져 있다.
- ㉯ 피부의 표면으로 갈수록 납작해지며, 얇은 비늘모양의 조각이 되어 하루에 약 0.5~1.0g씩 떨어져 나간다.
- ㉰ 각질층의 수분함량은 10~20% 정도이고, 10%이하면 피부가 건조하고 거칠어진다.
- ㉱ 수분의 투과성이 낮아서 몸 내부의 수분이 빠져나가지 못하는 방어막 작용을 하며, 외부의 유해물질의 침투를 막아주는 역할을 한다.

◉ 진피(Dermis)

표피의 아래층으로 피부의 90%를 차지하며, 유두층(Papilary Layer)과 망상층(Reticular Layer)의 두 층으로 구분된다.

① 유두층(Papilary Layer)
　㉮ 표피의 기저층과 인접하여 둥글게 돌출되어 있는 부분이다.
　㉯ 모세혈관을 통해 기저세포에 영양을 공급한다.
　㉰ 신경종말이 다량 분포되어 신경전달의 역할을 한다.
　㉱ 물결모양은 피부의 팽창과 탄력에 관여하며, 노화의 진행에 따라 편평해 진다.

② 망상층(Reticular Layer)
　㉮ 그물 모양의 섬유조직인 교원섬유(Collagen Fiber)와 탄력섬유(Elastic Fiber)가 치밀하게 구성되어 있으며 결합섬유 사이는 젤 형태의 무코-다당류가 존재하여 피부를 탄력있고 유연하게 한다.
　㉯ 피부를 탄력있고 유연하게 한다.
　㉰ 피부표면과 평행하여 주름을 형성하게 되는데 이를 랑거선(Langer'S Line)이라 하며, 절개수술을 할 때 랑거선을 따라 하게 되면 피부의 흉터를 최소화 할 수 있다.
　㉱ 혈관, 림프관, 신경, 한선, 모낭, 지선 등이 복잡하게 분포되어 있다.

● 피하조직(Subcutaneous Fat Tissue)

① 그물모양의 느슨한 결합조직으로, 지방을 많이 함유하고 있기 때문에 피하지방층이라고도 한다.
② 피하지방층은 절연체의 역할을 하여 내부의 열이 빠져나가지 못하게 하고, 외부로부터의 충격을 완화시킨다.
③ 피하조직의 분포 및 두께는 신체부위, 연령, 성별, 영양상태 등에 따라 다양하며 특히 여성의 엉덩이, 유방 등에 많이 분포되어 있다.
④ 체형 결정 및 보호(쿠션)기능을 하며, 지방의 형태로 저장하였다가 필요할 때 에너지원으로 사용한다.
⑤ 15%의 물과 85%의 지방으로 구성되어 있다.

2 피부의 생리기능

● 보호 작용

① 물리적 자극에 대한 보호 작용 : 외부의 압박이나 충격으로부터의 보호 작용
② 화학적 자극에 대한 보호 작용 : 산성보호막 및 케라틴 단백질의 산, 알칼리 중화능력
③ 세균에 대한 보호 작용 : pH 4.5~6.5의 약산성 보호막이 세균의 발육을 억제
④ 자외선에 대한 보호 작용 : 멜라닌 생성을 통해 태양광선으로부터 피부를 보호

● 체온조절 작용

① 추울 때는 피부의 표면적을 적게 해서 열의 발산을 막고, 더울 때는 표면적을 넓게 하여 열의 발산을 증대시킨다.

② 자율신경 작용에 의해 모세혈관과 땀의 분비, 입모근의 수축 등을 통해 체온을 조절한다.

저장 작용
① 수분과 영양물질을 저장한다.
② 과잉의 지방분을 피하조직에 지방으로 저장한다.

감각 작용
① 피부 1cm2 당 통각점이 200개, 촉각점이 25개, 냉각점이 12개, 온각점이 2개 존재하고 있다.
② 촉각점은 입술, 혀끝, 손끝에 많이 분포되어 있으며, 혀끝에는 온각점과 냉각점이 더 많이 분포되어 있다.

분비 및 배설 작용
① 피지선을 통해 피지가 분비되며 이는 피지막을 형성, 수분증발억제 및 살균작용을 한다.
② 한선을 통해 분비되는 땀은 체온조절, 수분유지 작용을 한다.

흡수 작용
① 피지선과 모낭을 통해 물질이 흡수되며, 표피를 통해서도 일부 흡수된다(경피흡수).
② 피부에 어떤 성분을 바른 후 밀착포로 밀봉하면 더 잘 흡수된다.

비타민 D 형성 작용
① 프로비타민 D가 자외선의 영향으로 비타민 D로 활성화된다.
② 비타민 D는 칼슘의 흡수 및 촉진, 피부손상 억제 작용을 한다.

재생 작용
① 피부조직의 복구능력에 의해 외부의 상처도 일정 시간이 경과하면 원상태로 회복한다.
② 진피층이나 표피 기저층의 상처는 재생이 힘들어 흉터를 남긴다.

표정 작용
① 표정근에 의해 의지 및 감정을 표현한다.
② 피부색의 변화를 통해서도 감정을 표시한다.

3 피부의 부속기관

● 한선(Sweat Glands)

① 에크린선(소한선, Eccrine Sweat Gland)
- ㉮ 소한선은 입술과 음부를 제외한 피부 전신에 널리 분포되어 있으며, 특히 손바닥, 발바닥, 이마, 겨드랑이, 코, 서혜부 등에 많이 분포되어 있다.
- ㉯ 체온조절, 피지막과 산성막 형성에 관여하여 피부표면에 세균이 번식하는 것을 억제하며, 피부 유연성에도 필요하다.

② 아포크린선(대한선, Apocrine Sweat Gland)
- ㉮ 사춘기 이후 겨드랑이, 유두주위, 성기 및 항문주위 등에서만 존재하며, 단백질을 많이 함유하여 특유의 냄새를 가진다.
- ㉯ 소한선에 비해 크며, 모낭의 윗부분과 연결되어 피지선의 출구에 저장되었다가 피지선을 둘러싼 근육의 압력에 의해 피부표면으로 배출한다.

● 피지선(Sebaceous Glands)

① 진피층에 위치하며, 피부를 보호하고 유해물질이 외부로부터 침입되는 것을 방어하며, 수분의 증발을 막아주고 털과 피부표면을 매끄럽게 한다.
② 피지선은 T-존, 목, 가슴 등의 대피지선과 손바닥, 발바닥을 제외한 전신의 소피지선, 입술, 유두, 눈꺼풀 등에 있는 독립피지선으로 나뉜다.

● 모발(Hair)

① 모발의 구조
- ㉮ 모간(Hair Shaft) : 피부 표면에 나와 있는 부분을 말하며, 모표피, 모피질, 모수질로 구성
  - ㉠ 모표피(Cuticle) : 기와 또는 비늘 모양의 무핵의 각화세포로 내부의 모피질을 보호하는 역할을 함. 모표피의 비율은 10~15%로 마찰에 약함.
  - ㉡ 모피질(Cortex) : 모발의 85~90%를 차지하며, 모발의 색상을 나타내는 멜라닌 색소를 함유하고 있음. 모발의 물리적, 화학적 특성을 좌우
  - ㉢ 모수질(Medula) : 모발의 중심부에 벌집모양의 형태로 존재. 연모에는 존재하지 않음
- ㉯ 모근(Hair Root) : 피부 내부에 있는 부분
  - ㉠ 모구(Hair Bulb) : 모근 아래쪽의 둥근 부분
  - ㉡ 모유두(Hair Papilla) : 모세혈관을 통해 모발에 영양과 산소를 공급
  - ㉢ 모모세포(Hair Matrix Cell) : 세포의 증식과 분열을 통해 모발을 생성
- ㉰ 입모근(Arrector Pili Muscle) : 자율신경에 의해 지배되며, 긴장되거나 추위에 노출되었을 때 수축하여 털이 서게 된다.

② 모발의 생장주기(Hair Cycle) : 모발은 성장기(Anagen), 퇴행기(Catagen), 휴지기(Telogen)의 주기를 반복
  ㉮ 성장기(Anagen) : 전체 모발의 85~90%를 차지하며, 성장기는 3~6년 정도이다.
  ㉯ 퇴행기(Catagen) : 성장을 마치고 퇴화를 하게 되는 시기로, 전체 모발의 1%를 차지하며 약 2~3주간 지속된다.
  ㉰ 휴지기(Telogen) : 털이 가늘어지고 색소도 결핍되고, 고착력이 약해져 잡아당기면 별 저항 없이 간단하게 뽑힌다. 전체 모발의 10~15% 정도이며, 약 3~4개월간 지속된다.

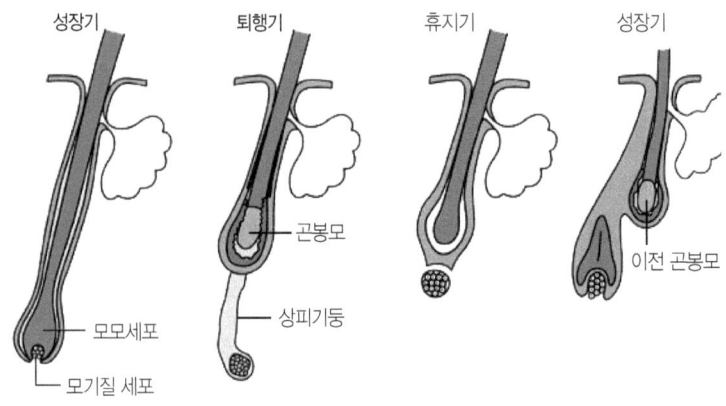

▲ 모발의 생장주기

○ 손 · 발톱(Nail)

① 손 · 발톱의 구조
  ㉮ 조체(Nail Body) : 눈으로 보이는 손톱부분
  ㉯ 조곽(Nail Wall) : 조체를 둘러싼 부분
  ㉰ 조근(Nail Root) : 조곽 밑의 숨겨진 부분
  ㉱ 조모(Nail Matrix) : 세포분열을 통해 손톱을 생산하는 부분
  ㉲ 조상(Nail Bed) : 손톱을 받치고 있는 부분
  ㉳ 조반월(Nail Lunula) : 손톱이 케라틴화 되지 않아 반달모양으로 하얗게 보이는 부분

② 손 · 발톱의 생리
  ㉮ 손톱은 하루에 약 0.1mm씩 자라며, 개인적인 차이는 있지만 가운데 손가락이 약간 빠르게 자라고 발톱은 손톱의 약 3분의 1정도의 속도로 자란다.
  ㉯ 손톱은 손가락 끝을 보호해 주거나 물건을 잡을 때 받침대 역할을 한다.
  ㉰ 체내 질환을 진단하는 기준으로 손(발)톱의 이상을 들기도 한다.

STEP 02 피부유형분석

1 피부유형의 개요

이상적인 피부는 피지선과 한선의 정상적인 기능에 의해 피부의 유분과 수분의 균형이 이루어진 상태로 피부의 생리기능이 원활하게 진행되는 것을 의미한다. 그러나 이상적인 피부는 계절이나 연령, 생활환경, 식습관, 스트레스 등의 다양한 요인에 의해 변화되기 쉽다.

2 피부유형별 성상과 특징

● 정상피부(Normal Skin)

① 피부의 수분과 유분의 밸런스가 이상적인 상태이다.
② 모공이 섬세하고 매끄럽고 부드러우며 윤기가 있다.
③ 혈색이 좋고 피부가 촉촉하다.
④ 정상적인 수분의 상태로 세안 후 피부 당김이 별로 느껴지지 않는다.
⑤ 기미, 주근깨 등의 색소침착이 없고 잡티도 별로 없다
⑥ 계절 변화에 따라 약건성이나 약지성으로 바뀔 수 있다.
⑦ 혈액순환이 순조롭고 표피세포의 신진대사가 원활하다.
⑧ 각질층의 수분함유량이 10~20%로 정상이다.
⑨ 전반적으로 주름이 보이지 않는다.

● 건성피부(Dry Skin)

① 모공이 작아 외관상 피부가 고와 보이나 맑지는 않다.
② 피지와 땀의 분비가 적어 건조하고 윤기가 없다.
③ 세안 후 당김이 심하다.
④ 화장이 잘 받지 않고 들뜨기 쉽다.
⑤ 관리가 소홀해 지면 피부 노화현상이 빠르게 나타난다.
⑥ 피부가 거칠어 보이고 잔주름이 많이 나타난다.
⑦ 각질층의 수분함량이 10% 이하로 부족하다.

● 지성피부(Oily Skin)

① 각질층이 두껍고 피부가 거칠다.
② 모공이 넓고 피지가 과다 분비되어 항상 번들거린다.
③ 피부가 맑고 투명해 보이지 않고 탁해 보인다.

④ 다른 피부에 비해 외부자극에 대한 저항력이 강하다.
⑤ 지저분해지기 쉬운 상태로 면포나 여드름이 생기기 쉽다.

● 복합성피부(Combination Skin)

① 한 얼굴에 두 가지 이상이 타입이 공존하는 피부유형이다.
② T-Zone은 피지분비가 많고 면포가 형성되기 쉬운 지성피부나 여드름 피부의 형태를 띠며, U-Zone은 피지분비가 적고 수분 함량이 적어 건성이나 민감성의 형태를 나타낸다.
③ 피부톤이나 조직이 전체적으로 일정하지 않다.
④ 볼과 눈 주위는 피지 분비가 적어 잔주름이 나타난다.
⑤ 화장품 성분에 민감하여 피부에 맞는 화장품의 선택이 어렵다.

● 민감성피부(Sensitive Skin)

① 정상피부에 비해 환경변화에 쉽게 반응을 일으킨다.
② 피부조직이 얇고 섬세하며, 모공이 작다.
③ 모세혈관이 피부 표면에 잘 드러나 보인다.
④ 온도변화가 심할 경우 붉어지고 가려움의 반응이 일어난다.
⑤ 색소침착이 일어나기 쉽다.
⑥ 향에 민감하다.
⑦ 화장품이나 약품 등의 자극에 피부 부작용을 일으키기 쉽다.
⑧ 피부 건조화로 당김이 심하며, 주름이 생기기 쉽다.

● 여드름피부(Acne Skin)

① 각질층이 정상보다 두꺼워 모공이 크다.
② 피부조직이 울퉁불퉁하고 귤껍질처럼 거칠다.
③ 화장이 잘 지워지고 늘 번들거리는 느낌이 있다.
④ 피지 분비가 많은 코, 이마, 뺨 등에 면포가 생긴다.(1단계)
⑤ 구진이나 농포가 나타나고 심하면 화농상태가 된다.(2~3단계)
⑥ 결절과 낭종이 함께 나타나며 흉터도 보인다.(4단계)

더 알고 가기 — 피부의 노화

- 피부의 노화는 크게 자연노화(True Aging, Intrinsic Aging : 내적노화)와 광노화(Photo Aging, Extrinsic Aging : 외적노화)로 나뉜다.
- 자연노화는 환경변화와 무관하게 나이를 먹으면서 생리적 구조와 기능이 변화되는 것을 말하며, 광노화는 자외선 및 외부환경의 노출이 누적되면서 생기는 노화를 말한다.

색소침착 피부(Hyper Pigmentation)

① 색소침착은 유전적 요인과 호르몬의 불균형, 일광노출 등에 의해 발생한다.
② 기미, 주근깨, 오타모반, 잡티 등의 다양한 형태로 피부표면에 침착한다.
③ 기미 : 유전적요인, 자외선노출, 내분비적인 문제 등으로 인해 생기며, 볼 부위에 대칭적인 넓은 반점의 형태로 생성된다.
④ 주근깨 : 선천성으로 자외선에 민감한 멜라닌세포를 가지고 태어나 자외선이 강한 여름철에 짙어지고 겨울철에 다소 엷어진다.
⑤ 오타모반 : 피부 심층에 회갈색이나 청색의 색소 침착이 형성된 상태이다.
⑥ 잡티 : 자외선이 노출된 부위에 발생한다.

모세혈관 확장피부(Cuperose)

① 지나친 날씨변화에 노출되거나 알코올이나 자극성 음식의 지속적 섭취 등으로 인해 표피 아래의 모세혈관이 파열되거나 확장된 상태이다.
② 표피가 얇고 실핏줄이 드러나 보인다.
③ 체온이 낮은 뺨이나 콧망울 주위에 많이 생긴다.
④ 각화과정이 정상보다 빨리 진행되어 각질층이 얇다.
⑤ 피부 당김이 심하고 달아오르는 느낌이 있다.

노화피부(Aging Skin)

① 피지 및 수분의 감소로 피부가 건조하고 당김이 심하다.
② 콜라겐과 엘라스틴의 변화로 탄력이 없고 잔주름이 많다.
③ 각질세포의 응집력이 약해지고 각질형성과정의 주기가 길어져 표피가 거칠다.
④ 자외선에 대한 방어력이 떨어져 색소침착이 일어난다.

STEP 03 피부와 영양

1 영양과 미용

피부와 영양의 개요

① 피부미용에 있어 주된 관리대상은 피부이며, 피부의 아름다움은 건강한 신체를 바탕으로 이루어진다. 피부의 건강은 신체 내부의 건강상태를 반영하므로, 이상적인 건강상태의 유지를 위해 균형 잡힌 식단과 영양적, 건강적 측면에서의 올바른 영양소의 섭취는 기본적인 사항이라고 할 수 있다.

② 인체가 필요로 하는 기본적인 영양소는 탄수화물, 지방, 단백질, 비타민, 무기질, 물의 6대 영양소로 에너지의 공급, 신체조직의 형성, 대사과정의 조절 등의 기능을 한다.

● 영양소의 정의와 역할

① 영양소 : 건강을 유지하는데 필요한 성분
② 영양소의 역할
㉮ 에너지 공급
㉯ 인체의 구성 요소
㉰ 생리 기능 조절

2 3대 영양소

● 탄수화물(Carbohydrate, 당질)

① 구성단위에 따른 분류
  ㉮ 단당류
    ㉠ 포도당(Glucose) : 포도에 많이 들어있어 붙여진 이름으로, 사람의 혈액 중에 0.1% 정도 존재한다.
    ㉡ 과당(Fructose) : 과일에 주로 함유되어 있으며 단맛이 가장 강하다.
    ㉢ 갈락토오스(Galactose) : 우유에 함유된 유당의 구성 성분이며, 단맛이 가장 약하다.
  ㉯ 이당류
    ㉠ 맥아당(Maltose) : 포도당 + 포도당
    ㉡ 자당 또는 설탕(Sucrose) : 포도당 + 과당
    ㉢ 유당(Lactose) : 포도당 + 갈락토오스
  ㉰ 다당류
    ㉠ 전분(Starch) : 식물에만 존재하는 저장 당질로, 포도당을 직선상의 아밀로오스(Amylose)나 가지 모양의 아밀로펙틴(Amylopectin)의 형태로 연결하여 뿌리나 열매에 저장한다.
    ㉡ 글리코겐(Glycogen) : 동물에만 존재하며 간과 근육에 저장한다.
    ㉢ 섬유소(Fiber) : 식물의 세포막 성분으로 인체의 장에는 소화효소가 존재하지 않으므로 소화되지 못하고 대변으로 배설된다.
② 당질과 피부
  ㉮ 과잉섭취 시 : 체질의 산성화로 저항력이 저하, 피부건조, 접촉성 피부염 유발
  ㉯ 결핍 시 : 단백질과 지질의 소모로 인한 피부의 거침과 체중감소

지질(Lipids, 지방)

① 지질의 분류
　㉮ 단순지질
　　㉠ 중성지질(Triglyceride) : 우리 몸 안에 저장된 지방의 대부분을 차지하며, 글리세롤 한 분자의 세 개의 지방산이 붙는 기본구조를 가지는데 어떤 종류의 지방산이 글리세롤의 몇 번째 수산기(-OH)에 결합하느냐에 따라 다양한 종류의 중성지방이 형성된다.
　　㉡ 지방산을 구성하는 탄소의 연결방법에 따라 단일결합은 포화지방산(Saturated Fatty Acid), 이중결합은 불포화지방산(Unsaturated Fatty Acid)으로 분류한다.
　㉯ 유도지질
　　㉠ 콜레스테롤(Cholesterol) : 동물의 체내에 들어 있으며, 세포막과 뇌조직의 구성성분, 스테로이드계열의 호르몬의 전구체, 담즙산 및 비타민 D의 합성을 위한 전구물질이다.
　　㉡ 에르고스테롤(Ergosterol) : 식물계에 존재하는 스테롤로 버섯, 곰팡이, 효소에 많이 함유되어 있고 자외선에 의해 비타민 D로 전환된다.
　㉰ 복합지질
　　㉠ 당지질(Glycolipid) : 세포의 구성성분으로 뇌신경에 많이 분포되어 있다.
　　㉡ 인지질(Phospholipid) : 세포막지질의 주요 구성성분으로 뇌세포, 신경조직, 골수, 간 등에 많이 들어있다.
　　㉢ 지단백질(Lipoprotein) : 지방산과 단백질의 복합체로 혈중에 많이 존재한다.

② 지질과 피부
　㉮ 피지선 기능의 조절을 통해 피부 보호막을 형성, 건조를 막고 윤기와 탄력을 준다.
　㉯ 필수지방산의 섭취를 통해 세포막의 구조와 기능을 유지시켜 습진성 피부염 등의 피부질환을 막아준다.
　㉰ 포화지방산의 과잉 섭취시 모세혈관이 노화현상으로 인해 피부조직의 탄력이 저하되며, 피부 트러블을 일으킬 수 있다.

단백질(Protein)

① 필수 아미노산
　㉮ 체내에서 합성되지 않아 반드시 음식을 통해 공급받아야 하는 아미노산
　㉯ 페닐알라닌(Phenylalanine), 트립토판(Tryptophan), 발린(Valine), 루이신(Leucine), 이소루이신(Isoleucine), 메티오닌(Methionine), 트레오닌(Threonine), 라이신(Lysine), 히스티딘(Histidine), 아르기닌(Arginine)

② 불필수아미노산
　㉮ 체내의 다른 아미노산이나 다른 물질로부터 합성이 가능한 아미노산

㉯ 글라이신(Glycine), 알라닌(Alanine), 프롤린(Proline), 타이로신(Tyrosine), 세린(Serine), 시스테인(Cysteine), 아스파테이트(Aspartate), 글루타메이트(Glutamate), 아스파라긴(Asparagine), 글루타민(Glutamine)

③ 단백질과 피부
㉮ 피부의 각화작용을 원활히 한다.
㉯ 피부의 저항력을 증진시키며, 피부에 윤기와 탄력을 준다.
㉰ 단백질이 결핍되면 피부 및 모발 거침, 잔주름 발생, 손발톱의 이상 등이 나타날 수 있다.

3 비타민(Vitamin)

◉ 비타민의 기능
① 3대 영양소의 보조효소 작용
② 질병의 예방 및 질병에 대한 저항력 증강
③ 세포의 성장촉진 및 생리대사 기능을 도움

◉ 비타민의 종류

① 비타민 A(항질병 비타민)
㉮ 동물성 식품에 존재하며 바로 비타민 A의 활성을 나타내는 활성형(레티놀)과 식물성식품에 존재하여 일부만 레티놀로 전환되는 프로비타민 A(전구체)의 두 가지 형태로 존재한다.
㉯ 어두운 곳에서 물체를 볼 수 있는 기능을 담당하는 로돕신을 합성한다.
㉰ 상피세포의 형성과 유지에 관련 있다.
㉱ 항산화 작용과 피부의 탄력성방지 및 주름 형성을 방지한다.
㉲ 피지선과 한선의 기능을 조절해 면포 및 여드름이 감소된다.
㉳ 급원식품은 간, 우유, 당근, 시금치, 늙은 호박, 달걀, 마른 김, 감 등이다.

② 비타민 D(항구루병 비타민)
㉮ 체내 합성이 가능하며, 자외선을 받아서 형성한다.
㉯ 칼슘 및 인을 조절을 통해 골격 및 치아형성에 필수적인 역할을 한다.
㉰ 부족한 경우, 유아 및 소아는 구루병이 발생하고, 성인의 경우는 골밀도가 저하되어 골다공증이나 골연화증이 발생한다.
㉱ 급원식품에는 효모, 버섯, 어간유, 버터, 달걀 등이 있다.

③ 비타민 E(항산화 비타민)
㉮ 강력한 항산화기능으로 활성산소에 의한 과산화지질을 막아 노화를 방지한다.
㉯ 혈액순환 촉진 및 불임예방, 생식기능에 영향을 준다.
㉰ 피부의 염증이나 자외선에 의한 피부병 등의 증상을 예방한다.

㉤ 급원식품은 밀배아, 견과류, 식물성기름, 아스파라거스, 푸른잎 채소 등이다.

④ 비타민 K(응혈성 비타민)
㉮ 출혈 시 혈액응고에 필요한 프로트롬빈의 합성과정에서 조효소로 관여한다.
㉯ 지용성 비타민이지만 체내에서 빨리 배출된다.
㉰ 급원식품에는 간, 콩류, 브로콜리, 녹색채소 등이 있다.

⑤ 비타민 B_1(정신적 비타민)
㉮ 보조효소로서 당질대사를 촉진한다.
㉯ 자율신경계의 조절로 신경기능의 정상화시킨다.
㉰ 비타민 B_1이 부족하게 되면, 피부부종, 홍반, 소수포, 알레르기, 여드름형태의 피부발진이 생기며, 모발의 광택이 없어진다.
㉱ 급원식품은 돼지고기, 곡물의 배아, 두류, 견과류 등이다.

⑥ 비타민 B_2(성장촉진 비타민)
㉮ 산화, 환원의 보조효소로 작용한다.
㉯ 피지분비를 조절하여 피부를 윤기 있게 한다.
㉰ 급원식품에는 간, 효모, 달걀, 우유, 육류, 채소 등이 있다.

⑦ 나이아신/비타민 B_3(Niacin, 항펠라그라 비타민)
㉮ 결핍 시 펠라그라(옥수수 홍반)병이 발생하여 피부가 거칠어지면서 딱지가 앉고, 과다 섭취 시 피부홍조, 가려움증이 나타난다.
㉯ 급원식품은 육류, 곡류이다.

⑧ 비타민 B_6(Pyridoxine, 항피부염 비타민)
㉮ 단백질과 아미노산 대사 촉매제로 작용한다.
㉯ 피지분비 억제 작용 및 피부염증을 방지한다.
㉰ 결핍 시 지루성여드름, 피부가 거칠어지며, 소양증 및 작열감을 동반한 피부염이 발생한다.
㉱ 급원식품으로는 육류, 생선류, 가금류, 밀의 배아 등이 있다.

⑨ 비타민 B_{12}(항악성빈혈 비타민)
㉮ 아미노산인 메티오닌을 합성에 보조효소로 작용한다.
㉯ DNA 합성과 세포와 조직의 형성, 피부의 점막형성에 영향을 준다.
㉰ 적혈구 생산을 통해 조혈작용에 관여한다.
㉱ 급원식품은 간, 내장기관, 어패류, 쇠고기, 달걀, 우유 및 유제품이다.

⑩ 비타민 C(피부미용 비타민)
㉮ 항산화 기능으로 조기 노화 및 피부손상을 방지한다.
㉯ 콜라겐 합성에 관여 피부, 연골, 치아, 모세혈관, 근육 등을 단단하게 한다.
㉰ 멜라닌 생성을 억제하여 기미, 주근깨 등 색소침착을 막아준다.
㉱ 모세혈관을 강화하여 출혈을 방지한다(항괴혈 작용).

㉮ 결핍 시 색소침착, 각화증, 감염에 대한 저항력 감소 등의 증상이 나타난다.
㉯ 급원식품으로는 녹색채소류, 감귤류, 딸기 등이 있다.

4 무기질

◉ 무기질의 기능
① 체조직의 구성성분이다.
② 수분과 산, 염기의 평형을 조절한다.
③ 보조효소의 작용을 한다.
④ 신경을 전달한다.
⑤ 근육의 수축에 관여한다.

◉ 무기질의 종류
① 칼슘(Ca)
  ㉮ 무기질 중 체내에 가장 많이 함유되어 있다.
  ㉯ 99%는 골격 및 치아에 존재하고 1%는 혈액 및 체액에 존재한다.
  ㉰ 골격과 치아의 주요 구성성분이다.
  ㉱ 근육의 수축과 이완작용에 관여한다.
  ㉲ 신경 흥분 억제기능을 한다.
  ㉳ 혈액의 응고를 촉진한다.
  ㉴ 결핍 시 어린이의 경우 구루병, 성인의 경우 골다공증이 초래되며, 피부가 창백해지고, 골격, 치아, 손발톱, 머리카락 등의 약화 현상이 나타난다.
  ㉵ 급원식품은 우유 및 유제품, 뼈째 먹는 생선, 해조류, 굴 등이다.

② 인(P)
  ㉮ 칼슘과 같이 골격과 치아의 구성성분이다.
  ㉯ 체액의 pH 조절작용을 한다.
  ㉰ 핵산물질(DNA, RNA)의 구성물질이다.
  ㉱ 결핍 시 근육, 뼈의 약화, 구루병이 발생한다.
  ㉲ 주된 급원식품은 곡류와 콩류이다.

③ 나트륨(Na)
  ㉮ 세포의 삼투압 조절 작용과 체액의 산, 알칼리 평형을 유지시킨다.
  ㉯ 신경자극 전달 및 근육 수축작용을 정상화시킨다.
  ㉰ 결핍 시 식욕부진, 두통, 근육경련 등이 일어나며, 과잉 시 고혈압, 부종이 발생한다.
  ㉱ 급원식품은 채소류, 과일류, 콩류, 절임 가공식품이다.

④ 마그네슘(Mg)
  ㉮ 삼투압 및 체액의 알칼리 반응유지에 관여한다.
  ㉯ 근육의 이완과 신경안정 작용을 한다.
  ㉰ 결핍 시 신경이나 근육에 심한 경련을 일으킨다.
  ㉱ 급원식품으로는 대두, 전곡, 견과류, 코코아 등이 있다.

⑤ 칼륨(K)
  ㉮ 체액의 산, 알칼리 평형 유지 및 삼투압을 조절한다.
  ㉯ 신경세포의 전달작용 및 근육의 수축작용을 정상화시킨다.
  ㉰ 급원식품에는 시금치, 단호박, 오렌지, 감자, 콩류 등이 있다.

⑥ 유황(S)
  ㉮ 모발, 손발톱, 피부를 구성하는 단백질 합성에 관여한다.
  ㉯ 결핍 시 모발 및 손발톱, 피부가 거칠어 보인다.
  ㉰ 급원식품은 육류, 우유, 달걀, 두류이다.

⑦ 철(F)
  ㉮ 헤모글로빈의 구성성분으로, 산소와 결합하여 조직으로 운반하는 작용을 한다.
  ㉯ 결핍 시 빈혈 증상이 나타난다.
  ㉰ 주요 급원식품은 육류, 어패류이다.

⑧ 아연(Zn)
  ㉮ 생체 내 200여종 효소의 대사과정이나 반응조절에 관여한다.
  ㉯ 결핍 시 면역기능 저하 및 탈모증세가 나타난다.
  ㉰ 급원식품으로는 굴, 돼지고기, 곡물류, 참깨, 코코아 등이 있다.

⑨ 구리(Cu)
  ㉮ 헤모글로빈 생성에 촉매작용을 한다.
  ㉯ 멜라닌 생성의 조효소 작용한다.
  ㉰ 결핍 시 백혈구의 감소, 모발성장장애, 색소형성의 부조화, 부종 등을 초래한다.
  ㉱ 급원식품으로는 간, 견과류, 두류, 굴 등이 있다.

⑩ 요오드(I)
  ㉮ 갑상선에 관여하는 티록신 호르몬의 구성요소이다.
  ㉯ 체내 기초대사율 조절에 관여한다.
  ㉰ 결핍 시 갑산성기능 저하로 부종, 갑상선비대, 탈모 증상 등이 나타나며, 과잉 시 갑상성 기능 항진증이나 갑상선 중독증(바세도우씨병)이 생긴다.
  ㉱ 급원식품으로는 미역, 김, 다시마, 파래 등이 있다.

5 물

● 물의 기능
① 인체의 60~70%를 차지하는 신체의 주요 구성성분이다.
② 혈액의 주요성분으로, 영양소 및 노폐물을 운반한다.
③ 외부충격으로부터 조직들을 보호한다.
④ 생체대사 물질의 용매로 작용한다.
⑤ 기관 및 관절의 윤활작용을 통해 모든 장기를 보호하는 역할을 한다.

● 수분평형
① 수분섭취 : 음료수 및 식품, 대사수에 의해 공급
② 수분손실 : 소변, 땀, 폐를 통한 기화, 대변에 의한 배설 등으로 손실
③ 수분섭취와 손실이 균형을 이루어야 수분의 평형이 이루어진다.

● 물과 피부
① 각질층의 자연보습인자(NMF)와 세포간 지질 및 모표피의 수분함유 기능을 원활히 하여 피부와 모발의 촉촉함과 부드러움을 유지시킨다.
② 진피층의 뮤코다당류(Muco-Polysaccharide) 등의 보습효과를 유지시켜 피부에 탄력을 주고, 노화를 방지한다.

6 피부, 체형과 영양

● 피부와 영양
① 피부는 신체 내부의 건강상태를 반영하므로 균형 잡힌 영양소의 섭취가 중요하다.
② 원활한 혈액순환은 노폐물 배설 등의 작용을 도와 피부를 건강하게 한다.
③ 정신적, 심리적 안정은 건강한 피부를 만든다.
④ 적절한 수분과 유분의 섭취가 필요하다.

● 체형과 영양
① 비만관리의 필요성
　㉮ 세계보건기구(WHO)에서 1996년 5월 16일 비만을 '치료가 필요한 병'이라고 경고하였다.
　㉯ 비만의 피해를 용모손상(Disfigurement), 불편(Discomfort), 무능(Disability), 질병(Disease), 사망(Death)의 5Ds 중 하나로 본다.
　㉰ 고혈압, 동맥경화, 지방간, 고지혈증, 불임증, 암 등의 질병을 유발시킨다.

㉣ 사망률 증가의 결정적 원인이다.

② 비만의 원인
㉮ 유전적 요인 : 부모가 비만일 경우 자녀가 비만일 확률은 70%, 한쪽 부모가 비만일 경우 40%, 부모가 모두 비만이 아닐 경우는 10%이며, 특히 모계 쪽의 비만 요인이 더 크게 작용한다.
㉯ 생활습관적 요인 : 문명의 발달로 활동량이 적어져 열량의 소비기회가 줄어든 경우이다.
㉰ 식이성 요인 : 단순 식이성 비만으로, 섭취에너지에 비해 소비에너지가 적어 체지방 축적이 유발된 상태이다.
㉱ 내분비 및 중추신경계 이상 요인 : 갑상선기능 저하, 성호르몬 분비 이상, 시상하부에 존재하는 식욕조절 중추의 손상, 교감신경계의 활동저하 등으로 인한 비만이 초래된다.
㉲ 심리적인 요인 : 실연, 이별, 가정불화, 이혼 등으로 인한 심리적 고통과 갈등, 열등감, 소외감 등의 문제, 우울증 등의 심리적 요인이 식이의 과잉섭취를 유발할 수 있다.

③ 비만의 분류
㉮ 발생 원인에 따른 분류
㉠ 단순 비만 : 과식과 운동부족이 원인
㉡ 증후성 비만 : 중추신경 및 내분비 이상이 원인
㉯ 지방세포수와 크기에 따른 분류
㉠ 지방세포 증식형 비만 : 지방세포수의 증가로 인한 비만으로 주로 소아기에 나타나는 비만형태
㉡ 지방세포 비대형 비만 : 지방세포의 크기가 증가하여 나타나는 비만으로 주로 성인기에 나타나는 비만형태
㉰ 지방의 분포부위에 따른 분류
㉠ 여성형비만(하체비만형, 서양배모양) : 체지방이 주로 엉덩이 및 대퇴부에 축적되어 있으며 여성에게 많이 나타나는 비만형태
㉡ 남성형비만(상체비만형, 사과모양) : 체지방이 주로 흉부, 복부, 팔 등에 지방이 축적된 상태로 남성에게 많이 나타나는 비만형태
㉱ 체내 저장 분포에 따른 분류
㉠ 내장지방형 : 복부 특히 복강 내 장기 주위에 지방이 과잉 축적된 상태로 성인형 만성질환을 초래할 가능성이 높음
㉡ 피하지방형 : 피하지방에 지방이 과잉 축적된 상태

④ 비만 측정방법
㉮ 신체 지수 사용법
㉠ 비만도(%) = [(측정체중 - 표준체중) / 표준체중] × 100
㉡ 신체질량지수(BMI : Body Mass Index) = 체중(kg) / [신장(m)]^2
㉢ 브로카 공식에 의한 표준체중 : 표준체중(Kg) = [신장(cm) - 100] × 0.9
㉯ 체지방률 측정법
㉠ 수중체중법(Underwater Weight) : 물 속에 잠긴 상태에서 체중을 측정하는 방법으로 폐잔기량을 측정한다.

- ⓒ 피하지방 두께 측정법 : 캘리퍼를 이용하여 2~4곳의 피부 두께를 측정하여 합을 구하여 전체 체지방의 정도를 측정한다.
- ⓒ 전신 단층촬영 : 단층촬영을 통해 각 부분의 지방량을 측정한다.
- ⓒ 임피던스법(Impedance Analysis) : 인체에 전기를 흘려 체수분의 양을 측정하고 체수분의 양으로부터 체지방량을 구하는 방법이다.

● 체형관리의 방법

① 식사요법
- ㉮ 자신의 식습관을 점검하고, 소량을 나누어 자주 먹는 것이 효과적이다.
- ㉯ 영양가는 높으면서 에너지가 적은 식품과 섬유소가 많이 함유된 채소류를 다양하게 섭취한다.
- ㉰ 복합당질이 들어있는 곡류를 주식으로 한 식사를 규칙적으로 한다.
- ㉱ 체조직의 유지와 보수를 위한 단백질의 섭취는 반드시 필요하므로 부족하지 않도록 유의하며, 지방의 섭취는 총 열량의 30%를 넘지 않도록 한다.
- ㉲ 우유제품 및 뼈 채 먹는 생선의 섭취를 늘린다.
- ㉳ 물을 충분히 섭취하고, 간식은 피한다.
- ㉴ 알코올은 내장비만을 유도하므로 제한한다.

② 운동요법
- ㉮ 본인에게 맞는 적당한 운동을 지속적으로 하는 것이 중요하다.
- ㉯ 체지방을 연소시키는 유산소 운동을 주 5~6회, 1회 30~60분 정도 실시하는 것이 바람직하나, 운동강도가 지나치게 강해지면 식욕이 항진되는 결과를 초래할 수 있으므로 주의한다.

③ 행동수정요법
- ㉮ 행동수정요법은 자기감시, 자극조절, 보상의 3단계로 이루어지며, 식이요법, 운동요법과 병행하면 매우 효과적이다.
- ㉯ 행동수정요법의 3단계
  - ⓒ 자기감시 : 다이어트 일기 쓰기(먹는 시간, 장소, 양 등을 기록)
  - ⓒ 자극조절 : 식품구매(배부른 상태에서 구매, 충동구매 억제, 인스턴트식품 자제 등), 계획(필요한 만큼만 먹기, 정해진 시간에 세끼 먹기 등), 음식을 보이지 않는 곳에 치우기, 작은 크기의 그릇과 수저 사용하기, 술 덜먹기, 음식물을 완전히 씹고 음식 뜨기, 식사 중에 독서나 Tv 시청 안하기 등
  - ⓒ 보상 : 자기 스스로에게 충동조절을 잘 수행했을 때 상을 주기

STEP 04 피부장애와 질환

1 피부장애

● 원발진(Primary Lesion)

① 원발진의 의미 : 원발진이란 피부질환의 초기 상태의 병변을 말한다.

② 원발진의 종류
- ㉮ 반점(Macule) : 피부표면에 융기나 함몰이 없이 색조의 변화가 있는 상태이다.
- ㉯ 홍반(Erythema) : 모세혈관의 울혈에 의해 피부가 붉어진 상태이다.
- ㉰ 구진(Papules) : 경계가 뚜렷한 융기물로 직경 1cm 미만의 작은 융기이다.
- ㉱ 결절(Nodules) : 구진과 같은 형태이나 더 크고 피부 깊숙이 위치하고 있지만 표면으로 솟아 보이기도 한다. 통증을 수반하기도 하고 치유 후에도 흉터가 남는다.
- ㉲ 종양(Tumors) : 직경 2cm 이상의 큰 결절로 다양한 모양과 크기를 가지며, 악성종양과 양성종양으로 구분된다.
- ㉳ 소수포(Vesicles) : 직경 1cm 미만의 맑은 액체를 포함한 물집을 말한다.
- ㉴ 대수포(Bulla) : 1cm 이상의 수포로 소수포보다 크고 가벼운 접촉으로도 쉽게 손상되어 터진다.
- ㉵ 농포(Pustules) : 고름을 포함하며, 단일 또는 군집으로 발생한다.
- ㉶ 팽진(Wheals) : 담마진, 두드러기라고도 하며 다양한 크기를 가진 부종성의 융기로 가려움을 동반하는 일시적인 피부현상이다.
- ㉷ 낭종(Cyst) : 진피층에 자리하고 있어 생길 때부터 통증이 있고 여드름 피부의 4단계에 발생한다.

● 속발진(Secondary Lesion)

① 속발진의 의미 : 피부질환의 2차적 단계로 원발진의 계속적 진행이나 기타 외적인 요인에 의해 변화된 병변을 말한다.

② 속발진의 종류
- ㉮ 미란(Erosion) : 짓무름. 수포가 터져서 표피가 떨어져 나간 상태로 흉터없이 치유된다.
- ㉯ 찰상(Excoriation) : 손톱으로 긁거나 기계적 자극에 의해 생기는 피부결손이다.
- ㉰ 가피(Crust) : 딱지. 혈청, 농, 혈액의 마른 덩어리로 표피의 부상에 의해 생겨난다.
- ㉱ 궤양(Ulcer) : 병든 조직의 세포붕괴에 의한 진피 및 피하지방층의 조직의 손상으로 흉터를 남긴 채 치유된다.
- ㉲ 인설(Scale) : 비듬. 죽은 각질 세포가 떨어져 나가는 것으로 건조하거나 습하기도 하다. 각질의 생성이 빨라지거나 각화과정의 이상으로 발생한다.
- ㉳ 균열(Fissure) : 질병이나 외상에 의해 선모양의 틈이 표피에 생기는 것을 말한다.

㉳ 반흔(Scare) : 진피나 심부에 생긴 손상이 정상적으로 회복되지 못하고 결체조직으로 대체되어 갈라지거나 흉터로 남은 상태를 말한다.
㉴ 태선화(Lichenification) : 진피일부 및 표피전체가 가죽처럼 두꺼워지고 딱딱한 현상으로, 피부의 윤기가 사라지고 단단해 지며 주름이 뚜렷해진다.

2 피부질환

● 습진성 피부질환

① 접촉성 피부염(Contact Dermatitis)
  ㉮ 일차자극성 피부염 : 원인물질 자체가 반응을 일으키는 것을 말한다.
  ㉯ 알레르기성 접촉피부염 : 특정성분에 민감한 반응을 보이는 것을 말한다.

② 아토피성 피부염(Atopic Dermatitis)
  ㉮ 어린아이에게 흔히 발생하나 소아, 성인에 이르면서 태선화, 홍반으로 발전하는 경향이 있다.
  ㉯ 온도의 변화, 물리화학적 자극에 매우 민감하고 피부가 건조하기 쉬운 가을이나 겨울에 발생빈도가 높디만, 정확한 원인은 아직 밝혀지지 않고 있다.

③ 지루성 피부염(Seborrheic Dermatitis)
  ㉮ 피지의 과다분비로 인한 피부염으로 지성피부인 사람에게서 잘 발생한다.
  ㉯ 피지선이 풍부한 두피, 안면, 목, 가슴 등에 잘 발생하며, 홍반을 동반한 기름기 있는 인설(비듬)이 특징이다.

④ 화폐상 습진(Nummular Dezema) : 동전 모양으로 심한 가려움증을 동반하며 팔이나 다리의 신축부 등 건조하기 쉬운 곳에 만성적으로 발병한다.

⑤ 건성 습진(Xerotic Eczema) : 겨울철에 건조하고 차가운 공기에 노출 시 발생하며 특히 세정력이 강한 비누를 사용하여 과다한 목욕을 하는 사람, 건조하기 쉬운 노인 피부 등에서 나타난다.

● 여드름(심상성 좌창, Acne)

모피지선에 발생하는 질환으로, 유전, 남성호르몬의 증가로 인한 피지의 과다분비, 세균의 작용, 스트레스 등의 복합적 요인이 원인으로 작용한다.

① 여드름의 생성과정
  ㉮ 1단계 : 여드름의 초기상태로 가벼운 면포성 여드름의 증상이 나타나나 심하게 발전하지는 않음
  ㉯ 2단계 : 면포성 여드름인 화이트헤드(White Head Or Closed Comedo)와 블랙헤드(Black Head Or Open Comedo)가 육안으로도 느껴짐
  ㉰ 3단계 : 포도상구균에 의한 감염으로 구진과 농포가 심해짐

㉰ 4단계 : 가장 심각한 여드름의 상태로 구진과 농포는 물론 낭종과 결절이 진피까지 침투해 치료 후에도 흉터가 남음

② 여드름의 종류와 형태
㉮ 염증 전 단계
㉠ 화이트헤드 (폐쇄면포, 흰색 여드름) : 피부표면이 불룩하게 올라와 있는 모양으로, 피지와 각질이 덩어리가 되어 모공을 막은 상태
㉡ 블랙헤드(개방면포, 검은색 여드름) : 피지와 각질의 덩어리가 피부 밖까지 밀려와 공기와 접촉하여 산화된 상태
㉯ 염증 단계
㉠ 구진 : 세균 감염으로 인해 모낭이 파열되어 염증이 터진 여드름으로, 염증부위의 피부가 붉고 부풀어 오르며 통증이 있음
㉡ 농포 : 피부표면으로 농이 솟고 피부는 붉은 색과 갈색을 띠게 되는데 치료 후, 색소침착으로 이어질 수 있음
㉢ 낭포 : 염증이 진피 깊은 곳에서 파괴되어 단단한 덩어리의 형성과 함께 통증이 동반되며, 피부 세포의 파괴로 영구적인 흉터를 남김

감염성 질환

① 세균성 질환 : 농가진, 절종(종기), 봉소염
② 바이러스성 질환 : 단순포진, 대상포진, 사마귀, 수두
③ 진균성 질환 : 족부백선, 수부백선, 완선, 조갑백선, 칸디다증

열에 의한 피부질환

① 화상(Burn)
㉮ 1도 화상 : 표피에만 화상을 입는 것으로 홍반, 부종, 통증이 동반된다.
㉯ 2도 화상 : 수포형성이 특징이며 통증이 있다.
㉰ 3도 화상 : 표피와 진피의 파괴로 피부가 무감각해지며 창백하거나 하얀색을 띠거나 검은색이나 가죽같은 모습의 반흔을 남기며, 자연치유 될 수 없어 피부이식이 필요한 경우가 대부분이다.
② 한진(Millaria) : 땀띠. 고온 다습한 환경의 영향으로 한관이 폐쇄되어 땀이 배출되지 않아 소수포가 발생한다.
③ 열성 홍반 : 열에 지속적으로 노출된 후 발생한다.

한냉에 의한 피부질환

① 동창(Chilblain Pernio) : 한랭에 의한 국소적 염증반응으로 가벼운 형태이다.

② 동상(Frostbite) : 귀, 코, 뺨, 손가락, 발가락 등 연부조직이 얼어서 혈액공급이 없어져 통증을 느끼지 못하는 상태를 말하며, 심한 경우는 조직이 괴사될 수 있다.

● 기계적 자극에 의한 피부질환

① 굳은살(Callus) : 손바닥, 발바닥, 관절 주위에 잘 발생하며, 압력이 제거되면 없어진다.

② 티눈(Corn) : 발가락이나 발바닥에 많이 발생하며 중심핵이 나타나는데 날카롭게 찌르는 듯한 통증을 유발한다.

③ 욕창(Decubitus Ulcer) : 만성적인 질병이나 움직이지 못하는 사람에게 발생하며, 지속적이고 일정한 압박을 받는 부위에 생긴다.

● 모발의 질환

① 원형탈모증(Alopecia Areata) : 다양한 크기의 원형이나 타원형의 모양으로 탈모가 발생하는 질환으로, 별다른 자각 증상 없이 일어나며 정신적 스트레스 등이 중요 원인으로 작용한다.

② 남성형 탈모증(Male Pattern Alopecia) : 유전적 요인, 연령, 남성호르몬에 의해 발생하며, 두피의 지루성 피부염이 악화요인으로 작용한다.

③ 모발 모공각화증(Trichostasis Spinulosa) : 과각질로 인한 모낭공의 폐쇄로 휴지기 모가 빠지지 못하고 모낭에 뭉쳐져 있는 상태이다.

④ 휴지기 탈모(Telogen Effluvium) : 출산 후, 수술, 열병 후에 나타나는 현상으로 자연 치유된다.

⑤ 모낭염(Folliculitis) : 세균의 감염으로 인해 발생되는 염증성 질환으로, 표재성과 심재성이 있다.

● 색소성 질환(Pigment Anomaly)

① 저색소침착 질환(Hypopigmentation) : 백색증, 백반증

② 과색소침착 질환(Hyperpigmentation) : 기미, 주근깨, 멜라닌 세포 모반, 노인성 반점, 지루성 각화증(검버섯), 릴 안면흑피증, 베를로크 피부염, 오타씨 모반, 악성 흑색종 등

● 안검 주위의 질환

① 비립종(Milia) : 신진대사의 저조가 원인으로 발생하는 표피 낭종으로, 동그란 모래알 크기의 백색 구진의 형태로 눈 아래 부분에 발생한다.

② 한관종(Syringoma) : 한선관의 개출구의 문제로 발생되는 피부색의 작은 구진으로 다발성으로 발생한다.

섬유조직의 질환

① 섬유종(Skin Tag) : 일명 쥐젖으로 불리며, 중년이후에 목이나 겨드랑이 등에 흔히 나타난다.
② 지방종 : 유전적 원인으로 목과 겨드랑이에 잘 형성이 되며 지방조직에 발생된다.
③ 켈로이드(Keloid) : 외상 후 혹처럼 자라며, 흉부, 귀, 턱, 어깨, 목 등에 생긴다.

조갑의 질환(Diseases Of The Nail)

① 대표적인 조갑의 질환으로는 조갑 감입(Lngrowing Nail)이 있다.
② 조갑 감입은 조갑의 측면이 파고들어 염증이 발생하는 질환으로 앞이 좁거나 크기가 맞지 않는 신발은 신는 경우 주로 엄지발톱에 발생한다.

광과민성 피부질환

① 광알레르기(Photoallergic Dermatitis) : 특정 약물을 복용하거나 국소 도포 후에 태양광선을 받으면 발생하는 피부염이다.
② 광독성 피부염(Phototoxic Dermatitis) : 광과민성 물질에 의해 발생한다.
③ 일광 두드러기(Solar Urticaria) : 태양광선에 노출되어 수 초 혹은 수 분 후에 가려움증과 홍반 및 팽진이 나타난다.

STEP 05 피부와 광선

1 태양광선

태양광선의 작용

① 태양광선은 에너지의 원천으로, 모든 생명체의 신진대사를 가능하게 하여 생명계를 유지하는데 반드시 필요하나 과도한 노출은 피부에 여러 가지 손상을 입히게 된다.
② 전자파의 파장은 나노미터(1억분의 1m)로 표시하며 nm이라는 약자를 사용하며, 파장이 짧을수록 에너지가 강하다.

태양광선의 종류

① 자외선(Ultraviolet Light) : 200~400nm의 파장을 가진 태양광선으로 피부에 생물학적 영향을 미치며 방사량이 약 6% 정도 된다.
② 가시광선(Visible Light) : 400~800nm로 눈의 망막을 자극하는 광선으로 눈으로 볼 수 있

으며, 방사량은 약 34% 정도 차지한다.
③ **적외선(Infrared Light)** : 800~220,000nm로 태양광선의 약 60% 정도를 차지하며, 피부에 유해한 자극을 주지 않으면서 열을 발생하는 열선이다.

2 자외선(Ultraviolet Light)

● 자외선의 종류 및 특성

① 자외선 A(Ultraviolet Light A : UVA)
㉮ 320~400nm의 장파장으로 에너지는 약하지만 피부 깊숙이 침투한다.
㉯ 유리창에 의해서도 차단되지 않으며, 일상생활에서 가장 쉽게 접하므로 생활자외선이라고도 한다.
㉰ 즉시 색소침착을 일으키며, 광독성이나 광알레르기 반응을 유발하고 광노화를 촉진한다.
㉱ 진피층까지 침투하여 피부탄력 감소, 피부위축, 주름형성을 야기시킨다.

② 자외선 B(Ultraviolet Light B : UVB)
㉮ 290~320nm의 중파장으로 표피의 기저층까지 침투하며 일부는 진피상부까지 도달한다.
㉯ 일광화상(Sun Burn)으로 인해 피부가 붉어지고 물집이 생긴다.
㉰ 지연 색소침착을 일으키며, 만성적일 경우 DNA의 변형이나 피부암 유발의 원인으로 작용한다.
㉱ 적당량의 경우 여드름 치유 및 면역력 증강에 도움을 주며, 비타민 D의 합성을 유도하여 구루병을 예방한다.

③ 자외선 C(Ultraviolet Light C : UVC)
㉮ 200~290nm의 단파장으로 자외선 중 가장 에너지가 강하고 살균력이 있다.
㉯ 대기권의 오존층에 흡수되어 지표에 도달하지 않으나 최근 오존층의 파괴로 위험요소로 되었다.

● 자외선에 의한 피부영향

① **부정적 영향** : 홍반반응, 색소침착, 광노화, 광알레르기, 일광화상
② **긍정적 영향** : 비타민 D 형성, 살균효과, 강장효과

● 자외선과 멜라닌

① 멜라닌 세포(Melanocyte)는 모낭이나 표피의 기저층에 위치하는 가늘고 긴 수지상 형태의 세포로, 주위의 각질형성 세포(Keratinocyte)들과 표피멜라닌 단위를 형성하며, 각질형성 세포에 1:4~1:10의 비율로 존재한다.
② 자외선 등의 자극을 받으면 멜라닌세포 자극 호르몬(MSH : Melanocyte Stimulating Hormon) 분비가 많아지면서 멜라닌 과립의 생성이 촉진되며, 자외선을 흡수하거나 산란시키고, 활성산소나 프리래디컬 등을 없애는 피부보호제의 역할을 한다.

③ 멜라닌은 티로신(Tyrosine)이라는 아미노산으로 시작되어 세포 내 효소인 티로시나제(Tyrosinase)에 의해 산화되어 도파(DOPA)로 변화되고 다시 산화과정을 거쳐 도파퀴논(DOPA Quinone)으로 바뀌어 이후 자동 산화반응에 의해 흑갈색의 멜라닌을 생성하게 되는데, 표피에 가까울수록 흑갈색을, 진피층 깊이 있을 때 적갈색을 띤다.

피부의 색소

① 피부의 색은 멜라닌의 양과 분포, 혈관 속의 헤모글로빈과 피하조직의 카로틴의 양과 분포에 의해 결정되며, 인종, 성별, 연령에 따라 다르다.

② 피부색을 결정하는 색소

구분	색상	분포 부위
멜라닌	흑색	기저층
헤모글로빈	적색	혈관
카로틴	황색	피하조직

자외선과 피부 색소침착

① 자외선 A와 B에 피부가 노출되면 멜라닌의 합성이 증가되면서 결국 피부가 검어지게 되고, 정상적인 각화현상을 하지 못할 경우 피부에 불규칙하게 머물러 색소침착을 유발한다.

② 자외선에 의한 색소 침착증 : 기미, 주근깨, 노인성반점, 릴 안면흑피증, 베를로크 피부염

③ 피부 미백 작용
  ㉮ 자외선 차단 : 자외선을 흡수하거나 차단(이산화티탄, PABA, 감마오리자놀 등)
  ㉯ 각질 박리 : 각질제거로 각질층에 함유된 멜라닌 색소를 제거(AHA, BHA, 레틴산 등)
  ㉰ 멜라닌 합성저해 : 멜라닌 색소의 합성을 막아 색소침착을 억제(비타민 C, 글루타치온)
  ㉱ 티로시나제 작용 억제 : 멜라닌 생성의 촉매작용을 하는 효소의 작용을 억제(알부틴, 상백피 추출물, 감초추출물 등)

자외선 차단

① 자외선 흡수제
  ㉮ 자외선을 흡수하여 몸에 해롭지 않은 열이나 진동으로 변화시키는 물질이다.
  ㉯ 자외선 흡수제로는 파라아미노벤조인산(PABA) 유도체, 벤조페논(Benzophenone) 유도체, 캄파(Camphor) 유도체, 디벤조일 메탄(Dibenzoyl Methane) 유도체, 신남산(Cinnamic Acid) 유도체 등이 있다.

② 자외선 산란제
  ㉮ 분말상태의 안료를 이용한 물리적 방법으로 자외선을 산란시켜 피부 침투를 막는 물질이다.
  ㉯ 성분으로는 이산화티탄(Titanium), 산화아연(Zinc Oxide), 탈크(Talc) 등이 있다.

③ 경구투여제
  ㉮ 부분적으로 자외선을 차단한다.
  ㉯ 베타카로틴(β-Carotene)은 자외선 A를 차단한다.
④ 옷 등
  ㉮ 얇은 옷은 50%, 백색 남방은 80% 정도를 차단한다.
  ㉯ 이외에도 모자, 파라솔 등을 이용하여 자외선을 차단한다.

● 자외선 차단지수(Sun Protecting Factor : SPF)

① 자외선 차단제품의 사용 시 피부가 보호되는 정도를 나타내는 지수로, 자외선 제품을 사용하였을 경우 피부홍반을 일으키는 자외선의 양을 자외선 차단제품을 사용하지 않았을 경우에 홍반을 일으키는 자외선의 양으로 나눈 값을 말한다.

② 자외선 차단지수(SPF) = $\dfrac{\text{자외선 차단제품을 사용했을 때의 최소 홍반량(MED)}}{\text{자외선 차단제품을 사용하지 않았을 때의 최소 홍반량(MED)}}$

③ 최소 홍반량(Minimal Erythema Dose : MED) : 자외선이 최초로 홍반을 일으키는데 필요한 자외선의 최소량을 말하며, 개인에 따라, 피부색깔, 지역, 날씨, 일광조사 조건 등에 따라 달라진다.

3 적외선(Infrared Light)

● 적외선의 종류 및 특징

① 적외선의 종류
  ㉮ 단파 적외선 : 진피층 침투
  ㉯ 장파 적외선 : 표피의 전층에 침투

② 적외선의 특징
  ㉮ 피부에 자극을 주지 않고 열을 발생시켜 피부에 침투하여 이로움을 준다.
  ㉯ 적외선미용기기는 피부관리 시 팩이나 마스크의 영양침투를 위해서나 전신관리의 혈액순환 촉진, 노폐물 배출을 목적으로 하는 온열효과를 위해 사용된다.

● 적외선에 의한 피부영향

① 열작용에 의한 체온상상으로 신진대사 및 혈액순환을 촉진시킨다.
② 근육을 유연하게 한다.
③ 한선과 모공의 활동에 영향을 미쳐 노폐물 제거를 용이하게 한다.
④ 피부세포의 활성을 촉진시키며, 저항력을 높여준다.
⑤ 피부에 공급되는 영양성분을 깊이 침투될 수 있도록 도와준다.

● 적외선 램프 사용 시 주의사항

① 아이패드를 착용하여 눈을 보호한다.
② 피부와 40~70cm 정도의 적당한 간격을 유지하여 사용한다.
③ 조사시간이 20분을 넘지 않도록 한다.
④ 관리 과정 중에도 고객을 관찰하면서 거리와 각도 등을 조절한다.

STEP 06 피부면역과 램프

1 면역(Immunity)

● 항원과 항체

① 항원(Antigen) : 어떤 물질이 피부나 혈관을 통해 체내에 들어왔을 때 이 물질에 대응하는 특이한 항체를 생성할 수 있는 성질을 갖고 있는 물질을 말한다.
② 항체(Antibody) : 일종의 고분자 단백질로 면역글로블린(Immunoglobulin)이라고 하는데 여러 가지 방법에 의하여 이물질의 침입을 방어한다. 항체의 작용은 세균이나 다른 세포에 대해 이를 응집시키거나 용해시킨다.

● 면역반응

① 비특이성 면역반응
　㉮ 천부적인 생체구조에 의해 일어나는 반응으로 모든 병원체에 대한 비선택적인 방어기능을 갖는다.
　㉯ 피부의 장벽기능, 땀샘, 피지선, 누선, 점막, 위산 등 자연스럽게 외부의 병원체 침투나 음식물을 통한 외부 병원체의 체내 침투를 봉쇄하는 것들을 들 수 있다.
② 특이성 면역반응
　㉮ 체내에 침입하거나 체내에서 생성되는 이물질에 따라 각각 특정한 방어세포가 작용하여 이물질을 제거하는 반응으로 체액성 면역과 세포성 면역이 있다.
　㉯ 체액성 면역 : B 임파구에 의해 수행되며 혈장세포로 변형되어 항체를 생성하여 대응하게 되는데 주로 박테리아의 파괴에 관여하며, 임파구의 약 20%를 차지한다.
　㉰ 세포성 면역 : T 임파구가 Killer T임파구로 변형되어 침입하는 세균이나 이물질을 직접 공격하여 방어하는 것을 말한다. 바이러스, 결핵균, 나균과 같은 박테리아, 진균 및 이물질의 파괴에 관여하며 혈액 내 임파구의 60~80%를 차지한다.

피부의 방어 작용

① **랑게르한스세포** : 표피의 유극층의 상부와 과립층에 분포되어 있으며, 외부의 항원을 인식하여 면역담당세포인 림프구로 전달하는 역할을 한다.

② **각질형성세포** : 표피의 바깥층의 케라틴 단백질은 단단하고 비수용성이며, 약산과 염기, 단백질을 소화시키는 효소들에 저항하는 작용을 하며, 다양한 조절물질을 생성, 분비하여 면역학적 반응을 조절하며, 염증 및 면역반응의 매개 역할을 한다.

③ **한선과 피지선** : 세균에 독성작용을 하는 물질을 분비한다.

2 림프계(Lympatic System)

림프계의 기능
① 항원자극에 대해 항체를 생성하여 면역반응을 담당함으로써 인체를 방어하는 역할
② 신체 내에 들어온 이물질을 대식세포의 활동으로 제거하여 감염으로부터 신체를 보호
③ 조직액을 정맥으로 운반
④ 혈장 내 단백질과 체액을 유지하는 기능

림프(Lymph)
① 혈액성분이 모세혈관벽을 통해 나와서 형성된 무색투명의 액체이다.
② 림프의 성분은 혈장과 유사한 성분으로 림프구가 많고 글로불린이 적으며 적혈구와 혈소판은 거의 없다.
③ 동맥을 따라 운반된 영양소와 산소가 모세혈관을 통해 조직액이 되고, 물질교환을 끝낸 조직액은 모세혈관벽을 통해 다시 회수되는데 이때 완전히 회수가 이루어지지 않고 남은 일부는 림프관으로 들어가 림프가 된다.

모세림프관(Lymphatic Capillaries)
① 단층 편평상피로 되어 있고, 전신의 조직에 망상으로 분포되어 있으며 많은 판막을 가지고 있다.
② 모세혈관에서 새어나온 단백질 분자, 박테리아나 바이러스 같은 이물질을 운반하는 기능을 한다.

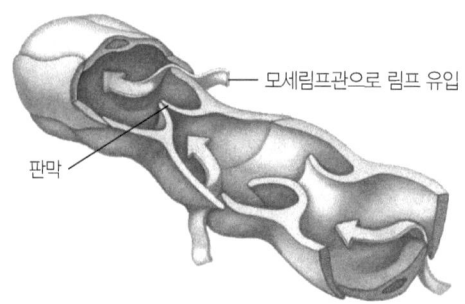

▲ 모세림프관의 구조

림프관(Lymphatic Vessel)

① 모세혈관이 모여 좀 더 커진 상태로 정맥보다 벽이 더 얇고 역류를 방지하기 위한 림프판막이 발달되어 있다.
② 정중선을 경계로 오른쪽 머리, 목, 가슴부와 오른쪽 상지에 분포하는 림프관을 우림프관(Right Lymphatic Duct), 나머지 상반신의 왼쪽과 하체에 분포하는 림프관을 흉관(Thoracic Duct) 또는 좌림프관(Left Lymphatic Duct)이라 한다.
③ 소장에 분포하는 림프관은 유미관이라 하며, 지방을 흡수한다.
④ 림프관은 세포간질내의 물, 단백질, 기타 물질들을 혈액으로 환류 시키는 기능을 갖는다. 림프관의 기능이 떨어지면 부종이나 수종이 나타난다.

림프절(Lymph Node)

① 림프절은 강낭콩 모양의 20~30mm 정도의 크기로 집단으로 떼를 지어 밀집되어 있다.
② 모든 림프액은 정맥에 유입되기 전에 반드시 통과하여 여과를 거치게 된다.
③ 림프절은 여과 및 식작용을 통해 체내에 들어온 미생물이나 이물질들을 살균 또는 포식하여 신체의 방어기능을 한다.
④ 림프관이 나눠지는 곳에 존재하며 특히 목, 겨드랑이, 서혜부와 같이 여러 곳에서부터 림프액이 배출되는 곳에 무리를 지어 위치한다.

비장(Spleen)

① 인체 내의 가장 큰 림프기관의 타원형의 장기로 복부의 왼쪽 윗부분, 위의 뒤쪽, 횡경막의 바로 아래 위치한다.
② 수명이 다한 적혈구의 파괴와 이물질의 제거, 응급상황에서 적혈구와 백혈구, 혈소판을 공급해 주며, 림프구를 생산한다.

흉선(Thymus)

① 좌우 2개의 엽으로 구성되며 심장의 앞쪽, 흉골의 뒤쪽, 종격의 상방에 위치한다.
② 림프구와 항체생산을 담당하는 면역계의 중요 기관으로, 특히 어린이 면역을 위해 매우 중요하다.

편도(Tonsil)

① 소화기와 호흡기계의 입구에 위치하며, 구개편도, 인두편도, 설편도가 있다.
② 인두 주위의 조직액을 여과하며, 림프구와 항체를 생성하여 미생물의 침입을 막아주는 기능을 한다.

STEP 07 피부와 노화

1 피부의 노화

● 프리라디칼 이론(Free Radical Theory)
생체 내에서 산소의 불완전한 환원으로 인하여 자유라디칼이 생성되고 이러한 축적의 결과가 세포를 노화시킨다는 이론이다.

● 피부노화와 활성산소
① 공기 중의 안정한 상태의 산소와는 달리 불완전한 활성산소는 높은 반응성을 가지는데, 인체 내에서 과잉으로 생산되면 정상적인 세포를 손상시켜 유해산소라 부르기도 한다.
② 활성산소는 피부의 불포화지질을 과산화지질로 바꾸어 주름 등 노화를 유발한다.
③ 인체에 손상을 입히는 활성산소는 수퍼옥사이드(Superoxide), 과산화수소(Hydrogen Peroxide), 하이드록시 라디칼(Hydroxy Radical), 싱글렛 옥시젠(Singlet Oxygen)이 있다.
④ 활성산소를 제거해 주는 물질을 항산화제라 하며, 비타민 C, 비타민 E, 글루타치온, 코엔자임 Q10 등이 있다.
⑤ 수퍼옥사이드 디스뮤타제(SOD : Superoxide Dismutase), 카탈라제(Catalase) 등의 항산화효소도 활성산소의 생성을 막아 피부노화를 억제한다.

2 자연노화와 광노화의 피부 비교

분류	항목	자연노화 피부	광노화 피부
표피	두께	감소	증가
	주름	증가	증가
	건조	증가	증가
	늘어짐	증가	증가
	멜라닌 생성	감소	증가
	랑게르한스 세포	약간 감소	감소
진피	두께	감소	증가
	콜라겐	감소	많이 감소
	엘라스틴	증가	많이 증가
	혈관	감소	확장
	비만세포	감소	증가

3 피부의 노화 억제

◉ 노화의 예방

① 자외선으로부터의 방어 : 활성산소의 생성을 막아 피부 노화 및 색소침착을 억제

② 건조로부터의 방어 : 세포간지질과 피지선의 활동 감소로 수분 유지기능이 저하되므로, 보습제 등의 사용을 통해 피부 보습을 유지

◉ 피부노화 방지성분

① 레티노이드
  ㉮ 비타민 A와 유도체인 레티날(Retinal), 레틴산(Retinoic Acid) 등을 말한다.
  ㉯ 상피세포의 성장과 분화에 중요한 역할을 하여 주름개선 및 완화에 효과적이다.

② AHA
  ㉮ 사탕수수 및 과일, 우유에서 발견되며 과일산이라고도 한다.
  ㉯ 각질세포의 세포간 결합력을 약화시켜 각질세포의 탈락을 촉진시킴으로 각질의 턴오버를 정상적으로 해 주며, 피부주름 감소, 노인성 반점의 감소, 피부 보습, 유연에 효과가 있다.

③ 항산화제
  ㉮ 활성산소, 산소 라디칼은 세포의 주요구성을 파괴하여 세포의 기능을 저하시킨다.
  ㉯ 이러한 작용을 억제하는 항산화제로 카로틴, 비타민 E, 비타민 C, 녹차추출물, SOD(Superoxide Dismutase) 등이 있다.

④ 멜라닌 생성 억제
  ㉮ 멜라닌의 작용을 촉진시키는 티로시나제의 활성 및 형성을 억제하거나 이미 생성된 멜라닌을 파괴시키는 방법 등이 있다.
  ㉯ 알부틴(Arbutin), 비타민 C, 코직산(Kojic Acid), 감초추출물, 하이드로퀴논(Hydroquinone) 등이 있다.

LESSON 03

해부생리학

STEP 01 세포의 생리 및 작용

1 인체의 구성요소

● 구성단위

① 세포(Cell) : 생명체의 기본단위로 핵과 미토콘드리아, 리보솜, 골지체 등으로 구성
② 조직(Tissue) : 비슷한 형태와 기능을 가진 세포들이 목적을 위하여 모인 세포집단
③ 기관(Organs) : 일정한 기능과 활동을 수행하기 위해 형성된 일정한 형태를 가진 조직
④ 계통(System) : 같은 기능을 수행하기 위한 기관의 집합
⑤ 개체(Body) : 계통이 모인 유기적 통합체로서의 인체형성

● 계통별 분류

① 골격계(Skeletal System) : 뼈, 연골, 관절로 구성되며 인체를 지지하고 내부장기를 보호하고 운동에 관여한다.
② 근육계(Muscular System) : 골격근, 평활근, 심근, 근막, 건막, 건 등으로 구성되며 운동 및 이동이나 정지 시 뼈와 자세를 유지하고 움직이는 작용을 한다.
③ 신경계(Nervous System) : 중추신경, 뇌신경, 말초신경, 자율신경계통으로, 생리기능과 인체 내외 환경의 적응 조절 및 정신기능에 관여한다.
④ 순환계(Circulatory System) : 심장, 혈관, 림프관, 림프절, 흉선, 편도, 비장 등으로 구성되며 영양분 및 노폐물의 운반과 면역작용을 한다.
⑤ 소화기계(Digestive System) : 구강, 식도, 위, 소장, 대장, 간, 담낭, 췌장, 항문, 타액선으로 구성되며 음식의 섭취와 배설 및 소화, 흡수 작용을 한다.

⑥ 내분비계(Endocrine System) : 뇌하수체, 갑상선, 부갑상선, 췌장, 부신, 정소, 난소, 송과체 등으로 구성되어 있으며 호르몬에 관여한다.

⑦ 배설계(Urinary System) : 신장, 방광, 요관, 요도로 구성되며 뇨의 생산과 배설 작용을 한다.

⑧ 생식기계(Reproductive System) : 난소 및 자궁, 난관, 질, 음부, 정관, 정소, 부정소, 정낭, 전립선, 음경으로 구성되어 있고, 임신과 관련이 있다.

⑨ 호흡기계(Respiratory System) : 코, 인두, 후두, 폐, 기관, 기관지 등으로 구성되며, 산소와 이산화탄소의 교환에 관여한다.

⑩ 외피계(Integumentary System) : 피부, 털, 땀샘, 손톱, 발톱으로 구성되며, 몸의 보호와 체온조절 등에 관여한다.

⑪ 감각기계(Sensory Organ) : 피부, 눈, 코, 귀, 혀 등으로 구성되며 감각에 관여한다.

2 세포(Cell)

● 세포막(Cell Membrane)

① 세포 내외의 영양물질과 산소 및 노폐물 등을 선택적으로 투과시킨다.
② 막의 두께가 75~100Å으로 외층과 내층은 단백질, 중간층은 지질로 이루어져 있다.
③ 특정 물질과 결합하는 수용기를 가진다.
④ 항상성을 유지할 수 있도록 내부환경을 조절한다.
⑤ 세포사이의 결합상태 유지한다.
⑥ 생명체와 외부환경사이에 경계를 이룬다.
⑦ 단백질 합성과 핵산에 의한 유전정보의 조절기능을 가진다.
⑧ 여러 가지 효소가 있어 화학반응을 촉진한다.

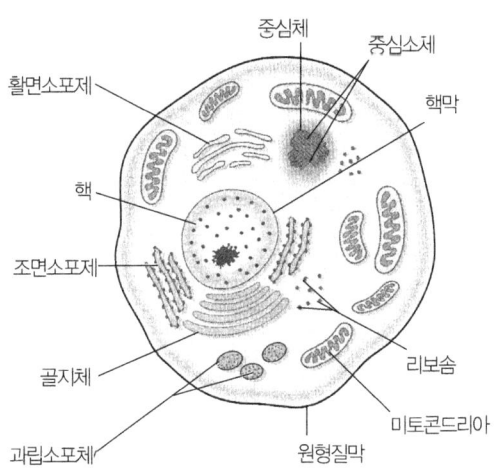

▲ 동물 세포의 구조

◉ 세포질(원형질, Cytoplasm)

① 세포질의 구성요소
  ㉮ 물(Water) : 세포질 내 수분평형을 조절하고 화학물질의 용해, 확산작용을 하며 전체 원형질의 75~85%를 차지한다.
  ㉯ 전해질(Electrolytes) : 원형질의 기초물질로 물에 용해되며 신경 및 근육, 소화작용과 세포 대사작용을 촉진한다. 약 1.5%를 차지한다.
  ㉰ 단백질(Protein) : 세포내 구조의 기본물질로, 10~20%를 차지한다.
  ㉱ 지질(Lipid) : 원형질의 2~3%를 차지한다. 단백질과 결합하여 세포막 내 구멍을 만들거나 용해 물질 사이에 경계를 만들어 불투과성 물질이 스며들지 않도록 하며 에너지 공급원의 역할도 한다.
  ㉲ 탄수화물(Carbohydrates) : 에너지원으로 작용하며, 전체 1~2% 정도 차지한다.

② 세포 소기관
  ㉮ 미토콘드리아(사립체, Mitochondria) : 세포 내의 호흡생리를 담당하며, 영양물질을 산화시켜 세포활동에 필요한 에너지를 ATP(Adenosin Triphosphte) 형태로 생산, 세포 내 발전소로 불린다.
  ㉯ 소포체(Endoplasmic Reticulum) : 납작한 주머니 형태와 가는 관으로 이어진 그물 모양의 정교한 막으로 단백질 합성을 담당한다.
  ㉰ 골지체(Golgi Apparatus) : 분비기능과 관계가 있는 분비 세포로 소포체에서 합성된 단백질을 농축 저장되었다가 필요시에 분비된다.
  ㉱ 리보소체(Ribosome) : 단백질과 RNA 분자로 구성된 입자로, 유전정보에 의해 아미노산을 이용하여 단백질을 합성한다.
  ㉲ 중심체(Centrosome) : 세포분열의 중심적 역할을 수행하는 세포기관이다.
  ㉳ 용해소체(Lysosome) : 구형으로, 강력한 가수분해효소를 가지고 있어 박테리아, 세포 파괴물을 분해한다. 특히 포유동물의 백혈구, 대식세포에 많이 있다.

◉ 핵(Nucoeus)

① 핵막(Nucoear Membrane) : 원형질막과 거의 유사하나 핵공(구멍)을 가지고 있으며 세포질과의 사이에 물질교환 작용을 한다.
② 핵소체(Nucleolus) : 리보솜 형성에 필요한 Ribosomal RNA와 단백질로 구성되어 있다.
③ 염색질(Chromatin) : DNA와 단백질로 구성되어 있으며 유전자가 들어 있어 유전적 특질을 결정한다.
④ 핵형질(Nucleoplasm) : 염색질과 핵소체를 제외한 부분이다.

핵산(Nucleic Acid)

세포 내에 존재하는 핵산은 핵 속에 있는 DNA(Deoxyribonucleic Acid)와 세포질 속에 있는 RNA(Ribonucleic Acid)로 구분되며 주로 단백질 합성이나 유전에 관여한다.

DNA → mRNA → Ribosome → 단백질
(유전정보)   (해독)

세포분열(Cell Division)

① 유사분열(Mitosis) : 간접분열로 모세포는 동일한 핵형을 갖는 두 개의 딸세포로 분열
  ㉮ 간기(Interphase) : 핵분열이 끝나고 다시 시작될 때까지의 중간시기
  ㉯ 전기(Prophase) : 염색질이 염색체로 변하고 핵막과 핵소체가 없어지며 염색체의 형성에 관여하게 됨. 중심소체는 반대편으로 이동하여 양극을 형성
  ㉰ 중기(Metaphase) : 염색체가 이동하여 적도판에 배열하는 시기로 염색체가 가장 명확하게 나타남
  ㉱ 후기(Anaphase) : 염색체가 완전히 분리되는 시기로 세포질의 분열이 시작
  ㉲ 종기(Telophase) : 세포질의 분열이 완료되면서 독립된 2개의 딸세포가 출현
② 감수분열(Meiosis) : 생식선에서 볼 수 있는 유사분열의 특수형태
③ 무사분열(Amitosis) : 하등동물 및 암세포에서 볼 수 있는 분열

3 조직(Tissue)

상피조직

세포성분이 많고 세포간질은 매우 적은 조직으로 체표면, 체강과 관, 혈관 내면을 덮고 있으며 외부환경으로부터의 보호작용, 물질의 분비 및 흡수, 배설에 관여한다.

① 편평상피(Squamous Epithelium) : 세포의 형태가 얇고 편평한 조직으로 단층편평상피와 중층편평상피가 있다.
② 입방상피(Cuboidal Epithelium) : 입방형의 세포로 구성되며 선(Gland)으로 되어 있다.
③ 원주상피(Columnal Epithelium) : 원주형 세포로 구성되며 주로 흡수작용을 하는 상피세포이다.
④ 이행상피(Transitional Epithelium) : 신장과 수축이 가능한 세포로 기관이나 관의 용적에 따라 세포의 모양이 변형되며, 방광이나 요관의 내막을 구성한다.

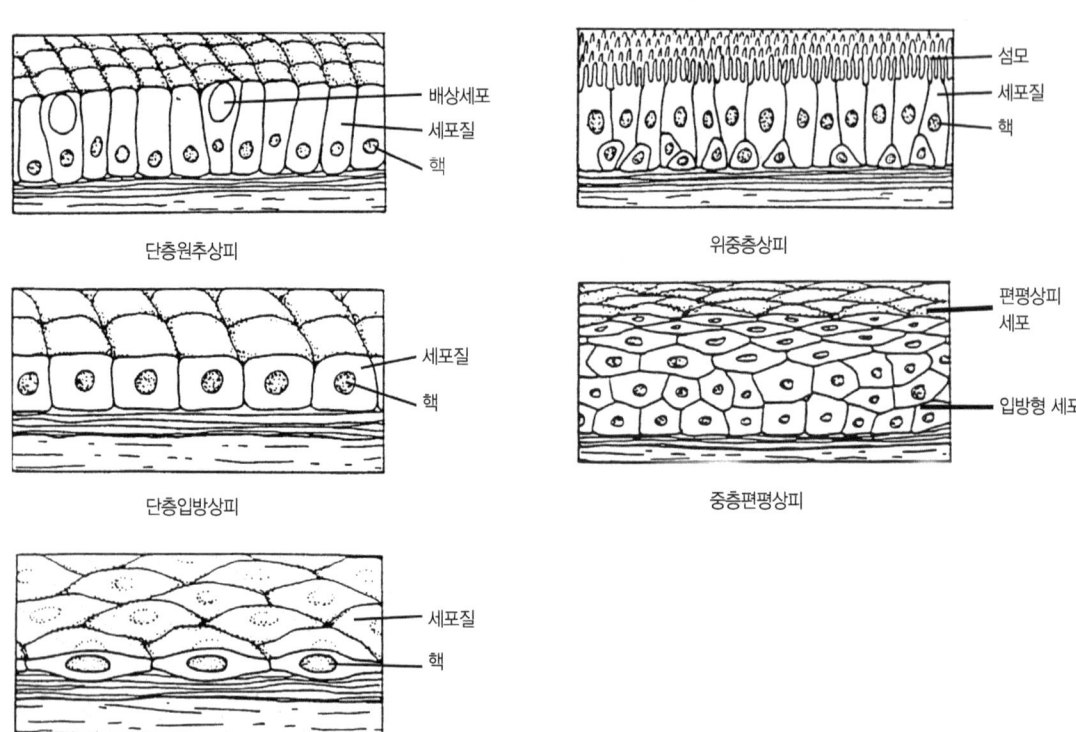

▲ 상피조직의 종류

○ 결합조직

세포성분이 비교적 적고 세포간질이 풍부하며 혈관이 발달되어 있으며, 세포성분과 결합조직 및 기질로 구성되고 혈액, 림프의 액체성분과 골조직으로 이루어져 있다. 또한, 체내의 구조물들을 결합하고 지지해 주는 역할을 한다.

① 결합조직의 구성섬유

㉮ 교원섬유(Collagenous Fiber) : 주성분이 콜라겐이라는 단백질로 인체 내에 가장 많이 존재하며 강한 장력과 유연성을 가지며, 백색섬유라고도 한다.

㉯ 탄력섬유(Elastic Fiber) : 엘라스틴이라는 단백질로 강한 탄성과 신장력을 가진다.

㉰ 세망섬유(Reticular Fiber) : 그물모양의 구조로 작은 구조물을 지지한다.

② 결합조직의 종류 : 골, 연골의 지지조직, 혈액과 림프의 액상조직

○ 근육조직

수축기능을 하는 근육세포로 골격을 움직이고, 혈액순환, 음식물의 이동 등의 역할을 하며, 수의근과 불수의근으로 나누어진다.

① 골격근(Skeletal Muscle) : 근육의 수축과 이완에 관여한다. 횡문이 있는 횡문근이며, 골격근이라고도 하고, 신경의 지배를 받아 수의근이라고도 한다.

② 평활근(Smooth Muscle) : 횡문이 없이 장기나 혈관벽을 구성하므로 내장근이라고도 한다. 신경의 지배를 받지 않는 불수의근으로 장기간 수축력과 신전력을 유지할 수 있다.

③ 심근(Cardiac Muscle) : 심장을 구성하며 횡문이 뚜렷하지 않은 불수의근으로 심장의 박동수를 자동적으로 조절한다.

◎ 신경조직

신경세포로 이루어지며 부위에서 부위로의 정보를 전기신호의 형태로 전달한다.

① 신경원의 구조
  ㉮ 세포체(Cell Body) : 핵과 세포질 부분으로 1개의 핵을 가진다.
  ㉯ 수상돌기(Dendrite) : 많은 돌기로 이루어져 있고 자극을 세포체로 전달하는 기능을 한다.
  ㉰ 축삭(Axon) : 세포체에서 받은 자극을 축삭종말이나 다른 신경세포에 전달하는 역할을 한다.
  ㉱ 축삭종말 : 뉴런의 끝부분으로 축삭을 통하여 전달된 신경을 다른 신경원에 전달한다.

② 신경원의 종류
  ㉮ 단극 신경원 : 하나의 돌기로부터 각가 1개의 축삭과 수상돌기성 축삭으로 구성되어 있으며 척수신경의 후근신경절을 구성한다.
  ㉯ 다극 신경원 : 다수의 수상돌기와 1개의 축삭으로 구성되며 골격근을 지배하며 인체에 가장 많이 분포되어 있다.
  ㉰ 이극 신경원 : 세포체의 양극에 각각 1개의 수상돌기와 축삭으로 구성되며, 귀의 와우신경절에 있다.
  ㉱ 무극 신경원 : 축삭 없이 여러 개의 수상돌기로 구성되며 중추신경계와 감각기에서 있다.

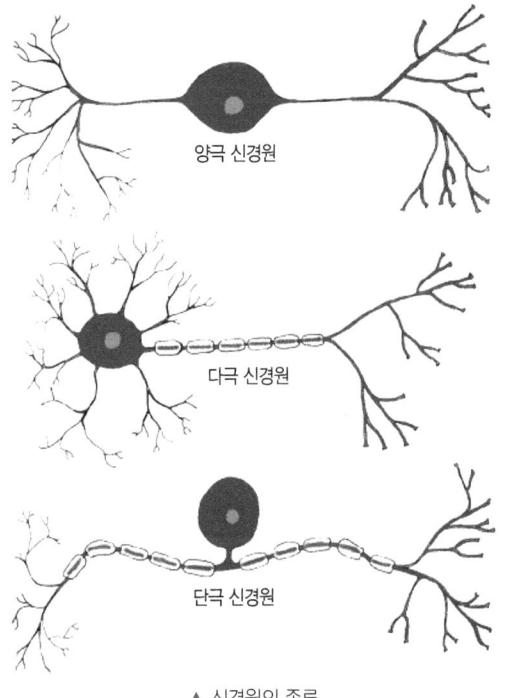

▲ 신경원의 종류

STEP 02 골격계

1 골격계의 생리적 기능

인체에는 약 206개의 뼈가 있고, 여기에 연골이 첨가되어 골격을 구성하며, 근육이나 인대의 부착부가 되고, 장기를 보호해 준다.

기능	설명
지지작용	외관을 받쳐주고 체중을 받쳐주기도 하고 주변 조직을 지지
지렛대 작용	근육이 수축하면서 지렛대의 작용을 함
내부장기 보호작용	체강의 기초를 만들고 내부장기 보호
조혈작용	적골수에서 적혈구, 백혈구, 혈소판을 만듦
무기질의 저장	칼슘과 인을 저장했다가 적절하게 공급

2 뼈의 구조

● 뼈의 조직학적 구조

① 골모세포(골아세포, Osteoblast) : 뼈의 형성에 관여하는 세포로 골기질을 생산한다.

② 골세포(Osteocyte) : 돌기들을 가지고 인접 골소강 내의 골세포와 연결되어 조직액과 접촉한다.

③ 피골세포(Osteoclast) : 골조직을 흡수하여 골수강 및 혈관과 신경의 통로를 만드는 다핵거대세포다.

④ 골기질(Bone Matrix) : 교원섬유와 칼슘, 인 등의 성분으로 구성되어 있다.

● 뼈의 해부학적 구조

① 골막(Periosteum) : 관절연골을 제외한 뼈의 표면을 싸고 있는 질긴 막으로, 혈관 및 신경이 많이 분포되어 있고 뼈의 성장과 재생에 관여한다.

② 골단(Epiphysis) : 장골의 양쪽 끝부분으로 표면은 얇은 치밀질이고 내부는 해면질로 되어 있으며, 해면질의 작은 구멍에도 골수가 차 있다.

③ 골간(Diaphsis) : 치밀질로 이루어져 있으며, 동심원 모양의 층판구조인 하버스(Havers)층판과 안쪽과 바깥쪽에 평행으로 둘러싸인 내·외원주층판 (Inner, Outer Circumferential Lamella)으로 구성되어 있다. 하버스층판 중심에는 하버스관이 뚫려 있어 혈관과 신경이 지나간다.

④ 골수(Bone Marrow) : 혈구를 생산하는 조혈기관으로 모든 골수가 조혈기능을 가지는 적골수(Red Bone Marrow)이지만 성인은 대부분이 조혈기능을 잃고 지방세포로 대체되어 황골수(Yellow Bone Marrow)로 변한다.

3 뼈의 발생 및 분류

◉ 뼈의 발생

① 태생기에 중배엽에서 발생되어 성장, 약 25세를 전후로 성장을 멈춘다. 뼈는 중배엽 조직이 증식하여 결합조직의 막이 생기고 결합세포가 골모세포로 분화되어 골기질을 형성하면서 연골의 형태로 뼈의 원형이 만들어진다.

② 연골의 형태로 뼈가 만들어진 후 연골이 성장함에 따라 뼈의 길이도 길어지고, 점차 뼈로 대체되며, 골단 연골이 모두 골화되어 골단 폐쇄가 일어나면 뼈의 성장이 정지되고 신장도 더 이상 커지지 않게 된다. 뼈의 성장은 영양과 호르몬, 유전의 영향을 받는다.

◉ 뼈의 분류

① 장골(Long Bone) : 양 끝이 둥근 길고 굵은 원통형 뼈로 폭보다 길이가 크다. 대퇴골, 상완골, 척골, 비골, 경골 등 사지의 뼈가 이에 속한다.

② 단골(Sort Bone) : 입방모양으로 골간과 골단의 구분이 없는 작은 뼈로 넓이와 길이가 비슷하다. 수근골, 족근골 등 손목과 발목의 뼈가 이에 속한다.

③ 편평골(Flat Bone) : 넓적한 얇은 뼈로 두개골의 일부, 견갑골, 늑골, 흉골 등이 이에 속한다.

④ 불규칙골(Irregular) : 모양이 일정하지 않은 뼈로 복합형이며, 척추뼈, 접형골, 추골 등이 이에 속한다.

⑤ 종자골(Sesamoid Bone) : 식물의 씨앗 모양의 뼈로 근육의 건이나 관절낭 속에 생기며 뼈와 힘줄의 마찰을 막아주는 역할을 한다. 슬개골, 비복근의 두 종자골이 있다.

⑥ 함기골(Pneumatic Bone) : 뼈 속에 빈 공간이 있어 공기를 함유하므로 Air Bone이라고도 하며 상악골, 전두골, 측두골 등이 이에 속한다.

⑦ 봉합골(Suture Bone) : 두정골과 후두골의 봉합 사이에 나타난다.

4 인체 각 부위의 뼈

◉ 전신골격의 구성

① 주축골격(Axial Skeleton) : 체간(몸통) 골격이라고 하며 체간을 이루어 신체를 지지하고 장기를 보호할 수 있는 공간을 만드는 뼈를 말한다.

② 부속골격(Appendicular Skeleton) : 체지(사지) 골격이라고 하며 양 팔과 다리를 만들고 몸통을 연결시키는 뼈를 말한다.

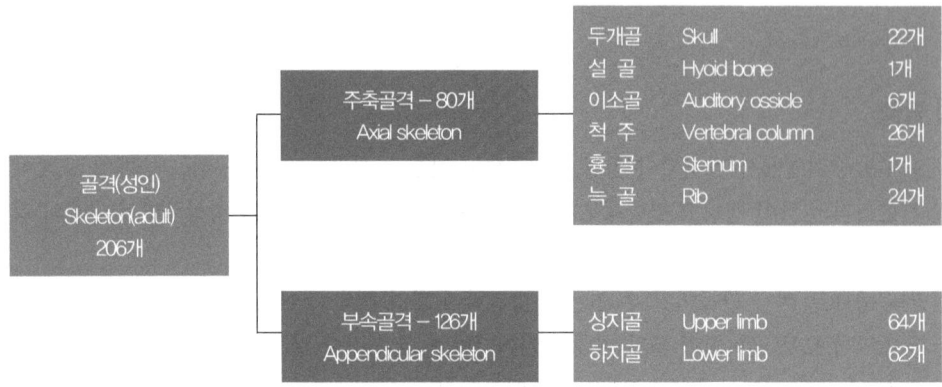

▲ 위치에 따른 골격 분류

◉ 각 부위별 뼈

① 두개골(머리뼈, Craium, Skull) : 머리를 구성하고 있으며, 15종 23개의 뼈로 이루어져 있다.
  ㉮ 뇌두개골(Cranial)
    ㉠ 전두골(Frontal Bone) : 이마를 형성하는 뼈이다.
    ㉡ 두정골(Parietal Bone) : 네모꼴의 납작한 뼈로 좌우 1쌍을 이루고 있다.
    ㉢ 측두골(Temporal Bone) : 복잡한 구조로 이루어져 있으며 그 속에 청각 및 평형감각기를 담고 있으며 좌우 1쌍으로 되어 있다.
    ㉣ 후두골(Occipital Bone) : 두개(頭蓋)의 뒷부분을 형성하는 마름모꼴의 주걱모양으로 바닥의 중앙에 후두구멍이 있어 척주관으로 이어진다.
    ㉤ 접형골(Sphenoid Bone) : 중앙부분에 위치하는 나비모양의 뼈로 좌우에 큰 날개와 작은 날개가 있고 아래쪽에 날개 돌기가 있다.
    ㉥ 사골(Ethmoid Bone) : 비강의 천장을 형성하는 십자모양의 뼈로 작은 구멍이 10~20개 있어 후각신경과 연결된다.
  ㉯ 안면두개골(Facial Bone)
    ㉠ 비근골(Nasal Bone) : 코의 윗부분을 형성하는 1쌍의 직사각형의 뼈를 말한다.
    ㉡ 서골(Vomer) : 코 가운데의 아래를 형성하는 뼈로 비강을 좌우로 나누는 비중격(Nasal Septum)을 형성한다.
    ㉢ 누골(Lacrimal Bone) : 안와의 내측을 형성하는 네모 모양의 뼈로, 눈물고랑이 있어 눈물을 모아 비강으로 배출한다. 1쌍으로 되어있다.
    ㉣ 하비갑개(Inferior Nasal Concha) : 비강의 외측벽에 붙어 있는 1쌍의 작은 조개껍질 모양의 뼈를 말한다.
    ㉤ 상악골(Maxilla) : 위턱뼈로 입천장을 형성하며 윗니가 있는 부분이다.
    ㉥ 하악골(Mandible) : 아래턱뼈로 말굽 모양을 하고 있으며 아랫니가 있는 부분이다.
    ㉦ 관골(Zygomatic Bone) : 광대뼈라고 하며 좌우 1쌍으로 되어 있다.
    ㉧ 구개골(Palatine Bone) : 입천장 뼈로 L자형으로 좌우 1쌍이 있다.

㉣ 설골(Hyid Bone) : 목의 앞쪽 위에 위치하는 U자 모양의 작은 뼈를 말한다.

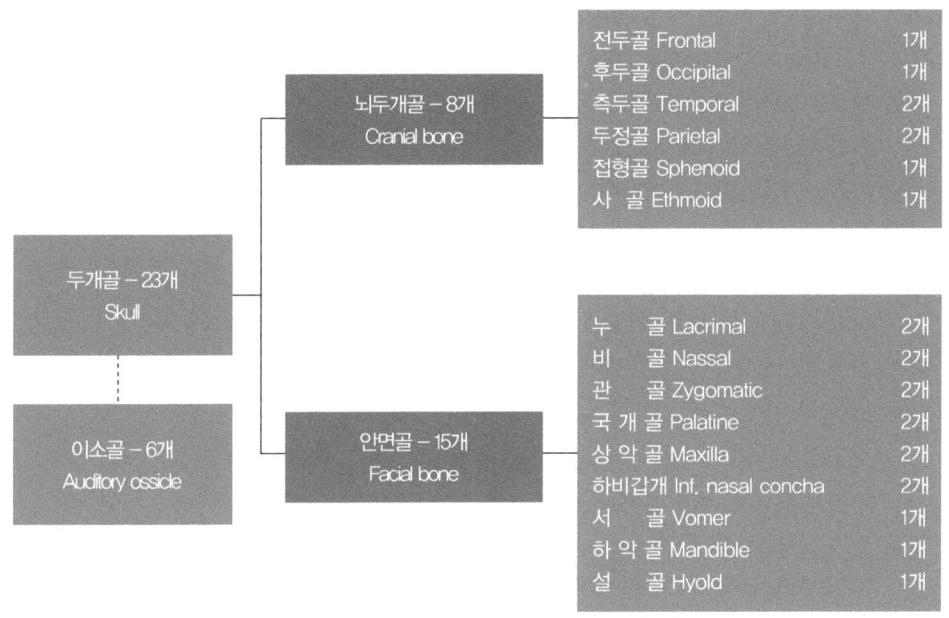

▲ 두개골의 구성

② 동골(Bone Of Trunk) : 척추골(Vertebrae), 늑골(Ribs), 흉골(Stemum)이 이에 속한다.
  ㉮ 척추골(Vertebrae)
    ㉠ 경추골(Cervical Vertebra : 7개) : 목뼈로, 기본적인 형태는 추체, 추궁, 돌기의 3부분으로 구성되어 있다. 척수신경, 척추동맥 및 정맥이 지나가는 통로가 있으며, 제 7경추는 극돌기가 매우 발달하여 표면에서 잘 만져지므로 융추골(Vertebra Prominens)이라고도 불리며 추골의 위치를 알아보는 기준이 되기도 한다.
    ㉡ 흉추골(Thoracic Vertebra : 12개) : 등뼈를 말하며 늑골과 관절하여 흉곽을 형성한다.
    ㉢ 요추골(Lumbar Vertebra : 5개) : 허리뼈로 추체가 매우 크고 횡돌기의 변형이 커서 경추골이나 흉추골과 구분이 확연하다.
    ㉣ 천골(Sacrum) : 엉치뼈로 5개의 천추골이 융합된 역삼각형 모양을 하고 있으며, 미골과 함께 골반의 후벽을 이룬다.
    ㉤ 미골(Coccyx) : 꼬리뼈를 말하며, 3~5개의 미추골이 융합한 것으로 천골의 하단에 있다.
  ㉯ 흉골(Stemum)
    ㉠ 흉부의 앞면의 정중선을 따라 있는 세로로 가늘고 긴 납작한 뼈를 말한다.
    ㉡ 일생동안 적색골수로 남아 있어 조혈기능 검사를 목적으로 하는데 가장 적당한 뼈의 하나이다.
  ㉰ 늑골(Ribs)
    ㉠ 활모양으로 굽은 좌우 12쌍의 긴뼈로 흉곽의 외측벽을 형성한다.
    ㉡ 늑골은 첫 번째 늑골부터 일곱째 늑골은 흉골과 직접 연결되나 아래 3개의 늑골은 인접한 늑연결과 합쳐진 후 흉골에 연결된다. 또한 열한번째와 열두번째 늑골은 흉골과 연결되지 고 떠 있어 부유늑(뜬늑골, Floating)이라 한다.

③ 체지골
　㉮ 상지골(Bone Of Upper Limb)
　　㉠ 상지연결대(Shoulder Girdle)
　　　ⓐ 쇄골(Clavicle) : 빗장뼈. 흉곽의 위에 수평으로 있는 S자 모양의 긴뼈로 흉골과 견갑골 사이를 연결하고 있다.
　　　ⓑ 견갑골(Scapula) : 어깨뼈. 흉곽의 바깥쪽 위에 있는 역삼각형의 납작한 뼈로 상완골과 더불어 어깨관절을 형성한다.
　　㉡ 자유상지골(Bone Of Free Upper)
　　　ⓐ 상완골(Humerus) : 위팔뼈. 상지뼈 중 가장 크고 길며 원통모양이다.
　　　ⓑ 척골(Ulna) : 전완(아래팔)의 내측에 있는 긴뼈로 위 끝은 굵고 아래 끝은 가는 형태를 하고 있다.
　　　ⓒ 요골(Radius) : 전완(아래팔)의 외측에 있는 긴뼈로 척골과는 반대로 아래 끝으로 갈수록 굵어지는 형태를 하고 있다.
　　　ⓓ 수근골(Carpal Bones) : 손목뼈로 8개의 짧은 뼈가 4개씩 위아래 2줄로 배열되어 손목을 이룬다.
　　　ⓔ 중수골(Metacarpal Bones) : 손바닥뼈. 손바닥과 손등을 형성하는 5개의 작고 긴뼈를 말한다.
　　　ⓕ 지골(Phalanges) : 손가락뼈로, 기절(첫째마디뼈), 중절(중간마디뼈), 말절(끝마디뼈)로 구성된다.
　㉯ 하지골(Born Of Lower Limb)
　　㉠ 하지대(Pelvic Girdle)
　　　ⓐ 관골(Hip Born) : 장골(엉덩이뼈, Lium), 좌골(궁둥뼈, Ischium), 치골(두덩뼈, Pubis)로 이루어져 있으며, 치골의 하단부는 크고 두껍게 융기된 좌골결절이 있어 앉았을 때 체중을 받치는 역할을 한다.
　　　ⓑ 골반(Pelvis) : 좌우 관골과 천골 및 미골에 의해 구성되며 윗부분인 대골반과 아래부분인 소골반으로 나뉜다.
　　㉡ 자유하지대(Born Of Free Lower Limb)
　　　ⓐ 대퇴골(Femur) : 넙적다리뼈. 인체에서 가장 긴뼈로 상단, 골체, 하단으로 구분된다.
　　　ⓑ 슬개골(Knee Cap) : 무릎뼈의 앞면에 있는 삼각형의 납작한 뼈로 인체에서 가장 큰 종자골(Sesamoid Bone)이다.
　　　ⓒ 경골(Tibia) : 정강이 뼈. 삼각기둥 모양의 긴뼈로 하퇴골의 주체를 이룬다.
　　　ⓓ 비골(Fibula) : 종아리 뼈. 경골의 바깥쪽에 있는 가늘고 긴 뼈로 외측은 약간 굵어져 외측복사(일명 복사뼈)를 만든다.
　　　ⓔ 족근골(Tarsal Bones) : 발목을 이루는 7개의 뼈로 거골(Talus), 종골(Calcaneus), 주상골(Navicular), 제1설상골(Medial Cuneiform), 제2설상골(Inrtemediate Cuneiform), 제3설상골(Lateral Cuneiform), 입방골(Cuboid)로 구성되며, 발목의 굴신운동에 관여한다.

ⓕ 중족골(Metatarsal Borns) : 발바닥을 형성하는 5개의 뼈로, 족근골과 함께 발등의 만곡을 형성하여 체중의 압박으로부터 보호한다.

ⓖ 족지골(Phalanges) : 발가락을 이루는 뼈로 지골에 비해 매우 짧으며 엄지발가락은 2개, 나머지는 3개의 마디로 이루어져 있다.

STEP 03 근육계

1 근육의 형태 및 기능

● 근육의 형태

① 골격근(Skeletal Muscle)
  ㉮ 수천 개의 근섬유로 구성되며 골격에 부착되어 있으며, 기본형은 가늘고 긴 원통모양의 방추형으로, 중간부를 근복, 위쪽을 근두, 아래쪽을 근미라고 한다.
  ㉯ 의지에 따라 마음대로 움직일 수 있는 수의근으로 운동신경에 의해 조절된다.
  ㉰ 명대와 암대가 교대로 배열되어 횡문근이라고도 한다.

② 평활근(Smooth Muscle)
  ㉮ 의지와 관계없이 독립적으로 기능을 발휘하는 불수의근으로, 내장기관의 활동을 담당하므로 내장근이라고도 한다.
  ㉯ 수축이 느리고 약하나 지속적이며 피로하지 않는 특성이 있다.

③ 심장근(Cardiac Muscle)
  ㉮ 구조상으로는 횡문근이고, 기능상으로는 불수의근이다.
  ㉯ 스스로 박동하는 능력을 가지며, 심장의 벽을 형성한다.

● 근육의 기능

① 근육이 수축하는 힘에 의해 운동 작용을 한다.
② 근수축 시 열을 발생하여 체온조절 작용을 한다.
③ 신체를 움직이는 역할 및 체중을 유지하는 역할을 한다.

● 골격근의 수축

① 연축(Twitch) : 근육이 짧은 시간동안 일시적인 수축을 일으키는 현상으로 잠복기-수축기-이완기를 거친다.

② 강축(Tetanus) : 적당한 시간적 간격을 정해 반복적으로 자극을 하면 지속적 수축이 일어나게 되는 것을 말하며, 모든 운동은 대부분 강축에 의해 일어난다.

③ 긴장(Tonus) : 정상적인 근육은 운동신경으로부터 약한 자극을 계속 받아 강축을 하고 있는데 이것을 근육의 긴장이라고 하며, 깊은 잠에 빠졌을 때에만 긴장이 없어진다.
④ 강직(Contracture) : 병적 상태로써 근육이 과도하게 피로할 때 일어난다.
⑤ 마비(Paralysis) : 중추신경계와 운동신경계에 손상이 생겨 수의적 수축이 불가능해지는 현상을 말한다.
⑥ 경련(Convulsion) : 여러 종류의 근육들이 불규칙적인 강축을 하는 것을 말한다.

2 신체 각 부위의 근육

● 두부의 근육(Muscle Of Head And Neck)
① 안면표정근
  ㉮ 두개표근(Muscle Of Scalp)
    ㉠ 두개골의 표면을 덮고 있는 넓은 근육으로 전두근과 후두근을 말하며, 모상건막으로 연결되어 있다.
    ㉡ 전두근은 이마에 주름살을 만들거나 놀란 표정을 만들며, 후두근은 두피의 주름을 형성한다.
  ㉯ 안부위 근(Muscle Of Eye)
    ㉠ 안륜근은 괄약근으로 눈의 가장자리를 둘러싸고 있으며, 눈을 감거나 깜빡거릴 때 이용된다.
    ㉡ 상안검거근은 상안검을 올려 눈을 뜨게 해주며, 신경장애가 일어나면 안검하수증이 생긴다.
    ㉢ 추미근은 눈썹을 안쪽과 아래로 잡아당겨 이마에 세로주름을 만들고, 미모하체근은 눈썹을 아래로 당긴다.
  ㉰ 비부위 근(Muscle Of Nose)
    ㉠ 비근 : 코의 윗부분을 덮고 있으며 콧대를 가로지르는 주름을 만든다.
    ㉡ 비근근 : 코에 주름을 짓게 한다.
    ㉢ 비공산대근, 비중격하체근, 비공압박근 : 비공을 넓히거나 좁히는 역할을 한다.
  ㉱ 구부근(Muscle Of Mouth)
    ㉠ 협근 : 뺨의 안쪽에 위치하며 입안에 공기를 담을 수 있고, 음식을 씹을 때 음식물을 입안에 담을 수 있다.
    ㉡ 대소관골근 : 대관골근은 웃는 표정을, 소관골근은 윗입술을 바깥방향으로 끌어당겨 비웃는 표정을 만든다.
    ㉢ 상순거근 : 윗입술을 닫았다 열었다 하게 하는 역할을 한다.
    ㉣ 구각하체근 : 입술을 아래로 당겨 슬픈 표정을 짓게 한다.
    ㉤ 구륜근 : 입을 다물게 하거나 입술을 앞으로 당겨주는 역할을 한다.
    ㉥ 이근 : 입술을 앞으로 내미는 작용을 한다.
② 저작근(Muscle Of Mastication)
  ㉮ 측두근(Trmporalis) : 부채모양의 근육으로 입을 벌리고 다물게 하는 작용을 한다.

㉯ 교근(Masseter) : 인체에서 가장 강한 두껍고 편평한 근육으로 뺨 중앙에 위치한다.
㉰ 내측익돌근(Pterygoideus Medialis) : 사각형의 두꺼운 근육으로 입을 열게 하고 음식물을 씹을 때 회전운동을 한다.
㉱ 외측익돌근(Pterygoideus Lateralis) : 턱을 좌우로 움직이게 하며, 음식물을 씹을 때 내측익돌근과 함께 회전운동을 한다.

경부의 근육(Muscle Of Neck)

① 천경근(Superficial Cervical Muscles)
㉮ 광경근(Platysma) : 목에 주름을 잡고 구각을 아래로 당겨 슬픈 표정을 짓게 한다.
㉯ 흉쇄유돌근(Stemocleidomastoideus) : 머리를 옆으로 돌리는데 중요한 역할을 한다.

② 설골상근(Suprahyoid)과 설골하근(Infrahyoid)
㉮ 설골상근(Suprahyoid) : 설골과 하악골 사이에 있는 근으로 음식물을 삼키는 운동에 관여하고, 음식물의 역류를 방지한다.
㉯ 설골하근(Infrahyoid): 설골 아래 위치하며 음식을 삼킬 때 설골과 후두를 수축시키고 목과 두부를 구부리게 한다.

배부의 근(Muscle Of The Back)

① 천배근(Superficial Dorsal Mucles)
㉮ 승모근(Trapezius) : 삼각형 모양의 근육으로 견갑골을 올리거나 내리는 작용을 하며 전체가 작용 시 가슴을 펴 주는 기능이 있다.
㉯ 광배근(Latissimus Dorsi) : 승모근의 아래쪽에 위치하는 큰 삼각형 근육으로, 팔을 펴거나 상완의 내전 및 내측 회전을 담당한다.

② 심배근(Deep Dorsal Muscles)
㉮ 척추기립근 : 척추의 양쪽을 따라 길게 세로로 이어지는 근육으로 척주를 신전시키는 작용을 하여 직립자세를 유지시킨다.
㉯ 판상근(Splenius) : 머리와 목의 신전운동에 관여한다.
㉰ 횡돌극근(Transversospinalis) : 판상근과 척주기립근의 아래에 있는 작은 근들로 척주기립근의 보조적 역할을 한다.

흉부의 근(Muscle Of Thorax)

① 늑간근(Intercostal Muscle) : 좌우 11쌍의 근육으로 직접 호흡운동에 관여한다. 외늑간근은 수축 작용을 하면서 늑골을 끌어올려 흉강의 용적을 넓히면서 흡식운동이 생기고, 이완하면서 원위치로 가면 호식운동이 생긴다. 내늑간골은 호흡곤란 시 늑골을 아래로 끌어내리는 작용을 한다.

② 횡격막(Diaphragm) : 근육성의 두꺼운 막으로 횡격막이 수축하면 흉강이 넓어져 흡식호흡이 생기고 이완하면 호식운동이 일어나 호흡운동의 중요한 역할을 한다.

● 복부의 근(Muscle Of Abdomen)

① 외복사근(External Abdominal Oblique) : 수축 시 복압 상승, 척추의 회전과 굽힘에 작용하며, 복강 내 장기 보호작용을 한다.

② 내복사근(Internal Abdominal Oblique) : 복강 내 장기 보호와 척추의 회전과 굴곡에 작용한다.

③ 복직근(Rectus Abdominis) : 몸통을 굽히거나 배의 압력 상승에 관여하며, 근육이 없고 혈관과 신경이 발달되지 않아 배부위 정중절개에 이용된다.

④ 횡근(Tranversus Abdominis) : 내·외복사근의 작용에 도움을 준다.

● 상지의 근(Muscles Of Upper Limb)

① 삼각근(Trapezius) : 어깨부위의 삼각형 근으로 팔을 들어 올리고 돌리는 역할을 한다.

② 상완이두근(Biceps Brachii) : 장두와 단두의 이두근으로 되어 있으며 앞팔을 들어 올리고 팔꿈치를 굽히는 작용을 하며 수축 시 알통이 생긴다.

③ 상완삼두근(Triceps Brachii) : 상완의 뒤쪽에 위치하며 장두, 외측두, 내측두의 세 개의 근으로 되어 있으며, 상완의 신전과 내전운동을 한다.

④ 전완의 굴근(Flexors Of Forearm) : 손목을 굽히거나 손을 위로 들어 올리고 손가락을 모으는 역할을 한다.

⑤ 전완의 신근(Extensors Of Forearm) : 손목, 손, 손가락을 일직선상으로 펴게 하는 작용을 한다.

⑥ 손의 근(Mescle Of Hand) : 대부분이 손바닥에 분포하며 무지구근, 소지구근, 중수근으로 구분되며, 손가락의 섬세한 운동에 관여한다.

● 하지의 근(Muscles Of Lower Limb)

① 골반의 근(Anterior Hip Muscles) : 대퇴부를 고관절에서 굴곡 시키는 역할을 하며, 체간을 세워 기립 시 뒤로 넘어가지 않게 유지시켜 주고, 고관절의 신전과 회전운동에 관여한다. 앉을 때 쿠션역할을 하기도 한다.

② 대퇴근(Muscles Of Thigh) : 고관절과 슬관절의 운동에 관여하는 근이다.

③ 하퇴근(Muscles Of Leg) : 발목과 발가락 운동에 관여한다.

④ 발의 근(Muscles Of Foot) : 발등의 족배근과 발바닥의 족척근으로 되어 있으며, 발등보다 발바닥이 더 발달되어 있어 체중을 지탱하며 보행하는데 유리하게 구성되어 있으며, 발가락이나 발끝의 운동에 쓰이는 작은 근의 무리들이 있다.

STEP 04 신경계

1 신경 조직

● 신경세포

① 신경세포체(Body)
  ㉮ 신경세포체는 닛슬소체(Nessl's Body), 신경원섬유(Neuron Fibrills), 골기체 및 하나의 핵으로 구성되어 있다.
  ㉯ 신경원섬유는 지주역할 및 신경자극을 전달하는 흥분전도의 역할을 하고 닛슬소체는 다량의 RNA를 포함하고 있어 단백질의 합성에 관여한다.

② 돌기
  ㉮ 축삭돌기(Axon) : 세포질이 길게 연장된 하나의 돌기로 세포체로부터 자극이 전달
  ㉯ 수상돌기(Dendrites) : 신경세포체로 자극을 전달하는 역할

● 신경교(Neuroglia)와 시냅스(Synapse)

① 신경교 : 신경조직의 지지작용, 손상부위의 청소와 복구, 뉴런이 필요로 하는 물질의 공급, 전기적 절연체 역할을 하는 수초의 형성, 식작용의 기능을 한다.
② 시냅스 : 뉴런과 뉴런이 만나는 부위를 말하며, 이 곳에서는 어떤 뉴런의 축삭의 말단이 다른 뉴런의 세포체나 수상돌기의 표면에 가벼운 접촉을 이루고 있다.

2 중추 신경계

● 뇌(Encephalon, Brain)

① 대뇌(Cerebrum)
  ㉮ 뇌 전체 중량의 약 80%를 차지하며 운동과 감각, 감정을 주관하고 학습과 기억, 언어, 창조적 정신기능 작용을 한다.
  ㉯ 회백질의 대뇌피질을 가지고 있고, 전두엽(Frontal Lobe), 두정엽(Parietal Lobe), 후두엽(Occipital Lobe), 측두엽(Temporal Lobe) 등의 대뇌엽으로 구분된다.

② 간뇌(Diencephalon, Between-Brain) : 시상, 시상상부, 시상하부, 시상후부로 구분되며, 감각의 중간중추와 체온, 섭식, 성행동, 위장의 운동, 지방이나 탄수화물의 대사, 조절 등의 기능이 있다.

③ 중뇌(Midbrain) : 시각, 청각, 안구운동, 동공 수축 작용의 운동중추가 있다.

④ 소뇌(Cerebellum) : 근육의 긴장 등에 관여하여 신체 운동의 조절에 관여한다.

⑤ 교뇌(Pons) : 중뇌와 연수사이에 크게 튀어나온 부위로 근육들의 협력에 관여한다.

⑥ 연수(Medulla Oblongata) : 척수와 연결되는 작은 신경조직으로, 생명유지에 필요한 호흡, 심장, 소화에 관여한다.

● 척수(Spinal Cord)

① 경신경(Cervical Nerve : C1~C8) : 8쌍으로 경신경총과 완신경총을 형성한다.
   ㉮ 경신경총 : C1~C4로 구성되며 피부와 근에 분포한다.
   ㉯ 완신경총 : C5~C8, T1의 일부로 구성되며 측경부에서 쇄골하동맥과 액와동맥에 분포되어 있다.

② 흉신경(Thoracic Nerve : T1~12) : 12쌍으로 신경총을 만들지 않으며, 척주기립근을 지배하며 늑간근, 측복근 및 전복근, 흉복부의 피하에 분포한다.

③ 요신경(Lumbar Nerve, L1~L5)
   ㉮ 5쌍으로, T12의 일부, L1~L3, L4의 일부로 요신경총을 형성한다.
   ㉯ 복부근, 둔부, 하복부의 근이나 피부, 외음부, 음낭(음순), 외측대퇴 피부 등 다수의 신경들이 분포한다.

④ 천골신경(Sacral Nerve, S1~S5) : 5쌍으로, S1~S3은 L4의 일부와 L5와 함께 천골신경총을, S2~S4는 음부신경총을 만들어 대퇴전면을 제외한 하지 전체에 분포한다.

⑤ 미골신경(Coccygeal Nerve, C0) : 1쌍으로, S4~5, C0사이의 교통으로 미골신경총을 형성하여 미골근과 미골 부분의 피부를 지배한다.

3 말초신경계

● 뇌신경(Cranial Nerves)

① 후신경(Olfactory Nerve, 제1뇌신경) : 후각

② 시신경(Optic Nerve, 제2뇌신경) : 시각

③ 동안신경(Oculomotor Nerve, 제3뇌신경) : 눈의 운동, 초점, 동공변화, 고유감각

④ 활차신경(Trochlear Nerve, 제4뇌신경) : 눈의 운동, 근에서의 고유감각

⑤ 삼차신경(Trigeminal Nerve, 제5뇌신경) : 두피와 안면의 감각신경, 저작근

⑥ 외선신경(Abducens Never, 제6뇌신경) : 눈의 운동, 근에서의 고유감각
⑦ 안면신경(Facial Nerve, 제7뇌신경) : 얼굴표정, 미각
⑧ 내이신경(Vestibulocochlear Nerve, 제8뇌신경) : 청각과 평형감각
⑨ 설인신경(Glossopharyngeal Nerve, 제9뇌신경) : 음식물을 삼킴, 미각, 일반감각
⑩ 미주신경(Vagus Nerve, 제10뇌신경) : 여러 기관의 근의 운동 및 감각
⑪ 부신경(Accessory Nerve, 제11뇌신경) : 흉쇄유돌근, 승모근을 지배, 음식물을 삼킴
⑫ 설하신경(Hypoglossal Nerve, 제12신경) : 발성, 음식물을 삼킴

자율신경계

① 교감신경(Sympathetic Nerve) : 주로 긴급사태에 대응하는 스트레스성 신경으로 흥분 시에는 심장박동수의 증가, 혈관의 수축을 촉진하여 혈압을 상승시키고, 소화관의 수축력을 이완시켜 소화액의 분비를 억제하며, 한선의 분비를 촉진한다.

② 부교감신경(Parasympathetic Nerve) : 심박동수를 줄이고 혈압을 하강시키며 동공의 축소작용과 소화관의 근육을 수축시켜 소화액의 분비를 촉진한다.

STEP 05 순환계

1 혈액(Blood)

혈액의 구성

① 적혈구(Red Blood Cell)
  ㉮ 산소를 운반하는 혈색소가 대부분을 차지하여 여러 개가 모여 붉은색으로 보인다.
  ㉯ 성숙한 적혈구에는 핵이 없고 가운데가 움푹 들어간 모양을 하고 있으며, 적골수에서 생성되어 약 120일의 수명을 가진다.

② 백혈구(White Blood Cell)
  ㉮ 둥근형이 많고 수명은 약 3~15일 정도로 혈관벽을 빠져나와 조직 내를 떠다니면서 탐식작용과 신체방어 기능을 한다.
  ㉯ 특히 림프구는 인체의 면역을 담당한다.

③ 혈소판(Platelet)
  ㉮ 세포 중 가장 큰 세포인 거핵구의 세포질의 일부가 떨어져 나온 것이다.
  ㉯ 혈액응고 촉진작용, 점착작용, 혈액응고 수축작용 등이 있어 지혈을 담당하며, 수명은 약 9~10일이다.

④ 혈장(Blood Plasma)
  ㉮ 알부민(Albumin) : 체세포의 삼투압을 유지시키거나 호르몬, 기타물질과 결합하여 운반하는 역할, 혈액의 pH를 유지시키는 역할을 한다.
  ㉯ 글로불린(Globulin) : 면연글로불린이라고 하며, 면역항체로 생체의 방어기능을 가진다.
  ㉰ 피브리노겐(Fibrinogen) : 혈액응고에 관여한다.

● 혈액의 기능

① 운반작용
  ㉮ 영양물질의 운반 : 소화흡수 된 물질을 운반
  ㉯ 가스의 운반 : 폐로부터 산소를 받아 각 조직에 운반하고 산화나 에너지 생성과정에서 생겨난 이산화탄소를 폐로 이동하여 밖으로 배출
  ㉰ 노폐물의 운반 : 각 조직의 대사과정에서 생겨난 노폐물을 배설기관으로 운반
  ㉱ 호르몬의 운반 : 합성된 호르몬을 표적기관으로 운반

② 조절작용
  ㉮ 수분조절 : 삼투압을 원활하게 하기 위해 수분을 일정하게 유지
  ㉯ 체온조절 : 열방사를 통해 일정한 체온을 유지하도록 조절
  ㉰ pH 조절 : 체액의 pH를 조절

③ 방어(면역)작용
  ㉮ 백혈구의 식균작용을 통해 생체를 방어
  ㉯ γ-Globulin에 함유된 항체가 염증질환에 대한 방어작용

④ 지혈작용
  ㉮ 출혈이 있을 시 혈소판이 파열되면서 혈액인자와 결합하여 지혈작용
  ㉯ 파괴된 혈소판에서 세로토닌이 나와 혈관을 수축시켜 출혈을 멈추도록 작용

2 심장(Heart)

● 심장의 개요

① 순환기 계통의 중심기관인 심장은 심근으로 되어있는 근육성의 주머니 모양으로, 흉강내의 양쪽 폐 사이에 위치해 있으며 끊임없는 펌프작용을 통해 혈액을 혈관계로 보낸다.
② 심장은 2/3가 정중선에서 왼쪽으로 치우쳐 있는 곳에 위치하며, 무게는 약 250~300G 정도이고 자신의 주먹보다 약간 큰 원추형의 모양이다.
③ 심장의 내부공간은 좌, 우 두 개의 심방과 심실로 구분되며, 좌측은 전신으로 동맥혈을 보내는 체순환을, 우측은 폐로 정맥혈을 보내는 체순환을 한다. 또한 심장내부에는 혈액의 역류를 막아 혈액이 늘 일정한 방향으로 흐르도록 하기 위한 4곳의 판막이 있다.

◉ 내부 기관의 기능

① 우심방(Right Atrium) : 심장의 오른쪽 위에 위치하며 상대정맥, 하대정맥, 관상정동맥과 연결되어 신체의 정맥혈을 받아들인다.

② 우심실(Right Ventricle) : 심장의 오른쪽 전하방에 위치하며, 우심방에서 들어온 혈액을 폐동맥관을 통해 가스교환을 위해 폐로 보낸다. 우심방보다 두껍다.

③ 좌심방(Left Artium) : 심장의 왼쪽 뒤에 위치하며 가스교환이 된 혈액을 운반하며, 좌시실과의 사이에 2개의 판막으로 되어있는 이첨판이 있어 혈액의 역류를 막아준다.

④ 좌심실(Left Ventricle) : 심장의 왼쪽 앞에 위치하며 벽의 두께가 우심실보다 약 3배 두껍다. 좌심방에서 들어온 혈액을 대동맥을 통해 전신으로 보내며, 혈액의 역류를 막아주기 위해 대동맥판이 있다.

⑤ 심장의 판막 (Valve Of Heart)
   ㉮ 판막은 혈액이 역류되는 것을 막고 늘 일정한 방향으로 흐르도록 막기 위한 판이다.
   ㉯ 심방과 심실 사이에는 방실판이, 우심방과 우심실 사이에는 3개의 판막판으로 되어있는 삼첨판이 있고, 좌심방과 좌심실 사이에는 2개의 판막판으로 되어 있는 이첨판(승모판)이 있다. 폐동맥구와 대동맥구에는 각각 포켓 모양의 반월판이 있다.

③ 혈관(Blood Vesseles)

◉ 혈관의 구조

① 동맥(Artery)
   ㉮ 혈액을 심장에서 말초로 운반하는 통로로 혈관 벽이 두껍고 탄력이 있어 일시적으로 혈액을 수용할 수 있도록 팽창이 가능하다.
   ㉯ 연령이 증가할수록 탄력이 감소하고 탄력의 감소는 말초신경의 지항을 증가시켜 혈압이 높아지게 된다.
   ㉰ 동맥은 굵기에 따라 대동맥, 동맥, 소동맥으로 구분한다.

② 정맥(Vein)
   ㉮ 이산화탄소와 노폐물을 심장으로 운반하는 혈관으로 굵기에 따라 대정맥, 정맥, 소정맥으로 구분한다. 전체적으로 동맥보다 얇으나 혈액의 역류를 막아주는 판막이 발달되어 있다.
   ㉯ 정맥은 혈액을 수송하는 것 외에 많은 양이 혈액을 수용하여 일종의 혈액 저장소 역할을 한다.

③ 모세혈관(Capillary)
   ㉮ 조직 내에 그물모양으로 분포하고 벽이 얇아 혈액 중에 운반되어진 산소나 영양물질이나 조직으로부터 발생 된 노폐물의 교환이 쉽게 이루어진다.

㉯ 동맥보다 총 단면적이 크고 혈류속도는 훨씬 늦어 단위 시간 내에 물질교환이 효과적으로 이루어지도록 되어 있다.

혈액의 순환

① **체순환(Systemic Circulation)** : 전신순환 또는 대순환이라 부르며, 좌심실에서 시작하여 대동맥, 동맥, 소동맥을 통해 모세혈관을 거치면서 조직에 필요한 영양분과 산소를 공급하고 이산화탄소 및 노폐물을 모아서 소정맥, 정맥, 대정맥을 통해 우심방으로 돌아오는 순환을 말한다.

② **폐순환(Pulmonary Circulation)** : 소순환이라고도 부르며 심장의 우심실에서 시작하여 폐동맥, 폐, 폐정맥을 거쳐 심장의 좌심방으로 돌아오는 순환을 말한다. 폐에서 이산화탄소와 산소를 교환하는 기능을 한다.

STEP 06 소화계

1 소화기계의 개요

소화와 흡수

식품을 섭취했을 때 음식물을 흡수되기 쉬운 상태로 변화하는 작용을 소화라 하고, 분해되어 소장 벽에서 혈액과 림프로 운반되는 것을 흡수라 한다.

소화계의 기능

① **음식물의 섭취** : 입을 통하여 음식물을 섭취
② **저작** : 음식물을 잘게 부수고 삼키기 쉽도록 일정한 크기로 만드는 운동
③ **연하** : 음식을 옮기는 운동
④ **분비** : 소화액과 소화조절 호르몬을 분비
⑤ **소화** : 분해과정
⑥ **흡수** : 소장에서 혈액이나 림프로 운반하는 과정
⑦ **배변** : 음식물 찌꺼기를 배출

2 소화 계통의 종류

● 구강(Oral Cavity)
① 입술에서 목구멍까지의 전체를 구강이라고 하며, 혀(Tongue)와 치아(Teeth)로 이루어져 있다.
② 혀는 음식물 저작 시 구강 내에서의 음식물 이동과 연하운동을 보조하는 기능과 말을 하는 기능을 가지며, 치아는 음식물을 자르거나 잘게 부수는 저작운동이 주 기능이다.

● 인두(Pharyns)
① 구강과 식도 사이에 있는 깔때기 모양의 관을 말한다.
② 음식물의 연하운동, 호흡기 및 소화기의 기능을 동시에 가지고 있다.

● 식도(Esophague)
① 인두와 위를 연결하는 길이 약 25cm의 소화관으로 아래를 향해 연속적으로 수축작용을 함으로써 음식물을 밀어 내리는 역할을 한다.
② 음식물이 위(胃)로 들어가면 괄약근이 수축하여 내용물이 식도로 역류되는 것을 막아준다.

● 위(Stomach)
① 식도로부터 이어지는 주머니 모양의 근육성 기관으로 아래로는 십이지장과 연결되어 있다.
② 위의 기능
  ㉮ 위액의 분비(염산, 펩신)
  ㉯ 장으로 이동되기 전까지 소화된 음식물의 저장고 역할
  ㉰ 연동운동으로 음식물을 위액과 혼합하여 미즙으로 만듦
  ㉱ 소량의 염분, 포도당, 수분, 알코올 등을 흡수

● 소장(Small Intestine)
① 위의 유문으로부터 대장까지 약 6~7m에 이르는 긴 관으로 십이지장, 공장, 회장으로 이루어져 있다.
② 음식물을 소화와 분해된 영양분의 흡수가 이루어지는 곳으로 장액, 췌액, 담즙이 분비된다.
③ 소장벽은 여러 가지 물질의 흡수를 위해 주름치마 모양의 주름과 손가락 형태의 미세한 돌기를 가진 융모가 분포되어 있으며, 융모는 혈관과 림프관이 풍부하게 분포되어 있고 신축작용에 의해 흡수물질을 운반한다.

● 대장(Large Intestine)
① 소장의 연속된 소화관으로 전체길이가 1.5m이고 맹장, 결장, 직장으로 구성되어 있다.
② 진한 알칼리성(pH8.4)의 대장액을 분비하며, 장액의 점액소는 점막의 보호 및 점막표면의 윤활성으로 내용물의 이송을 원활하게 한다.

③ 소장에서 소화되지 않은 수분, 비타민, 전해질 등을 흡수하여 반고형 상태의 대변으로 만들어 직장과 항문을 통해 체외로 배출된다.

● 간(Liver)

① 횡격막 바로 아래 위치하는 약 1.3kg의 가장 큰 내장기관이다.
② 간의 기능
 ㉮ 단백질 합성기능 : 알부민, 혈장단백질 등 생산
 ㉯ 혈당조절 기능 : 섭취된 포도당의 약 60%를 글리코겐으로 저장
 ㉰ 지질대사 기능 : 트리글리세라이드와 콜레스테롤을 합성
 ㉱ 비타민대사 기능 : 비타민의 활성화, 저장 작용
 ㉲ 해독 기능 : 혈액 내 독소물질 제거
 ㉳ 담즙 생성 및 분비작용 : 지방의 소화 및 흡수 촉진, 담석생성 억제 등

● 담낭(Gallbladder)과 췌장(Pancreas)

① 담낭 : 쓸개라고 하며 속이 빈 근육성의 주머니로 담즙을 농축하고 저장하는 기능을 한다.
② 췌장 : 이자라고도하며 많은 소엽으로 구성된 장기로 가장 큰 소화선으로, 내분비 기능과 외분비 기능을 동시에 가진다.
 ㉮ 내분비 기능 : 랑게르한스섬에서 인슐린과 글루카곤을 분비하여 혈당을 조절
 ㉯ 외분비 기능 : 췌관을 통해 소화액인 췌액을 분비

STEP 07 내분비계

1 내분비선(Endocrine gland)

● 내분비선의 개요

① 체내의 물질을 분비하는 세포나 세포군을 선(Glands)이라 하며 땀샘이나 침샘 등 도관을 통해 분비하는 선을 외분비선이라 하고 도관이 없이 혈관이나 림프로 직접 분비하는 선을 내분비선이라 한다.
② 생체의 기능을 조절하여 생명체 내부환경의 항상성을 유지하고 생장, 대사, 생식 등 광범위한 세포기전에 관여한다.

● 내분비선의 종류

① 두개강 : 뇌하수체, 시상하부, 송과선

② 목 : 갑상선, 부갑상선
③ 복강 : 부신, 췌장
④ 성선 : 난소는 골반강, 정소는 음낭

2 호르몬(Hormone)

● **호르몬의 개요**
① 내분비선에서 분비되어 혈액을 통해 이동한 후, 특수한 생리작용을 나타내는 물질로 적은 양으로도 강력한 효력을 나타낸다.
② 표적기관의 세포에 작용, 대사를 조절하고 외부변화에 적절하게 대응하는 메신저의 역할을 한다.

● **호르몬의 기능**
① 대사기능 조절
② 정신 및 신경발육
③ 소화작용
④ 발생 및 성장
⑤ 생식
⑥ 항상성 유지

● **호르몬의 종류**
① 뇌하수체(Pituitary Gland)
㉮ 접형골의 터어키안에 들어 있으며 직경이 약 1.3cm의 선으로 발생학적으로 두 개의 부분으로 나뉘어 전엽과 중엽인 선하수체와 후엽인 신경하수체로 구성된다.
㉯ 뇌하수체 전엽호르몬 : 성장호르몬, 부신피질자극호르몬, 갑상선자극호르몬, 난포자극호르몬, 유선자극호르몬, 황체형성자극호르몬
㉰ 뇌하수체 중엽호르몬 : 멜라닌세포자극호르몬
㉱ 뇌하수체 후엽호르몬 : 항이뇨호르몬, 옥시토신

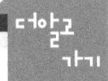
췌장과 성선

췌장과 성선은 내분비기능과 외분비기능을 동시에 가지므로 복합선으로 분류된다.

② 갑상선호르몬
- ㉮ 후두 바로 밑 부분에 위치하는 나비모양의 선으로 내분비선 중에서 가장 크다.
- ㉯ 수많은 소포로 이루어져 있으며 이 소포는 티록신을 합성하여 혈액으로 분비 신진대사 및 뼈, 생식선의 발육과 성장을 촉진한다.
- ㉰ 티록신이 부족하여 갑상선 기능의 저하가 나타나면 크레틴병(소아기)이나 점액수종(성인기)이 티록신이 과다하여 갑상선 기능항진이 나타나면 안구가 돌출되는 바세도우씨병이 나타난다.

③ 부갑상선호르몬
- ㉮ 갑상선의 뒤쪽에 상하 각각 1쌍씩 4개로 구성되며, 혈중에 칼슘이온 농도가 높으면 분비가 억제되고 칼슘이온 농도가 낮으면 분비량이 많아진다.
- ㉯ 부갑상선 기능이 항진되면 뼈 속의 칼슘이 혈액 중으로 유리되어 뼈가 연화되고 물러져서 골다공증이 나타나고, 분비가 저하되어 저칼슘증이 나타나면 근육이 강직되는 테타니병이 나타난다.

④ 부신피질호르몬 : 제1요추의 높이로 양쪽 신장에 붙어 있으며, 코르티코이드라 불리는 스테로이드성 호르몬을 분비. 알도스테론, 코티졸, 성스테로이드가 대표적이다.

⑤ 부신수질호르몬 : 교감신경의 지배를 받으며, 에피네프린, 노르에피네프린을 분비한다.

⑥ 췌장 호르몬 : 내분비선인 동시에 외분비선으로, 췌장의 랑게르한스섬에서 인슐린, 글루카곤, 소마스타딘 호르몬이 분비한다.

⑦ 성호르몬 : 남성호르몬인 테스토스테론(Testosterone)과 여성호르몬인 에스트로겐(Estrogen)과 프로게스테론(Progesterone)을 분비한다.

STEP 08 배설계

1 신장의 구조와 작용

● 신장의 구조

① 신장의 외부구조 : 신장은 1쌍의 강낭콩모양의 장기로 무게가 약 130g~150g 정도이며 제11~12 흉추에서 3~4 요추 사이에 위치한다.

② 신장의 내부구조
- ㉮ 표층의 피질과 심층의 수질로 구성되어 있다.
- ㉯ 피질은 소변생산의 주체가 되는 신소체가 밀집되어 있어 주로 여과작용을 하고, 수질은 구조와 기능이 매우 복잡한 세뇨관으로 되어 있어 단순한 소변의 수송관이 아니고 각각의 부위에서 재흡수와 분비를 담당한다.

신원(Nephron)
① 신원은 신장의 구조 및 기능상의 기본단위로 1개의 신장에 약 100만개가 들어 있으며, 신소체와 세뇨관으로 되어 있다.
② 신소체(Renal Corpuscle)는 사구체(Glomerulus)와 이를 둘러싸고 있는 사구체낭(보우만낭)으로 구성되며 요를 걸러내는 작용을 한다.
③ 세뇨관(Renal Tubule)은 요를 농축시키고 운반하는 역할을 한다.

신장의 작용
① 혈장을 청소하고, 혈액내의 노폐물을 소변을 통해 배출한다.
② 체액과 전해질, 산과 염기의 평형을 유지하는 역할을 한다.
③ 나트륨 조절을 통해 혈압을 조절하는데 관여한다.

2 요로와 배뇨

요로(Urethra)
① 소변을 밖으로 배출하는 관 모양의 장기로, 남성의 요로는 약 16~18cm 정도, 여성은 약 2.5~4cm 정도로 차이가 심하다.
② 남성의 요로는 소변뿐만 아니라 정액을 배출하는 통로로 사용되며 S자 모양의 구부러진 긴관으로 되어 있고 여성의 요로는 짧은 길이로 인해 방광염 등의 요로감염으로 방광질환이 일어나기 쉽다.

요의 생성과 배설
요는 각 신원에서 사구체여과, 세뇨관 재흡수, 세뇨관 분비의 3과정을 통하여 생성된다.
① 사구체 여과(Glomerular Filtration) : 사구체는 여과장벽을 통하여 단백질을 제외한 물질을 혈장에서 사구체낭으로 여과시키는 반투과성막의 역할을 한다.
② 세뇨관 재흡수(Tubular Reabsorption) : 희석된 사구체 여과물이 농도가 짙어지고 요로 변화는 과정으로 세뇨관에서 60~70%가 재흡수 되어 혈액으로 유입된다.
③ 세뇨관 분비(Tubular Secretion) : 세뇨관은 여과액을 재흡수하는 기능과 동시에 분비하는 기능도 가지고 있다. 노폐물이나 영양물질이 과잉 존재 시 분비를 통해 정상을 유지한다.

배뇨
① 신장에서 형성된 소변은 수뇨관 벽의 평활근 수축에 의한 연동작용에 의해 방광으로 보내진다.
② 방광에 모인 소변이 방광벽이 확장되면서 발생한 장력에 의해 배뇨반사와 동시에 외괄약근이 이완되면서 밖으로 배출하게 되는데 이를 배뇨라 한다.

STEP 09 생식기계

1 남성생식기

● 외부생식기

① 음경 : 음경은 2종의 음경해면체와 하나의 요도해면체로 이루어진 신축성이 풍부한 피부로 음경 앞부분을 귀두(Glans)라하며 귀두 전체를 덮고 있는 피부를 포피(Prepucium)라 한다.

② 음낭 : 피부와 피하조직 사이의 주머니로 고환과 부속기를 둘러싸고 있는데 온도에 민감하게 수축과 이완을 함으로 고환의 온도조절에 영향을 준다.

● 내부생식기

① 고환 : 남성의 성세포인 정자를 생산하고 밖으로 내보내며, 남성호르몬인 테스토스테론(Testosterone)을 만들어 남성의 2차 성징을 나타낸다.

② 부고환 : 고환에서 만들어진 정자를 정관을 통해 내보내기까지 보관하면서 정자의 활동을 활성화시킨다.

③ 정관 : 정자의 통로

④ 사정관 : 정액을 배출

⑤ 요로 : 사정관과 연결되며 소변과 정액이 배출되는 통로

⑥ 정낭 : 주머니 구조로 운반되어온 정자가 보관되며 노란색 액체를 분비

⑦ 전립선 : 정액성분 중 유백색의 분비액을 만들며, 정자의 운동을 촉진시키고 보호하는 역할

⑧ 정액 : 성적 자극의 결과로 배출되는 액체를 통칭

● 남성생식기의 생리작용

① 안드로겐의 분비로 남성의 제2차 성징이 나타난다.
② 체모발생, 피지선 발육, 변성 등을 촉진한다.
③ 골격근을 발달시켜 체형 및 골격을 남성스럽게 만든다.

2 여성생식기

● 외부생식기

① 외음부, 대음순, 소음순, 음핵이 있다.
② 음핵은 남성의 음경에 해당하며 혈관과 신경이 있어 예민하다.

내부생식기

① 질(Vagine) : 성기의 입구에서 자궁입구까지를 말하며 신축성이 강하고 주름이 많은 점막으로 되어 있으며 분만 시 크게 늘어난다.

② 자궁(Uterus) : 골반의 중앙에 위치하며 길이가 약 8cm로 상부의 폭이 큰 부분을 자궁체부, 하부의 좁은 부분은 자궁경부라 한다.

③ 난관(Fallopian Tube) : 자궁의 좌우에 위치한 좁고 긴 관으로 외측으로 갈수록 굵어지며 나팔모양으로, 나팔관이라고 한다. 난자를 끌어들여 자궁으로 보내는 역할을 한다.

④ 난소(Ovary) : 자궁의 난관에 좌우 1개씩 있고 인대에 의해 자궁에 연결되며, 사춘기가 되면 난소호르몬을 분비, 매월 1개씩 배출되는 것을 배란이라고 한다.

월경

① 한 달을 주기로 시작되고 끝나는 생식주기로 월경 주기(Menstrual Cycle)라고 한다.

② 월경 주기
  ㉮ 여포기 : 난소에서 여포와 난자가 성숙되며, 여포는 주머니 같은 구조로 난자가 성숙되면서 점차 커지면서 유동액으로 채워진다.
  ㉯ 배란 : 성숙한 난세포가 여포에서 터져 나오며 난관으로 들어간다.
  ㉰ 황체기 : 배란 후 파괴된 여포가 발달하여 황체가 되고, 황체가 약 10동안 자라 프로게스테론(황체호르몬, Progesterone)을 분비한다. 난자는 이때 자궁에 도달하며, 수정이 되면 임신이 되고, 수정이 되지 않으면 월경이 일어난다.
  ㉱ 월경 : 자궁의 부드러운 조직이 파괴되면서 미수정란과 함께 배출된다.

LESSON 04
피부미용기기학

STEP 01 기기관리를 위한 기초과학의 이해

1 물질(Matter)

● 물질의 개요
① 물질은 공간을 차지하면서 질량을 갖는 것을 말한다.
② 물질은 고체, 액체, 기체의 세 가지 형태로 존재하며 산소, 수소 등의 원소로 구성되어 있다.

● 물질의 분류
① 원소(Element)
  ㉠ 한 종류의 원자만으로 구성된 물질을 말한다.
  ㉡ 지구상에 109개의 원소가 알려져 있으며, 약 90개가 자연으로 존재한다.
② 화합물(Compounds)
  ㉠ 순물질 : 한 가지 원소로만 이루어진 물질로 수소(H_2), 철(Fe) 등이 있다.
  ㉡ 화합물 : 두 가지 이상의 원소로 이루어진 물질로 물(H_2O), 소금(NaCl) 등이 있다.
③ 혼합물(Mixture)
  ㉠ 균일 혼합물 : 물질이 섞여 있는 비율이 일정한 혼합물(설탕물, 공기 등)
  ㉡ 불균일 혼합물 : 물질들이 섞여 있는 비율이 일정하지 않은 혼합물(우유, 흙탕물 등)

● 물질의 구성
① 원자 : 물질을 이루는 가장 작은 단위로, 화학적 방법으로 더 이상 쪼갤 수 없는 물질을 말하며 양성자, 전자, 중성자로 구성되어 있다.

② 원자의 구조 : 원자는 (+)전하를 띤 원자핵과 (-)전하를 띤 전자로 구성되어 있으며, 전자들이 가지는 (-)전하의 양과 원자핵이 가지는 (+)전하의 양이 같아 전기적으로 중성이다.
㉮ 원자핵 : 원자의 중앙에 위치하며, 양성자와 중성자로 구성된다. (+)전하를 띤다.
㉯ 전자 : (-)전하를 띠고 원자핵 주변을 돌면서 전자궤도를 형성한다.
③ 분자 : 물질의 화학적 성질을 잃지 않는 최소의 구성단위를 말하며, 몇 개의 원자가 화학 결합을 한 것을 말한다.
㉮ 물질의 성질을 지닌 가장 작은 입자이다.
㉯ 분자가 나누어지면 원자가 되고, 원자로 나누어지면 물질의 성질을 잃어버린다.

● 물질의 결합

① 공유결합
㉮ 원자들이 전자를 하나씩 내놓아 공유하면서 이루어지는 결합이다.
㉯ 두 원자가 1개씩의 원자를 내놓아 공유하는 것을 단일결합, 2개의 전자쌍을 공유하는 것을 이중결합, 3개의 전자쌍을 공유하는 것을 삼중결합이라 한다.
② 이온결합 : 양이온과 음이온 간에 작용하는 정전기적인 힘에 의해 이루어지는 결합이다.
③ 금속결합 : 이동이 자유로운 전자와 금속의 양이온들 사이의 인력에 의해 이루어지는 결합이다.

● 전해질과 비전해질

① 전해질
㉮ 고체 상태에서는 전류가 흐르지 않으나 수용액 상태에서는 (-)전하를 띤 입자와 (+)전하를 띤 입자로 나누어져 전류가 흐르는 물질을 말한다.
㉯ 전해질은 수용액의 농도가 진할수록 전류의 세기가 증가하며, 전해질의 종류에 따라 전류의 세기가 달라진다. 염화나트륨, 수산화나트륨 등이 있다.
② 비전해질 : 수용액 상태에서도 전류가 흐르지 않는 물질로 설탕, 녹말 등이 있다.

2 전기(Electricity)

● 전기의 개요

① 원자의 궤도를 이탈한 자유전자(Free Electron)가 물질 안을 이동하면서 여러 가지 현상을 나타내게 되는데 이러한 자유 전자와 전자간의 이동을 전기라 한다.
② 전자를 잃은 물체는 (+)전기를 띠고, 전자를 얻은 물체는 (-)전기를 띠며, (+)전기와 (-)전기는 서로 끌어당기지만 (+)극끼리나 (-)극끼리는 서로 서로 밀어내는 성질이 있다.

◉ 전기의 분류

① **정전기(Static Electricity)** : 마찰에 의해 생기는 전기를 말하며, 플라스틱 빗을 머리카락에 마찰시킬 때 일어나는 정전기는 생활 속에 생기는 정전기의 예가 될 수 있다.

② **동전기(Dynamic Electricity)**
  ㉮ 화학반응에 의한 전기 : 전극을 전해질에 넣어 발생하는 전기를 말하며, 축전지나 건전지는 화학에너지를 전기에너지로 바꾸는 방법을 응용하여 만들어진 것이다.
  ㉯ 자기장에 의한 전기 : 자석의 N극과 S극 사이의 코일을 이용하여 발생되는 전기를 말한다.

◉ 전류

① **전류의 방향**
  ㉮ 전류의 방향 : (+)극에서 (-)극으로 흐른다.
  ㉯ 전자의 방향 : 전자의 방향은 전류와 반대 방향으로 (-)극에서 (+)극으로 이동한다.

② **전류의 세기** : 도체의 단면을 1초 사이에 통과한 전기량을 나타내며 단위는 A(암페어, Ampere)를 사용한다.

③ **전압** : 전류를 흐르게 하는 압력을 말하며, 단위는 V(볼트, Volt)를 사용한다. 전위차가 클수록 큰 전류가 흐르며, 높은 곳에서 낮은 곳으로 흐른다.

④ **저항** : 전류의 흐름을 방해하는 정도를 말하며, 기호는 R, 단위는 Ω(옴, Ohm)을 사용한다.

⑤ **도체와 부도체**
  ㉮ 도체(전도체) : 전류가 잘 흐르는 물질을 말한다. 구리, 금, 알루미늄 등의 금속이 있다.
  ㉯ 부도체 : 전기가 잘 통하지 않는 물질로 절연체라고도 한다.

⑥ **전류의 방식**
  ㉮ 직류(Direct Current)
    ㉠ 전류의 흐르는 방향이 일정하게 한 방향으로 흐르는 전류를 말한다.
    ㉡ 연속직류와 단속직류로 구분되며 연속직류는 시간이 지나도 전류의 방향이나 크기가 일정하게 유지되는 전류로 화학적 효과가 커 이온도입법(Iontophoresis)에 이용된다.
    ㉢ 단속직류는 일정하게 증가되었다가 감소되기를 반복하는 전류로 마비가 생기거나 약화된 근육에 대한 전기적 자극에 이용된다.
  ㉯ 교류(Alternating Current)
    ㉠ 전류의 방향과 크기가 시간이 흐름에 따라 주기적으로 변화하는 전류이다.
    ㉡ 가정과 산업현장에서 광범위하게 사용된다.

3 피부미용에 이용되는 전류

● 갈바닉 전류(Galvanic Current)

① 음극(Cathode) : 전선의 끝을 분리하여 소금물 속에 넣은 후 전류를 흐르게 하였을 때, 기포가 빠르게, 많이 생성되며, 리트머스 시험지에 올려놓았을 때 파랗게 변하는 것이 음극이다.
  ㉮ 알칼리성 형성   ㉯ 피부연화 작용
  ㉰ 혈액공급의 증가   ㉱ 세정작용
  ㉲ 신경 자극 효과   ㉳ 피지분해 효과

② 양극 : 전선의 끝을 분리하여 소금물에 담그고 전류를 흐르게 했을 때, 반응이 나타나지 않고, 리트머스 시험지에 올려놓았을 때 붉은 색을 띠는 것이 양극이다.
  ㉮ 산 생성   ㉯ 피부를 단단하게 함
  ㉰ 신경 안정 효과   ㉱ 혈액공급 감소
  ㉲ 수렴효과   ㉳ 진정효과

● 패러딕 전류(Faradic Current)

① 저주파 전류(Low Frequency Current) : 주파수가 1Hz~1,000Hz까지의 전류를 말하며, 화학적 작용 없이 반응을 일으킬 수 있는 교류 전류이다.
  ㉮ 근육과 신경에 자극
  ㉯ 혈액순환을 촉진
  ㉰ 한선과 피지선의 자극
  ㉱ 근육의 이완과 수축작용
  ㉲ 노폐물 제거 촉진

② 중주파 전류(Middle Frequency Current) : 1,000Hz 이상부터 10,000Hz까지의 교류전류를 말하며, 피부 저항이 가장 적은 주파수대로 안정감이 높아 미용기기로 적극 이용된다.
  ㉮ 근육의 수축과 이완 효과
  ㉯ 세포 작용의 활성화
  ㉰ 림프순환의 증진
  ㉱ 셀룰라이트 및 지방분해 효과
  ㉲ 진통 효과

③ 고주파 전류(High Frequency) : 100,000Hz 이상의 높은 교류전류로 인체 조직을 통과하면서 발열효과를 낸다.
  ㉮ 세포내 발열작용
  ㉯ 혈관 확장 및 혈액순환 촉진
  ㉰ 통증완화 작용

㉑ 피부진정 효과
㉒ 살균작용
㉓ 유효 성분의 피부 침투 효과

● 초음파 전류(Ultrasound)

① 진동 주파수가 17,000 ~ 20,000Hz 이상으로 매우 높아 인간의 귀로는 들을 수 없는 진동음파이다.

② 초음파 전류의 기능
㉮ 심부 조직의 온도 상승효과
㉯ 혈관 확장 및 혈액순환 촉진
㉰ 조직의 대사 증진
㉱ 피부 탄력성 증강
㉲ 통증완화 작용

STEP 02 피부미용기기의 종류 및 사용법

1 피부분석 기기

● 확대경(Magnifying Lamp)

① 육안으로 판별하기 힘든 피부의 상태를 상세하게 관찰할 수 있는 기기로, 피부분석과 여드름 압출 시 효과적으로 사용할 수 있다.
② 사용 시 고객의 눈을 보호하기 위해 반드시 아이패드를 사용한다.

● 우드램프(Wood Lamp)

① 자외선을 이용한 피부분석기로 피부의 민감도, 피지상태, 여드름, 색소침착 등 피부의 상태를 다양한 색상으로 나타낸다.

② 피부상태에 따른 색상 반응

피부상태	측정 반응
정상 피부	청백색
건성 피부	연보라색
지성 피부	오렌지색
민감성 피부	진보라색
색소침착 피부	암갈색
과각화 피부	흰색

피부분석기(Skin Scope, Derma Scope)

① 피부와 두피, 모발을 30~800배 정도 확대해서 비교 분석할 수 있는 기기로, 모니터를 통해 피부상태를 관찰하고 프린터로 출력이 가능하다.
② 일반적으로 피부, 두피는 80배율로 분석하고, 두피의 모공이나 모근, 큐티클은 200~300배율을 사용한다.

유분측정기(Sebum Meter)

① 유분의 변화에 반응하는 특수한 측정지를 이용해 피지의 빛 통과도를 광도 측정하는 기기이다.
② 수치의 정도에 따라 건성피부, 정상피부, 지성피부의 유형을 파악한다.

수분측정기(Corneometer)

① 표피의 수분함량을 측정하는 기기로, 수분함량의 정도가 수치로 표시되어 피부의 수분상태를 나타낸다.
② 유·수분 측정 환경은 온도가 20~22℃, 습도는 40~60%가 가장 이상적이며, 운동 후에는 10~20분 정도 휴식을 취한 후 측정한다.

2 안면관리 기기

스티머(Vapozone, Steamer)

① 기기의 특성 : 피부관리 시 가장 많이 쓰이는 기기로, 센서가 내장된 물통의 물을 가열하여 방출되는 초미립자 증기를 이용하여 안면을 관리하는 기기이다. 스티머에는 증기만을 공급하는 것과 오존을 함께 공급하는 것이 있다.
② 효과
　㉮ 온열효과
　㉯ 모공확장 작용으로 모공의 노폐물 제거에 용이
　㉰ 피부보습 효과 상승
　㉱ 혈액순환 및 신진대사 활성
　㉲ 각질층의 연화 및 탈락
　㉳ 다음 관리단계의 유효성분의 흡수를 도움

후리마톨(Frimator)

① 기기의 특성 : 피부자극이 적은 천연모의 브러시를 이용하여 클렌징, 딥클렌징, 필링, 마사지 등의 효과를 얻는 미용기기이다. 느린 회전부터 빠른 회전까지 속도를 조절하면서 관리가 가능하다.

② 효과
 ㉮ 클렌징
 ㉯ 딥클렌징
 ㉰ 필링
 ㉱ 마사지

● 갈바닉 기기(Galvanic, Ionos)

① **기기의 특성** : 60~80V의 낮은 전압의 직류를 이용해 피부 속에 침투하기 어려운 수용성 물질을 투입시키거나 모낭 내의 노폐물을 밖으로 배출시키는 미용기기로 활용한다.

② **이온토포레시스(Iontophoresis)**
 ㉮ 기기특성 : 전기이온영동법이라고도 하며 음극(-)과 양극(+)의 성질을 이용하여 이온화된 물질을 피부 깊숙이 흡수시키는 방법이다. 주로 피부에 침투하기 어려운 비타민 C 등 수용성물질의 흡수에 사용된다.
 ㉯ 효과
  ㉠ 유효물질을 피부 깊숙이 침투
  ㉡ 혈액 및 림프의 순환 촉진
  ㉢ 노폐물 배출 촉진
  ㉣ 색소 침착 및 미백효과
  ㉤ 피부 재생력 향상
 ㉰ 사용을 피해야 하는 경우
  ㉠ 인체 내에 금속판이나 인공심장 박동기를 착용한 경우
  ㉡ 임산부
  ㉢ 간질
  ㉣ 고혈압
  ㉤ 수술환자
  ㉥ 모세혈관 확장 및 과예민성 피부

③ **디스인크러스테이션(Desincrustation)**
 ㉮ 알칼리성 반응을 보이는 음극을 이용하여 피부표면의 피지분해 및 각질제거, 모공 내의 노폐물을 제거할 수 있는 기기이다.
 ㉯ 적용방법은 이온토포레시스와 동일하며, 소금이 완전히 용해되었는지 확인하고 기기와 전극봉을 균일하게 적셔 사용한다.

● 고주파기(High Frequency Machine)

① 기기의 특성
 ㉮ 100,000Hz 이상의 교류전류를 이용하여 근수축을 자극하지 않고 열을 발생시켜 살균 및 피부를

활성화시킬 수 있는 기기이다.
⒡ 얼굴과 피부의 두피관리 시 이용되는 유리관 모양의 고주파기는 전극봉 유리관 내의 공기와 가스가 이온화 되어 전류가 유리관을 타고 피부에 전달되며, 유리관 속의 내용물에 따라 유리봉은 오렌지(네온), 푸른 자색(수은), 자색(공기) 등 다양한 색깔을 낸다.
⒢ 전신관리기기는 발열을 촉진하여 셀룰라이트나 지방을 분해하는 작용을 한다.

② 효과
  ㉮ 피부 노폐물 배출효과
  ㉯ 온열효과
  ㉰ 신진대사 촉진
  ㉱ 문제성 피부 완화
  ㉲ 스파킹 효과: 살균, 소독, 박테리아의 번식 억제
  ㉳ 모세혈관 확장

③ 적용을 피해야 하는 경우
  ㉮ 체내 금속 및 인공 심박기를 착용한 경우
  ㉯ 정맥염
  ㉰ 혈전증, 혈관이상
  ㉱ 피부염
  ㉲ 임산부
  ㉳ 심장병
  ㉴ 간질

● 진공 흡입기(Vaccum Suction)

① **기기의 특성** : 일명 썩션기라고 하며, 다양한 모양의 유리관의 압력 조절을 통해 피부를 흡입함으로써 림프와 혈액의 흐름을 원활하게 하는 피부미용기기이다.

② 효과
  ㉮ 죽은 각질을 제거하고 막힌 모낭을 청결히 해 준다.
  ㉯ 한선과 피지선의 기능을 활성화 시킨다.
  ㉰ 림프순환을 촉진하여 노폐물을 배출한다.
  ㉱ 신진대사 촉진
  ㉲ 셀룰라이트 분해
  ㉳ 피부탄력 증강

③ 적용을 피해야 하는 경우
  ㉮ 민감성 피부, 모세혈관 확장피부
  ㉯ 피부염
  ㉰ 정맥류

㉴ 혈전증
㉵ 다모 부위

● 리프팅기

① **기기의 특성** : 4000Hz~500Hz 이하의 약한 전류를 이용하여 근육을 자극 시켜 탄력을 잃은 피부를 강화시키는 것을 목적으로 하는 피부미용기기로, 영양액을 이용하여 관리함으로써 피부 활성화에도 도움을 준다.

② **효과**
　㉮ 근육과 피부의 탄력 증강
　㉯ 신진대사 활성화
　㉰ 주름 완화 효과

● 초음파기(Ultrasound Machine)

① **기기의 특성** : 17,000~20,000Hz 이상의 진동음파인 초음파는 매 초당 100~300만번 이상의 진동을 하게 되는데, 이러한 음파의 미세진동을 통해 피부의 탄력과 신진대사를 높여주는 기기이다. 저초음파는 세안 스켈링을 목적으로 사용되며, 고초음파는 리프팅이나 영양침투에 사용된다.

② **효과**
　㉮ 혈액 및 림프순환 촉진
　㉯ 각질제거 및 세정효과
　㉰ 마사지 효과
　㉱ 세포의 신진대사 촉진
　㉲ 영양물질 공급
　㉳ 지방 분해 작용
　㉴ 피부탄력 부여

③ **적용을 피해야 하는 경우**
　㉮ 금속 및 인공심박기 착용자
　㉯ 상처, 염증 부위
　㉰ 악성종양, 피부질환자
　㉱ 심장병
　㉲ 수술 후 3개월 미만 경과자

3 전신관리 기기

◎ 저주파 기기(Low Faradic Machine)

① 기기의 특성 : 저주파 전류(1~1,000Hz 이하)를 이용하여 근육에 전기 자극을 주어 근육운동을 통해 지방을 에너지화 하여 분해하는 기기이다. 근육이 적절히 자극을 받아야만 수축운동이 일어나므로 근육점의 위치와 강도가 중요하다.

② 효과
  ㉮ 체지방 감소
  ㉯ 신체 부위별 비만 및 탄력관리
  ㉰ 근육운동 및 근통증 완화
  ㉱ 사이즈 감소 및 체중 감소 효과

③ 적용을 피해야 하는 경우
  ㉮ 금속물 및 인공심박기 삽입
  ㉯ 임산부
  ㉰ 심장질환
  ㉱ 신체허약자
  ㉲ 피부질환이나 상처

◎ 중주파 기기(Middle Frequency Machine)

① 기기의 특성 : 중주파 전류(1,000~10,000Hz)를 이용하여 간섭파를 유발시켜 근육을 통증 없이 자극하는 미용기기다.

② 효과
  ㉮ 혈액 및 림프순환 촉진
  ㉯ 근육이완
  ㉰ 탄력강화
  ㉱ 지방분해 효과
  ㉲ 신진대사 촉진

③ 적용을 피해야 하는 경우
  ㉮ 금속물 및 인공심박기 삽입
  ㉯ 임산부
  ㉰ 피부질환이나 상처
  ㉱ 간질
  ㉲ 신경질환자
  ㉳ 심한 림프 장애자

◉ 고주파기기(High Frequency Machine)

① 기기의 특성 : 100,000Hz 이상의 교류전류인 고주파를 이용하여 근수축을 일으키지 않으면서 조직의 온도를 상승시켜 미용 효과를 증진시키기 위한 기기다.

② 효과
- ㉮ 발열작용에 의한 신진대사 및 혈액순환의 촉진
- ㉯ 심부 통증 완화
- ㉰ 탄력 증강
- ㉱ 림프순환 촉진
- ㉲ 셀룰라이트 분해 효과

③ 적용을 피해야 하는 경우
- ㉮ 체내 금속 및 인공 심박기를 착용한 경우
- ㉯ 정맥염
- ㉰ 혈전증, 혈관이상
- ㉱ 피부염
- ㉲ 임산부
- ㉳ 심장병
- ㉴ 간질

◉ 진공 흡입기(썩션기, Vaccum Suction)

① 기기의 특성 : 공기압을 이용한 유리컵을 피부표면에 적절한 압력을 가해 흡입함으로써 혈액 및 림프의 순환을 원활하게 하는 기기다.

② 효과
- ㉮ 림프 및 혈액순환
- ㉯ 신진대사 촉진
- ㉰ 노폐물 배출
- ㉱ 지방 및 셀룰라이트 분해

③ 적용을 피해야 하는 경우
- ㉮ 민감성 및 모세혈관 확장피부
- ㉯ 심한 여드름 피부
- ㉰ 정맥류
- ㉱ 늘어진 피부
- ㉲ 화농성 염증 및 피부 질환부위

● 엔더몰로지기(Endermologie)

① 기기의 특성 : 진공음압에 의해 피부를 당겼다 놨다를 반복하는 물리적 작용에 의해 지방을 분해하는 방식의 기기다.

② 효과
    ㉮ 지방 및 셀룰라이트 분해
    ㉯ 혈액 순환 효과
    ㉰ 바이브레이션 마사지 및 롤 마사지효과
    ㉱ 피부 탄력 증강
    ㉲ 림프 순환 및 면역증강 효과
    ㉳ 노폐물 배출

③ 적용을 피해야 하는 경우
    ㉮ 정맥류
    ㉯ 모세혈관 확장 부위
    ㉰ 화농성 염증 및 피부 질환부위
    ㉱ 뼈 부위

● 바이브레이터(Vibrator)

① G5 Vibrator
    ㉮ 기기의 특성 : 진동에 의해 전신순환을 촉진시키는 기기로 기본마사지 동작을 활용한 5가지의 액세서리를 사용하며, 활용체형관리에 활용된다.
    ㉯ 효과
        ㉠ 근육 이완 및 근육통 완화 효과
        ㉡ 혈액순환 및 신진대사 촉진
        ㉢ 노폐물 배출 촉진
        ㉣ 노화각질 관리
    ㉰ 적용을 피해야 하는 경우
        ㉠ 모세혈관 확장피부
        ㉡ 정맥류
        ㉢ 다모, 뼈 부위
        ㉣ 간질
        ㉤ 고혈압, 당뇨
        ㉥ 멍든 피부
        ㉦ 임산부

② 플레이트(Plate)
  ㉮ 기기의 특성 : 진동을 이용한 전신복합운동 기기이다.
  ㉯ 효과
    ㉠ 근육강화
    ㉡ 셀룰라이트 분해
    ㉢ 조직의 강화
    ㉣ 혈액순환 촉진
  ㉰ 적용을 피해야 하는 경우
    ㉠ 관절염 환자
    ㉡ 감염병 환자

● 프레셔테라피(Pressure therapy)
  ① 기기의 특성 : 압박요법으로, 신체에 적당한 압력을 가해 정맥과 림프의 순환을 돕는 기기이다.
  ② 효과
    ㉮ 혈액순환 및 촉진
    ㉯ 정맥성 기능부전
    ㉰ 림프부종 개선
    ㉱ 노폐물 배출
    ㉲ 근육통 완화 및 운동 효과
    ㉳ 셀룰라이트 및 지방분해 가속화
  ③ 적용을 피해야 하는 경우
    ㉮ 염증이나 상처부위
    ㉯ 심장질환
    ㉰ 임산부
    ㉱ 악성 종양

4 광선을 이용한 기기

● 적외선(Infrared Ray)을 이용한 기기
  ① 적외선 램프
    ㉮ 기기의 특성 : 적외선의 온열작용을 이용하여 마사지나 팩을 하기 전 단계, 팩을 실시하는 동안 조사(照射)하여 미용의 효과를 높이는 기기이다.
    ㉯ 효과
      ㉠ 혈액순환 및 신진대사 촉진

ⓒ 노폐물과 독소배출
　　　ⓓ 영양물질의 흡수 촉진
　　　ⓔ 근육이완 및 통증완화
　　⑭ 적용을 피해야 하는 경우
　　　㉠ 악성종양
　　　ⓒ 심장병
　　　ⓒ 출혈성 부위
　　　ⓔ 고혈압 환자
　② 원적외선 사우나기
　　㉮ 장파장인 원적외선을 이용하여 비만관리나 체형관리의 시작단계에 이용하는 기기이다.
　　㉯ 혈액순환 및 신진대사 촉진, 노폐물 배출, 체중조절 등의 효과가 있다.

● 자외선(Ultraviolet)을 이용한 기기

① 선탠기
　㉮ 기기의 특성 : 자외선 중 UVA만을 이용하여 피부표면을 갈색으로 태우는 기기로 주로 여름철 건강한 피부색을 나타내기 위해 많이 사용된다. 그러나 선탠기의 UVA도 자연광의 UVA와 같이 진피층 깊숙이 침투하여 탄력감소, 주름형성, 광노화, 색소침착 등을 일으킬 수 있으므로 주의해야 한다. 베드형과 스탠드형이 있다.
　㉯ 적용을 피해야 하는 경우
　　㉠ 광과민이나 광알레르기가 있는 경우
　　ⓒ 습진 및 피부염 환자
　　ⓒ 임산부
　　ⓔ 16세 이하의 어린이
　　ⓕ 심장병
　　ⓖ 고혈압

② 자외선 살균소독기
　㉮ 단파장인 UVC의 살균작용을 이용하여 도구를 소독할 때 사용하는 기기이다.
　㉯ 푸른색의 자외선 램프를 통해 소독이 되며 소독 시 깨끗이 씻은 상태에서 골고루 조사가 되도록 펼쳐 놓아야 하며, 약 30분 정도 실시한다.

● 가시광선(Invisible Ray)을 이용한 기기

① 컬러테라피(Color Theraphy) 기기의 특성
　㉮ 눈에 보이는 가시광선을 이용하여 만든 기기로, 색을 이용한 오감 자극을 통해 정신적 스트레스와 심리적 불안 등 심리적, 정신적 치료요법에 사용되고 있다.
　㉯ 또한, 피부, 비만관리를 위한 전신 피부미용에도 활용되고 있다.

② 컬러테라피 기기의 색상에 따른 효과
　㉮ 빨간색
　　㉠ 에너지와 활력, 심장의 기능 활성화, 혈액순환 및 신진대사 증진, 지방분해효과
　　㉡ 노화피부, 여드름피부, 셀룰라이트 관리
　㉯ 주황색
　　㉠ 내분비 기능 강화, 근육 활성화, 림프체계 촉진, 세포재생 촉진, 호흡기 강화
　　㉡ 민감성 피부, 알레르기 반응, 임신선 관리
　㉰ 노란색
　　㉠ 뇌의 활동 자극, 근육의 긴장성 상승, 간기능 강화, 콜라겐 및 엘라스틴 증가
　　㉡ 문제성피부, 신진대사 기능저하 피부
　㉱ 녹색
　　㉠ 정신적 조화, 심리적 안정, 긴장환화, 면역력 증강, 눈의 피로회복 효과
　　㉡ 피지선 기능 조절, 면역력 강화, 문제성피부, 스트레스성 비만
　㉲ 파랑
　　㉠ 진정작용, 기분전환, 염증 및 열 진정효과, 근육 및 혈관 수축, 부종완화
　　㉡ 모세혈관확장 피부, 염증성 여드름 피부, 지성피부
　㉳ 보라
　　㉠ 림프계에 영향, 면역력 증진, 식욕조절
　　㉡ 모세혈관확장 피부, 화농성 여드름, 셀룰라이트 관리, 건성 피부

③ 컬러테라피 기기의 적용을 피해야 하는 경우
　　㉮ 광과민 및 광알레르기 피부
　　㉯ 피부염
　　㉰ 임산부
　　㉱ 성형 수술 후
　　㉲ 악성종양, 심장질환자 등의 질병이 있는 자

LESSON 05
화장품학

STEP 01 화장품학 개론

1 화장품의 정의 등

● 화장품의 정의
우리나라 화장품법에 따르면 "화장품은 인체를 청결·미화하여 매력을 더하고 용모를 건강하고 아름답게 변화시키거나 피부·모발의 건강을 유지 또는 증진하기 위하여 인체에 사용되는 물품으로서 인체에 대한 작용이 경미한 것"으로 정의되어 있어, 화장품의 사용 목적 이외에 질병진단이나 치료처치 또는 예방 등의 신체의 구조와 기능에 약리적 영향을 주기 위한 의약품은 포함하지 않는다.

● 기능성 화장품
① 미백제품 : 피부의 미백에 도움을 주는 제품
② 주름개선제품 : 피부의 주름개선에 도움을 주는 제품
③ 자외선차단제품 : 피부를 곱게 태워주거나 자외선으로부터 피부를 보호하는 데 도움을 주는 제품

● 화장품, 의약부외품, 의약품의 구분

구분	사용대상	사용목적	사용기간	부작용
화장품	정상인	청결, 미용	지속적	없어야함
의약품	환자	치료 및 진단, 처치	한정적	가능성
의약부외품	정상인	위생, 미화	지속적	없어야함

◉ 화장품 사용의 목적

① 인체를 청결하게 한다.
② 인체를 아름답게 하고 매력을 증가시킨다.
③ 자외선이나 건조 등으로부터 피부와 모발의 보호한다.
④ 노화를 예방한다.

2 화장품의 특성 및 분류

◉ 화장품의 품질 특성

① **안전성** : 피부에 대한 자극, 알러지, 경구독성, 이물혼입, 파손 등이 없을 것
② **안정성** : 보관에 따른 변질, 변색, 변취, 미생물 오염 등이 없을 것
③ **사용성** : 사용감(피부친화성, 촉촉함, 부드러움), 편리성(크기, 중량, 기능성, 휴대성 등), 기호성(향, 색, 디자인 등)
④ **유효성** : 적절한 보습효과, 노화억제, 자외선차단, 미백, 세정, 색채효과 등

◉ 화장품의 분류

① **기초화장품** : 이상적인 상태의 피부 밸런스를 유지시키기 위해 얼굴에 사용되는 화장품으로 사용목적에 따라 세정, 정돈, 보호제품으로 구분된다.
② **메이크업 화장품** : 얼굴이나 손톱 등에 도포하여 색상을 내는 것으로 피부의 결점을 커버하거나 아름답게 표현하기 위해 사용되는 것으로 베이스메이크업과 포인트메이크업 제품으로 나눈다.
③ **바디화장품** : 얼굴 이외의 피부, 즉 몸에 사용되는 화장품으로 목욕용, 자외선방지 화장품, 선탠제품, 제한, 방취, 불필요한 털을 제거하는 제모제품, 핸드케어 등이 있다.
④ **두피, 모발용 화장품** : 두피와 모발의 세정, 두발을 보호 재생 육모하는 트리트먼트, 웨이브를 만드는 퍼머넌트 웨이브제 및 염모제 등이 있다.
⑤ **구강 화장품** : 치약, 구강청정, 구취제거제 등이 있다.
⑥ **방향 화장품** : 바디에 주로 사용되며 향수, 오데코롱 등이 있다.

STEP 02 화장품 성분

1 화장품의 원료 및 작용

● **화장품 성분이 갖추어야할 기본 조건**

① 사용목적에 따른 기능이 우수해야 한다.
② 피부에 대한 안전성이 양호해야 한다(산화, 변질이 적을 것).
③ 안정성이 우수해야 한다(자극, 알레르기가 없을 것).
④ 냄새가 적어야 하며 품질이 일정해야 한다.

● **화장품의 원료와 작용**

① 정제수
  ㉮ 물은 피부를 촉촉하게 하는 작용을 하며 화장수, 크림, 로션의 기초화장품에서 가장 많이 사용된다.
  ㉯ 세균에 오염된 물과 칼슘, 마그네슘 등의 금속이온이 함유된 물은 피부의 모공을 막거나 모발에 끈 끈하게 부착될 수 있으므로 세균과 금속이온이 제거된 정제수를 사용한다.

② 에탄올(Ethanol)
  ㉮ 물 다음으로 화장품에 많이 사용되며, 휘발성이 있으며 피부에 시원한 청량감과 가벼운 수렴효과를 부여하며, 용매의 역할을 하여 다른 원료와 섞이면 그 원료를 녹이는 효과가 있고 배합향이 높아지면 수렴효과 외에 살균, 소독 작용도 나타낸다.
  ㉯ 화장수, 아스트리젠트, 헤어토닉이나 향수 등에 많이 쓰인다.

③ 고분자 화합물(Polymers) : 점도 증가제, 피막제, 수지분말로 이용되며 일부는 보습제 및 계면활성제로 사용된다.
  ㉮ 점도증가제 고분자 : 제품의 점도를 조절하여 안정성을 유지할 목적으로 사용된다.
  ㉯ 피막제 고분자 : 피막형성능력을 가진 원료의 특성을 이용한 것으로, 팩제, 아이라이너나 마스카라, 샴푸, 린스 등에 사용된다.

④ 보습제 : 화장품 중에 흡습성이 높은 물질을 보습제라 하며 피부의 보습에 중요한 역할을 한다.
  ㉮ 글리세린(Glycerin, Glycerol) : 무색, 무취의 액체로 단맛이 있고 점성이 높은 끈적끈적한 액체로 수분의 흡수력이 뛰어나며, 특히 공기의 수분의 흡수해서 피부 보습효과를 증가시킨다.
  ㉯ 프로필렌글리콜(Propylene Glycol) : 글리세린과 유사한 외관과 물성을 나타내나 글리세린보다 덜 끈적거려 사용감이 좋으며 보습효과가 우수하다.
  ㉰ 부틸렌글리콜(1,3-Butylene Glycol) : 무색, 무취의 액체로, 안전성이 양호하고 크림, 유액 등에 사용된다.
  ㉱ 솔비톨(Sorbitol) : 글루코오스를 화학적으로 환원시켜 만들며, 설탕의 60% 정도의 단맛이 있고, 물에 잘 용해되며 보습성이 양호해 크림, 유액, 치약 등에 사용된다.

⑩ 폴리에틸렌글리콜(Polyethylene Glycol, PEG) : 분자량에 따라 여러 가지로 구분되며, 분자량이 증가할수록 고체화 된다. 고형왁스의 형태를 가지지만 물과 에탄올에 잘 녹는 성질이 있으며, 크림이나 유액에 사용한다.
⑪ 히아루론산나트륨(Sodium Hyaluronate) : 산성 뮤코다당류의 일종으로 포유동물의 결합조직에 분포되어 있는 성분이다. 각질층에 높은 보습효과와 유연효과가 있어 화장수 등에 이용된다.

⑤ **유성원료(Oily Materials)** : 지용성 용매로서의 작용과 함께 피부의 오염물질에 대한 세정작업, 피부나 모발을 유연하며 보습작용을 한다.

㉮ 유지(Oils And Fats)
㉠ 올리브유(Olive Oil) : 올리브 열매를 압착하여 얻은 지방유로 피부표면의 수분증발 억제 등의 목적으로 사용된다.
㉡ 동백유(Camellia Oil) : 동백나무의 종자에서 얻은 지방산으로 크림, 유액 등에 사용되며 두발용 기름으로도 이용된다.
㉢ 피마자유(Castor Oil) : 피마자의 종자에서 얻어지는 지방유로 친수성이 높고 점성이 있어 립스틱, 포마드 등에 사용된다.

㉯ 왁스(Wax)
㉠ 카르나우바 왁스(Carnauba Wax) : 카르나우바 야자의 잎이나 잎꼭지로부터 채취되며 단단하고 부서지기 쉽다. 립스틱 등 스틱상 제품의 광택부여에 쓰인다.
㉡ 호호바유(Jojoba Oil) : 호호바의 종자에서 얻어지는 액체 왁스로, 산화에 대한 안정성이 우수하고 사용감촉이 양호하며 인체의 피지성분과 유사한 구조를 가지고 있어 피부친화력이 우수하다. 크림, 유액, 립스틱 등에 사용된다.
㉢ 밀납(Bees Wax) : 꿀벌집에서 얻은 왁스를 정제한 것으로, 크림이나 립스틱, 볼연지 등의 스틱상의 제품에 주로 사용된다.
㉣ 라놀린(Lanolin) : 양의 털에서 얻어지며 피부 친화성 및 부착력이 풍부하고 물을 함유하는 성질이 우수하여 크림이나 립스틱 등에 이용된다.

㉰ 탄화수소(Hydrocarbons)
㉠ 유동파라핀(Liquid Paraffins) : 무색, 무취이며 불활성이므로 변질이 적고 유화가 쉽다. 기초화장품의 크림이나 유액 등에 사용되며 수분증발의 억제나 사용감이 좋다.
㉡ 바세린(Petrolatum) : 유동파라핀과 성질이 비슷하고 접착력이 있어 크림류와 립스틱 등에 이용된다.
㉢ 스쿠알란(Squalane) : 심해 상어류와 올리브유에 존재하는 스쿠알렌에 수소를 첨가하여 얻은 것으로 안전성이 높고, 불활성으로 크림, 유액 등의 기초제품에 많이 쓰인다.

㉱ 고급 지방산(Higher Fatty Acids)
㉠ 라우린산(Lauric Acid) : 야자유, 팜유 등을 비누화하여 얻어지며 수용성이 높으며, 거품상태가 좋아 화장비누나 세안류 등에 사용된다.
㉡ 미리스틴산(Myristic Acid) : 팜유 등을 비누화 분해해서 얻어지며 기포성 및 세정력이 우수하여 세안류 등에 이용된다.

ⓒ 팔미틱산(Palmitick Acid) : 팜유 등을 검화(비누화) 분해하여 얻으며 크림이나 유액에 사용된다.
　　ⓔ 스테아린산(Stearic Acid) : 우지를 검화 분해하여 얻으며, 크림의 성분으로 중요하고 로션, 립스틱 등에 이용한다.
　ⓜ 고급 알코올(Higher Alcohol)
　　㉠ 세틸알코올(Cetyl Alcohol) : 유화보조제 및 증점제로 사용된다.
　　㉡ 스테아릴 알코올(Stearly Alcohol) : 백색 왁스와 같은 고체로 크림이나 유액 등의 유화제 및 유화안정 보조제로 쓰인다.
　ⓑ 실리콘유(Silicones)
　　㉠ 디메틸폴리실록산(Dimethylpolysiloxane) : 무색 투명의 성분으로 분자량에 따라서 점도에서 페이스트상까지 있으며, 발수성이 높아 화장이 피부에서 물이나 땀에 의해 들뜨지 않게 하며 끈적거림을 억제하고 퍼짐성이 좋아 유분을 배합하는 모든 제품에 광범위하게 사용된다.
　　㉡ 메틸페닐폴리실록산(Methylphenyl Polysiloxane) : 다른 성분과의 상용성이 좋아 넓은 범위의 제품에 배합된다.

⑥ 계면활성제(Surface Active Agents, Surfactants)
　㉮ 음이온 계면활성제(Anionic Surfactants) : 기포형 성능과 세정작용이 있어 샴푸 등의 제품에 많이 사용된다.
　㉯ 양이온 계면활성제(Cationic Srufactants) : 정전기 방지 효과가 있어 헤어린스, 트리트먼트 등에 사용되며 강한 피부자극이 있어 두피에 닿지 않도록 하는 것이 바람직하다.
　㉰ 양쪽성 계면활성제(Amphoteric Surfactant) : 분자내에 양이온성과 음이온성을 동시에 갖고 있는 것으로, 피부자극성과 독성이 낮아 피부안전성이 좋아 저자극 샴푸나 클렌저 제품에 주로 이용된다.
　㉱ 비이온 계면활성제(Nonionic Surfactants) : 피부자극이 적어 기초화장품에 가장 많이 사용된다.

⑦ 산화방지제
　㉮ 화상품을 장기간 사용 시 기름성분이 공기 중의 산소에 의해 산화되면서 과산화물이 생성되어 악취가 나고 품질이 저하되는데 이를 방지하는 것이 산화방지제이다.
　㉯ 주요 산화방지제로 BHA(Butyl Hydroxy Toluene), BHT(Butyl Hydroxy Anisole)등이 있다.

⑧ 자외선 차단 성분
　㉮ 자외선 산란제 : 피부에서 자외선을 반사시켜 피부를 보호하는 작용을 하며, 성분은 이산화티탄, 산화아연으로 피부에 안전하며 자극이 적다.
　㉯ 자외선 흡수제 : 자외선 흡수제의 화학적인 성질로 자외선의 화학에너지를 미세한 열에너지로 바꾸어 피부 밖으로 방출하며, 성분은 옥틸 디메틸파바, 옥틸 메톡시신나메이트, 벤조페논-3 등이 있다.

⑨ 미백제

- ㉮ 알부틴 : 월귤나무의 잎에서 추출하며 티로시나제의 활성을 저해함으로써 멜라닌 색소의 형성을 억제한다.
- ㉯ 비타민 C류 : 아스코르빈산이라고도 하며 이미 생성된 멜라닌을 환원시키는 작용을 통해 멜라닌의 생성을 억제한다.
- ㉰ 코직산 : 멜라닌 생성에 중요한 티로시나제의 구리이온과 킬레이트를 형성함으로써 멜라닌의 생성을 억제하는 작용을 한다.

⑩ 항 주름제
- ㉮ 레티노이드(비타민 A류) : 각질형성세포에 작용하여 히아루론산 합성 촉진 효과 및 각질층의 수분을 증가시키는 효과를 가지고 있으며, 주름을 완화시킨다.
- ㉯ 알파 하이드록시산(AHA) : 글리콜산과 젖산이 대표적이며, 각질층간의 접착을 약화시켜 각화작용을 도와 주름 개선의 효과가 있으며, 고농도의 용액은 필링제로서 피부재생에 도움을 준다.

⑪ 기타 원료와 그 작용
- ㉮ 색소(착색료)
  - ㉠ 염료 : 물 또는 오일에 녹는 색소로 화장품 자체에 시각적인 색상효과를 부여하기 위해 사용한다.
  - ㉡ 안료 : 물과 오일에 모두 녹지 않는 것으로 무기안료, 유기안료, 착색안료, 백색안료, 체질안료, 펄안료가 있다.
  - ㉢ 레이크(Lake) : 수용성 염료에 알루미늄, 마그네슘, 칼슘염을 가해 물과 오일에 녹지 않게 만든 것으로 산, 염기에 약하며, 중성에서도 물에 조금씩 녹는 경우가 있다. 색상의 화려함은 무기안료와 유기안료의 중간정도이다.
- ㉯ 방부제 : 화장품의 오염 또는 부패의 원인이 되는 미생물의 증가를 억제하는 물질로 배합량이 많으면 피부 트러블을 유발시킨다.
- ㉰ 비타민 : 비타민은 피부의 대사 기능과 생리기능을 정상화시키고 비타민 결핍으로 인한 피부질환과 피부의 영양, 거칠어짐 방지, 노화지연 등의 피부보호를 목적으로 사용한다.

2 화장품의 제조

● 화장품 제조의 기본공정

① **분산공정** : 분산매를 분산상에 넣고 고속으로 교반기를 회전시키면서 완전히 혼합·용해시키는 작업과정이다.

② **유화공정** : 유성원료와 수성원료를 70~80℃까지 온도를 올린 후 유화장치를 이용하여 균일하게 혼합, 유화한 후 실온에서 냉각하여 품질이 일정한 크림, 로션과 같은 유액을 만드는 작업과정이다.

③ **가용화공정** : 수성원료를 용해탱크에 넣은 후, 교반기를 회전시키면서 향을 포함한 알코올원료를 서서히 첨가하여 가용화하고 여과작업을 거친 후 투명한 제품을 얻는 작업과정이다.

④ 혼합공정 : 안료 등을 혼합기에 넣고 균일한 상태로 혼합하는 과정으로 예비혼합작업과 최종 혼합작업으로 구분한다.
⑤ 분쇄공정 : 혼합공정에서 예비 혼합된 분체 입자를 분쇄기에 의해 분체의 응집을 풀고 크기를 완전히 균일하게 분쇄하는 작업과정이다.
⑥ 성형 및 포장공정 : 앞선 5단계의 공정을 거쳐 만들어진 반제품을 완제품으로 생산하는 작업과정이다.

◉ 화장품 제조의 주요 기술

① 가용화 기술
  ㉮ 소량의 유성성분을 계면활성제의 미셀작용을 이용하여 투명한 상태로 용해시키는 것을 말한다.
  ㉯ 주로 화장수, 에센스. 향수 등의 제품을 제조하는데 쓰인다.
② 유화 기술
  ㉮ 다량의 유성성분을 일정기간 동안 안정한 상태로 균일하게 혼합하는 기술이다.
  ㉯ 분산된 부분이 기름인가 물인가에 따라 물에 기름이 분산된 형태의 수중유(O/W)형 유화와 기름에 물이 분산되어 있는 형태의 유중수(W/O)형 유화로 구분된다.
③ 분산 기술
  ㉮ 고체 입자를 액체 속에 균일하게 혼합시키는 것을 분산이라고 한다.
  ㉯ 파운데이션, 마스카라, 아이라이너, 네일에나멜 등이 분산제품에 해당된다.

STEP 03 화장품의 종류와 작용

1 기초화장품

◉ 기포화장품의 사용 목적과 기능

① 기초화장품의 사용 목적
  ㉮ 피부를 청결히 한다.
  ㉯ 피부의 유수분 밸런스를 유지한다.
  ㉰ 피부의 신진대사를 촉진시킨다.
  ㉱ 피부를 유해 외부환경(자외선, 미생물, 먼지, 공해 등)으로부터 보호한다.
② 기초화장품의 기능
  ㉮ 세정, 청결
  ㉯ 각화현상의 정상화

㈐ 피부 재생
㈑ 탄력성 부여
㈒ 보습유지
㈓ 미백기능
㈔ 자외선차단
㈕ 여드름 방지

● 세안화장품

① 씻어내는 타입(계면활성제형)
  ㈎ 클린징폼 : 비누의 세정력과 클렌징크림의 피부보호 기능을 가지고 있는 것으로 자극이 적어 민감하고 약한 피부에 좋으며, 보습제가 함유되어 건조해지는 것을 방지한다.
  ㈏ 스크럽 : 클렌징폼에 스크럽이 함유된 것으로 미세한 알갱이가 함유되어 모공 속 깊숙이 있는 노폐물과 죽은 각질을 제거해 주며 세안, 마사지, 각질제거 효과를 같이 볼 수 있다.

② 닦아내는 타입(용제형)
  ㈎ 클렌징 워터 : 세정효과를 증가시킨 화장수 타입으로 가벼운 화장을 지울 때 적합하다.
  ㈏ 클렌징 로션 : 수분을 많이 함유하고 있어 피부에 부담이 없고 사용 후 부드러운 느낌을 준다. 클렌징크림에 비해 사용감이 산뜻하고 비교적 옅은 화장을 지울 때 적합하다.
  ㈐ 클렌징 크림 : 짙은 유성메이크업을 했을 때나 피지분비가 많을 때 사용하기 적당하며 얼굴이나 손에 물기가 있으면 효과가 떨어지므로 직접 발라 사용하는 것이 좋다.
  ㈑ 클렌징 젤 : 유성타입은 짙은 화장을 지울 때, 수성타입은 옅은 화장을 지울 때 적합하며 촉촉하고 매끄러운 장점이 있다.

● 화장수(스킨, 로션)

① 화장수의 개요 : 화장수는 일반적으로 정제수 에탄올 보습제를 기본으로 하고 있으며, 피부에 수분을 공급하는 것이 주된 사용목적이다.

② 화장수의 종류
  ㈎ 유연화장수
    ㉠ 보습제 유연제가 함유되어 있어 피부를 촉촉하고 부드럽게 한다.
    ㉡ 약알칼리성 화장수는 노화된 각질을 부드럽게 하여 수분과 보습성분의 침투를 용이하게 한다.
    ㉢ 약산성의 화장수는 피부를 매끄럽게 하고 세균 등의 침투를 예방한다.
  ㈏ 수렴화장수
    ㉠ 알코올 함량이 유연화장수보다 많아서 청량감과 소독작용이 있다
    ㉡ 단백질을 끌어당기고 다량의 피지나 땀을 억제시켜 지성피부 또는 여름철 화장수로 많이 사용된다.

ⓒ 각질층에 수분을 공급하고 모공을 수축시켜서 피부에 침투하기 쉬운 세균으로부터 피부를 보호하고 소독하는 기능이 강하다.
㉓ 세정화장수
  ㉠ 가벼운 색조화장을 지울 때 사용한다.
  ㉡ 피부표면의 오염물질이나 피부를 청결하게 하기위해 사용한다.
  ㉢ 세정효과를 높이기 위해 계면활성제, 보습제, 에탄올을 많이 배합한다.
㉔ 다층식 화장수
  ㉠ 2층 이상의 층을 이루는 화장수로 유층-수층 및 수층-분말층의 형태 구성이 많다.
  ㉡ 흔들어서 사용하며, 카마인 로션이 대표적이다.

로션(Lotion)

① 화장수와 크림의 중간적 성격을 가진 것으로, 피부의 항상성 기능 유지, 회복과 피부의 모이스처 밸런스를 유지하는 수분 보습제 유분을 공급하여 피부의 보습이나 피부의 유연 기능을 한다.
② 로션은 수분이 60~80%의 점성이 낮고 피부에 바를 때 오일보다 잘 퍼지고 빨리 흡수되며, 유분은 대개 30% 이하이며 O/W 유형으로 사용감촉도 뛰어나다.

크림(Cream)

① 유분과 보습제가 다량 함유되어 있어 피부의 보습, 유연기능을 갖게 하며, 소실된 피부천연보호막을 일시적으로 보충해서 피부에 촉촉함을 주고 외부의 자극으로부터 피부를 보호하는 역할을 한다.
② 크림의 종류
㉮ 데이 크림(Day Cream) : 낮에 바르는 크림으로 햇빛이나 건조한 공기, 공해로부터 피부를 보호하기 위해 사용한다.
㉯ 나이트 크림(Night Cream) : 유분과 피부 유효성분이 많이 함유되어 있다.

에센스(Essence)

① 미용액, 컨세트레이트(Concentrate)라고도 불리며 유럽에서는 쎄럼(Serum)이라고 불려지고 있다.
② 유액이나 크림보다 사용감 및 보습효과는 물론이고 미용 성분을 고농축으로 함유하여 보습 효과가 우수하고 영양물질을 공급하여 자외선 방어 미백효과, 주름방지, 산화방지, 소염작용, 피부세포 재생효과, 노화방지 효과 등이 뛰어난다.

젤(Gel)

① 외관이 투명에서 반투명 상태로 촉촉함과 상큼한 사용감이 있어 여름용으로 많이 사용되어 왔으며, 최근에는 수분, 혈행촉진, 세정, 클렌징 제품으로도 많이 사용된다.
② 젤의 종류
  ㉮ 수성젤
    ㉠ 수분을 다량 함유하여 피부에 수분, 보습, 청량효과를 준다.

ⓛ 사용감이 촉촉하고 산뜻하며, 청량감이 있어 여름철 및 지성피부용으로 이용된다.
㉯ 유성젤
㉠ 유분을 다량 함유하여 피부에 유분을 공급한다.
ⓛ 겨울철 및 건조피부용으로 사용된다.
ⓒ 진한 메이크업과의 친화성이 좋아 물로 씻어내는 형태의 클렌징제로 사용된다.

● 팩 & 마사지(Pack & Mask)

① 피부표면에 도포하여 수분증발을 방지하고 효습효과를 주며 노화각질 및 노폐물 제거 기능을 가지고 있다.
② 외부의 공기 유입을 일시 차단함으로써 수분의 증발이 억제되어 각질층으로의 수분공급이 원활해지고 팩에 함유된 유효성분의 침투가 용이해지며, 팩이 건조함에 따라 피부에 긴장감이 생기고 피부온도가 상승하여 혈액순환이 촉진된다.

2 메이크업 화장품

● 메이크업 화장품의 분류

① **베이스 메이크업** : 피부색을 안정되게 정돈하거나 주근깨, 기미, 잡티 등 피부결점을 커버하여 아름답게 보이도록 하기 위한 목적으로 사용되는 화장품
② **포인트 메이크업 화장품** : 눈 볼 입술 기타신체부위에 부분적으로 사용하여 혈색을 좋게 하고 입체감을 나타내어 매력적인 용모로 보이도록 사용하는 화장품

● 메이크업 화장품의 구성원료

① 메이크업 화장품은 크게 안료성분과 이를 분산시키는 기제로 되어 있다.
② 안료성분에는 착색안료 백색안료 체질안료 펄안료 등이 있다.
③ 기제에는 유분 보습제 계면활성제 등이 있다.

● 베이스 메이크업 화장품

① 메이크업 베이스(Make-Up Base)
㉮ 화장을 잘 받게 해 주고 들뜸을 방지한다.
㉯ 색조화장 전 피부를 보호하고 파운데이션의 화장효과를 높이고 피부색을 안정되고 균일하게 해 준다.
㉰ 파운데이션이 피부에 흡수되는 것을 막고 파운데이션의 퍼짐성과 밀착감을 좋게 해주어 화장의 지속성을 높여 준다.
㉱ 피부색을 고르게 정리해 준다.

② 파운데이션(Foundation)
  ㉮ 파운데이션의 개요
    ㉠ 화장의 기초 및 토대의 의미이다.
    ㉡ 피부의 결점을 감추고 원하는 피부색으로 조절해 준다.
    ㉢ 이미지를 연출하고 개성을 강조하며 부분화장을 돋보이게 강조해 준다.
  ㉯ 파운데이션의 형태별 종류
    ㉠ 유화형
      ⓐ 리퀴드 파운데이션 (Liquid Foundation) : 오일량이 10% 종도로 가벼운 사용감이 있으며 쉽게 피부결점을 커버 할 수 있다. 산뜻한 사용감이 있어 여름철에 주로 사용되며 젊은층에서 많이 사용한다.
      ⓑ 크림 파운데이션(Cream Foundation) : 크림에 안료가 균일하게 분산된 형태이며 O/W형과 W/O 형이 있으며 O/W형은 비교적 사용감이 가볍고 퍼짐성이 좋으며 W/O 형은 사용감이 무겁고 퍼짐성이 낮은 반면 피부에 부착성이 우수해 땀이나 물에 잘 지워지지 않는 장점이 있다.
    ㉡ 분산형
      ⓐ 스킨커버(Skin Cover) : 다량의 안료가 함유되어 있어 커버력이 뛰어나며 무대화장 및 특수분장 시에 널리 사용된다. 사용감이 가장 뻑뻑한 것이 단점이다.
    ㉢ 파우더형
      ⓐ 파우더 파운데이션(Powder Foundation) : 안료에 오일을 스프레이하여 흡착 후 압축시켜 고형으로 한 형태로 얇게 발라지고 가벼운 느낌을 준다. 여름철에 쉽게 사용할 수 있고 번들거림 없이 매트(Mat)한 느낌을 준다.
      ⓑ 트윈케이크(Twin Cake) : 파우더 파운데이션 형태로 친유 처리한 안료가 배합되어 있어 뭉침이 없고 땀에 의해 쉽게 지워지지 않는다.

③ 파우더
  ㉮ 파우더의 개요
    ㉠ 땀과 피지에 의해 화장이 빈지거나 지워지는 것을 막아준다.
    ㉡ 파운데이션의 유분기를 제거하고 파운데이션의 지속성을 높여준다.
    ㉢ 빛을 난반사시켜 얼굴을 밝고 화사하게 보이도록 한다.
  ㉯ 파우더의 종류
    ㉠ 루즈파우더(Loose Powder) : 가루분으로 피지분비 조절작용으로 번들거림을 억제하며, 입자가 고와 투명감이 있고 장시간 화장을 지속시켜주나 잡티 커버력이 적어 자주 발라주어야 하고 가루상태라 사용이 불편하며 건조감이 느껴지는 단점이 있다.
    ㉡ 콤팩트파우더(Compact Powder) : 가루상태의 루즈파우더를 압축시켜 단단하게 한 것으로 가루날림이 적으며 휴대가 간편한 반면 수정메이크업이 어렵고 화장의 지속성이 떨어지며, 두껍게 발라지는 단점이 있다.

● 포인트 메이크업 화장품

① **아이메이크업(Eye Make-Up)** : 눈의 결점을 커버하고 눈매에 음영을 주어 입체적으로 보이게 하여 생동감 있고 아름답게 표현해 준다.
   ㉮ 아이브라우 펜슬(Eyebrow Pencil) : 눈썹모양을 그리며 눈썹 색을 조정하기 위하여 사용되며, 구성성분은 안료 왁스 오일로 고형이며 기제에 착색안료를 압축 성형한 것이 일반적이다.
   ㉯ 아이섀도우(Eye Shadow) : 눈꺼풀에 색채감과 명암을 주어 입체감을 표현하며, 섀도의 색감을 이용하여 단점을 보완하고 이미지와 개성을 연출할 수 있다.
   ㉰ 아이 라이너(Eye Liner) : 속눈썹부위에 가늘게 선을 그려 윤곽을 강조하여 또렷하게 하며, 눈의 모양을 변화시켜 표정을 풍부하게 하고 인상적인 눈매를 연출해 준다.
   ㉱ 마스카라(Mascara) : 속눈썹을 길게 컬링하여 눈매를 짙고 길게 보이게 하고 눈동자를 뚜렷하게 보이게 한다.

② **립스틱(Lipstick)** : 입술에 색감을 주어서 개성을 연출하고 입술의 모양을 수정하고 보완하여 얼굴을 돋보이게 한다. 입술이 건조해 지는 것과 자외선으로부터 보호하는 작용을 한다.

③ **립라이너(Lip Liner)** : 입술 윤곽을 뚜렷하게 그려주고 수정 보완해 주며, 펜슬형태와 오토 펜슬형태가 있다.

④ **블러셔(Blusher)** : 볼 부위에 도포하여 얼굴색을 건강하고 밝게 보이게 하며, 윤곽을 뚜렷하게 하여 얼굴을 입체적으로 만들어준다.

⑤ **네일 에나멜(Nail Enamel)** : 손발톱에 광택과 색채를 주어 매력적으로 보이게 하고 손에 표정을 부여한다.

3 모발 화장품

● 세발용 화장품(Hair Cleansing Cosmetics)

① **샴푸 (Shampoo)**
   ㉮ 모발 및 두피를 세정하여 비듬과 가려움을 덜어주며, 건강하게 유지시키기 위해 사용되는 모발화장품을 말한다.
   ㉯ 용도에 따라 건성모발용, 정상모발용, 손상모발용, 지성모발용, 염색모발용 비듬용등이 샴푸가 있다.

② **헤어린스(Hair Rinse)**
   ㉮ 샴푸 후 모발에 매끄러움을 주고 표면 상태를 정돈하는 것을 목적으로 사용한다.
   ㉯ 정전기를 방지하여 빗이나 브러시가 잘 되게 하며 모발손상을 억제한다.

● 정발용 화장품

① 헤어오일(Hair Oil) : 모발에 유분을 공급하여 광택과 유연성을 유지하고 모발보호 및 정돈을 쉽게 한다.

② 포마드(Pomade) : 모발에 광택을 주어 헤어스타일을 단정하게 해 주는 남성용 정발제이다.

③ 헤어크림(Hair Cream) & 헤어로션(Hair Lotion) : 헤어크림과 헤어로션은 물과 유분을 유화시킨 것으로 모발정돈 및 보습효과 광택을 준다.

④ 세트로션(Set Lotion) : 머리결의 웨이브를 유지하기 위해 사용하는데, 특히 핀 컬(Pin Curl)이나 핑거 웨이브(Finger Wave)와 같은 세트기술을 할 때 쓰인다.

⑤ 헤어무스(Hair Mousse) : 불어로 거품을 의미하며, 헤어폼(Hair Foam) 이라고도 하며, 원하는 헤어스타일로 쉽게 정발이 되며 헤어드라이어를 사용하면 더욱 효과적이다.

⑥ 헤어 스프레이(Hair Spray) : 세팅한 모발위에 분무하여 헤어스타일을 일정한 형태로 유지하기 위해 사용되는 마무리용 정발제이다.

⑦ 헤어 젤(Hair Gel) : 정제수에 수용성 고분자를 용해시킨 젤 상태의 제품으로, 헤어 무스나 스프레이에 비해 촉촉하고 자연스러운 정발효과를 준다.

⑧ 헤어리퀴드(Hair Liquid) : 화장수와 유사한 형태로 산뜻하고 끈적임이 없으며, 부드러운 정발효과와 깔끔한 마무리 및 쉽게 세발되는 장점이 있다.

● 헤어트리트먼트 크림(Hair Treatment)

① 헤어트리트먼트 크림(Hair Treatment Cream) : 유화형으로 퍼머, 염색, 헤어드라이, 공해 등으로 인해 손상된 모발에 영양을 공급하여 모발의 건강을 회복하게 하는 트리트먼트제이다.

② 헤어팩(Hair Pack) : 모발손질을 쉽게 하고 손상모를 회복시키기 위하여 사용하며, 헤어린스와 성분이 비슷하고 다량의 컨디셔닝 성분이 함유되어 있다.

③ 헤어 블로우(Hair Blow) : 드라이에서 나오는 열이나 브러싱에 의한 마찰로부터 모발을 보호한다.

④ 헤어코트(Hair Coat) : 모발 끝의 갈라진 부위와 손상된 부위를 회복시켜주기 위해 사용하는 제품이다.

● 헤어토닉(Hair Tonic)

① 헤어토닉은 에탄올이 50~80% 함유되어 살균, 소독작용이 있어 두피나 모발을 청결히 하고 시원한 느낌과 쾌적함을 준다.

② 또한, 두피에 발라 마사지할 때 혈액순환을 좋게 하고 비듬과 가려움을 제거하여 모근을 튼튼하게 해준다.

헤어블리치(Hair Bleach)
① 모발의 탈색을 목적으로 하여 멜라닌 색소를 파괴시켜 모발의 색상을 밝게 하기 위해 사용하는 제품이다.
② 1제는 지방산, 겔화제, 용제, 알칼리제로 구성되어 있고 2제는 과산화수소가 들어있으며, 사용직전에 혼합하여 사용하며, 색소를 사용하지 않고 모발의 탈색만을 목적으로 한다.

퍼머넌트웨이브 로션(Permanent Wave Lotion)
① 퍼머넌트 웨이브 로션에는 1제와 2제로 구성되어 있으며 1제는 환원제라고 하며, 모발의 시스틴(-S-S-) 결합을 절단하여 티올(-Sh)기로 환원시키는 작용을 하게 되는데 환원제로 티오글리콜산이나 시스테인이 사용된다.
② 2제는 산화제 또는 중화제라 불리며, 1제에 의해 만들어진 티올(-SH)기를 산화시켜 시스틴(-S-S-) 결합으로 돌아가게 하는데, 산화제로 브롬산나트륨, 브롬산칼륨 및 과산화수소가 사용된다.

헤어스트레이트
① 곱슬머리나 퍼머 머리를 곧게 풀고자 할 때 사용한다.
② 1제인 환원제는 알칼리성의 크림 타입이며, 2제는 산화제로 구성되며, 1제를 바른 후 20~30분간 빗질을 반복하여 컬을 풀어준 후 2제를 바르고 10~20분 후 씻어낸다.

염모제
① **영구 염모제** : 색소 형성 물질이 모발 내부의 모피질 또는 모수질층까지 침투하여 화학변화를 일으켜 불용성 색소를 형성하는 것으로 염색의 효과가 장기간에 걸쳐 지속된다.
② **반영구 염모제** : 탈색된 모발의 염색에 적합하며 시간이 지나면 색이 빠지게 되며, 1제와 2제의 구분 없이 하나로 되어있다.
③ **일시 염모제** : 모발의 표면에 안료와 같은 불용성 색소를 일시적으로 부착시켜 모발의 색을 바꾸어 주는 제품으로 세정으로 제거된다.

탈모, 제모제(Epilatory Depilatory)
① 피부의 털을 물리적으로 제거하는 탈모제라 하고 화학적으로 제거하는 것을 제모제라고 한다.
② 탈모제에 녹인 왁스를 털에 바르고 냉각시켜서 굳은 왁스와 함께 털을 제거하는 것과 점착성 있는 젤을 바르고 부직포를 밀착시켜 털을 제거하는 것, 강력한 접착테이프를 이용하는 것 등이 있다.

4 전신관리 화장품

전신에 사용하는 바디 화장품

① 세정제품
  ㉮ 비누 : 고급지방산염을 총칭하며 약산의 강알칼리로 구성되어 있고 pH는 10 정도이다. 화장비누, 투명비누, 합성화장비누, 약용비누 등으로 구분된다.
  ㉯ 바디 샴푸 : 기포성과 기포의 지속성이 우수해야 하며 피부생리 기능에 나쁜 영향을 주지 않고 오염만을 제거할 수 있는 세정력이 있어야 한다.
  ㉰ 바블 바스 : 욕조 내에 넣어 거품목욕을 할 수 있게 만든 제품으로 분말상, 과립상, 젤상, 액상 등이 있다.
  ㉱ 바디 솔트

② 트리트먼트제품
  ㉮ 피부를 보호하고 보습효과를 주어 부드러운 피부를 유지시키는 기능을 한다.
  ㉯ 바디 로션, 바디 크림, 바디 오일 등이 있다.

③ 방취 제품
  ㉮ 땀이나 기타 방향물질에 의하여 발생하는 체취를 제거하는 화장품이다.
  ㉯ 에틸알코올(Ethyl Alcohol)을 많이 함유하고 있으며, 땀을 억제하는 제한기능, 피부 상재균의 증식을 억제하는 항균기능 체취를 억제하는 냄새 제거기능 등이 있다.

● 특정 부위에 사용하는 바디 화장품

① 손에 사용하는 화장품 : 트리트먼트제품(핸드로션, 핸드크림)
② 발, 다리에 사용하는 화장품
㉮ 탈색, 제모 제품 : 탈색, 제모 크림, 제모 왁스
㉯ 부종방지 : 레그후레쉬 제품(토너, 크림)
③ 팔꿈치 및 무릎 부위에 사용하는 화장품 : 유연제품(각질연화 로션, 크림, 오일)

5 네일 화장품

● 전신에 사용하는 바디 화장품

네일 화장품은 손발톱을 건강하게 유지하며, 자기만의 개성을 연출하여 아름다운 손발톱을 표현하는데 사용한다.

● 전신에 사용하는 바디 화장품

① 살균비누 : 손의 오염물질을 세정하는데 사용한다.
② 안티셉틱(Antiseptic) : 시술 전 시술자의 손과 고객의 손을 소독할 때 사용하며, 손에 분사하여 가볍게 비벼주는 방법과 솜에 묻혀 닦아내는 방법이 있다.

③ 큐티클 오일 및 크림(Cuticle Oil Or Cream) : 손톱둘레의 굳은살을 부드럽게 만들어 제거를 용이하게 하는 제품으로, 손톱과 굳은살 주위의 피부에 양양을 공급하고 손톱성장을 촉진시킨다.

④ 네일 에나멜(Nail Enamel) : 손발톱에 색을 입혀 아름답게 하기 위해 사용하는 제품으로, 매니큐어(Manicure), 네일락카(Nail Lacqure), 네일칼라(Nail Color) 라고도 한다. 네일 에나멜은 피막을 만드는 성분 착색안료 등을 용제에 분산시킨 것이 대부분의 형태이다.

⑤ 네일 에나멜 리무버(Nail Enamel Remover) : 네일 에나멜의 피막을 용해하여 제거하는데 사용하며, 아세톤(Acetone) 혹은 폴리시리무버(Polish Remover) 라고 부르기도 한다.

⑥ 탑코트(Tap Coat) : 네일 에나멜을 바른 후 덧발라 네일 에나멜의 광택과 내구성을 높이는 제품이다.

⑦ 베이스 코트(Base Coat) : 네일 에나멜을 바르기 전에 바르는 것으로 네일 에나멜이 착색되거나 변색되는 것을 방지하여 에나멜의 밀착성을 높이기 위한 제품이다.

⑧ 네일 표백제(Nail Strengthener) : 손톱표면이나 끝부분의 착색된 얼룩을 제거할 때 사용한다.

⑨ 네일 강화제 : 약한 손톱과 부드러운 손톱을 건강하게 만들어 주기 위한 제품으로, 자연 네일에만 사용한다. 손톱에 탈수 탈지 현상이 일어났을 때 사용하면 효과적이다.

⑩ 네일 화이트너(Nail Whitener) : 손톱의 후리엣지 부분을 더욱 희게 보이도록 하는 제품이다.

⑪ 핸드크림(Hand Cream) : 파라핀 오일 라놀린 등의 동물성 오일과 손톱강화 물질을 첨가하여 손과 손톱의 수분과 유분을 보충해주는 영양 크림이다.

6 향수

○ 향수의 유형 및 구분

① 향수의 유형
  ㉮ 퍼퓸(Perfume) : 일반적으로 말하는 향수로 농도가 가장 강하며, 향이 풍부하고 농후한 분위기를 연출한다. 부향률 15~30%, 지속시간은 6~7시간 정도이다.
  ㉯ 오데퍼퓸(Eaude Perfume) : 퍼퓸과 오데토일렛의 중간타입으로 퍼퓸에 가까운 지속깊이가 있다. 부향률은 9~12%, 지속시간은 5~6시간 정도이다.
  ㉰ 오데토일렛(Eaude Toilet) : 오데퍼퓸과 오데코롱의 중간타입 오데 뚜왈렛이라고도 부른다. 상쾌하면서도 풍부한 향을 느낄 수 있다. 부향률은 6~8%, 지속시간은 3~5시간 정도이다.
  ㉱ 오데코롱(Eau De Cologne) : 상쾌한 향기로 향수를 처음 사용하는 사람에게 적합하다. 부향률은 3~5%, 지속시간은 1~2시간 정도이다.

㉮ 샤워코롱(Shower Cologne) : 목욕, 샤워 후에 적합하며 가볍고 시원한 느낌을 준다. 부향률은 1~3%, 지속시간은 약 1시간 정도이다.

② 향수의 발산 속도에 따른 구분
㉮ 탑 노트(Top Note) : 향수를 뿌린 후 처음 느껴지는 첫 느낌으로 휘발성이 강한 향료로 구성된다. 예) 시트러스, 그린
㉯ 미들 노트(Middle Note) : 알코올이 날아간 다음 느껴지는 향취로 탑 노트와 베이스 노트를 연결한다. 예) 플로럴, 프루티
㉰ 베이스 노트(Base Note) : 여러 시간이 지난 뒤 자신의 체취와 섞여서 나는 향취로 잔류성이 강한 향이다. 예) 무스크, 우디

● 천연향의 추출법

① 수증기 증류법(Steam Distill Ation)
㉮ 식물의 향기부분을 가열하면 향기물질이 수증기와 함께 기체로 증발되며 증발된 기체를 냉각하면 물위에 향기물질이 뜨게 되는데 이것을 분리 처리하여 천연향을 추출한다.
㉯ 대부분의 천연향은 수증기 증류법을 통해 얻어지며, 열에 의해 성분이 파괴될 수 있는 향료식물의 추출에는 적합하지 않다.

② 압착법(Expression)
㉮ 식물의 과실 특히 감귤류의 껍질을 압착하여 천연향을 얻어내는 방법이다.
㉯ 압착 시 향기성분의 파괴를 방지하기 위하여 냉동한 후 압착하는 것을 냉동압착법이라 한다.

③ 추출법(Extraction)
㉮ 휘발성 용매추출법 : 휘발성 용매에 꽃을 일정기간 냉암소에 침적시킨 후 향기 성분을 녹여 내는 방법으로 대부분의 꽃향을 추출하는 방법이다.
㉯ 비휘발성 용매추출법 : 유리판에 식물유를 얇게 바르고 꽃을 올려두면 호흡을 통해 향기성분이 발산되며 이것이 유리판 위의 식물유에 흡수되어 꽃향기를 포집할 수 있게 된다. 주로 고급 향수제조에 사용된다.

④ 냉침법(Enfleurage)
㉮ 동물기름과 꽃잎을 층층이 섞어 놓아 꽃향기가 동물기름에 녹아 나오게 한 후 에탄올로 추출하여 향을 얻는 방법이다.
㉯ 품질이 좋고 가격이 비싼 정유들이 추출된다.

⑤ 온침법(Maceration) : 정제동물이나 지방유에 꽃을 넣어서 향기성분이 동물기름에 흡수되게 하여 정유성분을 알코올로 정제하며, 냉침법에 비해 효율이 좋다.

⑥ 침출법(Exsudation) : 식물의 뿌리나 가지에 상처를 내어 흘러나오는 수액을 받는 방법이다.

⑦ 침적법(Infusion) : 사향, 영묘향, 엠버 등을 알코올에 담아서 우려내는 방법이다.

7 아로마테라피

● 아로마테라피의 개요와 효능

① 아로마테라피의 개요
  ㉮ 아로마테라피는 향 또는 향기를 의미하는 'Aroma'와 치료를 의미하는 'Therapy'의 합성어이다.
  ㉯ 식물의 꽃이나 줄기, 잎, 뿌리, 열매 등에서 추출한 휘발성 물질을 이용하여 심신을 건강하게 하는 것으로 방향요법 또는 향기요법이라고 불리는 대체요법의 하나이다.

② 아로마테라피의 효능
  ㉮ 아로마테라피의 향기물질은 두뇌와 신체의 특정기관을 자극하여 육체뿐만 아니라 정신 그리고 감정적인 부분까지 다스릴 수 있는 특성이 있어 자연치유력을 자극하고 활성화시켜 질병의 예방 및 개선효과를 나타낸다.
  ㉯ 아로마오일은 피부관리, 화상, 여드름, 염증의 치유 등에 광범위하게 쓰일 뿐만 아니라 스트레스를 받았을 때나 피곤할 때, 피부가 거칠어졌을 때도 효과를 높일 수 있다.

● 아로마오일의 사용 방법

① 목욕법
  ㉮ 욕조에 따뜻한 물을 받아 아로마오일을 5~10방울 떨어뜨린 후 잘 섞는데, 아로마오일은 물에서 희석이 어려우므로 식물성오일이나 벌꿀, 우유 등을 적당히 섞어 사용하는 것이 좋다.
  ㉯ 목욕 후 피부표면의 아로마오일은 수건으로 닦아내지 말고 그대로 몸을 말린다.

② 마사지법
  ㉮ 아로마오일을 식물성오일에 혼합하여 마사지하며, 마사지를 통하여 아로마오일의 분자가 피부를 통해 각 기관에 영향을 주고, 후각을 통해 감정상태에 영향을 주게된다.
  ㉯ 아로마오일의 희석을 위해 사용되는 식물성오일을 캐리어오일(Carrier Oil)이라 하며, 아몬드유(Almond Oil), 아보카도유(Avocado Oil), 맥아오일(Wheat Germ Oil), 호호바오일(Jojoba Oil) 등이 대표적이다.
  ㉰ 마사지를 위해서는 피부의 상태에 따라 배합비율을 달리하는 것이 바람직하며, 대개 얼굴용에 1~2%, 바디용에 2~3% 정도의 아로마오일을 희석하는 것이 좋다.

③ 흡입법
  ㉮ 아로마오일을 입과 코를 통해 흡입하는 방법으로 심신의 안정, 자극에 의한 기분전환, 정신집중 등의 효과를 단시간에 준다.
  ㉯ 더운물에 아로마오일을 혼합하여 실시하는 습식호흡법(Steam Inhalation)과 티슈나 헝겊에 아로마오일을 2~3방울 묻혀서 코로 흡입하는 건식흡입법(Dry Inhalation)이 있다.
  ㉰ 습식흡입을 실시할 때는 반드시 눈을 감과 입을 벌리며 호흡을 가급적 깊이 하고 약 10분 정도 실시한다.

④ 확산법
  ㉮ 아로마램프나 스프레이 등을 이용해 실내에 아로마오일을 확산시키는 방법을 말한다.
  ㉯ 램프를 통한 확산법은 아로마오일을 물에 섞어 램프의 위해 채운 다음 가온하여 서서히 증발하게 하며, 스프레이를 이용할 때는 아로마오일과의 반응성을 고려하여 세라믹이나 유리재질의 용기를 사용하는 것이 좋다.

⑤ 습포법
  ㉮ 약 200mL 정도의 뜨거운 물이나 차가운 물에 아로마오일을 4~6방울 정도 떨어뜨린 후 수건이나 거즈 등에 물을 적Tu 문제가 발생된 피부에 얹어 놓는다.
  ㉯ 관절부위 같이 밀착이 어려운 부위는 수건을 대고 랩으로 감아 놓는다.

⑥ 족욕법
  ㉮ 발을 담그고 씻어주는 발목욕법으로, 따뜻한 물이나 차가운 물에 오일을 6~8방울 떨어뜨린 후 15분 정도 발을 담그고 나서 가볍게 마사지하면 좋다.
  ㉯ 반사요법(Reflexology)과 병행하면 좋다.

아로마오일의 사용시 유의사항 및 보관방법

① 아로마오일 사용 시 유의사항
  ㉮ 증상별로 적절한 아로마오일을 선택하여 알맞은 농도로 희석하여 사용해야한다.
  ㉯ 일광 알러지 혹은 독성을 유발할 수 있으니 사전에 패치테스트를 시행하는 것이 좋다.
  ㉰ 임산부 간질 고혈압 등의 질환이 있는 사람에게는 더욱 조심해서 사용해야 한다.

② 아로마오일의 보관방법
  ㉮ 캐리어 오일의 이름, 브랜딩 이름, 만든 날짜 등을 써넣은 라벨을 만든다.
  ㉯ 브랜딩한 오일은 6개월 정도 사용할 수 있다.
  ㉰ 사용 1~2일전에 만들어 두면 캐리어 오일 과 충분히 섞이게 되어 더욱 효과적이다.
  ㉱ 브랜딩한 오일은 갈색병에 담아 뚜껑을 잘 닫은후 냉장보관 하여야 한다.
  ㉲ 캐리어 오일은 산학 부패가 되기 쉬우므로 항산화 작용이 강한 맥아오일 등을 10% 정도의 비율로 혼합하여 사용하는 것이 좋다.

캐리어오일의 종류

① 맥아 오일(Wheat Germ Oil)
  ㉮ 밀의 씨눈(배아)에서 추출되며 담황색 투명한 색깔로 약간 걸죽하다.
  ㉯ 비타민 E의 함량이 높아 다른 캐리어 오일의 보존제로 쓰이며 항산화 효과가 뛰어나다.
  ㉰ 습진, 건선(마른버짐), 노화억제에 효과가 있고 글루텐 과민자나 소아에게 사용하면 안 된다.

② 아몬드 오일(Almond Oil)
  ㉮ 아몬드 종자에서 추출되며 피부에 가장 널리 즐겨 쓰는 오일이다.

㈏ 피부에 많은 영양을 공급하여 피부를 부드럽게 유지시켜 주며 다른 오일에 비해 산화가 적고 가려움증, 건성피부에 효과적이다.

③ 살구씨 오일(Apricot Kernel Oil)
㈎ 살구씨에서 추출하며 아몬드 오일과 비슷하다.
㈏ 피부에 유연함과 많은 영양을 공급하여 피부를 부드럽게 유지시켜 주며 쉽게 흡수된다.
㈐ 습진, 피부연화, 노화억제에 효과가 있다.

④ 아보카도 오일(Avocado Oil)
㈎ 아보카도 나무의 열매에서 추출하며 지방 함유량이 풍부하고 비타민 A, E, 프로비타민 A, 비타민 B 복합체, 피토스테롤을 함유하고 있다.
㈏ 습진, 피부연화, 산성피부, 피부탈수, 노화억제에 효과가 있다.

⑤ 호호바 오일(Jojoba)
㈎ 액상 왁스에 속하며 쉽게 산화하지 않고 열안정성이 좋아 보존기간이 길다.
㈏ 구조가 피지와 유사하여 피부에 쉽게 흡수되며 습진, 여드름, 피부연화, 건성피부, 햇빛에 탄 피부에 효과가 있다.

⑥ 달맞이유(Evening Primrose Oil)
㈎ 달맞이의 열매에서 추출하며 감마 리놀렌산이 풍부하여 혈액 내 콜레스테롤 수치를 낮추며 피부 재생 효과가 뛰어나다.
㈏ 빛이나 열, 습도, 공기 중의 산소에 의해 쉽게 파괴되므로 차고 어두운 곳에 보관한다.
㈐ 개봉 후 1~2개월 안에 사용해야 하며 습진, 피부연화, 건성피부, 아토피관리에 효과가 있다.

8 기능성 화장품

● 미백 화장품

① 기미 주근깨의 원인인 멜라닌은 자연생성 하는 갈색의 색소로 자외선에 노출되었을 때 멜라닌의 생성량이 증가하여 기미 주근깨가 더욱 심해지며 색소침착이 발생하는데 이러한 작용들을 사전에 방지하거나 회복시켜주는 기능을 하는 화장품을 말한다.

② 미백화장품의 작용원리 및 성분
㈎ 티로신의 산화를 촉매하는 티로시나아제의 작용을 억제 : 알부틴, 코직산, 상백피 추출물, 닥나무 추출물, 감초 추출물 등
㈏ 도파의 산화를 억제 : 비타민 C 및 유도체
㈐ 각질 세포를 벗겨내서 멜라닌 색소를 제거 : AHA, BHA, 레틴산 등
㈑ 멜라닌 세포 자체를 사멸 : 하이드로 퀴논
㈒ 자외선 차단 : 옥틸디메틸 파바, 이산화티탄 등

◉ 자외선 차단제

① 자외선의 침투를 막아 피부를 보호하기 위해 사용하는 제품으로 선스크린(Sun Screen) 또는 선블록(Sun Block) 이라고도 한다. 자외선 차단제는 자외선에 노출되기 30분전에 바르고 차단지수에 따라 덧발라 주면 더욱 효과적이며 한꺼번에 두껍게 바르는 것보다 일조량 및 시간별로 적절히 덧발라 주는 것이 피부에 부담이 적고 더욱 효과적이다.

② 자외선 차단제품의 종류
  ㉮ 자외선 산란제(물리적 차단제) : 자외선을 산란, 반사시켜 피부내로 침투하지 못하도록 하는 것으로 이산화티탄, 산화아연, 탈크, 카올린 등이 있다.
  ㉯ 자외선 흡수제(화학적 차단제) : 자외선을 흡수하여 화학적인 방법으로 열과 진동으로 변환시켜 피부 침투를 막는 것으로 살리실산계, 벤조페논계, 벤조트리아졸계로 구분할 수 있다.

③ SPF와 PA
  ㉮ 자외선차단지수(SPF)
    ⊙ SPF(Sun Protection Factor)는 피부가 자외선 B로부터 차단되는 시간의 지속정도와 피부 보호정도를 수치로 나타낸 것이다.
    ⊙ SPF 값은 클수록 자외선 차단효과가 뛰어난 것으로 SPF 1은 시간상 10분 정도 자외선을 차단할 수 있다는 것을 의미한다.
    ⊙ $SPF = \dfrac{\text{차단제를 바른 피부의 최소 홍반량}}{\text{차단제를 바르지 않은 피부의 최소 홍반량}}$
  ㉯ Protection A(PA)
    ⊙ Pa(Protection A)는 피부가 자외선A로부터 차단되는 것을 나타내는 것으로 Pa+로 표시한다.
    ⊙ '+'가 많을수록 차단효과가 높은 것을 의미한다.(PA+ 〈 PA++ 〈 PA+++)

◉ 주름개선 화장품

① 자연노화나 광노화로 인한 주름을 완화하거나 개선 작용을 하는 화장품으로 주름개선 화장품의 성분은 진피의 결합조직 형성을 촉진시키는 섬유아세포의 성장을 촉진하는 물질, 섬유아 세포의 콜라겐 합성을 촉진하는 물질, 활성산소를 제거하는 물질 등이 사용된다.
② 레티놀화장품은 대표적인 주름개선 화장품이지만, 레티놀 분자 내에 불포화결합을 가지고 있어 공기 중에 쉽게 산화되는 단점이 있다.

LESSON 06

공중위생관리학

STEP 01 공중보건학

1 공중보건학 총론

● 공중보건학의 정의
윈슬로우(Winslow)에 따르면 공중보건학은 "체계적인 지역사회의 노력을 통하여 질병을 예방하고 수명을 연장하며 신체적·정신적 효율을 증진시키는 기술 과학"으로 정의된다.

● 공중보건의 목적
① 질병예방
② 수명(생명)연장
③ 신체적, 정신적 건강 및 효율의 증진

● 공중보건학과 예방의학의 비교
예방의학은 공중보건학과 목적은 같지만 대상이나 접근방법 등에 있어 차이가 있다.

내용	공중보건학	예방의학
목적	질병예방, 수명연장, 신체적, 정신적 건강 및 효율의 증진	
대상	개인 및 가족	지역사회
책임한계	개인 및 가족	공공조직
진단과 해결	임상적진단을 통한 진료와 투약	지역사회 보건통계자료를 통한 보건관리

● 건강
① 세계보건기구(Who)의 건강의 정의 : 건강이란 '단지 질병이 없는 상태뿐만 아니라 신체적, 정

신적 및 사회적으로 완전히 안녕한 상태'라고 정의하였다.

② 건강 증진 : 건강증진은 단순한 질병의 예방이나 치료에 그치는 것이 아니라 생활양식 및 습관을 건강하게 유지하고 개선할 수 있도록 교육적, 사회적, 환경적 접근 방법을 모색하는 것이라 할 수 있다.

인구

① 인구의 정의 : 인구란 일정한 지역에 거주하고 있는 인구 수 또는 사람의 집단으로 정의될 수 있다.

② 인구의 구성
  ㉮ 성별구성 : 남녀별 구성비를 나타낸 것으로 여자 100명에 대하여 남자 인구비를 나타낸다.
  ㉯ 연령별구성 : 1세 미만의 영아인구, 1~14세까지의 소년인구, 15~64세까지의 생산인구, 65세 이후의 노년인구로 구분된다.

인구 피라미드

① 피라미드형(인구 증가형) : 출생률이 높고 사망률이 낮은 형이다.
② 종형(인구 정지형) : 출생률과 사망률이 낮으므로 이상적인 인구형이다.
③ 항아리형(인구 감소형) : 출생률이 사망률보다 더 낮은 선진국형이다.
④ 별형(유입형) : 생산연령 인구가 많이 유입되는 도시형이다.
⑤ 표주박형(유출형) : 생산연령 인구가 많이 유출되는 농촌형으로 호로형이라고도 한다.

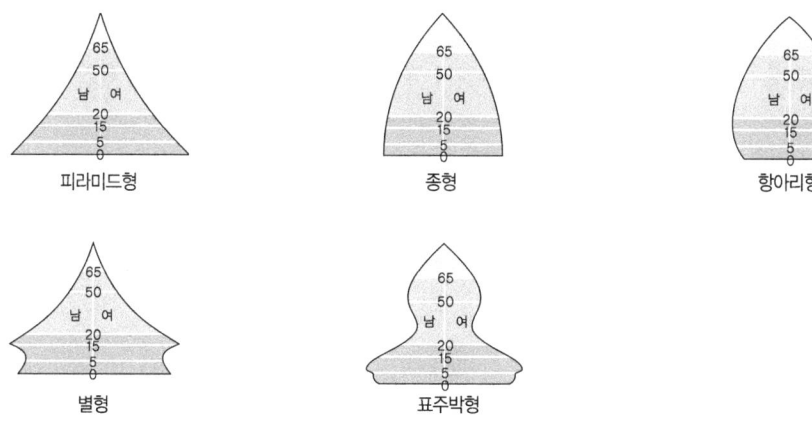

▲ 인구 피라미드 유형

보건지표

① 보건지표의 정의
  ㉮ 보건지표는 여러 단위 인구집단의 건강상태뿐만 아니라 이에 관련되는 보건정책, 의료제도, 의료자

원 등 여러 내용의 수준이나 구조 또는 특성을 설명할 수 있는 광의의 수량적 개념이다.
    ㉯ 건강지표는 개인이나 인구집단의 건강수준이나 특성을 설명하는 협의의 개념이다.
  ② 보건지표
    ㉮ 건강지표 : 비례사망률, 평균수명, 조사망률, 영아사망률
    ㉯ 보건의료 서비스지표 : 의료인력, 의료시설, 보건정책 지표 등
    ㉰ 사회, 경제지표 : 인구증가율, 국민소득, 주거 상태 등

● 건강 수준 평가의 지표

① **비례사망지수** : 전체 사망자수에 대한 50세 이상의 사망자수의 구성 비율로, 비례사망지수가 낮으면 영아 사망률이 높고 평균수명에 원인이 있는 것으로서 건강수준이 낮은 것을 의미한다.
② **평균수명** : 생명표상에서 생후 1년 미만(0세) 아이의 기대여명을 말한다.
③ **조사망율** : 인구 1,000명당 1년간의 발생 사망자수 비율로 보통사망율 또는 일반사망율이라고도 한다.
④ **영아사망율** : 출생아 1,000명당 1년간 생후 1년 미만 영아의 사망자수 비율로 한 국가의 건강수준을 나타내는 가장 대표적인 지표로 사용된다.

2 역학

● 역학의 정의 및 범위

① 역학이란 특정 인구집단이나 특정 지역에서 환경유해인자로 인한 건강피해가 발생하였거나 발생할 우려가 있는 경우에 질환과 사망 등 건강피해의 발생 규모를 파악하고 환경유해인자와 질환 사이의 상관관계를 확인하여 그 원인을 규명하기 위한 활동을 말한다(환경보건법).
② 역학은 감염성질환 및 비감염성질환의 모두를 포함하여 연구한다.

● 역학조사 방법

① 기술역학
    ㉮ 인구집단을 대상으로 질병의 발생분포나 경향을 조사하여 질병의 발생원인데 대한 가설을 설정하기 위해 실시하는 1단계 역학이다.
    ㉯ 기술역학의 분야는 인간집단에서 발생하는 질병을 그 발생에서부터 종결까지의 경과인 질병의 자연사를 기술하는데 있으며, 주요 변수로는 인적, 시간적, 지역적인 변수가 있다.
    ㉰ 기술역학의 변수
        ㉠ 인적 변수 : 연령, 성별, 종족, 경제상태, 직업, 결혼유무, 기타 종교, 가족수, 부모연령 등
        ㉡ 시간적 변수 : 추세변화(장기변화), 주기변화, 단기변화
        ㉢ 지역적 변수 : 토착성, 유행성, 산발적, 범세계적

② 분석역학
㉮ 기술역학적 연구를 통해 설정된 가설을 구체적으로 증명하기 위해 실시하는 2단계 역학이다. 특정 요인과 질병과의 인과관계의 파악을 위해 단면연구, 환자-대조군 연구, 코호트연구의 방법이 있다.
㉯ 분석역학의 방법
　㉠ 단면적 연구(Cross-Sectional Study) : 원인과 질병을 동시에 조사하기 위해 서로간의 연관성을 알아보는 연구방법으로, 시행이 쉽고, 단시간에 시행할 수 있어 경제적이다.
　㉡ 환자-대조군 연구(Case-Control Study) : 현재 특정 질병에 걸려있는 환자군을 선정하고, 반대로 질병에 걸리지 않은 대조군을 선정하여 기술 역학 등을 통해 이미 가설로 수립된 질병의 원인과 관계가 있으리라고 생각되는 위험요소에 차이가 있는지를 비교분석하는 방법이다.
　㉢ 코호트 연구(Cohort Study) : 코호트는 같은 특성을 가진 인구집단이란 뜻으로, 공통적인 특성을 가진 집단을 말한다. 코호트 연구는 질병발생의 원인이 있다고 생각되는 특정 코호트집단과 관련이 없는 집단 간의 질병발병률을 비교 분석하는 방법이다.

3 질병 관리

● 질병의 개요
① 인체의 조직 또는 기관에 이상이 생겨 정상적인 생리기능을 하지 못하는 상태를 질병이라고 한다.
② 질병은 인간의 연령, 병에 대한 저항력, 영양상태, 생활습관 등과 같은 병원체의 균형이 깨어짐으로 생긴다.

● 감염병 발생의 3대 요인
① 감염원 : 인간에게 직접 질병을 가져오는 원인이 되는 병원체나 병원소, 환자, 보균자, 토양 등이 있다.
② 감염경로 : 모든 환경적인 요인으로 병원체의 전파수단이 되는 과정으로, 접촉, 공기전파, 매개동물에 의한 전파, 개달물 전파 등이 있다.
③ 숙주 : 병원체의 기생으로 영양물질의 탈취 및 조직손상 등을 당하는 생물로 면역성이 높으면 감염성의 유행이 잘 이루어지지 않는다.

● 감염병 생성단계
감염병이 발생되는 과정에는 일반적으로 다음과 같은 6개 요인이 반드시 연쇄적으로 상호관계가 작용함으로써 생성되며, 이 중 어느 한 가지라도 차단되면 감염병이 생성되지 않는다.

병원체 → 병원소 → 병원소로부터 병원체의 탈출 → 병원체의 전파 → 새로운 숙주로의 침입 →
숙주의 감수성 및 면역성

① 병원체(Infectious Agent)

병원체	소화기계	호흡기계	피부 점막계
세균(Bacteria)	장티푸스, 파라티푸스, 콜레라, 파상열, 세균성 이질	결핵, 나병, 디프테리아, 성홍열, 백일해, 수막구균성 수막염, 폐렴 등	매독, 임질, 연성하감, 파상풍, 야토병, 페스트 등
바이러스(Virus)	소아마비, 간염 등	두창, 인플루엔자, 홍역, 유행성 이하선염 등	AIDS, 트라코마, 일본뇌염, 광견병, 황열 등
리케차	Q열	Q열	발진티푸스, 발진열, 양충병(쯔쯔가무시병)
원충류	아메바성 이질	–	말라리아

② 병원소(Reservoir)
  ㉮ 인간병원소
    ㉠ 환자 : 병원체에 감염되어 임상증상이 있는 모든 사람을 말한다.
    ㉡ 보균자 : 임상증상이 없는 병원체 보유자로, 감염원으로 작용하는 감염자를 말한다.
      ⓐ 회복기 보균자(병후 보균자) : 병에 걸린 후 치료가 되었으나 병원균이 몸 안에 남아 있는 보균자
      ⓑ 잠복기 보균자(발병전 보균자) : 병원체에 감염되었으나 병의 증상이 없는 보균자
      ⓒ 건강보균자 : 임상증상이 전혀 없고, 건강한 사람과 다름없으나 병원체를 보유한 자
  ㉯ 동물병원소
    ㉠ 동물이 감염된 질병 중에서 2차적으로 인간 숙주에게 감염되어 질병을 일으킬 수 있는 감염원으로 작용하는 경우를 말한다.
    ㉡ 이런 감염병을 인수공통감염병이라 한다.

③ 병원소로부터 병원체의 탈출
  ㉮ 호흡기 계통으로 탈출 : 대화, 기침, 재채기를 통해 전파(폐결핵, 폐렴, 백일해, 홍역, 수두, 천연두 등)
  ㉯ 소화기 계통으로 탈출 : 위 장관을 통한 탈출로 분변이나 토사물에 의해 탈출(이질, 콜레라, 장티푸스, 소아마비 등)
  ㉰ 비뇨·생식기 계통으로 탈출 : 소변이나 분비물을 통해 탈출
  ㉱ 개방병소로 탈출 : 상처 또는 발병부위에서 병원체가 직접 탈출(농양, 피부병 등)
  ㉲ 기계적 탈출 : 모기, 이, 벼룩 등의 흡혈성 곤충에 의한 탈출 또는 주사기 등을 통한 탈출(발진티푸스, 발진열, 말라리아 등)

④ 전파(Transmission)
  ㉮ 직접전파
    ㉠ 병원체가 전파체 없이 숙주에서 다른 숙주로 접촉이나 기침, 재채기 등에 의해 전파되는 것을 말한다.
    ㉡ 성병, 결핵, 홍역, 파상풍, 탄저, 렙토스피라증, 사상균증, 구충증 등

㉯ 간접전파 : 병원체와 숙주간에 밀접한 관계없이 중간매체를 통해 숙주에게 전파되는 경우이며, 대부분이 세균감염이며 활성전파체와 비활성전파체가 있다.
　㉠ 활성전파체
　　ⓐ 전파동물이라고 호칭되며, 절지동물이 대표적(모기, 진드기, 게, 새우 등)이다.
　　ⓑ 숙주로부터 병원체를 탈출, 운반하여 새로운 숙주에 침입시키는 역할을 한다.
　㉡ 비활성전파체
　　ⓐ 병원체를 전파하는 무생물을 말한다.
　　ⓑ 물, 우유, 식품, 공기, 토양과 개달물인 의복, 장구, 책, 완구 등에 의해서 전파된다.

⑤ 새로운 숙주에 침입
　㉮ 소화기계 감염병(경구적 침입) : 폴리오, 콜레라(호열자), 이질, 장티푸스, 파라티푸스, 유행성간염, 파상열 등
　㉯ 호흡기계 감염병 : 결핵, 나병(한센병, 문둥병), 두창, 디프테리아, 성홍열, 수막구균성 수막염, 인플루엔자(겨울독감), 백일해, 홍역, 유행성이하선염(볼거리), 폐렴 등
　㉰ 경피침입 : 트라코마(눈병), 파상풍, 웨일즈병, 야토병, 페스트, 발진티푸스, 일본뇌염 등
　㉱ 성기 피부점막 : 매독, 임질, 연성하감 등

⑥ 숙주의 감수성
　㉮ 병원체가 숙주 내에 침입하였다고 모두 감염되는 것이 아니라 면역력이 높으면 저항이 생겨 발병하지 않고, 감수성이 높으면 감염이 성립되어 질병이 발병하게 된다.
　㉯ 감수성: 숙주에 침입한 병원체에 대항하여 감염이나 발병을 막을 수 없는 상태를 말한다.
　㉰ 면역 : 선천적 면역과 후천적 면역으로 구분된다.
　　㉠ 선천성 면역 : 종족, 인종, 풍토, 개인 등에 따른 차이
　　㉡ 후천성 면역(능동면역)
　　　ⓐ 자연능동면역 : 감염병에 감염된 후 성립되는 면역
　　　ⓑ 인공능동면역 : 예방접종 후 생성된 면역
　　㉢ 수동면역(피동면역)
　　　ⓐ 자연수동면역 : 모체 면역, 태반 면역
　　　ⓑ 인공수동면역 : 혈청제제(백신 등) 접종 후 얻게 되는 면역

◉ 면역과 질병

① 영구 면역성 질병 : 두창, 홍역, 수두, 유행성 이하선염, 백일해, 성홍열, 발진티푸스, 페스트, 황열, 콜레라 등
② 불현성 감염에 의한 면역성 질병 : 발진열, 결핵, 일본뇌염, 폴리오 등
③ 한번 이환된 후 면역이 아주 약한 감염병 : 이질, 콜레라, 폐렴, 디프테리아, 인플루엔자, 수막구균성 수막염, 세균성 이질 등
④ 질병에 이환된 적이 있더라도 면역이 안 되는 감염병 : 수막구균성 수막염, 세균성 이질, 말라리아, 매독, 임질 등

◉ 백신의 종류와 질병

① **생균 백신** : 홍역, 결핵, 황열, 폴리오(소아마비), 탄저, 두창, 광견병 등
② **사균 백신** : 콜레라, 백일해, 장티푸스, 파라티푸스, 일본뇌염 등
③ **항독소** : 디프테리아, 파상풍 등

◉ 감염성 질환

① **급성감염병**
  ㉮ 소화기계 감염병 : 장티푸스, 콜레라, 세균성 이질, 폴리오(유행성소아마비), 유행성간염, 파라티푸스 등
  ㉯ 호흡기계 감염병 : 디프테리아, 홍역, 백일해, 천연두(두창), 풍진, 성홍열, 결핵, 수두, 유행성이하선염 등
  ㉰ 동물매개 감염병 : 광견병(공수병), 탄저병, 페스트(흑사병), 파상열(브루셀라), 발진티푸스, 말라리아, 유행성일본뇌염 등

② **만성감염병** : 결핵, 나병(한센병, 문둥병), 성병(매독), Aids(후천성면역결핍증), B형간염, 임질 등

③ **감염 경로에 따른 감염병의 분류**
  ㉮ 직접 접촉 : 매독, 임질
  ㉯ 간접 접촉
    ㉠ 비말감염 : 기침이나 재채기에 의해서 감염되는 것 예)디프테리아, 인플루엔자. 성홍열
    ㉡ 진애감염 : 먼지에 의해서 감염되는 것 예)결핵, 천연두, 디프테리아
  ㉰ 개달물 감염 : 의복, 수건에 의해 감염 예)결핵, 트라코마(눈병), 천연두
  ㉱ 수인성 감염 : 이질, 콜레라, 파라티푸스, 장티푸스
  ㉲ 음식물 감염 : 이질, 콜레라, 파라티푸스, 장티푸스, 소아마비, 유행성감염
  ㉳ 절지동물 감염
    ㉠ 이 : 발진티푸스, 재귀열
    ㉡ 모기 : 일본뇌염, 황열(말레이), 말라리아, 사상충증, 뎅구열
    ㉢ 벼룩 : 페스트, 재귀열, 발진열
    ㉣ 바퀴 : 콜레라, 장티푸스, 이질, 소아마비
    ㉤ 파리 : 파라티푸스, 이질, 콜레라, 결핵, 장티푸스, 디프테리아
    ㉥ 쥐 : 재귀열, 발진열, 페스트, 서교증, 와일씨병, 유행성출혈열
    ㉦ 토양감염 : 파상풍

④ **잠복기를 갖는 감염병**
  ㉮ 1주일 이내 : 콜레라(호열자), 이질, 성홍열, 뇌염(유행성일본뇌염), 파라티푸스, 황열, 디프테리아, 인플루엔자(겨울독감) 등

㈏ 1~2주일 : 발진티푸스, 백일해, 홍역, 두창(천연두), 풍진, 유행성이하선염(볼거리), 장티푸스, 수두, 폴리오(소아마비, 급성회백수염) 등
㈐ 잠복기가 긴 감염병 : 나병(한센병, 문둥병), 결핵, 광견병(공수병) 등은 잠복기가 특히 길다.

◎ 법정 감염병의 종류

① 제1급 감염병
  ㈎ 정의 : 생물테러감염병 또는 치명률이 높거나 집단 발생의 우려가 커서 발생 또는 유행 즉시 신고하여야 하고, 음압격리와 같은 높은 수준의 격리가 필요한 감염병
  ㈏ 종류 : 에볼라바이러스병, 마버그열, 라싸열, 크리미안콩고출혈열, 남아메리카출혈열, 리프트밸리열, 두창, 페스트, 탄저, 보툴리눔독소증, 야토병, 신종감염병증후군, 중증급성호흡기증후군(SARS), 중동호흡기증후군(MERS), 동물인플루엔자 인체감염증, 신종인플루엔자, 디프테리아

② 제2급 감염병
  ㈎ 정의 : 전파가능성을 고려하여 발생 또는 유행 시 24시간 이내에 신고하여야 하고, 격리가 필요한 감염병
  ㈏ 종류 : 결핵, 수두, 홍역, 콜레라, 장티푸스, 파라티푸스, 세균성이질, 장출혈성대장균감염증, A형간염, 백일해, 유행성이하선염, 풍진, 폴리오, 수막구균 감염증, b형헤모필루스인플루엔자, 폐렴구균 감염증, 한센병, 성홍열, 반코마이신내성황색포도알균(VRSA) 감염증, 카바페넴내성장내세균속균종(CRE) 감염증, E형간염

③ 제3급 감염병
  ㈎ 정의 : 그 발생을 계속 감시할 필요가 있어 발생 또는 유행 시 24시간 이내에 신고하여야 하는 감염병
  ㈏ 종류 : 파상풍, B형간염, 일본뇌염, C형간염, 말라리아, 레지오넬라증, 비브리오패혈증, 발진티푸스, 발진열, 쯔쯔가무시증, 렙토스피라증, 브루셀라증, 공수병, 신증후군출혈열, 후천성면역결핍증(AIDS), 크로이츠펠트-야콥병(CJD) 및 변종크로이츠펠트-야콥병(vCJD), 황열, 뎅기열, 큐열(Q열), 웨스트나일열, 라임병, 진드기매개뇌염, 유비저, 치쿤구니야열, 중증열성혈소판감소증후군(SFTS), 지카바이러스 감염증, 매독

④ 제4급 감염병
  ㈎ 정의 : 제1급 감염병부터 제3급 감염병까지의 감염병 외에 유행 여부를 조사하기 위하여 표본감시 활동이 필요한 감염병
  ㈏ 종류 : 인플루엔자, 회충증, 편충증, 요충증, 간흡충증, 폐흡충증, 장흡충증, 수족구병, 임질, 클라미디아감염증, 연성하감, 성기단순포진, 첨규콘딜롬, 반코마이신내성장알균(VRE) 감염증, 메티실린내성황색포도알균(MRSA) 감염증, 다제내성녹농균(MRPA) 감염증, 다제내성아시네토박터바우마니균(MRAB) 감염증, 장관감염증, 급성호흡기감염증, 해외유입기생충감염증, 엔테로바이러스 감염증, 사람유두종바이러스 감염증

● 인수공통감염병

① 정의 : 감염병 가운데 사람과 사람 이외의 동물 사이에서 동일한 병원체에 의해서 발생하는 질병이나 감염 상태

② 종류
- ㉮ 결핵 : 소
- ㉯ 광견병 : 개
- ㉰ 페스트 : 쥐
- ㉱ 탄저 : 양, 소, 말, 돼지
- ㉲ 야토병 : 산토끼
- ㉳ 황열 : 원숭이
- ㉴ 살모넬라 : 고양이, 돼지, 쥐
- ㉵ 돈단독, 선모충, 일본뇌염, 유구조충 : 돼지
- ㉶ 페스트, 발진열, 와일씨병, 양충병, 서교증 : 쥐
- ㉷ 파상열(브루셀라) : 돼지, 양, 개, 사람(열병), 동물(유산)

● 기생충 질환

① 원충류 : 단세포동물로 단세포에 의해 섭식이나 운동, 신진대사, 생식 등이 이루어진다.
- ㉮ 근족충류 : 이질아메바, 대장아메바, 소형아메바 등
- ㉯ 편모충류 : 람불편모충, 메닐편모충, 질트리코모나스 등
- ㉰ 섬모충류 : 대장바란티디움, 주육포자충
- ㉱ 포자충류 : 말라리아원충, 독소프라스마곤디 등

② 윤충류
- ㉮ 선충류 : 회충, 요충, 구충, 말레이사상충, 아니사키스 등
- ㉯ 조충류 : 무구조충, 유구조충, 왜소조충 등
- ㉰ 흡충류 : 간흡충, 폐흡충, 요꼬가와흡충 등

③ 매개물에 의한 기생충 분류
- ㉮ 토양 : 회충, 편충, 구충 등
- ㉯ 물, 채소 : 회충, 편충, 십이지장충, 동야모양선충, 이질아메바 등
- ㉰ 어패류 : 간흡충, 폐흡충, 요꼬가와흡충 등
- ㉱ 모기 : 말라리아, 사상충 등
- ㉲ 육류 : 유구조충, 무구조충 등
- ㉳ 접촉 : 요충, 질트리코모나스 등

4 가족 및 노인보건

● 모자보건

① 모자보건의 정의
- ㉮ 우리나라의 모자보건법 제1조에 의하면 "모성(母性) 및 영유아의 생명과 건강을 보호하고 건전

한 자녀의 출산과 양육을 도모함으로써 국민보건 향상에 이바지함을 목적으로 한다."라고 규정하고 있다.

㈏ 모자보건은 모성보건과 영유아보건으로 나누어진다.

② 모성보건
- ㉮ 산전관리 : 산전관리는 체계적인 관리를 통해 임신 중의 부작용을 최소화하고 정신적, 육체적 건강을 유지시키고, 태아 사망률, 저체중아 등의 발생을 감소시켜 건강한 신생아를 출산하기 위함을 목적으로 한다.
- ㉯ 분만관리 : 30세 이상의 고령임산부, 합병증이 병행되는 임산부 등은 반드시 의료기관에서의 분만이 권장되며, 해산부는 분만으로 인해 연약해진 신체조직의 회복을 위해 충분한 휴식과 영양관리, 위생관리가 필요하다.
- ㉰ 산후관리(산욕관리) : 모체의 신체가 이전의 상태로 회복하기까지의 약 6주 정도를 일반적으로 산욕기라 한다. 산후기간 중에는 가정 일을 도와 줄 사람이 필요하며 단계적으로 일상생활의 범위를 넓혀나가는 것이 좋다.
- ㉱ 수유관리 : 모유는 면역체계의 기능을 높여주며, 무균상태로 각종 감염이나 변질, 부패의 우려가 없고, 소화가 잘 되며 아기가 먹기에도 알맞은 온도를 가지고 있다. 또한 모유수유를 하면 자궁수축이 잘 되어 몸의 회복이 빠르며, 배란을 억제하여 임신을 예방하고, 산후 비만증을 예방하므로 모유수유가 바람직하다.

③ 영유아보건
- ㉮ 영유아기의 특성
  - ㉠ 출생 후 영아기는 성장이 급격히 이루어져서 일반적으로 생후 6개월에 출생 시 체중의 2배, 1년 후는 약 3배의 성장을 보인다.
  - ㉡ 신생아는 체중에 비해 체표면이 크고 피하지방이 얇아서 열 손실이 많으므로 실내온도는 24~26도, 습도는 50% 정도가 유지 되도록 한다.
- ㉯ 건강관리 및 예방접종
  - ㉠ 이 시기는 선천적인 면역만이 작용하기 때문에 세포면역의 기능도 약하고 생리적, 신체적으로 미숙한 상태이므로 질병에 걸리기 쉬우므로 의해야 한다. 의학의 발달이나 보건수준의 향상은 영유아의 사망을 줄일 수 있으므로 영아의 사망률은 건강수준을 나타내는 지표로 쓰이며, 한 나라의 위생수준과 영양 수준을 반영하는 기준이 된다.
  - ㉡ 감염예방접종은 기본접종과 추가접종으로 구분되며 기본접종의 효력이 떨어지는 시기에 효력을 높이기 위해 추가접종을 실시한다.

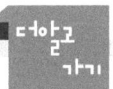

신생아 및 영유아

- 신생아 : 생후 28일 미만
- 영아 : 0세 ~ 1세 미만
- 유아 : 취학전 6세 미만

● 가족계획

① **가족계획의 의의** : 부모의 건강이나 장래의 육아환경과 경제적 능력 등을 고려하여 합리적으로 자녀수와 터울 수를 계획하여 조절하는 것으로 건강한 가정을 구축하는데 있다.

② **가족계획의 필요성**
　㉮ 어머니와 자녀의 건강유지
　㉯ 자녀의 양육 능력
　㉰ 생활양식의 개선 및 경제생활 향상
　㉱ 윤리적, 도덕적 문제 예방 (낙태 등)
　㉲ 여성의 인권 존중

● 노인보건

① **노인보건의 의의**
　㉮ 인구의 노령화 및 고령화 현상의 가속화와 평균수명의 연장으로 노인인구가 현저하게 증가되었으며, 이로 인해 발생되는 질병 등의 발병률도 급속히 증가하는 추세에 있으며, 의료비 증가 등으로 경제적 문제도 발생되고 있다.
　㉯ 노인보건은 노년에 대한 보건문제를 다루는 것으로 건강하고 질적으로 행복한 노후생활을 위해 매우 필요한 부분이라 할 수 있다.

② **노인보건의 중요성**
　㉮ 인구통계학적 이유 : 노인의 인구가 평균수명의 연장으로 현저하게 증가
　㉯ 과학적·지적 이유 : 노화의 기전이나 유전적 조절 등에 관한 관심이 고조
　㉰ 역학적 이유 : 만성, 비감염성 질환의 비중이 점차 증가
　㉱ 경제적 이유 : 의료비의 현저한 증가

③ **노년기 건강관리와 질병예방**
　㉮ 노년기의 건강관리
　　㉠ 개인차나 유전적 요인, 환경적 요인이 복합적으로 작용되는데 특히 올바른 생활습관이 중요하다.
　　㉡ 정기적인 건강진단 및 식사조절, 규칙적인 운동과 감정적 자극의 조절, 충분한 수면, 취미 및 여가생활 등의 생활양식을 통해 건강한 노후를 설계한다.
　㉯ 노인의 질병예방
　　㉠ 1차예방
　　　ⓐ 상담 : 행동의 변화를 위해 우울증, 흡연, 신체적 비활동, 영양, 음주 및 사고예방 등에 대해 실시
　　　ⓑ 예방접종 : 인플루엔자, B형간염 접종 등
　　　ⓒ 화학적 예방 : 아스피린 요법 등
　　㉡ 2차예방 : 문진, 이학적 검사, 선별검사의 확인에 의한 선별과 치료가 주요 요소

ⓒ 3차예방 : 재활을 통해 일상생활 활동에서의 독립성을 재획득
④ 노인질환
㉠ 골다공증
㉡ 치매, 우울증 등의 정신장애
㉢ 당뇨
㉣ 요실금 등 배뇨장애
㉤ 치아질환
㉥ 호흡기 및 순환기계 질환
㉦ 암

5 환경보건

● 환경보건의 정의와 목적

① 환경보건의 정의 : 환경보건이란 환경오염과 유해화학물질 등(환경유해인자)이 사람의 건강과 생태계에 미치는 영향을 조사·평가하고 이를 예방·관리하는 것을 말한다.(환경보건법)

② 환경보건의 목적 : 환경오염과 유해화학물질 등이 국민건강 및 생태계에 미치는 영향 및 피해를 조사·규명 및 감시하여 국민건강에 대한 위협을 예방하고, 이를 줄이기 위한 대책을 마련함으로써 국민건강과 생태계의 건전성을 보호, 유지할 수 있도록 함을 목적으로 한다.(환경보건법)

● 환경의 분류

① 자연적 환경
  ㉮ 물리 화학적 환경: 공기, 토지, 태양광선, 물, 소리
  ㉯ 생물학적 환경 : 병원성 미생물, 생물

② 사회적 환경
  ㉮ 인위적 환경 : 의복, 식생활, 주거위생 등
  ㉯ 사회적 환경 : 정치, 경제, 종교, 교육, 문화예술 등

● 기후와 복사열

① 기온(Temperature) : 대기의 온도
  ㉮ 기온은 지상 1.5m에서의 복사온도를 배제한 건구온도를 측정한다.
  ㉯ 실내의 적정온도는 18±2℃, 침실은 15±1℃, 병실은 21±2℃이다.
  ㉰ 하루 중 최저기온은 아침 해뜨기 30분전이고 최고기온은 오후 2시경이다.

② 기습(Humidity) : 습도, 대기 중에 포함된 수분의 양(기온에 따라 변화)
  ㉮ 인체에 쾌적한 습도는 40~70%이며, 습도가 높으면 피부질환, 낮을 때는 호흡기질환에 걸리기 쉽다.

㉯ 포화습도, 절대습도, 비교습도로 분류되며 보통 기후요소로는 비교습도를 사용한다.
　　㉠ 비교습도(상대습도, 일반적인 습도) = 절대습도/포화습도 × 100
　　㉡ 포화습도 : 일정공기가 함유할 수 있는 수증기량의 한계를 넘었을 때
　　㉢ 절대습도 : 현재 공기 1m³ 중에 함유된 수증기의 량 또는 장력

③ 기류(Air Movement) : 바람
　㉮ 대기의 온도변화에 의해 대기가 가열, 냉각되는 물리적 변화에 따라 기압의 변화로 인해 발생한다.
　㉯ 불감기류는 우리가 감지할 수 없는 기류로, 0.2~0.5m/sec를 말하며, 신체의 방열작용을 도와 인체 신진대사를 촉진한다.
　㉰ 실내에서의 쾌적 풍속은 0.2~0.3m/sec, 실외는 1m/sec이며, 0.1m/sec 이하는 무풍상태라 한다.
　㉱ 기류는 신체 방열 작용 촉진, 옥내의 자연 환기 원동력, 기후 변화의 원동력으로 작용한다.

④ 복사열(Radiant Heat)
　㉮ 태양의 적외선에 의한 열과 온도차에 의해 물체로부터의 발열에 의한 열의 두 가지가 있으며, 이러한 복사열에 의해 인체는 실제기온보다 높은 온감을 느낀다.
　㉯ 거리의 제곱에 비례해서 온도가 감소하며, 주위온도와 피부온도가 같을 때는 복사열의 영향이 거의 없다.

● 공기

① 공기의 조성

성분	질소(N_2)	산소(O_2)	아르곤(Ar)	이산화탄소(CO_2)	기타
농도	78%	21%	0.93%	0.03%	0.04%

② 구성 성분
　㉮ 산소(O_2)
　　㉠ 생명을 유지하기 위한 호흡에 가장 중요하며 산소의 양이 10% 이하가 되면 호흡곤란, 7% 이하가 되면 질식사를 초래한다.
　　㉡ 산소가 결핍된 상태에서는 저산소증이, 고농도 상태에서는 산소중독증이 발생한다.
　㉯ 질소(N_2)
　　㉠ 공기 중 가장 많은 양을 차지(78%)하는 불활성 기체다.
　　㉡ 이상 고기압이나 급격한 기압강하 시에 잠함병(잠수병) 또는 강압병을 유발시킨다.

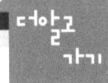
신생아 및 영유아

• 신생아 : 생후 28일 미만　　• 영아 : 0세 ~ 1세 미만　　• 유아 : 취학전 6세 미만

㉰ 이산화탄소(탄산가스, CO_2)
  ㉠ 무색, 무취, 무독성의 가스로 청량음료 등에 청량감을 주기 위해 사용되기도 한다.
  ㉡ 실내공기 오염의 지표로 위생학적 허용한계는 0.1%(=1,000Ppm)이며, 실내에 사람의 밀집도가 높아질수록 CO_2는 증가한다.
  ㉢ CO_2가 7% 이상이면 호흡곤란 유발, 10% 이상이면 질식하게 된다.
㉱ 일산화탄소(CO)
  ㉠ 물체의 불완전 연소 시 발생하는 무색, 무취, 무미, 무자극성 가스로 맹독성이 있다.
  ㉡ 헤모글로빈(Hb)과의 친화성이 산소에 비하여 250~300배로 높아 헤모글로빈과 산소의 결합을 방해하여 조직 내 산소결핍증 초래한다.
  ㉢ 산소결핍은 신경이상증상, 지각이상, 시력장애, 보행 장애 등이 일어날 수 있다.

물(H_2O)

① 물과 인체
  ㉮ 물은 인체의 주요 구성성분으로 체중의 약 60~70%가 물로 구성되어 있으며, 이중 약 40%가 세포 내에 약 20%는 세포 외에, 약 5%는 혈액 내에 존재한다.
  ㉯ 성인의 1일 수분 필요량은 2.0~2.5L이며, 체내의 수분을 10% 상실하면 생리적으로 이상이 발생하며, 20% 이상 상실하면 생명이 위험해 진다.

② 정수처리
  ㉮ 상수 처리과정 : 취수 → 침사(큰 덩어리를 걸러냄) → 침전 → 여과(미세입자를 걸러냄) → 소독 → 급수
  ㉯ 정수법
    ㉠ 완속여과법 : 모래층과 모래층 표면에 증식한 미생물에 의해 수중의 미생물을 포착하여 산화, 분해
    ㉡ 급속여과법 : 원수(原水) 중의 미세한 현탁 물질을 약품을 이용하여 응집시킨 후 분리
  ㉰ 소독 : 침전이나 여과과정을 거치는 동안 세균의 99%가 제거되나 안전을 위해 반드시 소독을 한다.
    ㉠ 열 : 자비소독 (주로 가정에서 이용)
    ㉡ 자외선 : 250~280nm의 자외선을 이용, 살균력이 강함
    ㉢ 화학적 방법 : 염소, 과망간산칼륨, 오존

더알고가기 군집독

군집독이란 밀폐된 공간에 많은 사람이 집합되어 있을 경우 실내 공기가 물리적 · 화학적 변화(CO_2, CO의 증가)를 초래하여 불쾌감, 권태감, 현기증, 구토 등의 생리적 현상이 발생하는 것을 말한다.

● 주택

① 주거공간
- ㉮ 환경오염원이 없고 교통이 편리한 곳이 좋으며, 정남향보다는 약간 동남향이나 동서향이 좋다.
- ㉯ 지반은 견고하고 하수처리가 용이해야 하며, 침투성이 있어야 한다.
- ㉰ 마루는 통기를 위해 지면으로부터 45cm 이상, 천정의 높이는 2.1m 이상이어야 한다.
- ㉱ 거실, 어린이방, 침실은 남쪽으로 하고 화장실, 목욕탕, 부엌 등은 북쪽으로 하는 것이 좋다.

② 환기
- ㉮ 자연환기 : 자연적으로 환기가 되는 것으로 실내외의 온도 차이에 의해 이루어지며 온도차가 5℃ 이상일 때 잘 된다.
- ㉯ 인공환기 : 환풍기(Fan), 후드(Hood) 장치 등의 동력을 이용하여 실외공기와 교환하는 것을 말하며, 동력환기라고도 한다.

③ 냉방 및 난방
- ㉮ 냉방 : 실내온도가 26℃ 이상일 때 필요, 외부와의 온도차는 5~7℃ 이내가 적당하며 10℃ 이상이면 몸에 좋지 않다.
- ㉯ 난방 : 실내온도가 10℃ 이하일 때 필요(실내·외의 온도차 5.5~8.3℃)하며 난방목표 온도는 18~22℃가 적합하고 환기와 습도조절(40~70%)도 필요하다.

④ 채광 및 조명
- ㉮ 자연조명 : 태양을 광원으로 하여 옥내에 직접조명, 옥내반사, 옥외반사 등의 종합적 작용으로 이루어지며, 눈의 피로가 적고 피부를 튼튼하게 한다. 또한 비타민 D의 합성으로 구루병을 예방하고 살균작용도 한다.
- ㉯ 인공조명 : 가스나 전기 등을 이용하여 조명하는 방법으로 대부분 전기에너지를 이용한 조명방법을 쓴다. 작업면의 조도는 초정밀작업 750Lux 이상, 정밀작업 300Lux 이상, 보통작업 150Lux 이상, 기타작업 75Lux 이상으로 규정하고 있다.

● 의복

① **의복의 개요** : 의복은 체온조절, 청결, 신체를 보호하는 작용과 사회생활에서의 예의, 품위, 개인의 취향을 나타내기 위한 것으로, 체표면과 의복 내외 표면간을 구성하는 한정된 공간 전체를 말한다.

② **의복의 조건**
- ㉮ 기후(온도, 습도, 기류 등) 조절력이 양호할 것
- ㉯ 감촉이 좋고 활동에 적합할 것
- ㉰ 쉽게 더럽혀지지 않을 것
- ㉱ 세탁이 용이할 것
- ㉲ 가볍고 외력에 대한 방어력이 있을 것

6 산업보건

● 산업보건의 정의
국제노동기구(ILO)와 세계보건기구(WHO) 공동위원회는 "산업보건이란 모든 직업에서 일하는 근로자들의 육체적, 정신적 그리고 사회적 건강을 고도로 유지 증진시키며, 작업조건으로 인한 질병을 예방하고 건강에 유해한 취업을 방지하며, 근로자를 생리적으로나 심리적으로 적합한 작업환경에 배치하여 일하도록 하는 것이다"라고 정의하고 있으며, 산업재해를 예방하고 쾌적한 작업환경을 조성함으로써 근로자의 안전과 보건을 유지·증진함을 목적으로 한다.

● 산업보건의 목표(ILO)
① 노동과 노동조건으로 일어날 수 있는 건강장해로부터의 근로자 보호
② 작업에 있어서 근로자들의 정신적 육체적 적응 특히 채용 시 적정 배치해야 함
③ 근로자의 정신적 육체적 안녕의 상태를 최대한으로 유지, 증진시켜야 함

● 산업재해
① 재해의 발생요인
   ㉮ 환경적 요인 : 시설물의 불량, 작업장의 환경 및 시설불량, 기계 자체의 문제, 과중한 작업부담 및 기타 돌발사고 등이 이에 해당되며, 온도나 환기 소음 등에 따라 더욱 가중될 수 있다.
   ㉯ 인적 요인
      ㉠ 관리상 요인 : 작업지식 부족, 작업 미숙, 인원 부족이나 과잉, 작업 진행의 혼란 등
      ㉡ 생리적 요인 : 체력 부족, 신체적 결함, 수면 부족, 음주약물, 임신 등
      ㉢ 심리적 요인 : 집중력부족, 태만, 부주의, 착오, 무리한 행동 등

② 재해 발생 상황
   ㉮ 업종별 : 제조업과 작은 규모 사업체에서 많이 발생
   ㉯ 시간별 : 오전은 작업 시작 3시간 경에, 오후는 작업 시작 2시간 경에 자주 발생
   ㉰ 주별 : 목요일, 금요일이 빈발하고, 토요일에는 감소
   ㉱ 계절별 : 7~9월이 최대, 10~11월이 최소

③ 산업재해 예방대책
   ㉮ 작업장의 설비와 공정, 작업조건을 검토
   ㉯ 근로자의 영양관리 여성과 청소년의 보호
   ㉰ 산업피로와 산업재해대책
   ㉱ 직업병관리와 중독대책

● 직업병

① 직업성질환의 분류
  ㉮ 재해성 질병
    ㉠ 부상에 기인하는 질병 : 재해성 외상 → 재해 → 부상 → 질병
    ㉡ 재해에 기인하는 질병 : 재해성 중독 → 재해 → 질병
  ㉯ 직업병 : 업무 → 장기간에 걸친 유해 작업 또는 유해 작업 조건 → 질병

② 직업병의 발생원인 및 예방대책
  ㉮ 직업병의 발생원인
    ㉠ 유해 작업조건 : 작업강도, 작업시간, 작업방법 등의 작업 요인
    ㉡ 유해 작업환경 : 대기조건, 진동현상, 방사선, 화학물질 등의 환경요인
  ㉯ 직업병의 예방대책
    ㉠ 환경관리 대책 : 안전하고 건강한 작업환경 조성
    ㉡ 작업조건 대책 : 적정배치, 작업 동작 및 작업시간의 고려, 작업의 적정성 등
    ㉢ 근로자관리 대책 : 배치 전 건강진단 및 정기적인 건강진단 실시

③ 직업병의 분류
  ㉮ 물리적인 원인
    ㉠ 기계적 부상 : 부상에 의한 질병
    ㉡ 고열, 건열, 건습 : 열사병, 일사병, 심장질환, 화상, 열쇠약, 열성발진 등
    ㉢ 한냉 : 동상, 참호족 등
    ㉣ 자극성 가스, 유해광선 : 결막염, 각막염, 백내장 등의 안질환
    ㉤ 전리방사선, 동위원소 : 피부염, 피부암, 백혈병 등
    ㉥ 조명부족 : 근시
    ㉦ 이상기압 : 잠함병, 고산병
    ㉧ 진동 : 관절염, 신경염 등
    ㉨ 소음 : 소음성 난청
  ㉯ 분진에 의한 원인
    ㉠ 무기분진 : 규폐증, 석면폐증, 탄폐증
    ㉡ 유기분진 : 면폐증 농부폐증
    ㉢ 금속분진 : 금속열, 폐암, 호흡기 질환
  ㉰ 화학적 원인
    ㉠ 납중독 : 빈혈, 소화장애, 정신신경 장애
    ㉡ 수은중독 : 구내염, 피부염, 정신장애, 수전증 등
    ㉢ 망간중독 : 신경염, 신장염, 중추신경장애, 피부점막의 염증
    ㉣ 크롬, 니켈, 알루미늄 중독 : 피부점막의 궤양, 폐암
    ㉤ 비소중독 : 신경염, 피부염, 소화기질환

- ⑪ 일산화탄소 중독 : 질식, 시신경장애, 심장장애
- ⓢ 산, 염기 : 피부염, 궤양, 소화기 질환
- ⓞ 타르, 매연, 아스팔트 : 피부염, 피부암
㉴ 생물학적 원인
- ㉠ 병원체 오염에 의한 감염병 : 감염성 질환, 무좀 등
- ㉡ 동·식물 취급 : 탄저병, 파상풍, 피부질환

7 식품위생과 영양

● 식품위생의 정의와 목적

① 식품위생의 정의
- ㉮ 세계보건기구(WHO)의 정의 : 식품위생이란 "식품원료의 재배, 생산, 제조로부터 유통과정을 거쳐 최종적으로 사람에게 섭취되기까지의 모든 수단을 의미한다"라고 규정짓고 있다.
- ㉯ 우리나라 식품위생법상의 정의 : 식품위생이란 "식품, 식품첨가물, 기구 또는 용기·포장을 대상으로 하는 음식에 관한 위생"을 말한다.

② 식품위생의 목적
- ㉮ 식품으로 인한 위생상의 위해를 방지
- ㉯ 식품 영양의 질적 향상 도모
- ㉰ 국민보건의 향상과 증진에 기여

● 식중독

① 식중독의 특징
- ㉮ 집단적으로 발병한다.
- ㉯ 발생지역이 국한되어 있다.
- ㉰ 주로 여름철에 많이 발생한다.

② 식중독의 분류

대분류	중분류	소분류	원인균 및 물질
미생물	세균성	감염형	살모넬라, 장염비브리오균, 병원성대장균, 캠필로박터, 여시니아, 리스테리아 모노사이토제네스, 바실러스 세레우스
		독소형	황색포도상구균, 클로스트리디움 보툴리눔, 클로스트리디움 퍼프린젠스(웰치균) 등
	바이러스성	공기·접촉·물 등의 경로로 감염	노로바이러스, 로타바이러스, 아스트로바이러스, 장관아데노바이러스, 간염 A 바이러스, 간염 E 바이러스 등

대분류	중분류	소분류	원인균 및 물질
화학물질	자연독	동물성 자연독	복어, 섭조개, 대합, 모시조개, 굴, 바지락
		식물성 자연독	감자(눈), 독버섯, 독미나리, 청매
		곰팡이 독소	황변미독, 맥각, 아플라톡신 등
	화학적	유해물질 중독	식품첨가물, 잔류농약, 유해성 금속화합물, 지질의 산화 생성물, 니트로소아민
		조리기구·포장에 의한 중독	녹청(구리), 납, 비소 등
		기타 물질	메탄올 등

③ 세균성 식중독
  ㉮ 살모넬라 식중독
    ㉠ 원인균 : 장염균, 쥐티푸스균, 돈콜레라균 등
    ㉡ 감염원 : 살모넬라균의 보균자인 사람, 쥐, 개, 고양이 등의 애완동물, 파리, 바퀴벌레, 가축, 닭, 오리
    ㉢ 원인식품 : 식육류나 그 가공품, 어패류, 달걀, 우유 및 유제품, 샐러드, 두부류
    ㉣ 잠복기 : 12~24시간(평균 20시간)이며, 발병률은 75% 이상이나 사망률은 낮다.
    ㉤ 증상 : 구역질, 구토, 복통, 설사, 두통, 급격한 발열(38~40℃)
    ㉥ 예방 : 도축장의 위생검사 철저, 환자의 식품 취급 금지. 식육류의 안전보관과 저온보존(균의 증식 방지), 식품의 저장 장소, 조리장 등에 방충·방서시설 설치(파리 및 서족 구제 철저), 식품은 먹기 전에 반드시 가열 처리하며, 보균자 색출 등의 위생관리행정을 철저히 한다.
  ㉯ 장염비브리오 식중독
    ㉠ 원인균 : 장염비브리오균
    ㉡ 감염원 : 오염된 어패류와 오염된 어패류에서 2차 감염된 조리기구, 행주, 손 등에 의한 식품 등 오염
    ㉢ 원인식품 : 어패류(70%)와 그 가공품, 2차로 오염된 도시락 등
    ㉣ 잠복기 : 평균 12시간
    ㉤ 증상 : 오한, 두통, 급성위장증세, 구토, 복통, 설사, 발열(37~38℃)
    ㉥ 예방 : 장염비브리오는 열에 약하고 담수에 의하여 사멸하므로 식품의 가열 및 수돗물에 의한 세정이 효과적이며 7~9월(3개월간)은 어패류의 생식을 피한다.
  ㉰ 병원성 대장균 식중독
    ㉠ 원인균 : 병원성 대장균, 장관침습성 대장균, 독소원성 대장균, 장관출혈성 대장균 등
    ㉡ 잠복기 : 유아는 잠복기가 짧고 성인은 12~72시간이다.
    ㉢ 증상 : 급성위장증세로 설사, 복통, 두통, 발열, 구토
    ㉣ 예방 : 음식물의 가열섭취, 생육과 조리된 음식의 구분 보관, 조리기구 구분 사용으로 2차 오염 방지

④ 독소형 식중독
　㉮ 황색포도상구균 식중독
　　㉠ 원인균 : 황색포도상구균
　　㉡ 감염원 : 화농성 질환이나 균에 오염된 식품, 유방염이 있는 젖소
　　㉢ 원인식품 : 우유, 유제품, 어육, 곡류, 김밥, 도시락, 어패류 및 가공품
　　㉣ 잠복기 : 1~5시간(평균 3시간)으로 잠복기가 매우 짧다.
　　㉤ 증상 : 급성위장염으로 구토, 복통, 설사
　　㉥ 예방 : 식품의 오염방지와 저온에서 보존, 화농성 질환자의 식품취급 및 조리금지, 식기 및 식품의 멸균
　㉯ 보툴리누스 식중독
　　㉠ 원인균 : 클로스트리디움 보툴리늄(Clostridium Botulinum)
　　㉡ 원인식품 : 통조림, 소시지 등의 진공 포장 식품
　　㉢ 잠복기 : 8~36시간(평균 24시간)이나, 2~4시간 후에도 신경증상이 나타나기도 한다.
　　㉣ 증상 : 신경계 증상이 주로 나타나 시력저하, 언어곤란, 신경장애, 호흡곤란 등이 나타난다.
　　㉤ 예방 : 균이 오염되지 않도록 위생적인 가공 처리 및 보관이 필요하며, 가열처리 후 섭취한다.

⑤ 동물성 식중독
　㉮ 복어 중독
　　㉠ 독소 : 테트로도톡신
　　㉡ 잠복기 : 30분~5시간
　　㉢ 증상 : 구토, 근육마비, 호흡곤란, 의식불명, 지각마비 등이며 치사율은 50~60%
　　　ⓐ 제1도 : 입술 및 혀끝 마비, 구토, 오심, 보행장애
　　　ⓑ 제2도 : 촉각 및 미각의 둔화, 손과 발의 운동장애, 호흡곤란, 혈압강화
　　　ⓒ 제3도 : 운동불능, 연하, 호흡곤란, 청색증, 반사기능 소실
　　　ⓓ 제4도 : 의식불명, 호흡정지로 사망
　㉯ 굴, 바지락, 모시조개 중독
　　㉠ 독소 : 베네루핀
　　㉡ 증상 : 구토, 전신권태, 피하출혈반점, 심해지면 황달, 뇌증상
　㉰ 마비성조개 중독(검은조개, 섭조개)
　　㉠ 독소 : 삭시톡신
　　㉡ 증상 : 신체마비, 호흡곤란, 구토, 언어장애

⑥ 식물성 식중독
　㉮ 독버섯 중독
　　㉠ 독소 : 무스카리딘, 팔린, 아마니타톡신, 무스카린, 필지오린
　　㉡ 증상 : 위장형 증상(구토, 설사 등), 콜레라형 증상(경련, 황달, 청색증 동반), 뇌증형 증상(신경장애)

㈏ 감자
  ㉠ 독소 : 솔라닌
  ㉡ 증상 : 복통, 설사, 현기증, 언어장애, 환각 등
㈐ 청매
  ㉠ 독소 : 아미그달린
  ㉡ 증상 : 소화불량, 구토, 경련, 호흡곤란
㈑ 독미나리
  ㉠ 독소 : 시큐톡신
  ㉡ 증상 : 위통, 구토, 경련
㈒ 맥각
  ㉠ 독소 : 에르고톡신
  ㉡ 증상 : 위장계 및 신경계 중독증상

⑦ 유해성 중금속에 의한 식중독
  ㈎ 납(Pb)
    ㉠ 중독원 : 용기, 기구, 조리기구에 의한 중독
    ㉡ 증상 : 급성중독은 구토, 위통, 사지마비, 혼수 등을 일으키고 만성중독은 체중감소, 지각소실, 사지마비 등을 일으킨다.
  ㈏ 비소(As)
    ㉠ 중독원 : 비소계 살충제의 오용, 비소계 농약의 잔류, 불량한 기구·용기 등에 함유되어 있는 비소화합물의 용출 등에 의해 식품에 혼입
    ㉡ 증상 : 구토, 연하곤란, 설사, 심장마비 등
  ㈐ 구리(Cu)
    ㉠ 중독원 : 식기, 냄비, 주전자에서 용출되거나 과수원에서 살포하는 수산화동의 부착, 황산동과 같은 착색제의 과다 사용에 의해 식품에 혼입
    ㉡ 증상 : 구토, 복통, 발한, 경련, 호흡곤란 등
  ㈑ 카드뮴(Cd)
    ㉠ 중독원 : 식기, 용기, 기구 등의 도금에 이용되며, 산성 식품을 오래 취급하면 용출되어 식품을 오염
    ㉡ 증상 : 급성중독은 구토, 복통, 설사 등을 일으키고, 만성중독은 신장장애와 골연화증, 요통 등을 일으킨다.
  ㈒ 수은(Hg)
    ㉠ 중독원 : 승홍(염화수은)의 오용
    ㉡ 증상 : 구토, 설사, 복통

⑧ 유기화합물에 의한 중독 : 메틸알코올(Methanol), 유기살충제 잔여물, 합성수지제를 이용하여 만든 식기 및 기타 기구, 용기 등의 사용 및 착색제, 감미료, 표백제 등의 유해성 식품첨가물에 의해 발생한다.

● 영양상태 판정

① 직접측정
  ㉮ 주관적 판정법 : 임상증상에 의한 판정 : 의사의 시진이나 촉진 등의 많은 경험에 의해 판정하는 방법
  ㉯ 객관적 판정법
    ㉠ 신체계측에 의한 판정법
    ㉡ 이화학적 검사에 의한 판정 : 혈액 비중의 측정, 헤모글라빈 미량 정량 등으로 단백질 및 철분의 영양상태를 판정하는 등 혈액검사, 소변검사 등 미량 정량검사와 간이 정량법이 발전됨에 따라서 임상 또는 집단검사에 응용되고 있다.

② 간접적 판정
  ㉮ 기존에 있는 통계들을 수집·재분석하여 한 지역사회의 영양상태를 간접으로 판정하는 방법이다.
  ㉯ 영아 또는 1~4세 특정 연령의 사망률, 특정 감염병의 이환율, 식품의 섭취 종류 또는 양을 알아보는 식이섭취 평가 등을 판정한다.

● 영양장애와 결핍증

① **영양장애** : 영양소의 과량섭취나 부족으로 발생되는 비만증이나 결핍증 등의 건강장애 혹은 질병 상태를 말한다.
② **결핍증** : 필요영양소의 결핍으로 발생되는 병적 상태를 말한다.

● 비만증

① 비만증은 체내 지방의 과량 축적상태로 과다한 영양의 섭취로 발생한다.
② 비만 등 5D는 용모손상, 불편, 활동불편, 질병, 사망 등을 말한다.
③ 열량소의 과다섭취 시 당질은 지방으로 전환 축적되고, 축적된 지방은 당질로 다시 환원되지 않기 때문에 비만의 원인이 된다.
④ 실측체중이 평균체중의 20%를 초과하는 경우를 비만이라 하는데, 체지방이 체중의 25% 이상이면 비만으로 판정한다.

8 보건행정

● 보건행정의 정의

보건행정은 정부 및 공공단체에 의하여 국가나 지역주민의 보건향상을 위해 행해지는 행정활동을 말한다.

● 보건행정 특성과 분류

① 보건행정의 특성
  ㉮ 공공성과 사회성
  ㉯ 건강에 관한 개인적 가치와 사회적 가치의 상충
  ㉰ 행정대상의 양면성
  ㉱ 과학성과 기술성
  ㉲ 봉사성
  ㉳ 조장성 및 교육성

② 보건행정의 분류
  ㉮ 일반보건행정 : 보건복지부가 주관하며 일반주민들을 대상으로 기생충질환, 각종 감염병 등에 대한 예방 대책 업무를 담당한다.
  ㉯ 산업보건행정 : 노동부가 주관하며 산업체 근로자를 대상으로 작업환경, 산업재해예방, 근로자 복지 및 안전관리 등의 업무를 담당한다.
  ㉰ 학교보건행정 : 교육과학기술부가 주관하며 학생과 교직원을 대상으로 학교보건사업, 급식, 건강교육, 학교체육 등의 업무를 담당한다.

● 보건행정 조직체계

① 중앙보건행정조직

조직명	역할 등
보건복지부	국민 보건과 복지 정책의 수립 및 관장
식품의약품안전처	식품·의약품 등의 안전관리를 위해 설립
질병관리본부	국가 감염병 연구 및 관리, 생명과학 연구, 교육훈련 기능을 수행
국립검염소	감염병의 국내침입 및 국외전파 방지에 관한 사무를 담당
국립의료원	보건복지부 산하 중앙의료원으로 환자진료와 함께 의료 수준과 의료기술 수준의 향상을 위한 조사연구, 의료요원의 훈련 등의 사무를 담당

② 지방보건행정조직
  ㉮ 시·도 보건 행정조직 : 복지여성국, 보건복지국 하에 의료위생복지 등의 업무 취급
  ㉯ 시·군·구 보건행정조직 : 보건소(보건행정의 대부분은 보건소를 통해 이루어지므로 비중이 큼)
  ㉰ 보건소의 주요 업무
    ㉠ 국민건강 증진, 보건교육, 구강건강 및 영양개선 사업
    ㉡ 감염병의 예방관리 및 진료
    ㉢ 모자보건 및 가족계획 사업, 노인보건사업
    ㉣ 공중위생 및 식품위생
    ㉤ 가정 및 사회복지시설 등을 방문하여 행하는 보건의료사업

ⓑ 지역주민에 대한 진료, 건강진단 및 만성퇴행성질환 등의 질병관리에 관한 사항
ⓢ 장애인의 재활사업 기타 보건복지부령이 정하는 사회복지사업
ⓞ 기타 지역주민의 보건의료의 향상증진 및 이를 위한 연구 등에 관한 사업

STEP 02 소독학

1 소독의 정의 및 분류

● 소독관련 용어정의

① **멸균** : 병원성 또는 비병원성 미생물 및 포자를 가진 것을 전부 사멸 또는 제거하는 것을 말한다.
② **살균** : 생활력을 가지고 있는 미생물을 여러 가지 물리적·화학적 작용에 의해 급속하게 죽이는 것을 말한다. 멸균과 달리 내열성 포자는 잔존하게 된다.
③ **소독** : 사람에게 유해한 미생물을 파괴시켜 감염의 위험성을 제거하는 비교적 약한 살균작용으로 세균의 포자에까지는 작용하지 못한다.
④ **방부** : 병원성 미생물의 발육과 그 작용을 제거하거나 정지시켜서 음식물의 부패나 발효를 방지하는 것을 말한다.
⑤ **청결** : 사람이나 기구의 표면에 부적합하게 부착된 이물질들을 제거하는 과정이며 소독의 필수요인이다.
⑥ **위생** : 건강의 유지·증진을 위하여 질병의 예방이나 치료에 힘쓰는 일을 말한다.

● 소독 기전 및 소독법의 분류

① 소독(살균)기전
  ㉮ 단백질의 변성과 응고작용 : 세균 세포의 효소 단백질을 응고시켜 그 기능을 상실케 하는 것으로 알코올 소독 등이 대표적이다.
  ㉯ 세포막 또는 세포벽의 파괴 : 영양물질과 노폐물의 선택적 투과 기능을 상실케 하고 원형질을 객출시켜 미생물체를 사멸시키는 것으로 활성산소 등의 산화작용에 의한 살균이 대표적인 예이다.

> **더 알고 가기** — **소독력의 크기**
>
> 멸균 〉 살균 〉 소독 〉 방부 〉 청결

㉰ 화학적 길항작용 : 세균의 세포 내로 침습하여 아주 낮은 농도에서는 조효소 등 특이 활성분자들의 활성을 저해하거나 완전 정지시킨다.

㉱ 계면 활성제 : 미생물이나 효소의 표면을 농후하게 피복하여 투과성을 저해하고 타물질과의 접촉을 방해함으로써 대사계를 변화시키거나 세포벽의 상해작용을 일으킨다.

② 소독법의 분류

㉮ 자연소독법: 희석, 태양광선, 한랭

㉯ 물리적소독법

㉠ 건열에 의한 멸균법 : 화염멸균법, 건열멸균법, 소각소독법

㉡ 습열에 의한 멸균법 : 자비소독법, 저온소독법, 유통증기소독법, 간헐멸균법, 고압증기멸균법

㉢ 무가열에 의한 멸균법 : 자외선조사, 방사선조사, 세균여과법, 초음파살균법

㉰ 화학적소독법

㉠ 가스에 의한 멸균법 : E.O(에틸렌 옥사이드), 포름알데히드, 오존 등

㉡ 기타 방법 : 알코올, 역성비누, 계면활성제, 페놀화합물, 과산화수소 등

● 소독 시 주의사항

① 소독할 물건의 성질에 유의하여 적당한 소독약이나 소독법을 선택하여 실시한다.
② 병원미생물의 종류와 멸균, 살균 또는 소독의 목적과 방법, 그리고 시간을 미리 염두에 둔다.
③ 소독약은 사용할 때마다 필요한 양만큼 조금씩 새로 만들어서 쓴다.
④ 약품에 따라 밀폐해서 냉암소에 보존해 둔다.
⑤ 라벨(Label)은 더러워지지 않도록 하며 다른 것과 구별되도록 한다.

● 소독약의 구비조건

① 살균력이 강해야 한다(미량으로 효과가 클 것).
② 물품의 부식성, 표백성이 없어야 한다.
③ 용해성이 높고, 안정성이 있어야 한다.
④ 침투력이 강해야 한다.
⑤ 경제적이고 사용방법이 간편해야 한다.
⑥ 독성이 약하여 인체에 무독해야 한다.

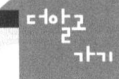 **석탄산 계수**

석탄산 계수(Phenol Coefficient= 페놀계수)는 가장 많이 사용되는 평가방법으로, 석탄산의 효력을 표준으로 하고 그것에 비해 몇 배의 효력을 갖는가는 나타내는 계수이다.

$$석탄산 \ 계수 = \frac{(다른)소독약의 \ 희석배수}{석탄산의 \ 희석배수}$$

⑦ 식품에 사용 후에도 수세가 가능해야 한다.
⑧ 냄새(방취력)가 강하지 않아야 한다.

2 미생물 총론

○ 미생물의 정의 및 분류
① 미생물은 육안의 가시한계를 넘어선 0.1mm 이하의 크기인 미세한 생물체로, 주로 단일세포 또는 균사로 몸을 이루며, 생물로서 최소 생활단위를 영위하는 생물체로 정의할 수 있다. 세균류(Bacteria), 사상균류(Molds), 조류(Algae), 원생동물류(Protozoa), 효모류(Yeast)와 바이러스(Virus)등이 이에 속한다.
② 병원성·비병원성·유용 미생물
  ㉮ 병원성 미생물 : 식중독이나 각종 질병을 유발하는 병원성을 띤 미생물
  ㉯ 비병원성 미생물 : 공중 및 지중에 있는 병원성이 없는 미생물
  ㉰ 유용 미생물 : 술, 간장, 된장 등의 발효 식품을 만드는 미생물

○ 미생물 증식환경
① 습도
  ㉮ 미생물의 몸체를 구성하고 생리기능을 조절하는 성분으로 필요량은 종류에 따라 다르나 보통 40% 이상이다.
  ㉯ 미생물 증식에 필요한 수분활성도 즉, 생육에 필요한 수분량은 세균(Aw 0.94) 〉 효모(Aw 0.88) 〉 곰팡이(Aw 0.80)이며, 일반적으로 Aw 0.6 이하에서는 미생물의 증식이 억제된다.
② 온도
  ㉮ 미생물의 생장과 사멸에 중요한 요소로 작용하고 일반적으로 최고온도는 사멸을 초래하고 최저온도는 신진대사를 멈춰 휴면상태를 일으킨다.
  ㉯ 온도에 따른 세균의 분류
    ㉠ 저온균 : 저온에서 보존하는 식품에 부패를 일으키는 세균. 발육가능 온도는 0~25℃(최적온도 : 15~20℃)
    ㉡ 중온균 : 대부분의 병원성 세균이 이에 속한다. 발육가능 온도는 15~25℃(최적온도 : 25~37℃)
    ㉢ 고온균 : 온천수에서 서식하는 세균. 발육가능 온도는 40~70℃(최적온도 : 50~60℃)
③ 수소이온농도(pH)
  ㉮ 가장 높은 증식을 보이는 pH를 최적 pH라하며, 일반적으로 pH 6.0~8.0에서 최적 발육을 보인다.
  ㉯ 세균별 최적 pH
    ㉠ 일반세균 : 약알칼리성(pH 7.0~8.0)

ⓒ 젖산균, 진균류, 결핵균 : 산성(pH 4~5)
ⓒ 콜레라균 : 알칼리성(pH 8.0~8.6)
ⓔ 곰팡이, 효모 : 약산성(pH 4.0~6.0)

④ 산소
㉮ 호기성균 : 산소를 필요로 하는 균 (곰팡이, 결핵균, 디프테리아균, 백일해균)
㉯ 혐기성균 : 산소를 필요로 하지 않는 균
 ㉠ 통성혐기성균 : 산소가 있더라도 이용되지 않는 균(대장균, 포도상구균, 젖산균)
 ㉡ 편성혐기성균 : 산소가 있으면 생육에 지장을 받는 균(보툴리누스균, 파상풍균)

⑤ 삼투압
㉮ 염이나 당분의 농도는 미생물 증식에 지대한 영향을 주며, 농도가 높으면 미생물로부터 수분이 빠져나와 쪼그라들며 원형질 분리(Plasmolysis) 현상이 일어나 미생물이 사멸한다.
㉯ 세균과 삼투압
 ㉠ 일반 세균 : 3% 정도의 식염 속에서는 증식 억제
 ㉡ 내염성 세균 : 식염이 거의 없어도 증식하거나 8~20% 정도의 식염농도에서도 증식
 ㉢ 호염성 세균 : 어느 정도의 식염농도가 있어야 증식

⑥ 광선 및 방사선
㉮ 가시광선 : 많은 미생물들은 밝은 곳보다 어두운 곳에서 잘 생육하며 오히려 광선을 조사하였을 경우 사멸되기도 한다.
㉯ 자외선 : 자외선 조사에 의해 미생물은 변이를 일으키기도 하고 사멸되기도 하며, 자외선 중에서도 260nm 파장의 빛은 살균력이 가장 강하다.
㉰ 방사선 : 방사선은 자외선보다 파장이 더욱 짧으므로 투과력이 높고 살균작용이 있다. 식품 살균에는 주로 코발트 60(Co)의 감마(γ)선이 사용된다.

3 병원성 미생물

○ 진균류(Fungi)

① 지구상에 약 10만종 이상이 존재하며 사람과 동물에게 병을 일으키는 것은 200~300종 정도이다. 면역성이 저하된 사람에게 질병을 일으키며, 진균항원을 통해 알러지를 일으킬 수도 있다.
② 진균은 균사를 가진 진균과 효모의 특징을 가진 진균으로 나누어지는데, 효모의 특징을 가진 진균은 세균보다 5~10배 정도 크며 둥근 모양으로 자란다. 균사를 가진 진균은 격막을 가진 것과 없는 것으로 나누며, 모두 호기성 상태에서 자란다.
③ 피부질환의 원인균은 대부분 20~30℃에서 잘 자라며 전신질환을 일으키는 진균은 37℃에서 잘 자란다.

리케차(Rickettsia)와 클라미디아(Chlamydia)

① 리케차 : 야생동물에 감염을 일으키고 사람은 우연한 숙주가 되며, 절지동물 매개체에 의해 감염, 전파된다.

③ 클라미디아 : 트라코마 결막의 감염, 비임균성 요도염과 자궁경관염, 성병성 림프육아종, 앵무새 종류로부터 감염되는 앵무병을 일으킨다.

바이러스(Virus)

① 바이러스는 살아있는 생명체 중 가장 작은 20~300nm 크기의 병원체 균으로 세균 여과기로도 분리할 수 없으며 생존에 필요한 물질로 핵산과 소수의 단백질만을 갖고 있어 숙주에 의존해서는 살아간다.

② 간장염, 수두, 인플루엔자, 홍역, 유행성 이하선염 그리고 감기 등의 질병을 발생시키며 기침이나 재채기 등의 접촉에 의해 다른 사람을 쉽게 감염시킬 수 있다.

③ 페놀, 염소, 포르말린 등의 소독제를 이용하여 56℃ 이상의 온도에서 30분 이상 가열시 감염력을 상실하게 된다.

세균(Bacteria)

① 비병원체 박테리아를 제외한 나머지 30% 정도가 병원체 박테리아로 아주 위험하며 인간의 감염과 질병의 가장 큰 원인이 된다.

② 미생물 또는 세균이라 불리며 살아있는 생물이나 동물의 조직에 침입하여 서식하여 번식 속도가 빠르며, 조직 속에서 유해물질을 발생시켜 질병을 확산시킨다.

③ 세균의 종류

㉮ 구균(Coccus) : 구형이나 타원형인 것
㉯ 간균(Bacillus) : 원통형 또는 막대기처럼 길쭉한 것
㉰ 나선균(Spirillum) : 나선형이나 꼬여 있는 코일형인 것

원생동물(Protozoa)

① 운동능력을 가진 것이 많으며 원시적인 동물로 간주하고 있다.

② 중간숙주에 의해 전파되며, 면역이 생기는 일이 드물고 원충에 따라서는 포낭을 만들어 좋지 않은 조건에서도 장기간 생존하기도 한다.

③ 말라리아, 아메바성 이질, 아프리카 수면병 등을 일으킨다.

4 소독방법

● 자연소독법

① **희석(Dilutiom)** : 희석 그 자체는 살균효과가 없으나 살균 대상물을 일차적으로 청결하게 하고 세척한 후 희석시키면 세균은 군락을 형성할 수 없으므로 발육이 지연된다. 어떠한 감염원을 희석시켜주는 것은 소독의 실시와 같이 균수를 감소시킨다.

② **태양광선(Sunlight)** : 태양광선 중 290~320nm의 자외선 파장은 강력한 살균작용이 있다.

③ **한냉(Cold)** : 저온상태를 이용하는 것으로 저온은 세균의 신진대사 등을 지연시키게 되는데, 세균발육이 저지되기는 하나 사멸되지는 않는다.

● 물리적 소독법

① **건열을 이용한 방법**
  ㉮ 화염 및 소각법
    ㉠ 멸균하고자 하는 물체를 화염에 직접 접촉시켜 태워버리는 방법이다.
    ㉡ 화염멸균은 표면 살균으로 불꽃에서 20초 이상 태우며, 불에 타지 않는 금속류, 유리봉, 도자기류에 이용한다. 오물은 소각으로 가장 강력한 멸균이 된다.
  ㉯ 건열멸균법
    ㉠ 건열멸균기(Dry Oven)를 이용하여 170℃에서 1~2시간 처리한다.
    ㉡ 주사침, 유리기구, 금속제품에 이용되며, 멸균할 내용물의 재료나 양에 따라 적당한 온도변화를 필요로 한다.

② **습열멸균법**
  ㉮ 자비소독(열탕소독)법 : 물을 끓여서 하는 방법으로, 100℃의 끓는 물에서 15~20분간 처리하며, 소독효과를 높이기 위해 석탄산(5%), 크레졸(2~3%), 중조(1~2%)를 넣어주기도 한다.
  ㉯ 저온소독법(LTLT법) : 61~65℃에서 30분간 가열하는 방법으로 포자를 형성치 않은 세균의 멸균을 위해서 결핵균, 소 유산균, 살모넬라균 소독에 사용한다.
  ㉰ 초고온단시간소독법(HTST법) : 70~75℃에서 15~20초간 가열하는 방법으로 우유 등의 살균에 사용된다.
  ㉱ 초고온 순간 멸균법(UHT법) : 멸균처리 기간의 단축과 영양 물질의 파괴를 줄이기 위하여 사용되는 순간적인 열처리로, 우유를 135℃에서 2초 동안 가열한다.

③ **간헐멸균법**
  ㉮ 고압증기 멸균법에 의한 가열온도에서 파괴될 위험이 있는 물품을 멸균할 때 이용되며, 보통 3회 정도 가열처리하며, 증기멸균법 또는 유통증기멸균법이라 한다.
  ㉯ 가열 후 세포들을 사멸시키고, 다시 20℃의 실온에 방치하였다가 전과 같은 방법으로 3회 가열 멸균한다. 금속성재료, 사기제품, 액상재료, 물 등에 사용한다.

④ 고압증기 멸균법
  ㉮ 고압증기 멸균 솥을 이용하는 것으로 미생물뿐만 아니라 아포까지 사멸시킨다.
  ㉯ 섭씨 100~135℃의 고온의 수증기로 가열처리한다.
  ㉰ 이·미용기구, 의류, 고무제품, 약액 등의 멸균에 사용된다.

⑤ 방사선 멸균법
  ㉮ 방사선을 발출할 수 있는 방사선원을 이용하여 식품이나 산업용품, 의료품 등의 멸균에 사용된다.
  ㉯ 방사선의 투과력이 강해 완전포장된 물품의 멸균이 가능하며 짧은 시간에 멸균효과를 얻을 수 있으나 비용이 많이 들고 손쉽게 설비를 할 수 없는 단점이 있다.

⑥ 여과멸균법
  ㉮ 열에 불안정한 액체의 멸균에 이용되는 것으로, 음료수나 액체식품 등을 세균여과기로 걸러서 균을 제거시키는 방법이다.
  ㉯ 단, 바이러스는 걸러지지 않는다.

⑦ 초음파 살균법
  ㉮ 초음파를 이용한 살균법으로 신속하게 살균할 수 있는 장점이 있다.
  ㉯ 그러나, 살균력의 측정이 정확하지 않고, 사용자에게 불쾌감을 주게 되는 단점이 있다.

⑧ 전자파 조사멸균법
  ㉮ 태양의 자외선(일광소독)이나 자외선등을 이용하는 방법으로 290~320nm의 파장이 주로 사용된다.
  ㉯ 무균실, 수술실, 제약실 등에서 공기, 식품, 기구 및 용기 등의 소독에 사용된다.

● **화학적 소독방법**

① 페놀(Phenol)
  ㉮ 페놀은 석탄산이라고도 하며 일반적으로 3%의 수용액(온수)을 사용하며, 산성도가 높고 고온일수록 소독 효과가 크다.
  ㉯ 살균력이 안정되고, 유기물질(배설물 등)에도 약화되지 않으나 금속부식성이 있고, 냄새와 독성이 강하며 피부점막에 자극성이 있다.
  ㉰ 석탄산 계수는 소독약의 살균력을 비교하는 기준이 되며, 환자의 오염의류, 오물, 토사물, 배설물, 기구 등의 소독에 사용된다.

② 크레졸(Cresol)
  ㉮ 세균의 소독에 효과가 좋으며, 석탄산 소독력의 2배 효과가 있다.
  ㉯ 불용성이므로 비누액으로 만들어 사용하며 피부 자극성이 없으나 강한 냄새가 단점이다. 대상물은 손, 오물, 객담, 의류, 마포, 고무제품 등이다.

③ 승홍($HgCl_2$)
  ㉮ 염화수은의 화합물로 0.1%의 농도를 사용(승홍 1+식염 1+물 1000 비율로 만듦)한다.

㉯ 맹독성이며 금속 부식성이 강하므로 식기류나 피부소독에는 부적합하고 단백질과 결합하면 침전이 생기므로 유기물질(배설물)을 소독할 때 주의해야 한다. 온도가 높을수록 살균력이 강해지므로 가온해서 사용한다.

④ 생석회(CaO)
㉮ 산화칼슘으로, 습기 있는 분변, 하수, 오수, 오물, 토사물 소독에 적당하며, 포자 형성 세균에는 효과가 없다.
㉯ 건조한 소독대상물인 경우는 석회유[$Ca(OH)_2$]를 생석회 분말 2, 물 8의 비율로 사용한다.
㉰ 공기에 오래 노출되면 살균력이 저하된다.

⑤ 과산화수소(옥시폴, H_2O_2)
㉮ 강력한 산화력에 의해 미생물을 살균하는 소독제로, 3%의 수용액을 사용하며, 무포자균을 빨리 살균한다.
㉯ 자극성이 적어서 구내염, 인두염, 입안 세척, 상처 등에 사용한다.

⑥ 알코올(Alcohol)
㉮ 주로 에탄올과 이소프로판올을 사용하며 미생물의 단백질 변성이나 용균, 대사기전에 저해작용을 하여 소독효과를 나타낸다.
㉯ 손, 피부 및 기구 소독에 사용하며, 무포자균에 유효하다.

⑦ 머큐로크롬
㉮ 붉은 색을 띤 수은화합물로 2%의 수용액을 사용(과망간산칼륨은 0.2~0.5% 수용액 사용)한다.
㉯ 자극성이 없으나 살균력이 약하여 점막 및 피부 상처에 사용한다.

⑧ 역성비누
㉮ 0.01~0.1%의 농도를 사용하며, 손 소독인 경우에는 10% 용액을 100~200배 희석 사용한다.
㉯ 무미, 무해, 무독이면서도 침투력과 살균력이 강하다. 포도상구균, 결핵균에 유효하여 손 소독이나 식품 소독에 사용한다.

⑨ 약용비누
㉮ 비누에 살균제를 혼합시킨 것이다.
㉯ 손, 피부소독에 이용되는 세탁효과와 살균제의 소독효과가 얻어진다.
⑩ 염소류 : 액화염소, 클로르칼크(표백분, $CaCl_2$), 차아염소산나트륨(NaOCl)

5 분야별 위생·소독

○ **실내위생**

① 카운터 및 입구, 대기실
㉮ 입구는 항상 청결하게 유지한다.
㉯ 입구에서 실내화로 갈아 신어 오염물질 전파되지 않도록 한다.

㉰ 카운터 주변은 불필요한 것을 두지 않는다.
　　　㉱ 쇼파, 쿠션, 방석, 가운 등은 자주 세탁하여 항상 청결하게 유지한다.
　　　㉲ 고객용 테이블은 항상 청결하게 유지한다.
　　　㉳ 쓰레기통은 뚜껑이 있는 것을 사용한다.
　② 탈의실 및 샤워실
　　　㉮ 옷 보관 장소는 청결히 하고, 가운류 등의 보관 장소도 수시로 청소하여 청결을 유지한다.
　　　㉯ 샤워실이나 사우나실은 매일 청소를 하고 건조시키며, 바닥의 타월이나 매트는 매 고객마다 교환하여 세탁한다.
　　　㉰ 벽과 바닥, 배수구에 오물이나 머리카락 등이 끼어있지 않도록 하고 소독제를 이용해 소독하여 악취 등이 나지 않도록 한다.
　③ 화장실 및 세면대
　　　㉮ 환기가 잘되도록 주의하며, 방향제, 생리대, 화장지, 비누, 핸드로션, 타월을 구비해 둔다.
　　　㉯ 변기, 세면대에 이물질이 생기지 않도록 청소 및 소독을 정기적으로 한다.
　　　㉰ 쓰레기통은 넘치거나, 냄새가 나지 않도록 관리를 철저하게 한다.
　　　㉱ 화장실 바닥은 물기가 없도록 주의한다.
　　　㉲ 화장실 출입문은 외부로 노출되지 않게 한다.

● 기구 및 도구 위생 및 소독

　① 기구·도구
　　　㉮ 종합 미안기류, 피부 분석기류, 온장고, 자외선 소독기, 확대경 등의 전기제품류는 청결상태를 유지한다
　　　㉯ 배포라이저는 증류수나 정수된 물을 사용하며 사용 후 물을 빼서 건조 후 보관한다.
　　　㉰ 확대경, 적외선램프, 우드램프 등은 시술전후에 70%의 알코올을 적신 솜으로 소독한다.
　　　㉱ 기구의 재질과 용도에 따라 알맞은 소독방법을 선택한다.
　② 용품관리
　　　㉮ 피부관리 시술시 사용되는 용품은 소독하기 보다는 1회용품을 사용하여 감염을 예방한다.
　　　㉯ 면봉과 클렌징 패드는 1회용을 사용한다.
　　　㉰ 해면스펀지는 중성세제를 이용하여 세탁 후 채광과 통풍이 잘되는 곳에 건조시킨다.
　　　㉱ 베드 깔개는 세탁물 보관함에 별도 보관하여 세탁하고, 타월은 삶아서 세탁하고, 가운은 고객마다 새 것을 교환해서 사용한다.
　　　㉲ 핀셋은 70%의 알코올 적신 솜으로 소독하고, 바늘은 멸균된 1회용을 사용한다.
　③ 이·미용기구 소독의 일반기준
　　　㉮ 자외선소독 : 1cm2당 85㎼ 이상의 자외선을 20분 이상 쬐어준다.
　　　㉯ 건열멸균소독 : 섭씨 100℃ 이상의 건조한 열에 20분 이상 쬐어준다.
　　　㉰ 증기소독 : 섭씨 100℃ 이상의 습한 열에 20분 이상 쬐어준다.

㉔ 열탕소독 : 섭씨 100℃ 이상의 물 속에 10분 이상 끓여준다.
㉕ 석탄산수소독 : 석탄산수(석탄산 3%, 물 97%의 수용액)에 10분 이상 담가둔다.
㉖ 크레졸소독 : 크레졸수(크레졸 3%, 물 97%의 수용액)에 10분 이상 담가둔다.
㉗ 에탄올소독 : 에탄올수용액(에탄올이 70%인 수용액)에 10분 이상 담가두거나 에탄올수용액을 머금은 면 또는 거즈로 기구의 표면을 닦아준다.

● 미용업 종사자 및 고객의 위생관리

① 질병감염의 유형
  ㉮ 시술자의 실수로 고객에게 가벼운 상처를 입혀 감염
  ㉯ 시술자 자신이 상처를 입어 출혈에 의한 감염
  ㉰ 시술시 도구를 통한 감염
  ㉱ 미용인의 부적절한 위생상태로 인해 홍역, 간염, 바이러스 독감 등과 같은 질병이 고객에게 감염

② 질병 오염원
  ㉮ 싱크대, 세탁장, 배수구, 수도꼭지, 샴푸대 등의 박테리아
  ㉯ 냉·난방기, 공기청정기 필터
  ㉰ 손잡이, 의자, 고체비누, 수건 등
  ㉱ 유통기간이 지난 제품

③ 질병의 전파
  ㉮ 상처 때문에 혈액을 통한 직접전파
  ㉯ 곰팡이 균의 간접전파
  ㉰ 이스트균, 옴, 이 등과 같은 기생충의 간접전파

④ 예방방법
  ㉮ 작업환경의 철저한 위생관리로 병균으로부터 고객 보호
  ㉯ 전문가들의 위생교육 및 기본상식 습득
  ㉰ 올바른 청소관리로 세균감염 예방
  ㉱ 에이즈, 간염 등 질병으로부터 보호하기 위해 일회용 장갑 착용
  ㉲ 시술도구 및 기구의 고압증기, 멸균소독, B형 간염 예방접종

STEP 03 공중위생관리법규

1 목적 및 정의

● 공중위생관리법의 목적
공중이 이용하는 영업과 시설의 위생관리 등에 관한 사항을 규정함으로써 위생수준을 향상시켜 국민의 건강증진에 기여함을 목적으로 한다.

● 용어의 정의

용어	정의
공중위생영업	다수인을 대상으로 위생관리서비스를 제공하는 영업으로서 숙박업·목욕장업·이용업·미용업·세탁업·위생관리용역업을 말한다.
미용업	손님의 얼굴·머리·피부 등을 손질하여 손님의 외모를 아름답게 꾸미는 영업
① 미용업(일반)	파마·머리카락자르기·머리카락모양내기·머리피부손질·머리카락염색·머리감기, 의료기기나 의약품을 사용하지 아니하는 눈썹손질을 하는 영업
② 미용업(피부)	의료기기나 의약품을 사용하지 아니하는 피부상태분석·피부관리·제모(除毛)·눈썹손질을 하는 영업
③ 미용업(손톱·발톱)	손톱과 발톱을 손질·화장(化粧)하는 영업
④ 미용업(화장·분장)	얼굴 등 신체의 화장, 분장 및 의료기기나 의약품을 사용하지 아니하는 눈썹손질을 하는 영업
미용업(종합)	①부터 ④까지의 업무를 모두 하는 영업
이용업	손님의 머리카락 또는 수염을 깎거나 다듬는 등의 방법으로 손님의 용모를 단정하게 하는 영업

2 영업의 신고 및 폐업, 승계

● 공중위생영업의 신고 및 폐업

① 시장·군수·구청장에 신고
  ㉮ 공중위생영업을 하고자 하는 자는 공중위생영업의 종류별로 보건복지부령이 정하는 시설 및 설비를 갖추고 시장·군수·구청장에게 신고해야 한다.
  ㉯ 공중위생영업 신고 시 시장·군수·구청장에게 제출할 서류
    ㉠ 영업시설 및 설비개요서
    ㉡ 교육필증(미리 교육을 받은 경우)
    ㉢ 면허증 원본(이용업·미용업의 경우)

② 미용업의 시설·설비기준
- ㉮ 미용기구는 소독을 한 기구와 소독을 하지 아니한 기구를 구분해 보관할 수 있는 용기를 비치해야 한다.
- ㉯ 소독기, 자외선살균기 등 미용기구를 소독하는 장비를 갖추어야 한다.
- ㉰ 영업소 내에 작업장소와 응접장소, 상담실, 탈의실 등을 분리해 칸막이를 설치할 때에는 외부에서 내부를 확인할 수 있도록 각각 전체 벽면적의 3분의 1이상은 투명하게 해야 한다.
- ㉱ 피부미용을 위한 작업장소 내에는 베드와 베드 사이에 칸막이를 설치할 수 있으나, 전체 면적의 3분의 1 이상은 투명하게 해야 한다.

변경신고

영업신고사항의 변경 시 보건복지부령이 정하는 중요사항의 변경인 경우에는 시장·군수·구청장에게 변경신고를 해야 한다.

① 보건복지부령이 정하는 중요한 사항일 경우
- ㉮ 영업소의 명칭 또는 상호
- ㉯ 영업소의 소재지
- ㉰ 신고한 영업장 면적의 3분의 1이상의 증감
- ㉱ 대표자의 성명(법인의 경우에 한함)

② 영업신고사항 변경신고 시 시장·군수·구청장에게 제출할 서류
- ㉮ 영업신고증
- ㉯ 변경사항을 증명하는 서류

폐업신고 및 영업의 승계

① 폐업신고
- ㉮ 공중위생영업을 폐업한 자는 폐업한 날부터 20일 이내에 시장·군수·구청장에게 신고해야 한다.
- ㉯ 신고 시 폐업신고서에는 영업신고증을 첨부하여야 한다.

② 영업의 승계
- ㉮ 이용업 또는 미용업의 경우에는 면허를 소지한 자에 한해 공중위생영업자의 지위를 승계할 수 있다.

더 알고 가기 — 영업신고증의 재교부 신청사유
- 신고증을 잃어 버렸을 때
- 신고증이 헐어 못쓰게 된 때
- 신고인의 성명이나 주민등록번호가 변경된 때

⑭ 공중위생영업자의 지위를 승계한 자는 1월 이내에 보건복지부령이 정하는 바에 따라 시장·군수 또는 구청장에게 신고해야 한다.

3 영업자 준수사항

● 이·미용업자의 위생관리기준

구분	위생관리기준
이용업자	• 이용기구 중 소독을 한 기구와 소독을 하지 아니한 기구는 각각 다른 용기에 넣어 보관하여야 한다. • 1회용 면도날은 손님 1인에 한하여 사용하여야 한다. • 업소 내에 이용업신고증, 개설자의 면허증 원본 및 이용요금표를 게시하여야 한다. • 영업장 안의 조명도는 75룩스 이상이 되도록 유지하여야 한다.
미용업자	• 점빼기, 귓볼뚫기, 쌍커풀수술, 문신, 박피술 그밖에 이와 유사한 의료행위를 하여서는 아니된다. • 피부미용을 위하여 약사법 규정에 의한 의약품 또는 의료용구를 사용하여서는 아니된다. • 미용기구 중 소독을 한 기구와 소독을 하지 아니한 기구는 각각 다른 용기에 넣어 보관하여야 한다. • 1회용 면도날은 손님 1인에 한하여 사용하여야 한다. • 업소 내에 미용업신고증, 개설자의 면허증 원본 및 미용요금표를 게시하여야 한다. • 영업장 안의 조명도는 75룩스 이상이 되도록 유지하여야 한다.

● 공중이용시설의 위생관리

① 실내공기는 보건복지부령이 정하는 위생관리기준에 적합하도록 유지하여야 한다.
② 영업소, 화장실, 기타 공중이용시설 안에서 시설이용자의 건강을 해칠 우려가 있는 오염물질이 발생되지 않도록 한다.
③ 규제대상 오염물질의 종류와 오염허용기준

오염물질의 종류	오염허용기준
미세먼지(PM-10)	24시간 평균치 150$\mu g/m^3$ 이하
일산화탄소(CO)	1시간 평균치 25ppm 이하
이산화탄소(CO_2)	1시간 평균치 1,000ppm 이하
포름알데이드(HCHO)	1시간 평균치 120$\mu g/m^3$ 이하

4 이·미용사의 면허

● 자격기준

이용사 또는 미용사가 되고자 하는 자는 다음의 어느 하나에 해당하는 자로서 보건복지부령이 정하는 바에 의하여 시장·군수·구청장의 면허를 받아야 한다.
① 전문대학 또는 이와 동등 이상의 학력이 있다고 교육부장관이 인정하는 학교에서 이용 또는 미용에 관한 학과를 졸업한 자

② 학점인정 등에 관한 법률의 관련 규정에 따라 대학 또는 전문대학을 졸업한 자와 동등 이상의 학력이 있는 것으로 인정되어 이용 또는 미용에 관한 학위를 취득한 자
③ 고등학교 또는 이와 동등의 학력이 있다고 교육부장관이 인정하는 학교에서 이용 또는 미용에 관한 학과를 졸업한 자
④ 교육부장관이 인정하는 고등기술학교에서 1년 이상 이용 또는 미용에 관한 소정의 과정을 이수한 자
⑤ 국가기술자격법에 의한 이용사 또는 미용사의 자격을 취득한 자

● 결격사유

① 금치산자
② 정신보건법에 따른 정신질환자(다만, 전문의가 이용사 또는 미용사로서 적합하다고 인정하는 사람은 예외)
③ 공중의 위생에 영향을 미칠 수 있는 감염병환자로서 보건복지부령이 정하는 자(감염성 결핵환자)
④ 마약 기타 대통령령으로 정하는 약물 중독자(대마 또는 향정신성의약품의 중독자)
⑤ 면허가 취소된 후 1년이 경과되지 아니한 자

● 면허의 정지 및 취소

시장·군수·구청장은 이용사 또는 미용사가 다음의 어느 하나에 해당하는 때에는 그 면허를 취소하거나 6월 이내의 기간을 정하여 그 면허의 정지를 명할 수 있다.
① 공중위생관리법 또는 법의 규정에 의한 명령에 위반한 때 : 면허취소 또는 6월 이내의 면허정지
② 위의 나. 결격사유 중 ① 또는 ④에 해당하게 된 때 : 면허취소
③ 면허증을 다른 사람에게 대여한 때 : 취소 또는 정지(세부 내용은 행정처분기준에 따름)

5 이용사 및 미용사의 업무범위

● 이·미용사의 업무범위와 관련된 일반 사항

① 이용사 또는 미용사의 면허를 받은 자가 아니면 이용업 또는 미용업을 개설하거나 그 업무에 종사할 수 없다. 다만, 이용사 또는 미용사의 감독을 받아 이용 또는 미용 업무의 보조를 행하는 경우에는 그러지 아니하다.

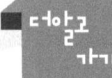
보건복지부령이 정하는 특별한 사유

- 질병, 기타의 사유로 인하여 영업소에 나올 수 없는 자에 대하여 이용 또는 미용을 하는 경우
- 혼례, 기타 의식에 참여하는 자에 대하여 그 의식 직전에 이용 또는 미용을 하는 경우
- 사회복지사업법의 관련 규정에 따른 사회복지시설에서 봉사활동으로 이용 또는 미용을 하는 경우
- 위의 경우 외에 특별한 사정이 있다고 시장·군수·구청장이 인정하는 경우

② 이용 및 미용의 업무는 영업소외의 장소에서 행할 수 없다. 다만, 보건복지부령이 정하는 특별한 사유가 있는 경우에는 그러하지 아니하다.

이 · 미용사의 업무범위

① 이용사 : 이발 · 아이론 · 면도 · 머리피부손질 · 머리카락염색 및 머리감기로 한다.

② 미용사
  ㉮ 미용사의 면허를 받은 자가 아니면 미용업을 개설하거나 그 업무에 종사할 수 없다. 다만, 이용사 또는 미용사의 감독을 받아 이용 또는 미용 업무의 보조를 행하는 경우에는 그러하지 아니하다.
  ㉯ 미용의 업무는 영업소외의 장소에서 행할 수 없다.(보건복지부령이 정하는 특별한 사유가 있는 경우에는 예외)
  ㉰ 미용사의 업무범위에 관하여 필요한 사항은 보건복지부령으로 정한다.

③ 자격취득 구분에 따른 미용사의 업무범위
  ㉮ 2007년 12월 31일 이전에 미용사의 자격을 취득한 자로서 미용사면허를 받은 자 : 미용사(일반), 미용사(피부), 미용사(네일), 미용사(메이크업)에 따른 영업에 해당하는 모든 업무
  ㉯ 미용사(일반) 자격
    ㉠ 2008년 1월 1일~2015년 4월 16일까지 미용사(일반)자격을 취득한 자로서 미용사 면허를 받은 자 : 파마 · 머리카락자르기 · 머리카락모양내기 · 머리피부손질 · 머리카락염색 · 머리감기, 의료기기나 의약품을 사용하지 아니하는 눈썹손질, 얼굴의 손질 및 화장, 손톱과 발톱의 손질 및 화장
    ㉡ 2015년 4월 17일 이후 미용사(일반)자격을 취득한 자로서 미용사 면허를 받은 자 : 파마 · 머리카락자르기 · 머리카락모양내기 · 머리피부손질 · 머리카락염색 · 머리감기, 의료기기나 의약품을 사용하지 아니하는 눈썹손질, 얼굴의 손질 및 화장
  ㉰ 미용사(피부)자격을 취득한 자로서 미용사 면허를 받은 자 : 의료기기나 의약품을 사용하지 아니하는 피부상태분석 · 피부관리 · 제모 · 눈썹손질
  ㉱ 미용사(네일)자격을 취득한 자로서 미용사 면허를 받은 자 : 손톱과 발톱의 손질 및 화장
  ㉲ 미용사(메이크업) 자격을 취득한 자로서 미용사 면허를 받은 자 : 얼굴 등 신체의 화장 · 분장 및 의료기기나 의약품을 사용하지 아니하는 눈썹손질

6 행정지도 및 감독

보고 및 출입 · 검사, 영업의 제한

① 보고 및 출입 · 검사
  ㉮ 특별시장 · 광역시장 · 도지사 또는 시장 · 군수 · 구청장은 공중위생관리상 필요하다고 인정하는 때에는 공중위생영업자 및 공중이용시설의 소유자 등에 대하여 필요한 보고를 하게 하거나 소속 공무원으로 하여금 영업소 · 사무소 · 공중이용시설등에 출입하여 공중위생영업자의 위생관리의

무이행 및 공중이용시설의 위생관리실태 등에 대하여 검사하게 하거나 필요에 따라 공중위생영업장부나 서류를 열람하게 할 수 있다.
- ㉯ 위 ㉮항의 경우에 관계공무원은 그 권한을 표시하는 증표를 지녀야 하며, 관계인에게 이를 내보여야 한다.

② **영업의 제한** : 시·도지사는 공익상 또는 선량한 풍속을 유지하기 위하여 필요하다고 인정하는 때에는 공중위생영업자 및 종사원에 대하여 영업시간 및 영업행위에 관한 필요한 제한을 할 수 있다.

● 영업소의 폐쇄, 공중위생감시원

① 공중위생영업소의 폐쇄
- ㉮ 시장·군수·구청장은 공중위생영업자가 공중위생관리법 또는 법에 의한 명령에 위반하거나 또는 「성매매알선 등 행위의 처벌에 관한 법률」·「풍속영업의 규제에 관한 법률」·「청소년보호법」·「의료법」에 위반하여 관계행정기관의 장의 요청이 있는 때에는 6월 이내의 기간을 정하여 영업의 정지 또는 일부 시설의 사용중지를 명하거나 영업소폐쇄 등을 명할 수 있다.
- ㉯ 규정에 의한 영업의 정지, 일부 시설의 사용중지와 영업소폐쇄명령 등의 세부적인 기준은 보건복지부령으로 정한다.
- ㉰ 시장·군수·구청장은 공중위생영업자가 영업소폐쇄명령을 받고도 계속하여 영업을 하는 때에는 관계공무원으로 하여금 당해 영업소를 폐쇄하기 위하여 다음의 조치를 하게 할 수 있다.
  - ㉠ 당해 영업소의 간판 기타 영업표지물의 제거
  - ㉡ 당해 영업소가 위법한 영업소임을 알리는 게시물등의 부착
  - ㉢ 영업을 위하여 필수불가결한 기구 또는 시설물을 사용할 수 없게 하는 봉인
- ㉱ 시장·군수·구청장은 규정에 의한 봉인을 한 후 봉인을 계속할 필요가 없다고 인정되는 때와 영업자 등이나 그 대리인이 당해 영업소를 폐쇄할 것을 약속하는 때 및 정당한 사유를 들어 봉인의 해제를 요청하는 때에는 그 봉인을 해제할 수 있다. 규정에 의한 게시물 등의 제거를 요청하는 경우에도 또한 같다.

② 공중위생감시원
- ㉮ 공중위생 감시원의 자격 및 임명 : 특별시장, 광역시장, 도지사 또는 시장, 군수, 구청장은 다음에 해당하는 소속공무원 중에서 공중위생감시원을 임명한다.
  - ㉠ 위생사 또는 환경기사 2급 이상의 자격증이 있는 자
  - ㉡ 대학에서 화학·화공학·환경공학 또는 위생학 분야를 전공하고 졸업한 자 또는 이와 동등 이상의 자격이 있는 자

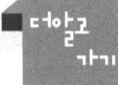 **청문을 실시해야 하는 경우**

- 이용사 및 미용사의 면허취소·면허정지
- 공중위생영업의 정지, 일부 시설의 사용중지
- 영업소폐쇄명령 등

ⓒ 외국에서 위생사 또는 환경기사의 면허를 받은 자
　　　ⓓ 3년 이상 공중위생 행정에 종사한 경력이 있는 자
　ⓝ 공중위생감시원의 업무범위
　　　㉠ 시설 및 설비의 확인
　　　㉡ 공중위생영업 관련 시설 및 설비의 위생상태 확인·검사, 공중위생영업자의 위생관리의무 및 영업자준수사항 이행여부의 확인
　　　㉢ 공중이용시설의 위생관리상태의 확인·검사
　　　㉣ 위생지도 및 개선명령 이행여부의 확인
　　　㉤ 공중위생영업소의 영업의 정지, 일부 시설의 사용중지 또는 영업소 폐쇄명령 이행여부의 확인
　　　㉥ 위생교육 이행여부의 확인

7 업소 위생등급 및 보수교육

● 위생평가

① 위생서비스수준의 평가
　㉮ 시·도지사는 공중위생영업소(관광숙박업제외)의 위생관리수준을 향상시키기 위하여 위생서비스 평가계획을 수립하여 시장·군수·구청장에게 통보하여야 한다.
　㉯ 시장·군수·구청장은 평가계획에 따라 관할지역별 세부평가계획을 수립한 후 공중위생영업소의 위생서비스수준을 평가하여야 한다.
　㉰ 시장·군수·구청장은 위생서비스평가의 전문성을 높이기 위하여 필요하다고 인정하는 경우에는 관련 전문기관 및 단체로 하여금 위생서비스평가를 실시하게 할 수 있다.

② 위생서비스수준 평가의 주기 : 공중위생영업소의 위생서비스수준 평가는 2년마다 실시하되, 공중위생영업소의 보건·위생관리를 위하여 특히 필요한 경우에는 보건복지부장관이 정하여 고시하는 바에 의하여 공중위생영업의 종류 또는 위생관리등급별로 평가주기를 달리할 수 있다.

● 위생등급

① 위생관리등급 공표
　㉮ 시·군·구청장은 보건복지부령이 정하는 바에 의하여 위생서비스평가의 결과에 따른 위생관리등급을 해당 공중위생영업자에게 통보하고 이를 공표하여야 한다.
　㉯ 공중위생영업자는 시장·군수·구청장으로부터 통보 받은 위생관리등급의 표지를 영업소의 명칭과 함께 영업소의 출입구에 부착할 수 있다.
　㉰ 시·도지사 또는 시장·군수·구청장은 위생서비스평가의 결과 위생서비스의 수준이 우수하다고 인정되는 영업소에 대하여 포상을 실시할 수 있다.
　㉱ 시·도지사 또는 시장·군수·구청장은 위생서비스평가의 결과에 따른 위생관리등급별로 영업소에 대한 위생감시를 실시하여야 한다. 이 경우 영업소에 대한 출입·검사와 위생감시의 실시주기

및 횟수 등 위생관리등급별 위생감시기준은 보건복지부령으로 정한다.

② 위생관리등급의 구분
　㉮ 최우수업소 : 녹색등급
　㉯ 우수업소 : 황색등급
　㉰ 일반관리대상 업소 : 백색등급

● 영업자 위생교육 및 교육기관

① 위생교육
　㉮ 공중위생영업자는 매년 위생교육을 받아야 하며, 교육시간은 3시간으로 한다.
　㉯ 공중위생영업의 신고를 하고자 하는 자는 미리 위생교육을 받아야 한다. 다만, 다음의 사유로 미리 교육을 받을 수 없는 경우에는 영업개시 후 6개월 이내에 위생교육을 받을 수 있다.
　　㉠ 천재지변, 본인의 질병·사고, 업무상 국외출장 등의 사유로 교육을 받을 수 없는 경우
　　㉡ 교육을 실시하는 단체의 사정 등으로 미리 교육을 받기 불가능한 경우
　㉰ 위생교육을 받아야 하는 자 중 영업에 직접 종사하지 아니하거나 2 이상의 장소에서 영업을 하는 자는 종업원 중 영업장별로 공중위생에 관한 책임자를 지정하고 그 책임자로 하여금 위생교육을 받게 하여야 한다.
　㉱ 위생교육을 받은 자가 위생교육을 받은 날부터 2년 이내에 위생교육을 받은 업종과 같은 업종의 영업을 하려는 경우에는 해당 영업에 대한 위생교육을 받은 것으로 본다.
　㉲ 위생교육 대상자 중 보건복지부장관이 고시하는 도서·벽지지역에서 영업을 하고 있거나 하려는 자에 대하여는 교육교재를 배부하여 이를 익히고 활용하도록 함으로써 교육에 갈음할 수 있다.

② 위생교육기관
　㉮ 위생교육은 보건복지부장관이 허가한 단체 또는 규정에 따라 설립된 "공중위생영업자단체(공중위생과 국민보건의 향상을 기하고 그 영업의 건전한 발전을 도모하기 위하여 영업의 종류별로 전국적인 조직을 가지는 영업자단체)"가 실시할 수 있다.
　㉯ 위생교육 실시단체는 교육교재를 편찬하여 교육대상자에게 제공하여야 한다.
　㉰ 위생교육 실시단체의 장은 위생교육을 수료한 자에게 수료증을 교부하고, 교육실시 결과를 교육 후 1개월 이내에 시장·군수·구청장에게 통보하여야 하며, 수료증 교부대장 등 교육에 관한 기록을 2년 이상 보관·관리하여야 한다.
　㉱ 위 규정 외에 위생교육에 관하여 필요한 세부사항은 보건복지부장관이 정한다.

양벌규정

법인의 대표자나 법인 또는 개인의 대리인·사용인 기타 종업원이 그 법인 또는 개인의 업무에 관하여 공중위생관리법상 "벌칙"에 해당하는 위반행위를 한 때에는 행위자를 벌하는 외에 그 법인 또는 개인에 대하여도 동조의 벌금형을 과한다.

8 벌칙, 과태료, 행정처분

● 벌칙

① 1년 이하의 징역 또는 1천만원 이하의 벌금
   ㉮ 법령에 따른 공중위생영업의 신고를 하지 아니한 자
   ㉯ 영업정지명령 또는 일부 시설의 사용중지명령을 받고도 그 기간 중에 영업을 하거나 그 시설을 사용한 자
   ㉰ 영업소 폐쇄명령을 받고도 계속하여 영업을 한 자

② 6월 이하의 징역 또는 500만원 이하의 벌금
   ㉮ 공중위생영업의 변경신고를 규정에 의해 하지 아니한 자
   ㉯ 공중위생영업자의 지위를 승계한 자로서 지위승계 신고를 하지 아니한 자
   ㉰ 건전한 영업질서를 위하여 공중위생영업자가 준수하여야 할 사항을 준수하지 아니한 자

③ 300만원 이하의 벌금
   ㉮ 면허의 취소 또는 정지 중에 미용업을 한 사람
   ㉯ 면허를 받지 아니하고 미용업을 개설하거나 그 업무에 종사한 사람

● 과태료

① 300만원 이하의 과태료
   ㉮ 보고를 하지 아니하거나 관계공무원의 출입 · 검사 기타 조치를 거부 · 방해 또는 기피한 자
   ㉯ 개선명령에 위반한 자

② 200만원 이하의 과태료
   ㉮ 미용업소의 위생관리 의무를 지키지 아니한 자
   ㉯ 영업소외의 장소에서 미용업무를 행한 자
   ㉰ 위생교육을 받지 아니한 자

③ 과태료의 부과 · 징수절차
   ㉮ 과태료는 대통령령이 정하는 바에 의하여 시장 · 군수 · 구청장이 부과 · 징수한다.
   ㉯ 과태료 처분에 불복이 있는 자는 그 처분의 고지를 받은 날부터 30일 이내에 처분권자(시장 · 군수 · 구청장)에게 이의를 제기할 수 있다.
   ㉰ 과태료 처분을 받은 자가 이의를 제기한 때에는 시장 · 군수 · 구청장은 지체없이 관할법원에 그 사실을 통보하여야 하며, 통보를 받은 관할법원은 비송사건절차법에 의한 과태료의 재판을 한다.
   ㉱ 기간 내에 이의를 제기하지 아니하고 과태료를 납부하지 아니한 때에는 지방세 체납처분의 예에 의하여 이를 징수한다.

◉ 과징금

① 과징금의 부과 및 납부
- ㉮ 시장·군수·구청장은 법 규정에 따라 과징금을 부과하고자 할 때에는 그 위반행위의 종별과 해당 과징금의 금액 등을 명시하여 이를 납부할 것을 서면으로 통지하여야 한다.
- ㉯ 통지를 받은 자는 통지를 받은 날부터 20일 이내에 과징금을 시장·군수·구청장이 정하는 수납기관에 납부하여야 한다. 다만, 천재·지변 그 밖에 부득이한 사유로 인하여 그 기간 내에 과징금을 납부할 수 없는 때에는 그 사유가 없어진 날부터 7일 이내에 납부하여야 한다.
- ㉰ 과징금의 납부를 받은 수납기관은 영수증을 납부자에게 교부하여야 한다.
- ㉱ 과징금의 수납기관은 과징금을 수납한 때에는 지체 없이 그 사실을 시장·군수·구청장에게 통보하여야 한다.
- ㉲ 과징금은 이를 분할하여 납부할 수 없다.
- ㉳ 과징금의 징수절차는 보건복지부령으로 정한다.

② 과징금을 부과할 위반행위의 종별과 과징금의 금액
- ㉮ 부과하는 과징금의 금액은 위반행위의 종별·정도 등을 감안하여 보건복지부령이 정하는 영업정지기간에 과징금 산정기준을 적용하여 산정한다.
  - ㉠ 영업정지 1월은 30일로 계산한다.
  - ㉡ 과징금 부과의 기준이 되는 매출금액은 당해 업소에 대한 처분일이 속한 연도의 전년도의 1년간 총 매출금액을 기준으로 한다.
  - ㉢ 신규사업·휴업 등으로 인하여 1년간의 총 매출금액을 산출할 수 없거나 1년간의 매출금액을 기준으로 하는 것이 불합리하다고 인정되는 경우에는 분기별·월별 또는 일별 매출금액을 기준으로 산출 또는 조정한다.
- ㉯ 시장·군수·구청장은 공중위생영업자의 사업규모·위반행위의 정도 및 횟수 등을 참작하여 과징금의 금액의 2분의 1의 범위 안에서 이를 가중 또는 감경할 수 있다. 이 경우 가중하는 때에도 과징금의 총액이 3천만 원을 초과할 수 없다.

③ 과징금의 징수절차(제24조)
- ㉮ 과징금의 납입고지서에는 이의제기의 방법 및 기간 등을 함께 적어야 한다.
- ㉯ 과징금을 납기일까지 납부하지 아니한 때에는 납기일이 경과한 날부터 15일 이내(은행납부 경우에는 50일 이내)에 10일 이내의 납기기한을 정하여 독촉장을 발부하여야 한다.

◉ 행정처분

① 일반기준
- ㉮ 위반행위가 2 이상인 경우로서 그에 해당하는 각각의 처분기준이 다른 경우에는 그 중 중한 처분기준에 의하되, 2 이상의 처분기준이 영업정지에 해당하는 경우에는 가장 중한 정지처분기간에 나머지 각각의 정지처분기간의 2분의 1을 더하여 처분한다.

㉯ 행정처분을 하기 위한 절차가 진행되는 기간 중에 반복하여 같은 사항을 위반한 때에는 그 위반횟수마다 행정처분 기준의 2분의 1씩 더하여 처분한다.

㉰ 위반행위의 차수에 따른 행정처분기준은 최근 1년간(성매매알선 등 행위의 처벌에 관한 법률 제4조를 위반하여 관계 행정기관의 장이 행정처분을 요청한 경우에는 최근 3년간) 같은 위반행위로 행정처분을 받은 경우에 이를 적용한다. 이때 그 기준적용일은 동일 위반사항에 대한 행정처분일과 그 처분후의 재적발일(수거검사에 의한 경우에는 검사결과를 처분청이 접수한 날)을 기준으로 한다.

㉱ 행정처분권자는 위반사항의 내용으로 보아 그 위반정도가 경미하거나 해당위반사항에 관하여 검사로부터 기소유예의 처분을 받거나 법원으로부터 선고유예의 판결을 받은 때에는 개별기준에 불구하고 그 처분기준을 다음의 구분에 따라 경감할 수 있다.

　㉠ 영업정지 및 면허정지의 경우에는 그 처분기준 일수의 2분의 1의 범위안에서 경감할 수 있다.
　㉡ 영업장폐쇄의 경우에는 3월 이상의 영업정지처분으로 경감할 수 있다.

㉲ 영업정지 1월은 30일을 기준으로 하고, 행정처분기준을 가중하거나 경감하는 경우 1일 미만은 처분기준 산정에서 제외한다.

② 행정처분 개별기준(미용업)

위반행위	1차 위반	2차 위반	3차 위반	4차 이상
가. 영업신고를 하지 않거나 시설과 설비기준을 위반한 경우				
1) 영업신고를 하지 않은 경우	영업장 폐쇄명령			
2) 시설 및 설비기준을 위반한 경우	개선명령	영업정지 15일	영업정지 1월	영업장 폐쇄명령
나. 변경신고를 하지 않은 경우				
1) 신고를 하지 않고 영업소의 명칭 및 상호 또는 영업장 면적의 3분의 1 이상을 변경한 경우	경고 또는 개선명령	영업정지 15일	영업정지 1월	영업장 폐쇄명령
2) 신고를 하지 않고 영업소의 소재지를 변경한 경우	영업정지 1월	영업전지 2월	영업장 폐쇄명령	
다. 지위승계신고를 하지 않은 경우	경고	영업정지 10일	영업정지 1월	영업장 폐쇄명령
라. 공중위생영업자의 위생관리의무등을 지키지 않은 경우				
1) 소독을 한 기구와 소독을 하지 않은 기구를 각각 다른 용기에 넣어 보관하지 않거나 1회용 면도날을 2인 이상의 손님에게 사용한 경우	경고	영업정지 5일	영업정지 10일	영업장 폐쇄명령
2) 피부미용을 위하여 약사법에 따른 의약품 또는 의료기기법에 따른 의료기기를 사용한 경우	영업정지 2월	영업정지 3월	영업장 폐쇄명령	
3) 점빼기·귓볼뚫기·쌍꺼풀수술·문신·박피술 그 밖에 이와 유사한 의료행위를 한 경우	영업정지 2월	영업정지 3월	영업장 폐쇄명령	
4) 미용업 신고증 및 면허증 원본을 게시하지 않거나 업소 내 조명도를 준수하지 않은 경우	경고 또는 개선명령	영업정지 5일	영업정지 10일	영업장 폐쇄명령

위반행위	행정처분기준			
	1차 위반	2차 위반	3차 위반	4차 이상
5) 개별 미용서비스의 최종 지불가격 및 전체 미용서비스의 총액에 관한 내역서를 이용자에게 미리 제공하지 않은 경우	경고	영업정지 5일	영업정지 10일	영업정지 1월
마. 면허 정지 및 면허 취소 사유에 해당하는 경우				
1) 면허 취득의 결격사유에 해당하게 된 경우	면허취소			
2) 면허증을 다른 사람에게 대여한 경우	면허정지 3월	면허정지 6월	면허취소	
3) 국가기술자격법에 따라 자격이 취소된 경우	면허취소			
4) 국가기술자격법에 따라 자격정지처분을 받은 경우	면허정지			
5) 이중으로 면허를 취득한 경우(나중에 발급받은 면허임)	면허취소			
6) 면허정지처분을 받고도 그 정지 기간 중 업무를 한 경우	면허취소			
바. 영업소 외의 장소에서 미용 업무를 한 경우	영업정지 1월	영업정지 2월	영업장 폐쇄명령	
사. 보고를 하지 않거나 거짓으로 보고한 경우 또는 관계 공무원의 출입, 검사 또는 공중위생영업 장부 또는 서류의 열람을 거부·방해하거나 기피한 경우	영업정지 10일	영업정지 20일	영업정지 1월	영업장 폐쇄명령
아. 개선명령을 이행하지 않은 경우	경고	영업정지 10일	영업정지 1월	영업장 폐쇄명령
자. 성매매알선 등 행위의 처벌에 관한 법률, 풍속영업의 규제에 관한 법률, 청소년 보호법, 아동·청소년의 성보호에 관한 법률 또는 의료법 위반하여 관계 행정기관의 장으로부터 그 사실을 통보받은 경우				
1) 손님에게 성매매알선 등 행위 또는 음란행위를 하게 하거나 이를 알선 또는 제공한 경우				
가) 영업소	영업정지 3월	영업장 폐쇄명령		
나) 미용사	면허정지 3월	면허취소		
2) 손님에게 도박 그 밖에 사행행위를 하게 한 경우	영업정지 1월	영업정지 2월	영업장 폐쇄명령	
3) 음란한 물건을 관람·열람하게 하거나 진열 또는 보관한 경우	경고	영업정지 15일	영업정지 1월	영업장 폐쇄명령
4) 무자격안마사로 하여금 안마사의 업무에 관한 행위를 하게 한 경우	영업정지 1월	영업정지 2월	영업장 폐쇄명령	
차. 영업정지처분을 받고도 그 영업정지 기간에 영업을 한 경우	영업장 폐쇄명령			
카. 공중위생영업자가 정당한 사유 없이 6개월 이상 계속 휴업하는 경우	영업장 폐쇄명령			
타. 공중위생영업자가 관할 세무서장에게 폐업신고를 하거나 관할 세무서장이 사업자 등록을 말소한 경우	영업장 폐쇄명령			

Section 02

한국산업인력공단 출제기준에 따른 핵심이론,
CBT 대비 적중모의고사로 최단기 합격!

피부미용사 필기

CBT 대비 적중모의고사

Esthetician

적중모의고사 _ 피부미용사 제1회

001
딥클렌징의 효과에 대한 설명이 아닌 것은?

① 피부표면을 매끈하게 한다.
② 면포를 강화시킨다.
③ 혈색을 좋아지게 한다.
④ 불필요한 각질세포를 제거한다.

면포는 각질 등 노폐물이 모공을 막아 생기는 것이므로 딥클렌징을 통해 각질제거를 하면 면포가 완화된다.

002
피부관리를 위해 실시하는 피부상담의 목적과 가장 거리가 먼 것은?

① 고객의 방문 목적 확인
② 피부문제의 원인 파악
③ 피부관리 계획 수립
④ 고객의 사생활 파악

피부 상담은 고객의 방문목적을 확인하고 피부문제의 원인을 파악하여 적합한 피부관리 계획을 수립하는데 있다.

003
민감성 피부관리의 마무리단계에 사용될 보습제로 적합한 성분이 아닌 것은?

① 알란토인
② 알부틴
③ 아줄렌
④ 알로에베라

알부틴은 미백에 유효한 성분이다.

004
피부미용실에서 손님에 대한 피부관리의 과정 중 피부 분석을 통한 고객카드 관리의 가장 바람직한 방법은?

① 개인의 피부상태는 변하지 않으므로 첫회만 피부관리를 시작할 때 한 번만 피부분석을 해서 분석 내용을 고객카드에 기록을 해두고 매 회 마다 활용한다.
② 첫 회 피부관리를 시작할 때 한 번만 피부분석을 해서 분석 내용을 고객카드에 기록을 해두고 매 회 마다 활용하고 마지막 회에 다시 피부분석을 해서 좋아진 것을 고객에게 비교해 준다.
③ 첫 회 피부관리를 시작할 때 한 번 피부분석을 해서 분석 내용을 고객카드에 기록을 해두고 매 회 마다 활용하고 중간에 한 번, 마지막 회에 다시 한 번 피부분석을 해서 좋아진 것을 고객에게 비교해 준다.
④ 개인의 피부유형 피부상태는 수시로 변화하므로 매 회 마다 피부관리 전에 항상 피부분석을 해서 분석 내용을 고객카드에 기록을 해두고 매 회 마다 활용한다.

피부의 상태는 외부적 환경의 요인(환절기, 냉난방, 주변환경 등)과 내부적 요인(내분비적 문제 등)의 영향을 받아 변화되므로 고객의 방문 시 수시로 체크하는 것이 바람직하다.

005
도포 후 온도가 40℃ 이상 올라가며, 노화피부 및 건성피부에 필요한 영양흡수효과를 높이는데 가장 효과적인 마스크는?

① 석고마스크   ② 콜라겐마스크

③ 머드마스크　　　④ 알긴산마스크

석고에 의해 발생하는 열은 도포물질의 흡수력을 높여준다.

006
피부관리의 정의와 가장 거리가 먼 것은?

① 안면 및 전신의 피부를 분석하고 관리하여 피부 상태를 개선시키는 것
② 얼굴과 전신의 상태를 유지 및 개선하여 근육과 골격을 정상화시키는 것
③ 피부미용사의 손과 화장품 및 적용 가능한 피부미용기기를 이용하여 관리하는 것
④ 의약품을 사용하지 않고 피부상태를 아름답고 건강하게 만드는 것

얼굴 및 전신의 피부를 아름답게 유지·보호·개선·관리하기 위하여 각 부위와 유형에 적절한 관리법과 기기 및 제품을 이용하여 관리하는 것을 피부관리라 한다.

007
피부 유형별 관리 방법으로 적합하지 않은 것은?

① 복합성 피부 – 유분이 많은 부위는 손을 이용한 관리를 행하여 모공을 막고 있는 피지 등의 노폐물이 쉽게 나올 수 있도록 한다.
② 모세혈관 확장피부 – 세안 시 세안제를 손에서 충분히 거품을 낸 후 미온수로 완전히 헹구어 내고 손을 이용한 관리를 부드럽게 시행한다.
③ 노화피부 – 피부가 건조해지지 않도록 수분과 영양을 공급하고 자외선 차단제를 바른다.
④ 색소침착피부 – 자외선 차단제를 색소가 침착된 부위에 집중적으로 발라준다.

색소침착피부는 유황, 살리실산, 단백질 분해효소 성분이 들어있는 딥클렌징제를 이용해 각질을 제거해 주고, 비타민 C, 알부틴, 상백피추출물, 감초 추출물 등을 이용하여 미백관리를 해 준다.

008
매뉴얼 테크닉을 적용할 수 있는 경우는?

① 피부나 근육, 골격에 질병이 있는 경우
② 골절상으로 인한 통증이 있는 경우
③ 염증성 질환이 있는 경우
④ 피부에 셀룰라이트(cellulite)가 있는 경우

셀룰라이트는 비만인 사람의 허벅지, 엉덩이, 아랫배 등에서 많이 볼 수 있는데, 우리 몸의 대사과정에서 배출되는 노폐물이나 독소 등이 배출되지 못하고 울퉁불퉁한 피부 표면을 만든다. 셀룰라이트는 여성호르몬의 불균형으로 비롯되므로 사춘기, 임신, 폐경기 등에 형성되며 불규칙한 식습관 및 수면습관, 운동부족, 소화기능 장애 등이 악화 요인으로 작용한다.

009
팩의 설명으로 옳은 것은?

① 파라핀 팩은 모세혈관확장 피부에 사용을 피한다.
② Wash-off 타입의 팩은 건조되어 얇은 필름을 형성하여 피부 청결에 효과적이다.
③ Peel-off 타입의 팩은 도포 후 일정시간 지나 미온수로 닦아내는 형태의 팩이다.
④ 건성피부에 적용 시 도포하여 건조시키는 것이 효과적이다.

파라핀 팩의 발열작용은 혈액순환을 돕고, 모공을 확장시켜 제품의 침투를 용이하게 해 주지만 열작용에 의해 모세혈관이 더 확장되기 때문에 모세혈관 피부는 사용을 금한다.

010
민감성 피부의 화장품 사용에 대한 설명으로 틀린 것은?

① 석고팩이나 피부에 자극이 되는 제품의 사용을 피한다.
② 피부의 진정·보습효과가 뛰어난 제품을 사용한다.
③ 스크럽이 들어간 세안제를 사용하고 알코올 성분이 들어간 화장품을 사용한다.
④ 화장품 도포 시 첩포시험(patch test)를 하여 적합성 여부의 확인 후 사용하는 것이 좋다.

민감성 피부는 조그만 자극에도 민감하게 반응하므로 스크럽이 들어간 세안제를 사용하지 않으며, 화장품은 무향, 무취, 무색, 무알코올 제품을 선택하여야 한다.

011
딥클렌징에 대한 설명으로 틀린 것은?

① 스크럽 제품의 경우 여드름 피부나 염증부위에 사용하면 효과적이다.
② 민감성 피부는 가급적 하지않는 것이 좋다.
③ 효소를 이용할 경우 스티머가 없을 시 온습포를 적용할 수 있다.
④ 칙칙하고 각질이 두꺼운 피부에 효과적이다.

스크럽 제품은 지성피부에는 효과적이나 여드름이나 염증부위는 자극을 초래하여 악화된다.

012
피부 유형과 화장품의 사용목적이 틀리게 연결된 것은?

① 민감성 피부 – 진정 및 쿨링 효과
② 여드름 피부 – 멜라닌 생성 억제 및 피부기능 활성화
③ 건성 피부 – 피부에 유·수분을 공급하여 보습기능 활성화
④ 노화 피부 – 주름완화, 결체조직 강화, 새로운 세포의 형성 촉진 및 피부보호

멜라닌 생성 억제 및 피부기능 활성화 제품은 색소침착피부에 사용한다.

013
홈케어 관리시에 여드름 피부에 대한 조언으로 맞지 않는 것은?

① 여드름 전용 제품을 사용
② 붉어지는 부위는 약간 진하게 파운데이션이나 파우더를 사용
③ 지나친 당분이나 지방섭취는 피함
④ 지나치게 얼굴이 당길 경우 수분크림, 에센스 사용

여드름 피부에 진한 화장을 할 경우 모공을 막아 여드름을 악화시킨다.

014
포인트 메이크업 클렌징 과정 시 주의할 사항으로 틀린 것은?

① 콘택트렌즈를 뺀 후 시술한다.
② 아이라인을 제거시 안에서 밖으로 닦아낸다.
③ 마스카라를 짙게 한 경우 강하게 자극하여 닦아낸다.
④ 입술화장을 제거시 윗입술은 위에서 아래로, 아랫입술은 아래에서 위로 닦는다.

신체 부위 중 가장 얇은 곳은 눈꺼풀로 0.1mm이며, 가장 두꺼운 부위는 손바닥과 발바닥으로 대략 0.16~0.8mm이다. 따라서 눈 주위는 강하게 자극을 주면 잔주름이 생기기 쉽다.

015
매뉴얼 테크닉을 이용한 관리 시 그 효과에 영향을 주는 요소와 가장 거리가 먼 것은?

① 속도와 리듬
② 피부결의 방향
③ 연결성
④ 다양하고 현란한 기교

매뉴얼 테크닉은 다양하고 현란한 기교보다는 피부결의 방향, 일정한 속도와 리듬, 연결성, 적절한 압력 등에 따라 효과의 차이를 보인다.

016
왁스와 머절린(부직포)를 이용한 일시적 제모의 특징으로 가장 적합한 것은?

① 제모하고자 하는 털을 한 번에 제거하여 즉각적인 결과를 가져온다.
② 넓은 부분의 불필요한 털을 제거하기 위해서는 많은 비용이 든다.
③ 깨끗한 외관을 유지하기 위해서 반복 시술을 하지않아도 된다.
④ 한번 시술을 하면 다시는 털이 나지않는다.

일시적 제모는 털을 한 번에 한시적으로 제거하는 방법으로, 왁스를 이용한 제모는 모근으로부터 털이 다시 자라나오는데 4~5주 정도가 걸린다.

017
일반적인 클렌징에 해당되는 사항이 아닌 것은?

① 색조화장 제거
② 먼지 및 유분의 잔여물 제거
③ 메이크업 잔여물 및 피부표면의 노폐물 제거
④ 효소나 고마쥐를 이용한 깊은 단계의 묵은 각질제거

효소나 고마쥐를 이용하는 것은 딥클렌징에 해당한다.

018
습포의 효과에 대한 내용과 가장 거리가 먼 것은?

① 온습포는 모공을 확장시키는데 도움을 준다.
② 온습포는 혈액순환촉진, 적절한 수분공급의 효과가 있다.
③ 냉습포는 모공을 수축시키며 피부를 진정시킨다.
④ 온습포는 팩 제거 후 사용하면 효과적이다.

팩을 제거한 후에는 냉습포를 사용하여 모공 수축과 피부긴장을 주어 피부결을 정리한다.

019
다음 비타민에 대한 설명 중 틀린 것은?

① 비타민 A가 결핍되면 피부가 건조해지고 거칠어진다.
② 비타민 C는 교원질 형성에 중요한 역할을 한다.
③ 레티노이드는 비타민 A를 통칭하는 용어이다.
④ 비타민 A는 많은 양이 피부에서 합성된다.

자외선에 의해 피부에서 합성되는 비타민은 비타민 D 이다.

020
자외선에 대한 설명으로 틀린 것은?

① 자외선 C는 오존층에 의해 차단될 수 있다.
② 자외선 A의 파장은 320~400nm이다.
③ 자외선 B는 유리에 의하여 차단할 수 있다.
④ 피부에 제일 깊게 침투하는 것은 자외선 B이다.

자외선 A는 320~400nm, B는 320~290nm, C는 290~200nm로 파장이 길수록 피부에 깊이 침투되며, 파장이 짧은 자외선 C는 오존층에 의해 차단된다

021
피부의 주체를 이루는 층으로서 망상층과 유두층으로 구분되며 피부조직 외에 부속기관인 혈관, 신경관, 림프관, 땀샘, 기름샘, 모발과 입모근을 포함하고 있는 곳은?

① 표피
② 진피
③ 근육
④ 피하조직

진피는 표피의 아래층으로 피부의 90%를 차지하며, 유두층과 망상층의 두 층으로 구분된다. 진피의 두께는 표피보다 약 10~40배 정도 두꺼우며 피부조직 외에 부속기관인 혈관, 신경관, 림프관, 한선, 피지선, 입모근, 털을 포함하고 있다.

022
진피에 자리하고 있으며 통증이 동반되고, 여드름 피부의 4단계에서 생성되는 것으로 치료 후 흉터가 남는 것은?

① 가피
② 농포
③ 면포
④ 낭종

낭종은 진피층에 자리하여 생길 때부터 통증이 있으며 여드름 4단계에 생성된다.

023
기미에 대한 설명으로 틀린 것은?

① 피부 내에 멜라닌이 합성되지 않아 야기되는 것이다.
② 30~40대의 중년여성에게 잘 나타나고 재발이 잘된다.
③ 썬탠기에 의해서도 기미가 생길 수 있다.
④ 경계가 명확한 갈색의 점으로 나타난다.

피부 내 멜라닌 합성이 되지 않아 생기는 것은 백색증이나 백반증이다.

024
피부의 면역에 관한 설명으로 맞는 것은?

① 세포성 면역에는 보체, 항체 등이 있다.
② T 림프구는 항원전달세포에 해당한다.
③ B 림프구는 면역글로불린이라고 불리는 항체를 생성한다.
④ 표피에 존재하는 각질형성세포는 면역조절에 작용하지 않는다.

면역글로불린은 당이 결합된 4개의 폴리펩타이드 사슬로 이루어져 있으며, IgG, IgA, IgM, IgD, IgE 등의 5개의 군으로 분류된다.

025
림프액의 기능과 가장 관계가 없는 것은?

① 동맥기능의 보호
② 항원반응
③ 면역반응
④ 체액이동

림프액은 정맥의 기능을 보호하는 작용을 한다.

026
피부의 노화 원인과 가장 관련이 없는 것은?

① 노화 유전자와 세포노화
② 항산화제
③ 아미노산 라세미화
④ 텔로미어(Telomere) 단축

항산화제는 노화를 방지한다

027
멜라닌 세포가 주로 분포되어 있는 곳은?

① 투명층
② 과립층
③ 각질층
④ 기저층

기저층에는 각질형성세포(Keratinocyte)와 멜라닌 형성세포(Melanocyte)가 존재한다.

028
골격계의 기능이 아닌 것은?

① 보호기능
② 저장기능
③ 지지기능
④ 열생산기능

골격계는 인체의 지지기능, 보호기능, 운동기능, 조혈기능, 무기물 저장기능을 가진다.

029
인체의 구성 요소 중 기능적, 구조적 최소단위는?

① 조직
② 기관
③ 계통
④ 세포

세포 – 조직 – 기관 – 계통의 단계를 거쳐 인체가 완성된다.

030
담즙을 만들며, 포도당을 글리코겐으로 저장하는 소화기관은?

① 간
② 위
③ 충수
④ 췌장

간은 가장 큰 내장기관으로 담즙분비, 단백질합성, 혈액의 해독, 탄수화물대사, 지질대사에 관여한다.

031
신경계에 관련된 설명이 옳게 연결된 것은?

① 시냅스 – 신경조직의 최소단위
② 축삭돌기 – 수용기 세포에서 자극을 받아 세포체에 전달
③ 수상돌기 – 단백질을 합성
④ 신경초 – 말초신경섬유의 재생에 중요한 부분

신경조직의 최소단위를 뉴런(신경원)이라 하며, 원형질과 핵으로 구성된 세포체와 수상돌기, 축삭으로 이루어져 있다.

032
두부의 근을 안면근과 저작근으로 나눌 때 안면근에 속하지 않는 근육은?

① 안륜근　　　　② 후두전두근
③ 교근　　　　　④ 협근

저작근은 측두근, 교근, 내측익돌근, 외측익돌근으로 구성되어 있다.

033
근육에 짧은 간격으로 자극을 주면 연축이 합쳐져서 단일수축보다 큰 힘과 지속적인 수축을 일으키는 근 수축은?

① 강직(contraction)　② 강축(tetanus)
③ 세동(fibrillation)　④ 긴장(tonus)

하나의 자극이 주어졌을 때 일어나는 수축과 이완을 연축이라고 하며, 근육에 단일 자극이 아닌 짧은 시간간격으로 반복하여 자극을 가하면 연축 때 보다 큰 힘이 나타내고 지속적인 수축을 일으키는 것을 강축이라 한다.

034
조직 사이에서 산소와 영양을 공급하고, 이산화탄소와 대사 노폐물이 교환되는 혈관은?

① 동맥(artery)
② 정맥(vein)
③ 모세혈관(capillary)
④ 림프관(lymphatic vessel)

모세혈관은 내막만 갖고 있어 대단히 얇으며 세포와의 물질교환을 담당한다.

035
다음 중 열을 이용한 기기가 아닌 것은?

① 진공흡입기　　　② 스티머
③ 파라핀 왁스기　　④ 왁스워머

진공흡입기는 유리컵의 압력을 이용하여 피부를 흡입하여 사용한다.

036
스티머 활용시의 주의사항과 가장 거리가 먼 것은?

① 오존을 사용하지 않는 스티머를 사용하는 경우는 아이패드를 하지 않아도 된다.
② 스팀이 나오기 전 오존을 켜서 준비한다.
③ 상처가 있거나 일광에 손상된 피부에는 사용을 제한하는 것이 좋다.
④ 피부타입에 따라 스티머의 시간을 조정한다.

수분이 없이 오존을 쐬면 알레르기 반응이 일어날 수 있다.

037
적외선등(Infra red lamp)에 대한 설명으로 옳은 것은?

① 주로 UVA를 방출하고 UVB, UVC는 흡수한다.
② 색소침착을 일으킨다.
③ 주로 소독·멸균의 효과가 있다.
④ 온열작용을 통해 화장품의 흡수를 도와준다.

적외선은 물질을 따뜻하게 하는 성질을 가지고 있어, 열에 의해 제품의 영양성분을 피부 깊숙이 침투시켜 주는 역할을 한다.

038
브러싱에 관한 설명으로 틀린 것은?

① 모세혈관 확장피부는 석고 재질의 브러싱이 권장된다.
② 건성 및 민감성 피부의 경우는 회전속도를 느리게 해서 사용하는 것이 좋다.
③ 농포성 여드름 피부에는 사용하지 않아야 한다.
④ 브러싱은 피부에 부드러운 마찰을 주므로 혈액순환을 촉진시키는 효과가 있다.

모세혈관 확장피부는 가급적 브러싱(후리마톨)의 사용을 금한다.

039
전기에 대한 설명으로 틀린 것은?

① 전류란 전도체를 따라 움직이는 (-)전하를 지닌 전자의 흐름이다.
② 도체란 전류가 쉽게 흐르는 물질을 말한다.
③ 전류의 크기의 단위는 볼트(Volt)이다.
④ 전류에는 직류(D.C)와 교류(A.C)가 있다.

볼트는 전류를 흐르게 하는 압력으로 전위차를 말한다.

040
우드램프로 피부상태를 판단할 때 지성 피부는 어떤 색으로 나타나는가?

① 푸른색
② 흰색
③ 오렌지
④ 진보라

우드램프의 피부상태
· 건성피부 : 연보라
· 민감성피부 : 진보라
· 노화피부 : 암적색
· 색소침착피부 : 암갈색
· 각질 : 흰색

041
다음 중 피부상재균의 증식을 억제하는 항균기능을 가지고 있고, 발생한 체취를 억제하는 기능을 가진 것은?

① 바디샴푸
② 데오도란트
③ 샤워코롱
④ 오데토일렛

데오도란트는 방취화장품으로 로션, 파우더, 스프레이, 스틱 등 다양한 형태가 있다.

042
화장품을 만들 때 필요한 4대 조건은?

① 안전성, 안정성, 사용성, 유효성
② 안전성, 방부성, 방향성, 유효성
③ 발림성, 안정성, 방부성, 사용성
④ 방향성, 안전성, 발림성, 사용성

화장품의 4대 요건
· 안전성 : 피부에 대한 자극이나 알레르기, 독성이 없을 것
· 안정성 : 보관에 따른 변질, 변색, 변취 및 미생물의 오염이 없을 것
· 사용성 : 피부에 사용 시 손놀림이 쉽고, 매끄럽게 잘 스며 들 것
· 유효성 : 보습, 노화억제, 자외선차단, 미백, 세정 등을 부여할 것

043
캐리어 오일 중 액체상 왁스에 속하고, 인체 피지와 지방산의 조성이 유사하여 피부 친화성이 좋으며, 다른 식물성 오일에 비해 쉽게 산화되지 않아 보존안정성이 높은 것은?

① 아몬드 오일(almond oil)
② 호호바 오일(jojoba oil)
③ 아보카도 오일(avocado oil)
④ 맥아 오일(wheat germ oil)

호호바 오일은 지성, 여드름, 염증 피부에 효과적이다.

044
미백 화장품의 매커니즘이 아닌 것은?

① 자외선 차단
② 도파(DOPA) 산화 억제
③ 티로시나제 활성화
④ 멜라닌 합성 저해

피부미백을 위해서는 티로시나제의 작용을 억제하는 물질, 도파의 산화를 억제하는 물질, 각질을 제거하는 물질, 자외선을 차단하는 물질, 멜라닌 세포를 사멸시키는 물질 등을 사용한다.

045
SPF에 대한 설명으로 틀린 것은?

① Sun Protection Factor의 약자로써 자외선 차단지수라 불리어진다.
② 엄밀히 말하면 UV-B 방어효과를 나타내는 지수라고 볼 수 있다.
③ 오존층으로부터 자외선이 차단되는 정도를 알아보기 위한 목적으로 이용된다.

④ 자외선차단제를 바른 피부가 최소의 홍반을 일어나게 하는데 필요한 자외선 양을, 바르지 않은 피부가 최소의 홍반을 일어나게 하는데 필요한 자외선 양으로 나눈 값이다.

SPF는 일광차단지수, 혹은 자외선차단지수로 피부홍반의 측정을 통해 자외선의 차단 정도를 알아본다.

046
다음 중 피부에 수분을 공급하는 보습제 기능을 가지는 것은?

① 계면활성제
② 알파-히드록시산
③ 글리세린
④ 메틸파라벤

화장품에 사용되는 피부보습제는 글리세린, 프로필렌글리콜, 솔비톨, 아미노산, 젖산염, 히아루론산염 등이 있다.

047
계면활성제에 대한 설명으로 옳은 것은?

① 계면활성제는 일반적으로 둥근 머리모양의 소수성기와 막대 꼬리모양의 친수성기를 가진다.
② 계면활성제의 피부에 대한 자극은 양쪽성 > 양이온성 > 음이온성 > 비이온성의 순으로 감소한다.
③ 비이온성 계면활성제는 피부자극이 적어 화장수의 가용화제, 크림의 유화제, 클렌징 크림의 세정제 등에 사용된다.
④ 양이온성 계면활성제는 세정작용이 우수하여 비누, 샴푸 등에 사용된다.

계면활성제는 둥근 머리모양의 친수성기와 꼬리모양의 친유성기(소수성기)를 한 분자 내에 가지고 있어 물과 기름의 경계면을 변화시키는 특성을 가지며, 친수성기의 이온성에 따라 양이온성, 음이온성, 비이온성, 양쪽성 계면활성제로 구분된다.

048
보건교육의 내용과 관계가 가장 먼 것은?

① 생활환경위생 : 보건위생 관련내용
② 성인병 및 노인성 질병 : 질병관련내용
③ 기호품 및 의약품의 외용·남용 : 건강관련 내용
④ 미용정보 및 최신기술 : 산업관련기술 내용

공중보건학의 범위는 크게 환경관련분야, 질병관련분야, 보건관리분야로 구분된다.

049
보건행정에 대한 설명으로 가장 올바른 것은?

① 공중보건의 목적을 달성하기 위해 공공의 책임하에 수행하는 행정활동
② 개인보건의 목적을 달성하기 위해 공공의 책임하에 수행하는 행정활동
③ 국가간의 질병교류를 막기 위해 공공의 책임하에 수행하는 행정활동
④ 공중보건의 목적을 달성하기 위해 개인의 책임하에 수행하는 행정활동

공중보건의 목적은 질병의 예방, 수명의 연장, 건강과 효율의 증진을 말한다.

050
법정 감염병 중 제3급 감염병에 속하는 것은?

① 말라리아
② 백일해
③ 인플루엔자
④ 디프테리아

제3급 감염병 : 파상풍, B형간염, 일본뇌염, C형간염, 말라리아, 레지오넬라증, 비브리오패혈증, 발진티푸스, 발진열, 쯔쯔가무시증, 렙토스피라증, 브루셀라증, 공수병, 신증후군출혈열, 후천성면역결핍증(AIDS), 크로이츠펠트-야콥병(CJD) 및 변종크로이츠펠트-야콥병(vCJD), 황열, 뎅기열, 큐열(Q열), 웨스트나일열, 라임병, 진드기매개뇌염, 유비저, 치쿤구니야열, 중증열성혈소판감소증후군(SFTS), 지카바이러스 감염증

051
세균성 식중독이 소화기계 감염병과 다른 점은?

① 균량이나 독소량이 소량이다.
② 대체적으로 잠복기가 길다.
③ 연쇄전파에 의한 2차 감염이 드물다.
④ 원인식품 섭취와 무관하게 일어난다.

세균성식중독의 대부분은 가열하면 세균이 사멸되므로 중독되는 일이 없다

052
순도 100% 소독약 원액 2mL에 증류수 98mL를 혼합하여 100mL의 소독약을 만들었다면 이 소독약의 농도는?

① 2% ② 3%
③ 5% ④ 98%

계산방법
= 용질량(소독약)/용액량(희석액) × 100
= $\frac{2}{100}$ × 100 = 2%

053
다음 중 자비소독을 하기에 가장 적합한 것은?

① 스테인레스 보울
② 제모용 고무장갑
③ 플라스틱 스파튤라
④ 피부관리용 팩붓

자비소독은 100℃의 끓는 물속에 소독할 물품을 직접 담궈서 20분 이상 끓이는 방법이다.

054
석탄산 소독액에 관한 설명으로 틀린 것은?

① 기구류의 소독에는 1~3% 수용액이 적당하다.
② 세균포자나 바이러스에 대해서는 작용력이 거의 없다.
③ 금속기구의 소독에는 적합하지 않다.
④ 소독액 온도가 낮을수록 효력이 높다.

석탄산은 저온에서는 살균력이 떨어진다.

055
다음 중 가장 강한 살균작용을 하는 광선은?

① 자외선 ② 적외선
③ 가시광선 ④ 원적외선

자외선은 살균력이 강한 화학선으로 특히 290nm 이하의 짧은 파장을 가진 UVC는 자외선 중 가장 에너지가 강하고 살균력이 있어 박테리아나 바이러스를 파괴한다.

056
다음 중 이·미용사 면허의 발급자는?

① 시·도지사
② 시장·군수·구청장
③ 보건복지부장관
④ 주소지를 관할하는 보건소장

이용사 또는 미용사가 되고자 하는 자는 보건복지부령이 정하는 바에 의하여 시장·군수·구청장의 면허를 받아야 한다.

057
다음 중 공중위생감시원이 될 수 없는 자는?

① 위생사 또는 환경기사 2급 이상의 자격증이 있는 자
② 3년 이상 공중위생 행정에 종사한 경력이 있는 자
③ 외국에서 공중위생감시원으로 활동한 경력이 있는 자
④ 고등교육법에 의한 대학에서 화학, 화공학, 위생학 분야를 전공하고 졸업한 자

공중위생감시원의 자격은 ①, ②, ④ 외에 외국에서 위생사 또는 환경기사의 면허를 받은 자이다.

058
공중위생관리법규상 공중위생영업자가 받아야 하는 위생교육시간은?

① 매년 3시간
② 매년 8시간
③ 2년마다 4시간
④ 2년마다 8시간

위생교육은 매년 3시간으로 한다.

059
공중위생관리법령에 따른 과징금의 부과 및 납부에 관한 사항으로 틀린 것은?

① 과징금을 부과하고자 할 때에는 위반행위의 종별과 해당 과징금의 금액을 명시하여 이를 납부할 것을 서면으로 통지하여야 한다.
② 통지를 받은 자는 통지를 받은 날부터 20일 이내에 과징금을 납부해야 한다.
③ 과징금액이 클 때는 과징금의 2분의 1범위에서 각각 분할 납부가 가능하다.
④ 과징금의 징수절차는 보건복지부령으로 정한다.

시장·군수·구청장은 공중위생영업자의 사업규모·위반행위의 정도 및 횟수 등을 참작하여 과징금의 금액의 2분의 1의 범위 안에서 이를 가중 또는 감경할 수 있다. 이 경우 가중하는 때에도 과징금의 총액이 3천만원을 초과할 수 없다.

060
이·미용사의 면허증을 대여한 때의 1차 위반 행정처분 기준은?

① 면허정지 3월 ② 면허정지 6월
③ 영업정지 3월 ④ 영업정지 6월

이·미용사의 면허증을 대여했을 때 1차 위반은 면허정지 3월, 2차 위반은 면허정지 6월, 3차 위반은 면허취소이다.

적중모의고사 1회				
001	002	003	004	005
②	④	②	④	①
006	007	008	009	010
②	④	④	①	③
011	012	013	014	015
①	②	②	③	④
016	017	018	019	020
①	④	④	④	④
021	022	023	024	025
②	④	①	③	①
026	027	028	029	030
②	④	④	④	①
031	032	033	034	035
④	③	②	③	①
036	037	038	039	040
②	④	①	③	③
041	042	043	044	045
②	①	②	③	③
046	047	048	049	050
③	③	④	①	①
051	052	053	054	055
③	①	①	④	①
056	057	058	059	060
②	③	①	③	①

적중모의고사 _ 피부미용사 제2회

001
피부유형별 화장품 사용방법으로 적합하지 않은 것은?

① 민감성 피부 – 무색, 무취, 무알콜 화장품 사용
② 복합성 피부 – T존과 U존 부위별로 각각 다른 화장품 사용
③ 건성 피부 – 수분과 유분이 함유된 화장품 사용
④ 모세혈관 확장 피부 – 일주일에 2번 정도 딥클렌징제 사용

모세혈관 확장피부는 딥클렌징을 피하는 것이 좋으며, 여드름이나 심한 지성피부의 경우 일주일에 2회 정도 딥클렌징을 해 준다

002
피부 분석 시 사용되는 방법으로 가장 거리가 먼 것은?

① 고객 스스로 느끼는 피부 상태를 물어본다.
② 스파튤라를 이용하여 피부에 자극을 주어 본다.
③ 세안 전에 우드 램프를 사용하여 측정한다.
④ 유·수분 분석기 등을 이용하여 피부를 분석한다.

우드램프 사용은 세안 후에 한다.

003
슬리밍 제품을 이용한 관리에서 최종 마무리 단계에 시행해야 하는 것은?

① 피부 노폐물을 제거한다.
② 진정 파우더를 바른다.
③ 매뉴얼 테크닉 동작을 시행한다.
④ 슬리밍과 피부유연제 성분을 피부에 흡수시킨다.

슬리밍 제품을 이용한 전신피부관리는 노폐물제거, 슬리밍과 피부유연제 도포, 매뉴얼 테크닉 실시, 잔여물제거, 진정파우더로 마무리한다.

004
매뉴얼 테크닉 기법 중 닥터 자켓법에 관한 설명으로 가장 적합한 것은?

① 디스인크러스테이션을 하기 위한 준비단계에 하는 것이다.
② 피지선의 활동을 억제한다.
③ 모낭 내 피지를 모공 밖으로 배출시킨다.
④ 여드름 피부를 클렌징 할 때 쓰는 기법이다.

자켓마사지는 지성피부와 여드름 피부에 효과적인 마사지법으로 엄지와 검지를 이용하여 가볍게 주무르거나 비틀어 주는 동작을 통해 피지가 원활하게 배출되도록 도와준다.

005
다음은 어떤 베이스 오일을 설명한 것인가?

"인간의 피지와 화학구조가 매우 유사한 오일로 피부염을 비롯하여 여드름, 습진, 건성피부에 안심하고 사용할 수 있으며 침투력과 보습력이 우수하여 일반 화장품에도 많이 함유되어 있다."

① 호호바 오일
② 스위트 아몬드 오일
③ 아보카도 오일
④ 그레이프 시드 오일

호호바 오일은 지성, 여드름, 염증 피부에 효과적이다.

006
피부미용에 대한 설명으로 가장 거리가 먼 것은?

① 피부를 청결하고 아름답게 가꾸어 건강하고 아

름답게 변화시키는 과정이다.
② 피부미용은 에스테틱, 스킨케어 등의 이름으로 불리고 있다.
③ 일반적으로 외국에서는 매니큐어, 페디큐어가 피부미용의 영역에 속한다.
④ 제품에 의존한 관리법이 주를 이룬다.

피부미용은 손을 이용한 매뉴얼 테크닉 및 피부미용기기, 제품을 이용하여 피부를 아름답게 하는 전신 미용술이다.

007
클렌징에 대한 설명이 아닌 것은?
① 피부의 피지, 메이크업 잔여물을 없애기 위해서이다.
② 모공 깊숙이 있는 불순물과 피부 표면의 각질의 제거를 주목적으로 한다.
③ 제품흡수를 효율적으로 도와준다.
④ 피부의 생리적인 기능을 정상으로 도와준다.

②는 딥클렌징에 대한 설명이다.

008
천연과일에서 추출한 필링제는?
① AHA
② 라틱산
③ TCA
④ 페놀

AHA는 천연유기산으로 각질세포 사이의 응집력을 와해시켜 각질을 박락시키고, 사연 보습능력을 증가시킨다.

009
건성피부의 관리방법으로 틀린 것은?
① 알칼리성 비누를 이용하여 뜨거운 물로 자주 세안을 한다.
② 화장수는 알코올 함량이 적고 보습기능이 강화된 제품을 사용한다.
③ 클렌징 제품은 부드러운 밀크 타입이나 유분기가 있는 크림타입을 선택하여 사용한다.
④ 세라마이드, 호호바 오일, 아보카도 오일, 알로에베라, 히아루론산 등의 성분이 함유된 화장품을 사용한다.

비누를 이용하여 뜨거운 물로 자주 세안하는 것은 피부의 피지막을 제거시켜 유수분의 부족을 더욱 가속화시키므로, 무자극성의 클렌징제를 이용하여 미지근한 물로 세안하는 것이 좋다.

010
피부관리 후 마무리 동작에서 수렴작용을 할 수 있는 가장 적합한 방법은?
① 건타올을 이용한 마무리 관리
② 미지근한 타올을 이용한 마무리 관리
③ 냉타올을 이용한 마무리 관리
④ 스팀타올을 이용한 마무리 관리

냉습포는 수렴, 혈관수축, 진정 및 염증완화 효과가 있어 피부관리의 마무리 단계에 사용한다.

011
계절에 따른 피부 특성 분석으로 옳지 않은 것은?
① 봄 – 자외선이 점차 강해지며 기미와 주근깨 등 색소 침착이 피부표면에 두드러지게 나타난다.
② 여름 – 기온의 상승으로 혈액순환이 촉진되어 표피와 진피의 탄력이 증가된다.
③ 가을 – 기온의 변화가 심해 피지막의 상태가 불안정해진다.
④ 겨울 – 기온이 낮아져 피부의 혈액순환과 신진대사 기능이 둔화된다.

여름에는 무더위와 땀, 자외선으로 인해 신진대사가 저하되고 피부는 탄력을 잃게 된다.

012
딥클렌징 시 스크럽 제품을 사용할 때 주의해야 할 사항 중 틀린 것은?
① 코튼이나 해면을 사용하여 닦아낼 때 알갱이가 남지 않도록 깨끗하게 닦아낸다.
② 과각화된 피부, 모공이 큰 피부, 면포성 여드름 피부에는 적합하지않다.

③ 눈이나 입 속으로 들어가지 않도록 조심한다.
④ 심한 핸드링을 피하며, 마사지 동작을 해서는 안된다.

> 스크럽제는 세정효과와 각질제거 효과가 뛰어나 지성이나 과각화 피부, 여드름피부에 적합하다.

013
팩의 사용방법에 대한 내용 중 틀린 것은?
① 천연 팩은 흡수시간을 길게 유지할수록 효과적이다.
② 팩의 진정 시간은 제품에 따라 다르나 일반적으로 10~20분 정도의 범위이다.
③ 팩을 사용하기 전 알레르기 유무를 확인한다.
④ 팩을 하는 동안 아이패드를 적용한다.

> 천연팩은 먹을 수 있는 것과 한약재 등이 가능하며 약 20여분 정도 해 주는 것이 효과적이다.

014
다음 중 인체의 임파선을 통한 노폐물의 이동을 통해 해독작용을 도와주는 관리방법은?
① 반사요법
② 바디 랩
③ 향기요법
④ 림프 드레나쥐

> 림프드레나쥐는 림프액의 흐름을 원활하게 하여 부종완화, 노폐물 제거, 면역 능력 증가 등의 효과를 가져온다.

015
매뉴얼 테크닉의 동작 중 부드럽게 스쳐가는 동작으로 처음과 마지막이나 연결동작으로 많이 사용하는 것은?
① 반죽하기
② 쓰다듬기
③ 두드리기
④ 진동하기

> 쓰다듬기(경찰법, effleurage)는 피부를 진정시키고 긴장을 완화시키는 효과가 크다.

016
제모의 종류와 방법 중 옳은 것은?
① 일시적 제모는 면도, 가위를 이용한 커팅법, 화학적제모, 전기침 탈모법이 있다.
② 영구적 제모는 전기 탈모법, 전기핀셋 탈모법, 탈색법이 있다.
③ 제모시 사용되는 왁스는 크게 콜드왁스와 웜왁스로 구분할 수 있다.
④ 왁스를 이용한 제모법은 피부나 모낭 등에 화학적 해를 미치는 단점이 있다.

> 일시적 제모법으로는 면도, 가위커팅법, 트위징(족집게), 왁스(콜드왁스, 웜왁스), 화학적 제모가 있고, 영구적 제모법은 전기 바늘탈모법과 전기 핀셋 탈모법이 있다

017
마스크에 대한 설명 중 틀린 것은?
① 석고 – 석고와 물의 교반 작용 후 크리스탈 성분이 열을 발산하여 굳어진다.
② 파라핀 – 열과 오일이 모공을 열어주고, 피부를 코팅하는 과정에서 발한 작용이 발생한다.
③ 젤라틴 – 중탕되어 녹여진 팩제를 온도 테스트 후 브러쉬로 바르는 예민 피부용 진정 팩이다.
④ 콜라겐 벨벳 – 천연 용해성 콜라겐의 침투가 이루어지도록 기포를 형성시켜 공기층의 순환이 되도록 한다.

> 콜라겐 벨벳 마스크는 기포가 형성되지 않도록 화장수 등을 이용하여 피부에 밀착시켜야 효과적이다.

018
클렌징 시 주의해야 할 사항 중 틀린 것은?
① 클렌징 제품이 눈, 코, 입에 들어가지 않도록 주의한다.
② 강하게 문질러 닦아준다.
③ 클렌징 제품 사용은 피부 타입에 따라 선택하여야 한다.

④ 눈과 입은 포인트 메이크업 리무버를 사용하는 것이 좋다.

클렌징은 피부표면의 노폐물을 제거하는 목적이므로 부드럽게 러빙한 후 닦아준다.

019
아토피성 피부에 관계되는 설명으로 옳지 않은 것은?

① 유전적 소인이 있다.
② 가을이나 겨울에 더 심해진다.
③ 면직물의 의복을 착용하는 것이 좋다.
④ 소아습진과는 관계가 없다.

소아습진은 초기에 아토피성 피부염의 초기 증상을 나타낸다.

020
피지와 땀의 분비 저하로 유·수분의 균형이 정상적이지 못하고, 피부결이 얇으며 탄력 저하와 주름이 쉽게 형성되는 피부는?

① 건성피부 ② 지성피부
③ 이상피부 ④ 민감피부

건성피부는 외관상으로는 좋아 보이나 기름샘이나 땀샘의 분비가 원활하지 못해 항상 건조하고 윤기가 없다.

021
피부 색소를 퇴색시키며 기미, 주근깨 등의 치료에 주로 쓰이는 것은?

① 비타민 A ② 비타민 B
③ 비타민 C ④ 비타민 D

비타민 C는 도파의 산화를 억제하여 피부의 색소침착을 억제한다.

022
성인의 경우 피부가 차지하는 비중은 체중의 약 몇 %인가?

① 5~7%   ② 15~17%
③ 25~27% ④ 35~37%

성인의 평균피부면적은 1.6m²로, 중량은 체중의 약 15~17% 정도이다.

023
여드름 발생의 주요 원인과 가장 거리가 먼 것은?

① 아포크린한선의 분비증가
② 모낭 내 이상 각화
③ 여드름 균의 군락 형성
④ 염증반응

여드름은 피지선의 발달로 인한 피지 분비의 증가가 원인으로 작용한다.

024
피부노화 현상으로 옳은 것은?

① 피부노화가 진행되어도 진피의 두께는 그래도 유지된다.
② 광노화에서는 내인성 노화와 달리 표피가 얇아지는 것이 특징이다.
③ 피부 노화에는 나이에 따른 과정으로 일어나는 광노화와 누적된 햇빛노출에 의하여 야기되기도 한다.
④ 내인성 노화보다는 광노화에서 표피두께가 두꺼워진다.

광노화는 표피의 두께가 증가하고 멜라닌 세포의 이상항진, 탄력섬유의 이상적 증식 등 내인성 노화와는 조직학적 변화의 차이가 뚜렷하다.

025
다음 중 표피층을 순서대로 나열한 것은?

① 각질층, 유극층, 투명층, 과립층, 기저층
② 각질층, 유극층, 망상층, 기저층, 과립층
③ 각질층, 과립층, 유극층, 투명층, 기저층
④ 각질층, 투명층, 과립층, 유극층, 기저층

표피층은 바깥으로부터 각질층 – 투명층(손,발바닥에만 존재) – 과립층 – 유극층 – 기저층의 순으로 존재한다.

026
다음 중 멜라닌 세포에 관한 설명으로 틀린 것은?

① 멜라닌의 기능은 자외선으로부터의 보호작용이다.
② 과립층에 위치한다.
③ 색소제조 세포이다.
④ 자외선을 받으면 왕성하게 활성한다.

멜라닌 세포는 각질형성 세포와 함께 표피의 기저층에 위치한다.

027
다음 중 원발진이 아닌 것은?

① 구진
② 농포
③ 반흔
④ 종양

원발진과 속발진
- 원발진 : 반, 홍반, 자반, 구진, 종양, 결절, 소수포, 대수포, 농포, 팽진 등
- 속발진 : 미란, 찰상, 궤양, 인설, 가피, 균열, 반흔 등

028
혈액의 기능이 아닌 것은?

① 조직에 산소를 운반하고 이산화탄소를 제거한다.
② 조직에 영양을 공급하고 대사 노폐물을 제거한다.
③ 체내의 유분을 조절하고 pH를 낮춘다.
④ 호르몬이나 기타 세포 분비물을 필요한 곳으로 운반한다.

혈액은 산소 및 이산화탄소 운반, 영양분과 노폐물의 운반, 수분유지, 체온유지, 면역작용, 혈액응고작용, 전해질 및 pH 유지 기능을 한다.

029
다음 중 뼈의 기능으로 맞는 것을 모두 나열한 것은?

| A. 지지 | B. 보호 | C. 조혈 | D. 운동 |

① A, C
② B, D
③ A, B, C
④ A, B, C, D

뼈는 신체의 지지기능, 보호기능, 운동기능, 조혈기능 및 무기물 저장기능이 있다.

030
세포에 대한 설명으로 틀린 것은?

① 생명체의 구조 및 기능적 기본 단위이다.
② 세포는 핵과 근원섬유로 이루어져 있다.
③ 세포 내에는 핵이 핵막에 의해 둘러싸여 있다.
④ 기능이나 소속된 조직에 따라 원형, 아메바, 타원 등 다양한 모양을 하고 있다.

세포는 핵과 세포막, 세포질로 되어 있다.

031
다음 중 위팔을 올리거나 내릴 때 또는 바깥쪽으로 돌릴 때 사용되는 근육의 명칭은?

① 승모근
② 흉쇄유돌근
③ 대둔근
④ 비복근

승모근은 등쪽에 위치한 큰 삼각형 모양의 근육으로 전체가 작용을 하면 가슴을 펴게 한다.

032
다음 중 소화기계가 아닌 것은?

① 폐, 신장
② 간, 담
③ 비장, 위
④ 소장, 대장

폐는 호흡기계, 신장은 비뇨기계에 속한다.

033
다음 중 웃을 때 사용하는 근육이 아닌 것은?

① 안륜근
② 구륜근
③ 대협골근
④ 전거근

전거근은 가슴의 외벽을 덮고 있는 근육으로 상지의 운동에 관여한다.

034
골격근에 대한 설명으로 맞는 것은?

① 뼈에 부착되어 있으며 근육이 횡문과 단백질로 구성되어 있고, 수의적 활동이 가능하다.
② 골격근은 일반적으로 내장벽을 형성하여 위와 방광 등의 장기를 둘러싸고 있다.
③ 골격근은 줄무늬가 보이지않아서 민무늬근이라고 한다.
④ 골격근은 움직임, 자세유지, 관절안정을 주며 불수의근이다.

골격근에 의해 근육의 수축이나 이완이 가능하며, 골격운동의 원동력이 되는 근육을 주동근이라 한다.

035
이온에 대한 설명으로 틀린 것은?

① 원자가 전자를 얻거나 잃으면 전하를 띠게 되는데 이온은 이 전하를 띤 입자를 말한다.
② 같은 전하의 이온은 끌어당긴다.
③ 중성인 원자가 전자를 얻으면 음이온이라 불리는 음전하를 띤 이온이 된다.
④ 이온은 원소 기호의 오른쪽에 위에 잃거나 얻은 전자수를 + 또는 – 부호를 붙여 나타낸다.

같은 전하의 이온은 물리치고, 다른 전하의 이온은 서로 끌어당긴다.

036
브러시(brush, 프리마돌) 사용법으로 옳지 않은 것은?

① 회전하는 브러시를 피부와 45도 각도로 하여 사용한다.
② 피부상태에 따라 브러시의 회전속도를 조절한다.
③ 화농성 여드름 피부와 모세혈관 확장 피부 등은 사용을 피하는 것이 좋다.
④ 브러시 사용 후 중성 세제로 세척한다.

브러시와 피부의 각도는 90도로, 솔이 눌리거나 꺾이지 않게 하여 사용한다.

037
스티머(steamer) 기기의 사용방법으로 적합하지 않은 것은?

① 증기분출 전에 분사구를 고객의 얼굴로 향하도록 미리 준비해 놓는다.
② 일반적으로 얼굴과 분사구와의 거리 30~40cm 정도로 하고 민감성 피부의 경우 거리를 좀 더 멀게 위치한다.
③ 유리병 속에 세제나 오일이 들어가지 않도록 한다.
④ 수분이 없이 오존만을 쐬여주지않도록 한다.

증기가 나오기 시작하면 턱 쪽을 향해 수증기를 분사하도록 고정한다.

038
수분측정기로 표피의 수분 함유량을 측정하고자 할 때 고려해야 하는 내용이 아닌 것은?

① 온도는 20~22℃에서 측정하여야 한다.
② 직사광선이나 직접조명 아래에서 측정한다.
③ 운동 직후에는 휴식을 취한 후 측정하도록 한다.
④ 습도는 40~60%가 적당하다.

수분측정은 직사광선이나 직접조명 아래에서는 측정을 피한다.

039
디스인크러스테이션(Disincrustation)에 대한 설명 중 틀린 것은?

① 화학적인 전기분해에 기초를 두고 있으며 직류가 식염수를 통과할 때 발생하는 화학작용을 이용한다.
② 모공에 있는 피지를 분해하는 작용을 한다.
③ 지성과 여드름 피부 관리에 적합하게 사용될 수 있다.

④ 양극봉은 활동 전극봉이며 박리관리를 위하여 안면에 사용된다.

디스인크러스테이션은 음극봉이 활동 전극봉으로, 음극봉 아래 생성된 알칼리로 피지와 각질, 노폐물을 배출시키는 세정효과가 있다.

040
눈으로 판별하기 어려운 피부의 심층상태 및 문제점을 명확하게 분별할 수 있는, 특수 자외선을 이용한 기기는?

① 확대경
② 홍반측정기
③ 적외선램프
④ 우드램프

우드램프는 육안으로 보기 힘든 피지나 민감도, 색소침착, 트러블 등의 피부상태를 서로 다른 색깔로 나타내어 피부를 판독하는 기기이다.

041
핸드케어(hand care) 제품 중 사용할 때 물을 사용하지 않고 직접 바르는 것으로 피부 청결 및 소독효과를 위해 사용하는 것은?

① 핸드 워시(hand wash)
② 핸드 새니타이저(hand sanitizer)
③ 비누(soap)
④ 핸드 로션(hand lotion)

핸드 새니타이저는 물로 손을 씻는 것을 대용해 주는 손세정제로 액체형이나 젤 형태가 있다.

042
크림 파운데이션에 대한 설명 중 알맞은 것은?

① 얼굴의 형태를 바꾸어 준다.
② 피부의 잡티나 결점을 커버해 주는 목적으로 사용된다.
③ O/W형은 W/O형에 비해 비교적 사용감이 무겁고 퍼짐성이 낮다.
④ 화장시 산뜻하고 청량감이 있으나 커버력이 약하다.

크림파운데이션은 O/W형과 W/O형이 있으며, O/W형은 비교적 사용감이 가볍고 퍼짐성이 좋으며, W/O형은 사용감이 무겁고 퍼짐성이 낮으나 피부 부착성이 우수하고 화장이 잘 지워지지 않는 장점이 있다.

043
땀의 분비로 인한 냄새와 세균의 증식을 억제하기 위해 주로 겨드랑이 부위에 사용하는 것은?

① 데오도란트 로션
② 핸드 로션
③ 보디 로션
④ 파우더

데오도란트는 냄새를 제거하거나 약하게 하는 방취화장품이다.

044
다음 중 물에 오일성분이 혼합되어 있는 유화 상태는?

① O/W 에멀젼
② W/O 에멀젼
③ W/S 에멀젼
④ W/O/W 에멀젼

유화의 형태는 물에 오일이 분산되어 있는 O/W형(수중유적형, oil in water)과 오일에 물이 분산되어 있는 W/O형(유중수적형, water in oil)의 2가지와 W/O/W, O/W/O형의 다상에멀젼이 있다.

045
아로마테라피(aroma-therapy)에 사용되는 아로마 오일에 대한 설명 중 가장 거리가 먼 것은?

① 아로마테라피에 사용되는 아로마 오일은 주로 수증기증류법에 의해 추출된 것이다.
② 아로마 오일은 공기 중의 산소, 빛 등에 의해 변질될 수 있으므로 갈색병에 보관하여 사용하는 것이 좋다.
③ 아로마 오일은 원액을 그대로 피부에 사용해야 한다.
④ 아로마 오일을 사용할 때에는 안전성 확보를 위하여 사전에 패취 테스트(patch test)를 실시하여야 한다.

아로마 오일은 반드시 희석해서 사용해야 하며, 희석되지 않은 상태에서는 두통이나 매스꺼움, 불쾌감을 줄 수 있다.

046
자외선 차단제에 대한 설명 중 틀린 것은?

① 자외선 차단제의 구성성분은 크게 자외선 산란제와 자외선 흡수제로 구분된다.
② 자외선 차단제 중 자외선 산란제는 투명하고, 자외선 흡수제는 불투명한 것이 특징이다.
③ 자외선 산란제는 물리적인 산란작용을 이용한 제품이다.
④ 자외선 흡수제는 화학적인 흡수작용을 이용한 제품이다.

자외선 산란제는 차단효과가 우수하고 부작용이 없으나 불투명하여 크림이나 로션에 많이 배합되면 보기 좋지 않은 단점이 있고, 자외선 흡수제는 투명하기 때문에 보기는 좋지만 접촉성 피부염의 위험이 있어 배합한도를 엄격히 규제하고 있다.

047
다음 중 기능성 화장품의 범위에 해당하지 않는 것은?

① 미백 크림   ② 바디 오일
③ 자외선차단 크림   ④ 주름개선 크림

기능성 화장품은 피부의 미백에 도움을 주는 제품, 피부의 주름개선에 도움을 제품, 피부를 곱게 태워주거나 자외선으로부터 피부를 보호하는데 도움을 주는 제품을 말한다.

048
상수의 수질오염 분석 시 대표적인 생물학적 지표로 이용되는 것은?

① 대장균   ② 살모넬라균
③ 장티푸스균   ④ 포도상구균

049
자연능동면역 중 감염면역만 형성되는 감염병은?

① 두창, 홍역   ② 일본뇌염, 폴리오
③ 매독, 임질   ④ 디프테리아, 폐렴

자연능동면역 중 감염면역만 형성되는 감염병으로는 매독, 임질, 말라리아가 있다.

050
발열증상이 가장 심한 식중독은?

① 살모넬라 식중독
② 웰치균 식중독
③ 복어 중독
④ 포도상구균 식중독

살모넬라는 쥐, 파리, 바퀴벌레 등에 의해 오염되며 고열과 설사, 구토를 동반한다.

051
다음 중 가장 대표적인 보건 수준 평가기준으로 사용되는 것은?

① 성인사망률
② 영아사망률
③ 노인사망률
④ 사인별사망률

영아사망률은 모자보건, 환경위생 및 영양수준 등에 민감하며, 일반 사망률에 비해 통계적 유의성이 높고, 국가간의 영아사망률의 변동 범위가 조사망률에 비해 훨씬 크기 때문에 한 국가의 건강수준을 나타내는 가장 대표적인 지표로 사용된다.

052
소독약의 사용 및 보존상의 주의 점으로서 틀린 것은?

① 일반적으로 소독약은 밀폐시켜 일광이 직사되지 않는 곳에 보존해야 한다.
② 모든 소독약은 사용할 때마다 반드시 새로이 만들어 사용하여야 한다.
③ 승홍이나 석탄산 같은 것은 인체에 유해하므로 특별히 주의·취급하여야 한다.
④ 염소제는 일광과 열에 의해 분해되지 않도록 냉암소에 보존하는 것이 좋다.

소독약은 사용할 때마다 새로 조제하는 것이 효과적이기는 하지만 안정성이 강하고, 오래 두어도 화학변화가 적은 경우는 만들어 놓은 것을 사용해도 좋다.

053
소독장비 사용시 주의해야 할 사항 중 옳은 것은?

① 건열 멸균기 - 멸균된 물건을 소독기에서 꺼낸 즉시 냉각시켜야 살균효과가 크다.
② 자비 소독기 - 금속성 기구들은 물이 끓기 전부터 넣고 끓인다.
③ 간헐 멸균기 - 가열과 가열 사이에 20℃ 이상의 온도를 유지한다.
④ 자외선 소독기 - 날이 예리한 기구 소독시 타올 등으로 싸서 넣는다.

간헐멸균법은 100℃의 유통 증기 속에서 30~60분간 멸균시킨 다음 24시간 방치하였다가 다시 전과 같은 방법으로 3회 가열 멸균하게 되는데 이때 가열과 가열 사이에 20℃ 이상의 온도를 항상 유지해야 한다.

054
고압증기 멸균법에 있어 20Lbs, 126.5℃의 상태에서 몇 분간 처리하는 것이 가장 좋은가?

① 5분
② 15분
③ 30분
④ 60분

고압증기멸균법
• 10Lbs, 115.5℃의 상태 : 30분
• 15Lbs, 121.5℃의 상태 : 20분
• 20Lbs, 126.5℃의 상태 : 15분

055
이·미용업소에서 수건 소독에 가장 많이 사용되는 물리적 소독법은?

① 석탄산 소독
② 알코올 소독
③ 자비 소독
④ 과산화수소 소독

자비소독은 약 100℃의 끓는 물 속에 소독할 물품을 직접 담가 20분 이상 끓이는 방법이다.

056
공중위생관리법상 이·미용 업소의 조명 기준은?

① 50룩스 이상
② 75룩스 이상
③ 100룩스 이상
④ 125룩스 이상

영업장 안의 조명도는 75룩스 이상이 되도록 유지해야 한다.

057
공중위생관리법상 위생서비스 수준의 평가에 대한 설명 중 맞는 것은?

① 평가의 전문성을 높이기 위하여 필요하다고 인정하는 경우에는 관련 전문기관 및 단체로 하여금 위생서비스 평가를 실시하게 할 수 있다.
② 평가주기는 3년마다 실시한다.
③ 평가주기와 방법, 위생관리등급은 대통령령으로 정한다.
④ 위생관리 등급은 2개 등급으로 나뉜다.

위생서비스 수준의 평가는 2년마다 실시하며, 평가의 주기와 방법, 위생관리등급의 기준 등은 보건복지부령으로 정한다. 또한, 위생관리등급의 구분은 최우수업소, 우수업소, 일반관리대상 업소의 3개 등급으로 나뉜다.

058
이·미용업 영업자가 공중위생관리법을 위반하여 관계행정기관의 장의 요청이 있는 때에는 몇 월 이내의 기간을 정하여 영업의 정지 또는 일부 시설의 사용 중지 혹은 영업소 폐쇄 등을 명할 수 있는가?

① 3월
② 6월
③ 1년
④ 2년

시장, 군수, 구청장은 공중위생관리법을 위반하여 관계행정기관의 장의 요청이 있을 때에는 6월 이내의 기간을 정하여 영업의 정지 또는 일부 시설의 사용중지를 명하거나 영업소 폐쇄 등을 명할 수 있다.

059
행정처분 대상자 중 중요처분 대상자에게 청문을 실시할 수 있다. 그 청문대상이 아닌 것은?

① 면허정지 및 면허취소
② 영업정지
③ 영업소 폐쇄 명령
④ 자격증 취소

시장, 군수, 구청장은 이용사 및 미용사의 면허취소, 면허정지, 영업의 정지, 일부 시설의 사용 중지 및 영업장 폐쇄명령 등의 처분을 하고자 할 때에는 청문을 실시하여야 한다.

060
다음 중 ( ) 안에 가장 적합한 것은?

> 공중위생관리법상 "미용업"의 정의는 손님의 얼굴, 머리, 피부 등을 손질하여 손님의 ( )를(을) 아름답게 꾸미는 영업이다.

① 모습
② 외양
③ 외모
④ 신체

미용업의 구분
- 이용업 : 손님의 머리카락 또는 수염을 깎거나 다듬는 등의 방법으로 손님의 용모를 단정하게?하는 영업
- 미용업 : 손님의 얼굴·머리·피부 등을 손질하여 손님의 외모를 아름답게 꾸미는 영업
- 미용업(일반) : 파마·머리카락자르기·머리카락모양내기·머리피부손질·머리카락염색·머리감기, 의료기기나 의약품을 사용하지 아니하는 눈썹손질을 하는 영업
- 미용업(피부) : 의료기기나 의약품을 사용하지 아니하는 피부상태분석·피부관리·제모(除毛)·눈썹손질을 하는 영업
- 미용업(손톱·발톱) : 손톱과 발톱을 손질·화장(化粧)하는 영업
- 미용업(화장·분장) : 얼굴 등 신체의 화장, 분장 및 의료기기나 의약품을 사용하지 아니하는 눈썹손질을 하는 영업
- 미용업(종합) : 미용업(일반), 미용업(피부), 미용업(손톱·발톱), 미용업(화장·분장)의 업무를 모두 하는 영업

적중모의고사 2회

001	002	003	004	005
④	③	②	③	①
006	007	008	009	010
④	②	①	①	③
011	012	013	014	015
②	②	①	④	②
016	017	018	019	020
③	④	②	④	①
021	022	023	024	025
③	②	①	④	④
026	027	028	029	030
②	③	③	④	②
031	032	033	034	035
①	①	④	①	②
036	037	038	039	040
①	①	②	④	④
041	042	043	044	045
②	②	①	①	③
046	047	048	049	050
②	②	①	③	①
051	052	053	054	055
②	②	③	②	③
056	057	058	059	060
②	①	②	④	③

적중모의고사 _ 피부미용사 제3회

001
물의 수압을 이용해 혈액순환을 촉진시켜 체내의 독소배출, 세포재생 등의 효과를 증진시킬 수 있는 건강증진 방법은?

① 아로마테라피(aroma-therapy)
② 스파테라피(spa-therapy)
③ 스톤테라피(stone-therapy)
④ 허벌테라피(hebal-therapy)

스파테라피는 물의 수압, 부력, 물의 열을 이용하여 신진대사촉진, 독소배출 및 노폐물제거, 탄력증진, 세포재생, 스트레스완화 등의 효과를 얻을 수 있는 물을 이용한 마사지방법이다.

002
글리콜산이나 젖산을 이용하여 각질층에 침투시키는 방법으로 각질세포의 응집력을 약화시키며 자연 탈피를 유도시키는 필링제는?

① phenol
② TCA
③ AHA
④ BP

AHA(Alpha Hydroxy Acid)는 과일산이라고도 하며, 사탕수수에서 얻어지는 글리콜산, 쉰우유에서 추출하는 젖산, 사과에서 얻어지는 말릭산, 포도의 타타릭산, 감귤류에서 얻어지는 시트릭산 등이 있다.

003
다음에서 설명하는 팩(마스크)의 재료는?

> 열을 내서 혈액순환을 촉진시키고 또한 피부를 완전 밀폐시켜 팩(마스크)도포 전에 바르는 앰플과 영양액 및 영양크림의 성분이 피부 깊숙이 흡수되어 피부개선에 효과를 준다.

① 해초
② 석고
③ 꿀
④ 아로마

석고마스크는 온도가 45℃ 이상 올라가면서 피부 깊숙이 영양물질을 침투시키고 세포의 재생을 돕는다.

004
클렌징의 목적과 가장 거리가 먼 것은?

① 청결과 위생
② 혈액순환 촉진
③ 트리트먼트의 준비
④ 유효성분 침투

클렌징의 목적은 위생과 청결, 혈액순환촉진, 트리트먼트의 준비단계, 청량감에 있다.

005
다음 중 필링의 대상이 아닌 것은?

① 모세혈관 확장피부
② 모공이 넓은 지성피부
③ 일반 여드름피부
④ 잔주름이 얇은 건성피부

필링은 노화가 진행되는 30대부터 지성피부, 여드름피부, 거친피부, 모공확장 피부 및 잔주름이 있는 피부가 대상이 된다

006
피부 관리 시 마무리 동작에 대한 설명 중 틀린 것은?

① 장시간동안의 피부 관리로 인해 긴장된 근육의 이완을 도와 고객의 만족을 최대로 향상시킨다.
② 피부타입에 적당한 화장수로 피부결을 일정하게 한다.
③ 피부타입에 적당한 앰플, 에센스, 아이크림, 자

외선 차단제 등을 피부에 차례로 흡수시킨다.
④ 딥클렌징제를 사용한 다음 화장수로만 가볍게 마무리 관리해주어야 자극을 최소화 할 수 있다.

> 딥클렌징 후에는 각질층이 떨어져 나가면서 피부보호막이 같이 제거되므로 스킨, 로션, 에센스, 영양크림 등을 이용하여 기초손질을 완벽하게 해 주어야 한다.

007
신체 부위별 관리의 효과를 극대화시키기 위한 방법과 가장 거리가 먼 것은?

① 배농을 돕기 위해 따뜻한 차를 마시게 한다.
② 온 타월을 사용하여 고객의 몸을 이완시켜준다.
③ 시원한 물을 마시게 하여 고객을 안정시킨다.
④ 편안한 환경을 만들어 고객이 심리적 안정감을 갖도록 한다.

> 고객 관리 후는 따뜻한 차나 물을 마시게 하여 순환을 돕는다.

008
제모 관리에서 왁스 제모법의 장점이 아닌 것은?

① 신체의 광범위한 부위를 짧은 시간 내에 효과적으로 제거할 수 있다.
② 털을 닳게 하여 제거하는 방법이므로 통증이 적다.
③ 다른 일시적 제모제보다 제모 효과가 4~5주 정도 오래 지속된다.
④ 피부나 모낭 등에 화학적 해를 미치지 않는다.

> 왁스를 이용한 제모는 송진, 밀납, 고형파라핀 등이 주성분으로, 얼굴이나 다리와 같이 넓은 부위에 효과적으로 사용할 수 있고, 제모의 효과가 길며 피부나 모낭에 화학적 해를 미치지 않으며, 제모 이후 성장하는 털은 처음보다 가늘게 성장하는 장점이 있다.

009
매뉴얼 테크닉 시술 시 주의해야 할 사항이 아닌 것은?

① 피부미용사는 손의 온도를 따뜻하게 하여 고객이 차갑게 느끼지 않도록 한다.
② 처음과 마지막 동작은 주무르기 방법으로 부드럽게 시술한다.
③ 동작마다 일정한 리듬을 유지하면서 정확한 속도를 지키도록 한다.
④ 피부타입과 피부상태의 필요성에 따라 동작을 조절한다.

> 매뉴얼 테크닉의 처음과 끝은 부드러운 마찰작용과 진정작용을 하는 쓰다듬기 동작을 행한다.

010
제모시술 중 올바른 방법이 아닌 것은?

① 시술자의 손을 소독한다.
② 머절린(부직포)을 떼어낼 때 털이 자란 방향으로 떼어낸다.
③ 스파튤라에 왁스를 묻힌 후 손목 안쪽에 온도 테스트를 한다.
④ 소독 후 시술부위에 남아 있을 유·수분을 정리하기 위하여 파우더를 사용한다.

> 부직포(머절린, 머슬린)은 털이 자란 반대방향으로 재빠르게 떼어내야 피부자극이 적다.

011
표피수분부족 피부의 특징이 아닌 것은?

① 연령에 관계없이 발생한다.
② 피부조직에 표피성 잔주름이 형성된다.
③ 피부 당김이 진피(내부)에서 심하게 느껴진다.
④ 피부조직이 별로 얇게 보이지 않는다.

> 표피수분부족 피부는 환경적인 영향에 의한 표피의 수분부족현상으로 수분관리가 적절하지 못할 경우 진피수분부족 피부로 발전할 가능성이 많다.

012
매뉴얼 테크닉의 기본 동작에 대한 설명으로 틀린 것은?

① 에플라쥐(effleyrage) – 손 바닥을 이용해 부드럽게 쓰다듬는 동작

② 프릭션(friction) – 근육을 횡단하듯 반죽하는 동작
③ 타포트먼트(tapotrment) – 손가락을 이용하여 두드리는 동작
④ 바이브레이션(vibration) – 손전체나 손가락에 힘을 주어 고른 진동을 주는 동작

프릭션(문지르기, 마찰법, 강찰법)은 손가락이나 손바닥을 이용하여 원을 그리면서 적절한 압을 가하면서 행하는 동작이다

013
입술 화장을 제거하는 방법으로 가장 적합한 것은?

① 클렌저를 묻힌 화장솜으로 입술 바깥쪽에서 안쪽으로 닦아준다.
② 클렌저를 묻힌 화장솜으로 입술 안쪽에서 바깥쪽으로 닦아준다.
③ 클렌저를 묻힌 면봉으로 닦아준다.
④ 클렌저를 묻힌 화장솜으로 입술을 안쪽에서 바깥쪽으로 닦아준다.

입술화장 제거는 입술 구각을 가볍게 잡아주고 입꼬리에서 입꼬리를 향하여 닦아준다.

014
화장수의 작용이 아닌 것은?

① 피부에 남은 클렌징 잔여물 제거 작용
② 피부의 pH 밸런스 조절 작용
③ 피부에 집중적인 영양공급 작용
④ 피부 진정 또는 쿨링 작용

화장수는 세안으로 지워지지 않은 잔여물의 제거, 피부의 산도를 약산성으로 회복, 보습 및 유연, 수렴, 진정 작용, 다음 단계에 사용할 제품의 흡수를 용이하게 하는 역할을 한다

015
팩 중 아줄렌 팩의 주된 효과는?

① 진정효과
② 탄력효과
③ 항산화작용효과
④ 미백효과

아줄렌은 카모마일에서 얻은 물질로 항염, 항알러지, 진정, 상처치유효과가 있다.

016
피부미용의 기능이 아닌 것은?

① 피부보호
② 피부문제 개선
③ 피부질환 치료
④ 심리적 안정

피부질환의 치료는 의학적 기능에 속한다.

017
피부미용의 관점에서 딥클렌징의 목적이 아닌 것은?

① 영양물질의 흡수를 용이하게 한다.
② 피지와 각질층의 일부를 제거한다.
③ 피부유형에 따라 주 1~2회 정도 실시한다.
④ 화학적 화상을 유발하여 피부세포 재생을 촉진한다.

화학적 필링은 화학약품을 이용하여 피부에 화상을 입혀 화상이 치유되는 과정에서 새로운 피부가 돋아나게 하는 원리를 이용하는 필링법으로 의학적 필링에 속한다.

018
여드름 피부에 직접 사용하기에 가장 좋은 아로마는?

① 유칼립투스
② 로즈마리
③ 페파민트
④ 티트리

티트리는 살균과 소독작용이 강하며 여드름 피부에 효과적이다.

019
피부구조에 대한 설명 중 틀린 것은?

① 피부는 표피, 진피, 피하지방층의 3개 층으로 구성된다.
② 표피는 일반적으로 내측으로부터 기저층, 투명층, 유극층, 과립층 및 각질층의 5층으로 나뉜다.

③ 멜라닌 세포는 표피의 유극층에 산재한다.
④ 멜라닌 세포 수는 민족과 피부색에 관계없이 일정하다.

멜라닌 세포는 표피의 기저층에 존재한다.

020
사춘기 이후에 주로 분비가 되며, 모공을 통하여 분비되어 독특한 채취를 발생시키는 것은?

① 소한선 ② 대한선
③ 피지선 ④ 갑상선

대한선(아포크린선)은 소한선(에포크린선)보다 깊게 위치하며, 모낭과 연결되어 있고 사춘기 이후에 활동하여 강한 냄새가 나며, 겨드랑이, 젖꼭지, 사타구니, 배꼽 주변에 주로 분포한다.

021
피부 표피 중 가장 두꺼운 층은?

① 각질층 ② 유극층
③ 과립층 ④ 기저층

유극층은 5~10층의 유핵 세포층으로, 림프액이 흐르고 있어 혈액순환과 물질 교환이 이루어지며, 가시모양의 돌기로 인접세포와 연결되어 있다.

022
각 비타민의 효능 설명 중 옳은 것은?

① 비타민 E – 아스코르빈산의 유도체로 사용되며 미백제로 이용된다.
② 비타민 A – 혈액순환 촉진과 피부 청정효과가 우수하다.
③ 비타민 P – 바이오플라보노이드(bioflavonoid)라고도 하며 모세혈관을 강화하는 효과가 있다
④ 비타민 B – 세포 및 결합조직의 조기노화를 예방한다.

비타민 P는 바이오플라보노이드 또는 루틴이라고도 하며 감귤류의 껍질, 블루베리, 포도주, 메밀 등에 함유되어 있다.

023
피부의 각질층에 존재하는 세포간지질 중 가장 많이 함유된 것은?

① 세라마이드(ceramide)
② 콜레스테롤(cholesterol)
③ 스쿠알렌(squalene)
④ 왁스(wax)

세라마이드는 각질세포와 세포사이의 결합력을 높여주고 수분의 증발을 막아주는 작용을 한다.

024
콜라겐(collagen)에 대한 설명으로 틀린 것은?

① 노화된 피부에는 콜라겐 함량이 낮다.
② 콜라겐이 부족하면 주름이 발생하기 쉽다.
③ 콜라겐은 피부의 표피에 주로 존재한다.
④ 콜라겐은 섬유아세포에서 생성된다.

콜라겐은 피부의 진피층에 존재하는 단백질로 진피에 인장강도를 주는 역할을 하며, 피부의 주름을 예방하는 수분 보유원이다.

025
성인이 하루에 분비하는 피지의 양은?

① 약 1~2g ② 약 0.1~0.2g
③ 약 3~5g ④ 약 5~8g

피지선은 진피층에 있으며, 하루 평균 1~2g의 피지를 생산하여 모공을 통해 외부로 배출한다.

026
광노화의 반응과 가장 거리가 먼 것은?

① 거칠어짐
② 건조
③ 과색소침착증
④ 모세혈관 수축

광노화는 모세혈관 확장을 유발시킨다.

027
지성피부에 대한 설명 중 틀린 것은?

① 지성피부는 정상피부보다 피지 분비량이 많다.
② 피부결이 섬세하지만 피부가 얇고 붉은색이 많다.
③ 지성피부가 생기는 원인은 남성호르몬의 안드로겐(androgen)이나 여성호르몬인 프로게스테론(progesterone)의 기능이 활발해져서 생긴다.
④ 지성피부의 관리는 피지제거 및 세정을 주 목적으로 한다.

지성피부는 모공이 넓어 피부결이 거칠고 두꺼워 보인다.

028
혈액의 기능으로 틀린 것은?

① 호르몬 분비작용
② 노폐물 배설작용
③ 산소와 이산화탄소의 운반작용
④ 삼투압과 산, 염기 평형의 조절작용

혈액의 기능은 산소 및 이산화탄소 운반, 영양분과 노폐물의 운반, 수분유지, 체온유지, 면역작용, 혈액응고작용, 전해질 및 pH 유지작용 등이다.

029
인체의 각 주요 호르몬의 기능 저하에 따라 나타나는 현상으로 틀린 것은?

① 부신피질자극호르몬(ACTH) : 갑상선 기능저하
② 난포자극호르몬(FSH) : 불임
③ 인슐린(Insulin) : 당뇨
④ 에스트로겐(Estrogen) : 무월경

갑상선 기능저하증은 갑상선자극호르몬(TSH)의 기능이 저하될 때 나타난다

030
세포 내에서 호흡생리를 담당하고 이화작용과 동화작용에 의해 에너지를 생산하는 곳은?

① 리소좀
② 염색체
③ 소포체
④ 미토콘드리아

미토콘드리아는 섭취된 음식물 중의 영양물질을 산화시켜 세포 내 물질대사의 대부분을 담당한다.

031
골과 골 사이의 충격을 흡수하는 결합조직은?

① 섬유
② 연골
③ 관절
④ 조직

연골은 골단의 마찰을 방지하고, 기관 및 귓바퀴와 같이 탄력을 유지하거나 압력에 대한 저항력을 줄여주는 역할을 한다.

032
췌장에서 분비되는 단백질 분해효소는?

① 펩신(pepsin)
② 트립신(trypsin)
③ 리파아제(lipase)
④ 펩티디아제(peptidase)

췌장은 소화액을 분비하는 소화선임과 동시에 호르몬을 분비하는 내분비선이기도 하다.

033
평활근에 대한 설명 중 틀린 것은?

① 근원섬유에는 가로무늬가 없다.
② 운동신경의 분포가 없는 대신 자율신경이 분포되어 있다.
③ 수축은 서서히 그리고 느리게 지속된다.
④ 신경을 절단하면 자동적으로 움직일 수 없다.

평활근은 소화관, 기도, 혈관, 방광 등의 벽 내에 있는 근육으로 내장근으로도 불리며, 불수의근이고 자율신경의 지배를 받는다.

034
다음 보기의 사항에 해당되는 신경은?

- 제7뇌신경이다.
- 안면 근육 운동
- 혀 앞 2/3 미각담당
- 뇌신경 중 하나

① 3차신경　　　② 설인신경
③ 안면신경　　　④ 부신경

안면신경은 안면근을 지배하는 운동신경으로 안면신경이 손상을 받으면 안면마비가 일어난다.

035
진동브러쉬(Frimator)의 효과가 아닌 것은?

① 앰플침투　　　② 클렌징
③ 필링　　　　　④ 딥클렌징

진동브러쉬는 여러 가지 크기의 천연양모 소재의 브러쉬를 이용하여 느린 회전에서부터 빠른 회전까지 속도를 조절하면서 클렌징 및 딥클렌징, 마사지의 효과를 얻을 수 있다.

036
전류의 설명으로 옳은 것은?

① 양(+)전자들이 양(+)극을 향해 흐르는 것이다.
② 음(−)전자들이 음(−)극을 향해 흐르는 것이다.
③ 전자들이 전도체를 따라 한 방향으로 흐르는 것이다.
④ 전자들이 양극(+)방향과 음극(−)방향을 번갈아 흐르는 것이다.

전류는 전도체를 통해 자유전자가 이동하는 것을 말한다.

037
디스인크러스테이션(disincrustation)을 가급적 피해야 할 피부유형은?

① 중성피부　　　② 지성피부
③ 노화피부　　　④ 건성피부

디스인크러스테이션은 알칼리효과가 상태를 더욱 악화시킬 수 있기 때문에 건조한 피부에는 사용하지 않는다.

038
적외선 미용기기를 사용할 때의 주의사항으로 옳은 것은?

① 램프와 고객과의 거리는 최대한 가까이 한다.
② 자외선 적용 전 단계에 사용하지 않는다.
③ 최대흡수 효과를 위해 해당부위와 램프가 직각이 되도록 한다.
④ 간단한 금속류를 제외한 나머지 장신구는 허용되지 않는다.

자외선 치료 전에 적외선을 사용하면 고객의 감각을 증가시켜 과민반응을 유발할 위험이 있으므로 사용하지 않으나 지나친 자외선 관리 후에는 반작용을 감소시키기 위해 적외선 관리가 사용될 수는 있다.

039
갈바닉 전류 중 음극(−)을 이용한 것으로 제품을 피부 속으로 스며들게 하기 위해 사용하는 것은?

① 아나포레시스(anaphoresis)
② 에피더마브레이션(epidermabrassion)
③ 카다포레시스(cataphoresis)
④ 전기 마스크(electronis mask)

갈바닉 전류에서 음이온의 운동을 아나포레시스, 양이온의 운동을 카타포레시스라고 한다.

040
증기연무기(Steamer)를 사용할 때 얻는 효과와 가장 거리가 먼 것은?

① 따뜻한 연무는 모공을 열어 각질제거를 돕는다.
② 혈관을 확장시켜 혈액 순환을 촉진시킨다.
③ 세포의 신진대사를 증가시킨다.
④ 마사지크림 위에 증기 연무를 사용하면 유효성분의 침투가 촉진된다.

스티머는 클렌징이나 딥클렌징 시 사용된다.

041
기능성 화장품에 대한 설명으로 옳은 것은?

① 자외선에 의해 피부가 심하게 그을리거나 일광화상이 생기는 것을 지연해 준다.
② 피부 표면에 더러움이나 노폐물을 제거하여 피부를 청결하게 해 준다.

③ 피부표면의 건조를 방지해주고 피부를 매끄럽게 한다.
④ 비누세안에 의해 손상된 피부의 pH를 정상적인 상태로 빨리 되돌아오게 한다.

기능성 화장품의 범위는 피부의 미백에 도움을 주고, 피부의 주름 개선에 도움을 주며, 피부를 곱게 태워주거나 자외선으로부터 피부를 보호하는데 도움을 주는 제품으로 되어 있다.

042
자외선 차단제에 대한 설명으로 옳은 것은?

① 일광의 노출 전에 바르는 것이 효과적이다.
② 피부 병변에 있는 부위에 사용하여도 무관하다
③ 사용 후 시간이 경과하여도 다시 덧바르지 않는다.
④ SPF지수가 높을수록 민감한 피부에 적합하다.

자외선 차단제품에는 자외선을 차단하는 물질과 흡수하는 물질이 배합되어 있어 자외선이 피부 깊숙이 침투하는 것을 막아주며, 자외선차단제는 한꺼번에 두껍게 바르는 것보다 일조량에 따라 시간대별로 적절히 발라주는 것이 효과적이며, 땀 등에 의해 지워졌을 때는 다시 덧발라 주는 것이 좋다.

043
다음 중 향수의 부향률이 높은 것부터 순서대로 나열된 것은?

① 퍼퓸 > 오데포퓸 > 오데코롱 > 오데토일렛
② 퍼퓸 > 오데토일렛 > 오데코롱 > 오데퍼퓸
③ 퍼퓸 > 오데퍼퓸 > 오데토일렛 > 오데코롱
④ 퍼퓸 > 오데코롱 > 오데퍼퓸 > 오데토일렛

퍼퓸의 부향률은 15~30%, 오데퍼퓸은 9~12%, 오데토일렛은 6~8%, 오데코롱은 3~5%, 샤워코롱은 1~3% 정도 이다.

044
화장품의 4대 요건에 해당되지 않는 것은?

① 안전성   ② 안정성
③ 사용성   ④ 보호성

화장품의 4대 요건 : 안전성, 안정성, 사용성, 유효성

045
다음의 설명에 해당되는 천연향의 추출방법은?

> 식물의 향기부분을 물에 담가 가온하여 증발된 기체를 냉각하면 물 위에 향기 물질이 뜨게 되는데 이것을 분리하여 순수한 천연향을 얻어내는 방법이다. 이는 대량으로 천연향을 얻어낼 수 있는 장점이 있으나 고온에서 일부 향기성분이 파괴 될 수 있는 단점이 있다.

① 수증기 증류법
② 압착법
③ 휘발성 용매 추출법
④ 비휘발성 용매 추출법

대부분의 천연향은 수증기 증류법을 통해 얻어지나, 열에 의해 성분이 파괴될 수 있는 향료식물의 추출에는 적합하지 않다.

046
바디샴푸에 요구되는 기능과 가장 거리가 먼 것은?

① 피부 각질층 세포간지질 보호
② 부드럽고 치밀한 기포 부여
③ 높은 기포 지속성 유지
④ 강력한 세정성 부여

바디샴푸의 기능은 높은 기포성, 기포의 지속성과 피부생리에 영향을 주지 말아야 하며 오염물질 만을 잘 제거하여야 한다.

047
세정작용과 기포형성작용이 우수하여 비누, 샴푸, 클렌징폼 등에 주로 사용되는 계면활성제는?

① 양이온성 계면활성제
② 음이온성 계면활성제
③ 비이온성 계면활성제
④ 양쪽성 계면활성제

계면활성제의 종류와 특징
• 양이온성 계면활성제 : 살균, 소독작용이 크고 정전기 발생을 억제하여 헤어린스나 트리트먼트에 이용
• 음이온성 계면활성제 : 세정과 기포형성작용이 우수하여 샴푸, 클렌징폼 등에 사용
• 비이온성 계면활성제 : 피부자극이 적어 화장품에 이용
• 양쪽성 계면활성제 : 세정작용이 있고 피부자극이 적어 저자극샴푸, 베이비샴푸 등에 사용

048
식중독에 관한 설명으로 옳은 것은?

① 세균성 식중독 중 치사율이 가장 낮은 것은 보툴리누스 식중독이다.
② 테트로도톡신은 감자에 다량 함유되어 있다.
③ 식중독은 급격한 발생률, 지역과 무관한 동시에 다발성의 특성이 있다.
④ 식중독은 원인에 따라 세균성, 화학물질, 자연독, 곰팡이독으로 분류된다.

보툴리누스균에 의한 식중독은 치명률이 가장 높다.

049
보건행정의 제 원리에 관한 것으로 맞는 것은?

① 일반행정원리의 관리과정적 특성과 기획과정은 적용되지 않는다.
② 의사결정과정에서 미래를 예측하고 행동하기 전의 행동계획을 결정한다.
③ 보건행정에서는 생태학이나 역학적 고찰이 필요 없다.
④ 보건행정은 공중보건학에 기초한 과학적 기술이 필요하다.

보건행정은 일반행정과 달리 보건과 관련된 제반 지식과 기술을 행정적 기술과 연결시켜 적용한다.

050
다음 중 같은 병원체에 의하여 발생하는 인수공통감염병은?

① 천연두   ② 콜레라
③ 디프테리아 ④ 공수병

인수공통감염병은 감염병 가운데 사람과 사람 이외의 동물 사이에서 동일한 병원체에 의해서 발생하는 질병이나 감염 상태를 말하며, 결핵, 광견병(공수병), 페스트, 탄저, 살모넬라 등이 있다.

051
공중보건학의 개념과 가장 관계가 적은 것은?

① 지역주민의 수명 연장에 관한 연구
② 감염병 예방에 관한 연구
③ 성인병 치료기술에 관한 연구
④ 육체적 정신적 효율 증진에 관한 연구

공중보건의 목적
질병예방, 수명(생명)연장, 신체적, 정신적 건강 및 효율의 증진

052
혈청이나 약제, 백신 등 열에 불안정한 액체의 멸균에 주로 이용되는 멸균법은?

① 음파멸균법   ② 방사선멸균법
③ 단파멸균법   ④ 여과멸균법

여과멸균법은 가열에 의해 변질될 가능성이 있는 혈청 등과 같은 재료의 멸균이나 바이러스의 분리 및 세균의 대사물질을 균체로부터 분리할 때 사용된다.

053
석탄산의 90배 희석액과 어느 소독약의 180배 희석액이 같은 조건하에서 같은 소독효과가 있었다면 이 소독약의 석탄산 계수는?

① 0.50   ② 0.05
③ 2.00   ④ 20.0

계산방법
- 석탄산계수(phenol coefficient)
$$= \frac{\text{소독약의 희석배수}}{\text{석탄산의 희석배수}}$$
$$= \frac{180}{90} = 2.0$$

054
고압증기멸균기의 소독대상물로 적합하지 않은 것은?

① 금속성기구   ② 의류
③ 분말제품   ④ 약액

고압증기 멸균법은 주로 이·미용기구, 의류, 고무제품, 약액 등의 멸균에 이용된다.

055
멸균의 의미로 가장 적합한 표현은?

① 병원균의 발육, 증식억제 상태
② 체내에 침입하여 발육 증식하는 상태
③ 세균의 독성만을 파괴한 상태
④ 아포를 포함한 모든 균을 사멸시킨 무균상태

멸균은 병원성이나 비병원성 미생물 및 포자를 모두 사멸 또는 제거하는 것을 말한다.

056
이·미용사 영업자의 지위를 승계 받을 수 있는 자의 자격은?

① 자격증이 있는 자
② 면허를 소지한 자
③ 보조원으로 있는 자
④ 상속권이 있는 자

면허를 소지한 자에 한하여 공중위생영업자의 지위를 승계할 수 있으며, 승계한 자는 1월 이내에 시장, 군수 또는 구청장에게 신고하여야 한다.

057
이·미용업 영업자가 영업소 폐쇄 명령을 받고도 계속하여 영업을 하는 때에 시장, 군수, 구청장이 관계 공무원으로 하여금 당해 영업소를 폐쇄하기 위하여 조치를 하게 할 수 있는 사항에 해당되지 않는 것은?

① 출입자 검문 및 통제
② 영업소의 간판 기타 영업표지물의 제거
③ 위법한 영업소임을 알리는 게시물 등의 부착
④ 영업을 위하여 필수불가결한 기구 또는 시설물을 사용할 수 없게 하는 봉인

영업소 폐쇄명령을 받고도 계속 영업을 할 경우 관계공무원은 하여금 영업소의 간판 기타 영업표지물의 제거, 위법한 영업소임을 알리는 게시물 등의 부착, 영업을 위하여 필수불가결한 기구 또는 시설물을 사용할 수 없게 하는 봉인하는 조치를 할 수 있다.

058
공중위생관리법상 (　) 속에 가장 적합한 것은?

> 공중위생관리법은 공중이 이용하는 영업과 시설의 (　) 등에 관한 사항을 규정함으로써 위생수준을 향상시켜 국민의 건강증진에 기여함을 목적으로 한다.

① 위생
② 위생관리
③ 위생과 소독
④ 위생과 청결

공중위생관리법 제1조(목적) 이 법은 공중이 이용하는 영업과 시설의 위생관리등에 관한 사항을 규정함으로써 위생수준을 향상시켜 국민의 건강증진에 기여함을 목적으로 한다.

059
미용업자가 점빼기, 귓볼뚫기, 쌍커풀수술, 문신, 박피술 그밖에 이와 유사한 의료행위를 하여 관련 법규를 1차 위반했을 때의 행정처분은?

① 경고
② 영업정지 2월
③ 영업장 폐쇄명령
④ 면허취소

문제에 해당하는 행정처분은 1차 위반 영업정지 2월, 2차 위반은 영업정지 3월, 3차 위반은 영업장 폐쇄명령이다.

060
과태료에 대한 설명 중 틀린 것은?

① 과태료는 관할 시장, 군수, 구청장이 부과 징수한다.
② 과태료처분에 불복이 있는 자는 그 처분을 고지 받은 날부터 30일 이내에 처분권자에게 이의를 제기할 수 있다.

③ 기간 내에 이의를 제기하지 아니하고 과태료를 납부하지 아니한 때에는 지방세체납처분의 예에 의하여 과태료를 징수한다.
④ 과태료에 대하여 이의제기가 있을 경우 청문을 실시한다.

과태료에 대해 이의 제기를 받은 관할 법원은 비송사건 절차에 의한 과태료의 재판을 행한다.

적중모의고사 3회

001	002	003	004	005
②	③	②	④	①
006	007	008	009	010
④	③	②	②	②
011	012	013	014	015
③	②	①	③	①
016	017	018	019	020
③	④	④	③	②
021	022	023	024	025
②	③	①	③	①
026	027	028	029	030
④	②	①	①	④
031	032	033	034	035
②	②	④	③	①
036	037	038	039	040
③	④	②	①	④
041	042	043	044	045
①	①	③	④	①
046	047	048	049	050
④	②	④	④	④
051	052	053	054	055
③	④	③	③	④
056	057	058	059	060
②	①	②	②	④

적중모의고사 _ 피부미용사 제4회

001
필 오프 타입(peel off type) 마스크의 특징이 아닌 것은?

① 젤 또는 액체 형태의 수용성으로 바른 후 건조되면서 필름막을 형성한다.
② 볼 부위는 영양분의 흡수를 위해 두껍게 바른다.
③ 팩 제거 시 피지나 죽은 각질 세포가 제거됨으로 피부 청정효과를 준다.
④ 일주일에 1~2회 사용한다.

필오프타입은 적당한 긴장감이나 탄력감을 부여하나 너무 자주 사용하면 과도하게 피지가 제거되어 피부가 건조해 진다. 따라서, 지성피부에 적합하다.

002
매뉴얼 테크닉의 기본 동작 중 하나인 쓰다듬기에 대한 내용과 가장 거리가 먼 것은?

① 매뉴얼 테크닉의 처음과 끝에 주로 이용된다.
② 혈액과 림프의 순환을 도모한다.
③ 자율신경계에 영향을 미쳐 피부에 휴식을 준다.
④ 피부에 탄력성을 증가시킨다.

쓰다듬기(경찰법)는 손바닥 전체를 이용하여 쓰다듬는 동작으로 표피층의 각질제거, 혈액과 림프의 순환촉진을 통한 신진대사의 증가, 자율신경계에 영향을 주어 진정효과가 있다.

003
모세혈관 확장피부에 효과적인 성분이 아닌 것은?

① 루틴
② 아줄렌
③ 알로에
④ A.H.A

AHA는 건성, 노화피부 및 여드름피부 등의 딥크렌징제로 사용된다.

004
다음의 설명에 가장 적합한 팩은?

- 효과 : 피부타입에 따라 다양하게 사용되며 유화형태이므로 사용감이 부드럽고 침투가 쉽다.
- 사용방법 및 주의사항 : 사용량만큼 필요한 부위에 바르고 필요에 따라 호일, 랩, 적외선 램프사용

① 크림팩
② 벨벳(시트)팩
③ 분말팩
④ 석고팩

크림팩은 유화형 팩으로 제품을 바른 후 10~20분 정도의 일정시간이 지나면 유효성분만 흡수된다.

005
피부유형별 적용 화장품 성분이 맞게 짝지워진 것은?

① 건성피부–클로로필, 위치하젤
② 지성피부–콜라겐, 레티놀
③ 여드름피부–아보카도오일, 올리브오일
④ 민감성피부–아줄렌, 비타민 B_5

민감성 피부는 정상피부보다 피부조직이 섬세하고 얇아서 외부자극이나 화장품에 의해 부작용이 일어나기 쉬우므로, 제품도 진정 및 보습력이 뛰어난 NMF, 콜라겐 히이루론산, 아줄렌, 위치하젤, 비타민 P, 비타민 B_5 등의 성분이 함유된 것을 사용한다.

006
온습포의 작용으로 볼 수 없는 것은?

① 모공을 수축시키는 작용이 있다.
② 혈액순환을 촉진시키는 작용이 있다.

③ 피지 분비선을 자극시키는 작용이 있다.
④ 피부조직에 영양공급이 원활히 될 수 있도록 작용한다.

모공을 수축시키는 작용이 있는 것은 냉습포이다.

007
딥 클렌징의 효과 및 목적과 가장 거리가 먼 것은?
① 다음 단계의 유효성분 흡수율을 높여준다.
② 모공 깊숙이 있는 피지와 각질제거를 목적으로 한다.
③ 피지가 모낭 입구 밖으로 원활하게 나오도록 해준다.
④ 효과적인 주름 관리가 되도록 해준다.

딥클렌징은 모공 깊숙한 곳의 피지와 각질제거와 다음 관리단계의 영양물질의 흡수를 용이하게 하는데 목적이 있다.

008
다음 중 세정력이 우수하며, 지성, 여드름피부에 가장 적합한 것은?
① 클렌징 젤
② 클렌징 오일
③ 클렌징 크림
④ 클렌징 밀크

클렌징 젤은 유성과 수성의 두 가지 타입이 있으며 유분을 다량 함유한 유성타입은 세정력이 우수하고, 사용감이 산뜻하여 지성, 여드름 피부에 적합하다. 수성타입은 유성타입에 비해 세정력은 약하지만 사용 후 피부가 촉촉하고 매끄럽다.

009
제모의 설명으로 틀린 것은?
① 왁싱을 이용한 제모는 얼굴이나 다리의 털을 제거하는데 적합하며 모근까지 제거되기 때문에 보통 4~5주 정도 지속된다.
② 제모 적용부위를 사전에 깨끗이 씻고, 소독한다.
③ 제모 후에 진정제품을 피부 표면에 발라준다.
④ 왁스를 바른 후 떼어 낼 때는 아프지 않게 천천히 떼어내는 것이 좋다.

왁스는 털의 반대 방향으로 재빠르게 떼어내는 것이 피부에 자극이 덜하고 통증이 적다.

010
클렌징 제품의 올바른 선택조건이 아닌 것은?
① 클렌징이 잘 되어야 한다.
② 피부의 산성막을 손상시키지 않는 제품이어야 한다.
③ 피부유형에 따라 적절한 제품을 선택해야 한다.
④ 충분하게 거품이 일어나는 제품을 선택해야 한다.

클렌징 제품은 피부의 불필요한 물질(피지, 각질, 땀이나 화장품 잔여물 등)은 제거하면서 피부의 조직에는 영향을 미치지 않아야 하며, 피부상태에 따라 적합한 제품을 선택하는 것이 좋다.

011
피부관리 후 피부미용사가 마무리해야 할 사항과 가장 거리가 먼 것은?
① 피부관리 기록카드에 관리내용과 사용 화장품에 대해 기록한다.
② 고객이 집에서 자가관리를 잘 하도록 홈케어에 대해서도 기록하여 추후 참고 자료로 활용한다.
③ 반드시 메이크업을 해준다.
④ 피부미용 관리가 마무리되면 베드와 주변을 청결하게 정리한다.

반드시 메이크업을 해 주는 것은 피부관리 후의 마무리 작업에 포함되지 않는다.

012
지성피부의 특징으로 맞는 것은?
① 모세혈관이 약화되거나 확장되어 피부 표면으로 보인다.
② 피지분비가 왕성하여 피부 번들거림이 심하며 피부결이 곱지 못하다.
③ 표피가 얇고 피부표면이 항상 건조하고 잔주름이 쉽게 생긴다.

④ 표피가 얇고 투명해 보이며 외부자극에 쉽게 붉어진다.

> 지성피부는 남성호르몬인 테스토스테론의 영향으로 피지선과 땀샘이 발달되어 피지분비가 왕성하며, 모공이 넓고 피부가 두꺼워 보인다.

013
손가락이나 손바닥으로 연속적인 쓰다듬기 동작을 하는 매뉴얼 테크닉 방법은?

① 프릭션(friction)
② 페트리사지(prtrissage)
③ 에플러라지(effleurage)
④ 러빙(rubbing)

> 쓰다듬기(경찰법, 무찰법), 문지르기(강찰법, 마찰법), 반죽하기(유찰법, 유연법), 두드리기(고타법), 떨기(진동법, 흔들기)

014
다음 중 스크럽 성분의 딥클렌징을 피하는 것이 좋은 피부는?

① 모공이 넓은 지성 피부
② 모세혈관이 확장되고 민감한 피부
③ 정상피부
④ 지성 우세 복합성 피부

> 스크럽제는 세정효과가 뛰어나 노폐물, 먼지, 화장의 잔여물 등을 깨끗하게 제거하지만 피부에 자극이 있으므로 모세혈관 확장피부에는 사용을 하지 않는 것이 좋다.

015
바디 랩에 관한 설명으로 틀린 것은?

① 비닐을 감쌀 때는 타이트하게 꽉 조이도록 한다.
② 수증기나 드라이 히트(dry heat)는 몸을 따뜻하게 하기 위해서 사용되기도 한다.
③ 보통 사용되는 제품은 앨쥐(elgea)나 허브(herb), 슬리밍(slimming) 크림 등이다.
④ 이 요법은 독소제거나 노폐물의 배출증진, 순환 증진을 위해서 사용된다.

> 래핑(wraping)은 혈액순환 촉진과 피부보습, 독소제거, 탄력 강화, 사이즈 감량 등의 효과가 있다. ①와 같이 할 경우 오히려 혈액순환 저하의 원인이 된다.

016
피부미용의 개념에 대한 설명으로 가장 거리가 먼 것은?

① 피부미용이란 내·외적 요인으로 인한 미용상의 문제를 물리적이나 화학적인 방법을 이용하여 예방하는 것이다.
② 피부의 생리기능을 자극함으로써 아름답고 건강한 피부를 유지하고 관리하는 미용기술을 말한다.
③ 피부미용은 과학적 지식을 바탕으로 다양한 미용적인 관리를 행하므로 하나의 과학이라 말 할 수 있다.
④ 과학적인 지식과 기술을 바탕으로 미의 본질과 형태를 다룬다는 기술이라고는 할 수 없다.

> 피부미용에 사용되는 'esthetic'은 '심미적인', '미학'의 의미를 가진 것으로, 과학적 지식과 기술을 바탕으로 아름다움의 본질과 형태를 다루는 기술이라고 말할 수 있다.

017
왁스를 이용한 제모의 부적용증과 가장 거리가 먼 것은?

① 신부전   ② 정맥류
③ 당뇨병   ④ 과민한 피부

> 당뇨병, 혈관이 확장된 부위, 일광화상을 입은 부위, 붉게 달아오른 피부, 피부질환이 있는 경우는 제모를 피해야 한다.

018
건성 피부, 중성 피부, 지성 피부를 구분하는 가장 기본적인 피부 유형 분석 기준은?

① 피부의 조직상태   ② 피지분비 상태
③ 모공의 크기   ④ 피부의 탄력도

피부의 유형은 땀샘과 피지선의 기능의 감소와 증가에 의해 결정된다.

019
자외선의 영향으로 인한 부정적인 효과는?

① 홍반반응　　② 비타민 D형성
③ 살균효과　　④ 강장효과

자외선에 의한 부정적인 영향으로는 홍반, 색소침착, 일광화상, 광노화 등이 있다.

020
땀의 분비가 감소하고 갑상선 기능의 저하, 신경계 질환의 원인이 되는 것은?

① 다한증　　② 소한증
③ 무한증　　④ 액취증

갑상선기능 저하, 금속성 중독, 신경계통의 질환은 땀의 분비가 감소하는 소한증을 가져온다.

021
장기간에 걸쳐 반복하여 긁거나 비벼서 표피가 건조하고 가죽처럼 두꺼워진 상태는?

① 가피　　② 낭종
③ 태선화　　④ 반흔

태선화는 속발진의 일종으로 만성자극으로 인해 발생한다.

022
화상의 구분 중 홍반, 부종, 통증뿐만 아니라 수포를 형성하는 것은?

① 제1도 화상　　② 제2도 화상
③ 제3도 화상　　④ 중급 화상

화상의 분류
- 1도 화상 : 표피에만 화상을 입는 것으로 홍반, 부종, 통증이 동반된다.
- 2도 화상 : 수포형성이 특징이며 통증이 있다.
- 3도 화상 : 표피와 진피의 파괴로 피부가 무감각해지며, 세균감염이 일어날 수도 있다.

023
원주형의 세포가 단층으로 이어져 있으며 각질형성세포과 색소형성세포가 존재하는 피부 세포층은?

① 기저층　　② 투명층
③ 각질층　　④ 유극층

기저층은 표피의 가장 깊은 곳에 위치한 세포층으로 진피와 경계를 통해 영양분을 공급받아 새로운 세포를 형성하는 역할을 하며, 각질형성세포와 멜라닌형성세포(색소형성세포)가 존재한다.

024
피부에서 피지가 하는 작용과 관계가 가장 먼 것은?

① 수분 증발 억제　　② 살균작용
③ 열발산 방지작용　　④ 유화작용

피지는 피부에 피지막을 형성하여 피부를 보호하고, 촉촉함과 윤기를 주며, 세균성장을 억제하는 역할을 한다.

025
각화유리질과립(keratohyaling)은 피부 표피의 어떤 층에 주로 존재하는가?

① 과립층　　② 유극층
③ 기저층　　④ 투명층

과립층은 각질화 과정이 시작되는 층으로, 세포질 내에 작은 과립 모양의 케라토히알린 과립을 함유하고 있으며, 이물질과 물의 침투를 막고 피부내부로부터의 수분증발을 억제하는 역할을 한다.

026
다음 중 진피의 구성세포는?

① 멜라닌 세포
② 랑게르한스 세포
③ 섬유아세포
④ 머켈 세포

진피의 구성세포에는 콜라겐과 엘라스틴 그리고 세포의 기질을 합성하는 섬유아세포와 진피유두 내의 미세혈관 가까이 위치하는 비만세포, 성장인자(EGF, Epidermal Growth Factor)가 있다.

027
기미, 주근깨 피부관리에 가장 적합한 비타민은?

① 비타민 A
② 비타민 B_1
③ 비타민 B_2
④ 비타민 C

비타민 C는 아스코르빈산이라고도 하며 멜라닌 색소의 생성을 억제해 미백효과를 나타내며, 콜라겐과 엘라스틴의 합성에도 관여한다.

028
안륜근의 설명으로 맞는 것은?

① 뺨의 벽에 위치하며 수축하면 뺨이 안으로 들어가서 구강 내압을 높인다.
② 눈꺼풀의 피하조직에 있으면서 눈을 감거나 깜빡거릴 때 이용된다.
③ 구각을 외 상방으로 끌어 당겨서 웃는 표정을 만든다.
④ 교근 근막의 표층으로부터 입 꼬리 부분에 뻗어 있는 근육이다.

안륜근은 눈 주위를 구형으로 싸고 있는 근육으로 눈을 감거나 깜빡이는데 사용한다.

029
근육의 기능에 따른 분류에서 서로 반대되는 작용을 하는 근육을 무엇이라 하는가?

① 길항근
② 신근
③ 반건양근
④ 협력근

2개 이상의 근이 서로 반대 방향의 작용을 일으킬 때 이러한 근을 길항근이라 한다.

030
골격근의 기능이 아닌 것은?

① 수의적 운동
② 자세유지
③ 체중의 지탱
④ 조혈작용

조혈작용은 골격계의 기능이다.

031
원형질막을 통한 물질의 이동 과정에 관한 설명 중 틀린 것은?

① 확산은 물질 자체의 운동 에너지에 의해 저농도에서 고농도로 물질이 이동하는 것이다.
② 포도당은 보조 없이 원형질막을 통과할 수 없으며 단백질과 결합하여 세포 안으로 들어가는 것을 촉진 확산한다.
③ 삼투 현상은 높은 물 농도에서 낮은 물 농도 물 분자만이 선택적으로 투과하는 것을 말한다.
④ 여과는 높은 압력이 낮은 압력이 있는 곳으로 이동하는 압력 경사에 의해 이루어지는 것이다.

확산은 고농도에서 저농도로 물질이 이동하는 현상이다.

032
척주(vertebral column)에 대한 설명이 아닌 것은?

① 머리와 몸통을 움직일 수 있게 함
② 성인의 척주를 옆에서 보면 4개의 만곡이 존재한다.
③ 경추 5개, 흉추 11개, 요추 7개, 천골 1개, 미골 2개로 구성
④ 척수를 뼈로 감싸면서 보호

척주는 경추 7개, 흉추 12개, 요추 5개, 천골 1개, 미골 1개로 이루어져 있다.

033
안면의 피부과 저작근에 존재하는 감각신경과 운동신경의 혼합신경으로 뇌신경 중 가장 큰 것은?

① 시신경
② 삼차신경
③ 안면신경
④ 미주신경

삼차신경은 제5신경으로 안면과 두부 앞면의 감각신경과 저작을 지배하는 혼합신경으로, 얼굴의 주 감각신경이다.

034
림프(Lymph)의 주된 기능은?

① 분비작용　　② 면역작용
③ 체절보호작용　　④ 체온보호작용

림프는 신체의 면역능력을 증대시켜 재생과 치유를 빠르게 하며 상처를 가볍게 해주는 기능을 한다.

035
피부를 분석 시 고객과 관리사가 동시에 피부상태를 보면서 분석하기에 가장 적합한 피부 분석 기기는?

① 확대경　　② 우드램프
③ 브러싱　　④ 스킨스코프

스킨스코프(skin scope)는 모니터피부분석기, 더마스코프(derma scope) 등 다양한 이름으로 불리며 피부의 상태를 30~800배 정도 확대하여 비교, 분석할 수 있는 기기이다.

036
바이브레이터기의 올바른 사용법이 아닌 것은?

① 기기관리 도중 지속성이 끊어지지 않게 한다.
② 압력을 최대한 주어 효과를 극대화시킨다.
③ 항상 깨끗한 헤드를 사용하도록 한다.
④ 관리 도중 신체손상이 발생하지 않도록 헤드부분을 잘 고정한다.

바이브레이터를 시술할 때는 한 손을 윗부분에 고정시켜서 기계의 무게로만 실시한다.

037
갈바닉 전류에서 음극의 효과는?

① 진정효과　　② 통증감소
③ 알칼리성반응　　④ 혈관수축

갈바닉 전류의 효과
• 음극의 효과 : 알칼리성 반응, 신경자극, 혈액공급 증가, 모공 및 한선 확장, 피부조직 이완
• 양극의 효과 : 산성 반응, 신경안정, 진정작용, 혈액공급 저하, 모공 및 한선 수축, 조직강화

038
직류(DC)와 교류(AC)에 대한 설명으로 옳은 것은?

① 교류를 갈바닉 전류라고 한다.
② 교류 전류에는 평류, 단속 평류가 있다.
③ 직류는 전류의 흐르는 방향이 시간의 흐름에 따라 변하지 않는다.
④ 직류전류에는 정현파, 감응, 격동 전류가 있다.

직류는 전류의 흐르는 방향이 변하지 않고 일정하게 한쪽방향으로만 지속적으로 흐르는 전류를 말하며, 교류는 전류의 방향과 크기가 시간의 흐름에 따라 주기적으로 변하는 전류를 말한다.

039
다음 보기와 같은 내용은 어떠한 타입의 피부관리 중점 사항인가?

> 피부의 완벽한 클렌징과 긴장완화, 보호, 진정, 안정 및 냉 효과를 목적으로 기기관리가 이루어져야 한다.

① 건성피부　　② 지성피부
③ 복합성피부　　④ 민감성피부

민감성 피부는 건조하게 되기 쉽고 외부자극에 대한 저항력이 약하기 때문에 저항력강화, 피부안정과 염증 방지 및 세포재생을 주목적으로 피부관리를 해 주는 것이 좋다.

040
고주파 직접법이 주 효과에 해당하는 것은?

① 수렴효과　　② 피부강화
③ 살균효과　　④ 자극효과

직접법의 스파킹(sparking) 효과는 살균 및 건조효과가 있어 공기 중 오존을 형성하여 박테리아의 번식을 예방한다.

041
아로마 오일을 피부에 효과적으로 침투시키기 위해 사용하는 식물성 오일은?

① 에센셜 오일　　② 캐리어 오일
③ 트랜스 오일　　④ 알부틴

캐리어 오일은 식물성 오일로 아로마 오일에 함유된 생리활성 성분의 침투를 도와주기 때문에 마사지를 할 때에는 식물성 오일에 희석하여 사용한다.

042
메이크업 화장품 중에서 안료가 균일하게 분산되어 있는 형태로 대부분 O/W형 유화타입이며, 투명감 있게 마무리되므로 피부에 결점이 별로 없는 경우에 사용하는 것은?

① 트윈 케이크 ② 스킨커버
③ 리퀴드 파운데이션 ④ 크림 파운데이션

리퀴드 파운데이션은 수분함유량이 많아 부드럽고 퍼짐성이 우수하고 산뜻한 사용감으로 여름철에 주로 사용된다.

043
여드름 피부용 화장품에 사용되는 성분과 가장 거리가 먼 것은?

① 살리실산 ② 글리시리진산
③ 아줄렌 ④ 알부틴

보기 중 알부틴은 티로시나아제(tyrosinase)의 작용을 억제하는 물질로 미백화장품에 사용된다.

044
각질제거용 화장품에 주로 쓰이는 것으로 죽은 각질을 빨리 떨어져 나가게 하고 건강한 세포가 피부를 자극할 수 있도록 도와주는 성분은?

① 알파-히드록시산 ② 알파-토코페롤
③ 라이코펜 ④ 리포좀

AHA는 각질과 각질세포 사이의 결합력을 떨어뜨려 묵은 각질제거에 효과적이다.

045
아로마 오일에 대한 설명으로 가장 적절한 것은?

① 수증기 증류법에 의해 얻어진 아로마 오일이 주로 사용되고 있다.
② 아로마 오일은 공기 중 산소나 빛에 안전하기 때문에 주로 투명용기에 보관하여 사용한다.
③ 아로마 오일은 주로 향기식물의 줄기나 뿌리 부위에서만 추출된다.
④ 아로마 오일은 주로 베이스노트이다.

아로마오일은 주로 식물의 꽃잎, 가지, 잎 등 향기 부분에서 추출되며, 수증기 증류법, 압착법, 추출법의 세 가지 방법이 있다.

046
화장품의 분류에 관한 설명 중 틀린 것은?

① 마사지 크림은 기초화장품에 속한다.
② 샴푸, 헤어린스는 모발용 화장품에 속한다.
③ 퍼퓸, 오데코롱은 방향 화장품에 속한다.
④ 페이스파우더는 기초화장품에 속한다.

페이스파우더는 색조화장품에 속한다.

047
유아용 제품과 저자극성 제품에 많이 사용되는 계면활성제에 대한 설명 중 옳은 것은?

① 물에 용해될 때, 친수기에 양이온과 음이온을 동시에 갖는 계면활성제
② 물에 용해될 때, 이온으로 해리하지 않는 수산기, 에테르결합, 에스테르 등을 분자 중에 갖고 있는 계면활성제
③ 물에 용해될 때, 친수기 부분이 음이온으로 해리되는 계면활성제
④ 물에 용해될 때, 친수기 부분이 양이온으로 해리되는 계면활성제

①은 양쪽성, ②는 비이온성, ③은 음이온성, ④는 양이온성 계면활성제에 대한 설명이다.

048
법정 감염병 중 제1급 감염병에 해당되는 것은?

① 수두 ② 유행성이하선염
③ 신종인플루엔자 ④ 브루셀라증

제1급 감염병 : 에볼라바이러스병, 마버그열, 라싸열, 크리미안콩고출혈열, 남아메리카출혈열, 리프트밸리열, 두창, 페스트, 탄저, 보툴리눔독소증, 야토병, 신종감염병증후군, 중증급성호흡기증후군(SARS), 중동호흡기증후군(MERS), 동물인플루엔자 인체감염증, 신종인플루엔자, 디프테리아

049
다음 중 오염된 주사기, 면도날 등으로 인해 감염이 잘 되는 만성 감염병은?

① 렙토스피라증　② 트라코마
③ 간염　　　　　④ 파라티푸스

B형 간염은 주로 환자의 혈액, 침등에 오염된 주사기나 면도날 등에 의해 전파되거나 성 접촉 등을 통해 전파되며 치료가 잘 안되고 만성으로 이환되며, 치사율이 높다.

050
공중보건에 대한 설명으로 가장 적절한 것은?

① 개인을 대상으로 한다.
② 예방의학을 대상으로 한다.
③ 집단 또는 지역사회를 대상으로 한다.
④ 사회의학을 대상으로 한다.

공중보건학의 대상은 개인이 아니고 집단 또는 지역주민을 대상으로 한다.

051
독소형 식중독의 원인균은?

① 황색 포도상구균　② 장티푸스균
③ 돈 콜레라균　　　④ 장염균

독소형 식중독의 원인균은 황색포도상구균, 클로스트리디움 퍼프린젠스, 보툴리누스균 등이 대표적이다.

052
다음 중 아포를 형성하는 세균에 대한 가장 좋은 소독법은?

① 적외선 소독　　　② 자외선 소독
③ 고압증기멸균 소독　④ 알코올 소독

고압증기 멸균법은 섭씨 100~135℃의 고온의 수증기로 가열처리하는 방법으로 포자를 포함한 모든 미생물을 거의 완전하게 멸균시키는 가장 좋은 소독 방법이다.

053
여러 가지 물리화학적 방법으로 병원성 미생물을 가능한 제거하여 사람에게 감염의 위험이 없도록 하는 것은?

① 멸균　　② 소독
③ 방부　　④ 살충

소독은 비교적 약한 살균작용으로 세균의 포자까지는 작용하지 못한다.

054
소독약이 고체인 경우 1% 수용액이란?

① 소독약 0.1g을 물 100ml에 녹인 것
② 소독약 1g을 물 100ml에 녹인 것
③ 소독약 10g을 물 100ml에 녹인 것
④ 소독약 10g을 물 990ml에 녹인 것

물 1g은 1cc이므로 1%의 용액이라 하면 1g을 100cc에 녹인 것을 말하고 100배 용액이라고 한다.

055
호기성 세균이 아닌 것은?

① 결핵균　　② 백일해균
③ 가스괴저균　④ 녹농균

호기성 세균은 산소가 있어야 살 수 있는 세균으로, 대부분의 세균이 여기에 속하며, 가스괴저균은 혐기성 아포형성균에 속한다.

056
갑이라는 미용업영업자가 처음으로 손님에게 성매매알선행위를 제공했다가 적발되었다. 이 경우 어떠한 행정 처분을 받는가?

① 영업정지 3월 및 면허정지 3월
② 영업장 폐쇄명령 및 면허취소

③ 향후 1년간 영업장 폐쇄
④ 업주에게 경고와 함께 행정처분

1차 위반 시 영업소는 영업정지 3월, 미용사는 면허정지 3월, 2차 위반 시 영업소는 영업장 폐쇄명령, 미용사는 면허가 취소된다.

057

보건복지부장관은 공중위생관리법에 의한 권한의 일부를 무엇이 정하는 바에 의해 시·도지사에게 위임할 수 있는가?

① 대통령령
② 보건복지부령
③ 공중위생관리법시행규칙
④ 행정안전부령

058

면허의 정지명령을 받은 자는 그 면허증을 누구에게 제출해야 하는가?

① 보건복지부장관 ② 시·도지사
③ 시장·군수·구청장 ④ 고용노동부장관

면허가 취소되거나 면허의 정지명령을 받은 자는 지체없이 관할 시장·군수·구청장에게 면허증을 반납하여야 한다.

059

이·미용업의 준수사항으로 틀린 것은?

① 소독을 한 기구와 하지 않은 기구는 각각 다른 용기에 보관하여야 한다.
② 간단한 피부미용을 위한 의료기구 및 의약품은 사용하여도 된다.
③ 영업장의 조명도는 75룩스 이상되도록 유지한다.
④ 점빼기, 쌍꺼풀 수술 등의 의료행위를 하여서는 안된다.

060

이·미용업을 승계할 수 있는 경우가 아닌 것은(단, 면허를 소지한 자에 한함)?

① 이·미용업을 양수한 경우
② 이·미용업영업자의 사망에 의한 상속에 의한 경우
③ 공중위생관리법에 의한 영업장폐쇄명령을 받은 경우
④ 이·미용업영업자의 파산에 의해 시설 및 설비의 전부를 인수한 경우

공중위생영업자가 그 공중위생영업을 양도하거나 사망한 때 또는 법인의 합병이 있는 때에는 그 양수인·상속인 또는 합병 후 존속하는 법인이나 합병에 의하여 설립되는 법인은 그 공중위생영업자의 지위를 승계한다.

적중모의고사 4회 — 피부미용사 정답

001	002	003	004	005
②	④	④	①	④
006	007	008	009	010
①	④	①	④	④
011	012	013	014	015
③	②	③	②	①
016	017	018	019	020
④	①	②	①	②
021	022	023	024	025
③	②	①	③	①
026	027	028	029	030
③	④	②	①	④
031	032	033	034	035
①	③	②	②	④
036	037	038	039	040
②	③	③	④	③
041	042	043	044	045
②	③	④	①	①
046	047	048	049	050
④	①	③	③	③
051	052	053	054	055
①	③	②	②	③
056	057	058	059	060
①	①	③	②	③

LESSON 05 적중모의고사 _ 피부미용사 제5회

001
클렌징 시술 준비과정의 유의사항과 가장 거리가 먼 것은?

① 고객에게 가운을 입히고 고객이 액세서리를 제거하여 보관하게 한다.
② 터번은 귀가 겹쳐지지 않게 조심한다.
③ 깨끗한 시트와 중간 타월과 준비된 침대에 눕힌 다음 큰 타월이나 담요로 덮어준다.
④ 터번이 흘러내리지 않도록 핀셋으로 다시 고정시킨다.

터번은 헤어라인에 맞춰 잘 감싸서 머리 중앙부분까지 와서 멈추고 반대편을 헤어밴드 위에 겹쳐지게 가볍게 접착한다.

002
지성피부를 위한 피부관리 방법은?

① 토너는 알코올 함량이 적고 보습기능이 강화된 제품을 사용한다.
② 클렌저는 유분기 있는 클렌징 크림을 선택하여 사용한다.
③ 동·식물성 지방 성분이 함유된 음식을 많이 섭취한다.
④ 클렌징 로션이나 산뜻한 느낌의 클렌징 젤을 이용하여 메이크업을 지운다.

지성피부는 유분기가 적은 제품을 사용하는 것이 좋으며, 클렌징 젤은 세정력이 우수하고 흡착력이 좋아 오염물제거가 잘 되고 미온수로 간단히 제거된다.

003
고객이 처음 내방하였을 때 피부관리에 대한 첫 상담과정에서 고객이 얻는 효과와 가장 거리가 먼 것은?

① 전단계의 피부관리 방법을 배우게 된다.
② 피부관리에 대한 지식을 얻게 된다.
③ 피부관리에 대한 경계심이 풀어지며 심리적으로 안정된다.
④ 피부관리에 대하여 긍정적이고 적극적인 생각을 가지게 된다.

상담은 고객의 성격 및 심리상태, 생활환경을 이해하고 피부의 문제점과 원인을 명확히 파악하여 대처해 나가는데 목적을 두며, 고객으로 하여금 신뢰감을 주어 지속적인 방문을 하는데 중요한 역할을 한다.

004
왁스 시술에 대한 내용 중 옳은 것은?

① 제모하기 적당한 털의 길이는 2cm이다.
② 온 왁스의 경우 왁스는 제모 실시 직전에 데운다.
③ 왁스를 바른 위에 머절린(부직포)은 수직으로 세워 떼어낸다.
④ 남아있는 왁스의 끈적임은 왁스제거용 리무버로 제거한다.

온 왁스는 가열하는데 시간이 걸리므로 고객이 시술실로 들어오기 전 데우기 시작하는 것이 좋다.

005
눈썹이나 겨드랑이 등과 같이 연약한 피부의 제모에 사용하며, 부직포를 사용하지 않고 체모를 제거할 수 있는 왁스제모 방법은?

① 소프트 왁스(soft wax)법

② 콜드 왁스(cold wax)법
③ 물 왁스(water wax)법
④ 하드 왁스(hard wax)법

하드왁스는 뺨, 턱, 윗입술, 목덜미, 팔, 다리 등에 사용되며 로진과 밀납을 적절하게 섞어서 사용한다.

006
워시 오프 타입의 팩이 아닌 것은?

① 크림 팩 ② 거품 팩
③ 클레이 팩 ④ 젤라틴 팩

워시 오프 타입의 팩은 바른 후 물로 씻어 내는 유형을 말한다.

007
아래 설명과 가장 가까운 피부타입은?

- 모공이 넓다.
- 뾰루지가 잘 난다.
- 정상피부보다 두껍다.
- 블랙헤드가 생성되기 쉽다.

① 지성피부 ② 민감피부
③ 건성피부 ④ 정상피부

지성피부는 피지선의 기능이 비정상적으로 항진되어 피지가 과다하게 분비되는 피부이다.

008
피부미용의 개념에 대한 설명 중 틀린 것은?

① 피부미용이라는 명칭은 독일의 미학자 바움가르텐(baumgarten)에 의해 처음 사용되었다.
② cosmetic이란 용어는 독일어의 kosmetin에서 유래되었다.
③ Esthetique란 용어는 화장품과 피부관리를 구별하기 위해 사용된 것이다.
④ 피부미용이라는 의미로 사용되는 용어는 각 나라마다 다양하게 지칭되고 있다.

cosmetic이란 용어는 cosmos에서 유래한 것으로 '아름답게 정돈된 것'을 의미한다.

009
피부 관리 시술단계가 옳은 것은?

① 클렌징-피부분석-딥클렌징-매뉴얼 테크닉-팩-마무리
② 피부분석-클렌징-딥클렌징-매뉴얼 테크닉-팩-마무리
③ 피부분석-클렌징-매뉴얼 테크닉-딥크렌징-팩-마무리
④ 클렌징-딥클렌징-팩-매뉴얼 테크닉-마무리-피부분석

피부관리의 시술단계는 클렌징-피부분석-딥클렌징-매뉴얼 테크닉-팩-마무리의 순으로 진행된다.

010
습포에 대한 설명으로 맞는 것은?

① 피부미용 관리에서 냉습포는 사용하지 않는다.
② 해면을 사용하기 전에 습포를 우선 사용한다.
③ 냉습포는 피부를 긴장시키며 진정효과를 위해 사용한다.
④ 온습포는 피부미용 관리의 마무리 단계에서 피부 수렴효과를 위해 사용한다.

냉습포는 피부관리의 마지막 단계에 사용하며 수렴, 피부긴장, 모공수축 등의 효과가 있다.

011
다음 중 눈 주위에 가장 적합한 매뉴얼 테크닉의 방법은?

① 문지르기 ② 주무르기
③ 흔들기 ④ 쓰다듬기

012
딥클렌징의 효과에 대한 설명으로 틀린 것은?

① 면포를 연화시킨다.
② 피부표면을 매끈하게 해 주고 혈색을 맑게 한다.

③ 클렌징의 효과가 있으며 피부의 불필요한 각질 세포를 제거한다.
④ 혈액순환촉진을 시키고 피부조직에 영양을 공급한다.

> 딥클렌징은 모공 깊숙한 곳의 노폐물과 죽은 각질 세포를 제거하여 다음 단계의 관리를 효과적으로 하는 과정이다.

013
매뉴얼 테크닉의 주의 사항이 아닌 것은?

① 동작은 피부결 방향으로 한다.
② 청결하게 하기 위해서 찬물에 손을 깨끗이 씻은 후 바로 마사지한다.
③ 시술자의 손톱은 짧아야 한다.
④ 일광으로 붉어진 피부나 상처가 난 피부는 매뉴얼 테크닉을 피한다.

> 매뉴얼 테크닉 전에 관리사는 자신의 손을 따뜻하게 하여 고객과의 접촉에 불쾌감이 없도록 해야 한다.

014
관리방법 중 수요법(water therapy, hydrotherapy)시 지켜야할 수칙이 아닌 것은?

① 식사 직후에 행한다.
② 수요법은 대개 5분에서 30분까지가 적당하다.
③ 수요법 전에 잠깐 쉬도록 한다.
④ 수요법 후에는 주스나 향을 첨가한 물이나 이온음료를 마시도록 한다.

015
딥클렌징 방법이 아닌 것은?

① 디스인크러스테이션
② 효소 필링
③ 브러싱
④ 이온토포레시스

> 이온토포레시스는 갈바닉 전류를 이용하여 피부침투가 어려운 수용성 물질을 흡수시키는데 사용한다.

016
피부관리 시 매뉴얼 테크닉을 하는 목적과 가장 거리가 먼 것은?

① 정신적 스트레스의 경감
② 혈액순환 촉진
③ 신진대사 활성화
④ 부종 감소

> 매뉴얼 테크닉은 피부에 물리적인 자극을 주어 혈액과 림프의 순환을 촉진시켜 신진대사를 활성화하며, 결체조직에 긴장과 탄력감을 부여하고 스트레스를 완화시켜 심리적인 안정감을 준다.

017
콜라겐 벨벳마스크는 주로 어떤 타입이 주로 사용되는가?

① 시트 타입   ② 크림 타입
③ 파우더 타입   ④ 겔 타입

> 콜라겐 벨벳마스크는 천연콜라겐을 냉동, 건조시킨 종이형태의 마스크로, 일반 크림류에 비해 콜라겐 함량이 높고 피부 깊숙이 흡수되므로 진정, 보습 효과가 뛰어나다.

018
셀룰라이트 관리에서 중점적으로 행해야 할 관리방법은?

① 근육의 운동을 촉진시키는 관리를 집중적으로 행한다.
② 림프순환을 촉신시키는 관리를 한다.
③ 피지가 모공을 막고 있으므로 피지배출 관리를 집중적으로 행한다.
④ 한선이 막혀 있으므로 한선관리를 집중적으로 행한다.

> 셀룰라이트는 노폐물들이 체내에서 빠져나가지 못하고 림프액과 혈액의 신진대사가 제대로 이루어지지 않아 발생하는 현상으로 림프순환의 촉진을 통해 세포의 대사물질과 노폐물의 배출을 원활히 하면 셀룰라이트 증상을 감소시킬 수 있다.

019
원주형의 세포가 단층으로 이어져 있으며 각질형성세포와 색소형성세포가 존재하는 피부세포층은?

① 기저층 ② 투명층
③ 각질층 ④ 유극층

기저층은 표피의 가장 아래층에 진피와 접하고 있는 세포층으로, 각질을 만들어 내는 각질형성세포와 피부의 색소인 멜라닌을 만들어 내는 색소형성세포가 존재한다.

020
산소 라디칼 방어에서 가장 중심적인 역할을 하는 효소는?

① FAD ② SOD
③ AHA ④ NMF

슈퍼옥사이드 디스뮤타제(super oxide dismutase, SOD), 카달라제(catalase)와 같은 효소는 항산화 효소로 활성산소의 생성을 막아 피부의 노화를 억제한다.

021
다음 중 피부의 기능이 아닌 것은?

① 보호작용 ② 체온조절작용
③ 감각작용 ④ 순환작용

피부의 기능은 보호작용, 체온조절작용, 감각작용, 분비배설작용, 호흡작용, 흡수작용, 표정작용 등이다.

022
내인성 노화가 진행 될 때 감소현상을 나타내는 것은?

① 각질층 두께
② 주름
③ 피부처짐 현상
④ 랑게르한스세포

랑게르한스 세포는 내인성노화와 광노화(외적노화) 모두에서 감소한다.

023
다음 중 주름살이 생기는 요인으로 가장 거리가 먼 것은?

① 수분의 부족상태
② 지나치게 햇빛(sun light)에 노출되었을 때
③ 갑자기 살이 찐 경우
④ 과도한 안면운동

무리한 다이어트로 지나치게 살을 뺀 경우 피부탄력이 저하되고 주름이 유발된다.

024
콜레스테롤의 대사 및 해독작용과 스테로이드 호르몬의 합성과 관계 있는 무과립 세포는?

① 조면형질내세망 ② 골면형질내세망
③ 용해소체 ④ 골기체

형질내에 그물모양으로 퍼져있는 형질내세망은 세포내의 수송과 단백질 합성에 관여하며, 골면내세망은 지질, 콜레스테롤 등의 대사 및 해독작용과 여러 가지 스테로이드 호르몬의 합성작용을 한다.

025
다음 내용과 가장 관계 있는 것은?

- 곰팡이균에 의하여 발생한다.
- 피부껍질이 벗겨진다.
- 가려움증이 동반된다.
- 주로 손과 발에서 번식한다.

① 농가진 ② 무좀
③ 홍반 ④ 사마귀

무좀은 족부백선이라고도 불리며 임상양상에 다라 발가락 사이가 짓무르는 지간형, 가려움증을 동반하는 수포형, 각질이 벗겨지는 각화형으로 나눈다.

026
아포크린한선의 설명으로 틀린 것은?

① 아포크린한선의 냄새는 여성보다 남성에게 강하게 나타난다.

② 땀의 산도가 붕괴되면 심한 냄새를 동반한다.
③ 겨드랑이, 대음순, 배꼽주변에 존재한다.
④ 인종적으로 흑인이 가장 많이 분비한다.

아포크린한선은 남성보다 여성에게 많고 백인보다 흑인에 많으며 동양인은 백인보다 적다.

027
다음 중 가장 이상적인 피부의 pH 범위는?

① pH 3.5~4.5 ② pH 5.2~5.8
③ pH 6.5~7.2 ④ pH 7.5~8.2

피부는 약산성으로 성별, 연령, 인종에 따라 달라지나 일반적으로 정상 피부의 pH는 5~6 정도이다.

028
성장기에 있어 뼈의 길이 성장이 일어나는 곳을 무엇이라 하는가?

① 상지골 ② 두개골
③ 연골상골 ④ 골단연골

성장기에 뼈의 길이 성장은 골단과 골단 사이의 연골층인 골단판이 증식하고 골기질로 대치됨으로써 길이가 길어지게 된다.

029
섭취된 음식물 중의 영양물질을 산화시켜 인체에 필요한 에너지를 생성해 내는 세포소기관은?

① 리보소옴 ② 리소조옴
③ 골지체 ④ 미토콘드리아

미토콘드리아는 세포의 호흡과 에너지 공급원인 ATP를 생산하는 기관이다.

030
자율신경의 지배를 받는 민무늬근은?

① 골격근(skeletal mucle)
② 심근(cardiac muscle)
③ 평활근(smooth muscle)
④ 승모근(trapezius muscle)

평활근은 각종 장기나 혈관벽을 구성하므로 내장근(visceral muscle)이라고도 한다.

031
인체 내의 화학물질 중 근육의 수축에 주로 관여하는 것은?

① 액틴과 미오신 ② 단백질과 칼슘
③ 남성호르몬 ④ 비타민과 미네랄

골격근의 수축은 액틴근세사와 미오신근세사 간의 횡교를 통하여 액틴근세사가 미오신근세사 사이로 미끄러져 들어감으로써 근 수축이 일어나게 된다.

032
혈관의 구조에 관한 설명 중 옳지 않은 것은?

① 동맥은 3층 구조이며 혈관 벽이 정맥에 비해 두껍다.
② 동맥은 중막인 평활근 층이 발달해 있다.
③ 정맥은 3층 구조이며 혈관 벽이 얇으며 판막이 발달해 있다.
④ 모세혈관은 3층 구조이며 혈관벽이 얇다.

모세혈관은 단층편평상피로 된 내피세포만으로 구성이 되어 있으며, 혈관벽이 매우 얇아 조직과의 가스교환, 영양분 및 노폐물 교환이 가능하다.

033
소화선(소화샘)으로써 소화액을 분비하는 동시에 호르몬을 분비하는 혼합선(내·외분비선)에 해당하는 것은?

① 타액선 ② 간
③ 담낭 ④ 췌장

췌장은 이자라고도 하며, 복강에 위치하는 가장 큰 소화선이자 내분비선이며, 내분비기능과 외분비기능을 동시에 가진다.

034
신경계의 기본세포는?

① 혈액 ② 뉴우런

③ 미토콘드리아   ④ DNA

신경세포는 인체의 조직세포 중 가장 분화된 것으로, 세포체와 수상돌기로 구성되어 있다.

035
고주파 피부미용기기의 사용방법 중 간접법에 대한 설명으로 옳은 것은?

① 고객의 얼굴에 적합한 크림을 바르고 그 위에 전극봉으로 마사지한다.
② 고객의 손에 전극봉을 잡게 한 후 관리사가 고객의 얼굴에 적합한 크림을 바르고 손으로 마사지한다.
③ 고객의 얼굴에 마른 거즈를 올린 후 그 위를 전극봉으로 마사지한다.
④ 고객의 손에 전극봉을 잡게 한 후 얼굴에 마른 거즈를 올리고 손으로 눌러준다.

간접법은 고객이 직접 스위치를 켜고 알맞은 세기를 조절하게 하고 관리사는 손이 피부에서 떨어지지 않도록 주의하여 마사지한다.

036
피지, 면포가 있는 피부 부위의 우드램프(wood lamp)의 반응 색상은?

① 청백색   ② 진보라색
③ 암갈색   ④ 오렌지색

우드램프의 색 판정
• 정상피부 : 푸른형광색
• 민감성피부 : 진보라색
• 노화피부 : 암적색
• 각질 : 흰색
• 건성피부 : 연보라색
• 지성피부 : 오렌지색
• 색소침착피부 : 암갈색

037
칼라테라피 기기에서 빨강 색광의 효과와 가장 거리가 먼 것은?

① 혈액순환 증진, 세포의 활성화, 세포 재생활동
② 소화기계 기능강화, 신경자극, 신체 정화작용
③ 지루성 여드름, 혈액순환, 불량 피부관리
④ 근조직 이완, 셀룰라이트 개선

②는 노랑(yellow)색에 대한 효과이다.

038
클렌징이나 딥클렌징 단계에서 사용하는 기기와 가장 거리가 먼 것은?

① 베포라이저   ② 브러싱 머신
③ 진공흡입기   ④ 확대경

확대경은 피부진단 시 사용되는 기기이다.

039
전류에 대한 내용이 틀린 것은?

① 전하량의 단위는 쿨롱으로 1쿨롱은 도선에 1V의 전압이 걸렸을 때 1초 동안 이동하는 전하의 양이다.
② 교류전류란 전류 흐름의 방향이 시간에 따라 주기적으로 변하는 전류이다.
③ 전류의 세기는 도선의 단면을 1초 동안 흘러간 전하의 양으로서 단위는 A(암페어)이다.
④ 직류전동기는 속도조절이 자유롭다.

전류의 세기는 초 동안 도체 단면을 통과한 전하의 양으로, 1초 간에 1쿨롱일 때 전류의 크기는 1A가 된다.

040
이온에 대한 설명으로 옳지 않은 것은?

① 양전하 또는 음전하를 지닌 원자를 말한다.
② 증류수는 이온수에 속한다.
③ 원소가 전자를 잃어 양이온이 되고, 전자를 얻어 음이온이 된다.
④ 양이온과 음이온의 결합을 이온결합이라 한다.

증류수는 정제된 순수한 물로 이온화되지 않는다.

041
향수의 구비요건이 아닌 것은?

① 향에 특징이 있어야 한다.

② 향이 강하므로 지속성이 약해야 한다.
③ 시대성에 부합되는 향이어야 한다.
④ 향의 조화가 잘 이루어져야 한다.

> 향이 적당히 강하고 지속성이 좋아야 좋은 향수이다.

042
계면활성제에 대한 설명 중 잘못된 것은?

① 계면활성제는 계면을 활성화시키는 물질이다.
② 계면활성제는 친수성기와 친유성기를 모두 소유하고 있다.
③ 계면활성제는 표면장력을 높이고 기름을 유화시키는 등의 특성을 지니고 있다.
④ 계면활성제는 표면활성제라고도 한다.

> 계면활성제는 표면의 장력을 떨어뜨려 물과 기름이 잘 섞이게 한다.

043
다음 중 기초화장품의 필요성에 해당되지 않는 것은?

① 세정
② 미백
③ 피부정돈
④ 피부보호

> 기초화장품의 사용목적은 세안(세정), 피부정돈, 피부보호이다.

044
아하(AHA)의 설명이 아닌 것은?

① 각질제거 및 보습기능이 있다.
② 글리콜릭산, 젖산, 사과산, 주석산, 구연산이 있다.
③ 알파하이드록시카프로익에시드(Alpha hydroxycaproic acid)의 약자이다.
④ 피부와 점막에 약간의 자극이 있다.

> AHA는 알파하이드록시산(alpha-hydroxy acid)의 약자이다.

045
화장품과 의약품의 차이를 바르게 정의한 것은?

① 화장품의 사용목적은 질병의 치료 및 진단이다.
② 화장품은 특정부위만 사용 가능하다.
③ 의약품의 사용대상은 정상적인 상태의 자로 한정되어 있다.
④ 의약품의 부작용은 어느 정도까지는 인정된다.

> 의약품은 사용대상이 정상인이 아닌 질병을 가진 환자이며, 어느 정도의 부작용은 인정이 되나 화장품은 정상인이 청결 및 미화를 위해 장기간 지속적으로 사용하는 물품으로 부작용이 없어야 한다.

046
비누의 제조방법 중 지방산의 글리세린에스테르와 알칼리를 함께 가열하면 유지가 가수분해되어 비누와 글리세린으로 얻어지는 방법은?

① 중화법
② 검화법
③ 유화법
④ 화학법

> 검화법은 유지를 알칼리로 가수 분해하는 것을 말하며, 중화법은 유지를 산이나 금속산화물 같은 촉매를 사용하여 고온고압 에서 가수분해하여 얻어진 지방산을 정제한 염기로 중화시키는 것을 말한다.

047
샤워 코롱(shower cologne)이 속하는 분류는?

① 세정용 화장품
② 메이크업용 화장품
③ 모발용 화장품
④ 방향용 화장품

> 샤워코롱은 바디용 방향화장품으로 부향률이 1~3%로 약 1시간의 지속시간을 가지며 가볍고 산뜻한 느낌을 준다.

048
다음 중 동물과 감염병의 병원소로 연결이 잘못된 것은?

① 소 – 결핵
② 쥐 – 말라리아
③ 돼지 – 일본뇌염
④ 개 – 공수병

매개 감염병
• 쥐 : 페스트, 발진열, 살모넬라증, 서교증, 양충병
• 모기 : 말라리아, 사상충, 황열, 일본뇌염

049
다음 중 식품의 혐기성 상태에서 발육하여 신경계 증상이 주 증상으로 나타나는 것은?

① 살모넬라증 식중독
② 보툴리누스균 식중독
③ 포도상구균 식중독
④ 장염비브리오 식중독

보툴리누스균 식중독은 신경독에 의해 일어나는 독소형 식중독으로 치명률이 가장 높다.

050
감염병의 예방 및 관리에 관한 법률상 "생물테러감염병 또는 치명률이 높거나 집단 발생의 우려가 커서 발생 또는 유행 즉시 신고하여야 하고, 음압격리와 같은 높은 수준의 격리가 필요한 감염병"은?

① 제1급 감염병
② 제2급 감염병
③ 제3급 감염병
④ 제4급 감염병

법정감염병
- 제1급 감염병 : 생물테러감염병 또는 치명률이 높거나 집단 발생의 우려가 커서 발생 또는 유행 즉시 신고하여야 하고, 음압격리와 같은 높은 수준의 격리가 필요한 감염병
- 2급 감염병 : 전파가능성을 고려하여 발생 또는 유행 시 24시간 이내에 신고하여야 하고, 격리가 필요한 감염병
- 제3급 감염병 : 그 발생을 계속 감시할 필요가 있어 발생 또는 유행 시 24시간 이내에 신고하여야 하는 감염병
- 제4급 감염병 : 제1급 감염병부터 제3급 감염병까지의 감염병 외에 유행 여부를 조사하기 위하여 표본감시 활동이 감염병

051
한 지역이나 국가의 공중보건을 평가하는 기초자료로 가장 신뢰성 있게 인정되고 있는 것은?

① 질병이환율
② 영아사망률
③ 신생아사망률
④ 조사망률

영아사망률은 모자보건, 환경위생 및 영양수준 등에 민감하며, 일반 사망률에 비해 통계적 유의성이 높고, 국가간의 영아사망률의 변동 범위가 조사망률에 비해 훨씬 크기 때문에 한 국가의 건강수준을 나타내는 가장 대표적인 지표로 사용된다.

052
다음 중 음료수 소독에 사용되는 소독 방법과 가장 거리가 먼 것은?

① 염소 소독
② 표백분 소독
③ 자비 소독
④ 승홍액 소독

음용수의 소독법으로는 자비소독, 자외선, 화학적소독방법(할로겐류, 과망간칼륨, 오존 등)이 있다.

053
보통 상처의 표면을 소독하는데 이용하며 발생기 산소가 강력한 산화력으로 미생물을 살균하는 소독제는?

① 석탄산
② 과산화수소수
③ 크레졸
④ 에탄올

과산화수소는 강력한 산화력에 의해 미생물을 살균하며 상처, 소독 등에 이용된다.

054
알코올 소독의 미생물 세포에 대한 주된 작용기전은?

① 할로겐 복합물형성
② 단백질 변성
③ 효소의 완전파괴
④ 균체의 완전 융해

알코올은 미생물의 단백질 변성이나 용균, 대사기전에 저해작용을 하여 소독작용을 나타내며, 세균포자 및 사상균에 대해서는 효과가 없다.

055
자비소독에 관한 내용으로 적합하지 않은 것은?

① 물에 탄산나트륨을 넣으면 살균력이 강해진다.
② 소독할 물건은 열탕 속에 완전히 잠기도록 해야 한다.
③ 100℃에서 15~20분간 소독한다.
④ 금속기구, 고무, 가죽의 소독에 적합하다.

자비소독은 물을 끓여서 하는 방법으로, 면 종류의 의류나 타월, 도자기 등의 소독에 적합하다.

056
공중위생영업소의 위생관리수준을 향상시키기 위하여 위생서비스 평가계획을 수립하는 자는?

① 대통령
② 보건복지부장관
③ 시 · 도지사
④ 공중위생관련협회 또는 단체

시 · 도지사는 공중위생 영업소 위생관리 수준을 향상시키기 위하여 위생서비스 평가 계획을 수립하여 시장 · 군수 · 구청장에게 통보하여야 한다

057
신고를 하지 아니하고 영업소의 소재를 변경한 때 1차 위반 시의 행정처분 기준은?

① 영업정지 1월
② 영업정지 6월
③ 영업정지 3월
④ 영업정지 2월

1차 위반 시 영업정지 1월, 2차 위반 시 영업정지 2월, 3차 위반 시 영업장 폐쇄명령에 해당된다.

058
이 · 미용업의 영업신고를 하지 아니하고 업소를 개설한 자에 대한 법적 조치는?

① 200만원 이하의 과태료
② 300만원 이하의 벌금
③ 6월 이하의 징역 또는 500만원 이하의 벌금
④ 1년 이하의 징역 또는 1천만원 이하의 벌금

059
다음 중 법에서 규정하는 명예공중위생감시원의 위촉대상자가 아닌 것은?

① 공중위생관련 협회장이 추천하는 자
② 소비자 단체장이 추천하는 자
③ 공중위생에 대한 지식과 관심이 있는 자
④ 3년 이상 공중위생 행정에 종사한 경력이 있는 공무원

명예공중위생감시원의 위촉대상
- 공중위생에 대한 지식과 관심이 있는 자
- 소비자단체, 공중위생관련 협회 또는 단체의 소속직원 중에서 당해 단체 등의 장이 추천하는 자

060
소독을 한 기구와 소독을 하지 아니한 기구를 각각 다른 용기에 넣어 보관하지 아니한 때에 대한 2차 위반 시의 행정처분 기준에 해당하는 것은?

① 경고
② 영업정지 5일
③ 영업정지 10일
④ 영업장 폐쇄명령

행정처분 기준
- 1차 위반 : 경고
- 2차 위반 : 영업정지 5일
- 3차 위반 : 영업정지 10일
- 4차 위반 : 영업장 폐쇄명령

적중모의고사 5회

001	002	003	004	005
④	④	①	④	④
006	007	008	009	010
④	①	②	①	③
011	012	013	014	015
④	④	②	①	④
016	017	018	019	020
④	①	②	①	②
021	022	023	024	025
④	④	③	②	②
026	027	028	029	030
①	②	④	④	③
031	032	033	034	035
①	④	④	②	②
036	037	038	039	040
④	②	④	①	②
041	042	043	044	045
②	③	②	③	④
046	047	048	049	050
②	④	②	②	①
051	052	053	054	055
②	④	②	②	④
056	057	058	059	060
③	①	④	④	②

LESSON 06 적중모의고사 _ 피부미용사 제6회

001
레몬 아로마 에센셜 오일의 사용과 관련된 설명으로 틀린 것은?

① 무기력한 기분을 상승시킨다.
② 기미, 주근깨가 있는 피부에 좋다.
③ 여드름, 지성피부에 사용된다.
④ 진정작용이 뛰어나다.

레몬 에센셜 오일의 효능
- 피부계 : 셀룰라이트, 피지감소, 여드름 및 지성피부, 수렴작용, 미백작용, 살균작용
- 순환계 : 혈액순환 및 혈관 강화
- 호흡계 : 감기 및 기관지염, 천식
- 신경계 : 정신고양

002
상담 시 고객에 대해 취해야 할 사항 중 옳은 것은?

① 상담 시 다른 고객의 신상정보, 관리정보를 제공한다.
② 고객의 사생활에 대한 정보를 정확하게 파악한다.
③ 고객과의 친밀감을 갖기 위해 사적으로 친목을 도모한다.
④ 전문적인 지식과 경험을 바탕으로 관리방법과 절차 등에 관해 차분하게 설명해 준다.

상담은 고객의 방문 목적을 확인하고 피부문제의 원인을 파악하여 적합한 피부관리 계획을 수립하는데 있다.

003
안면 클렌징 시술 시의 주의사항 중 틀린 것은?

① 고객의 눈이나 코 속으로 화장품이 들어가지 않도록 한다.
② 근육결 반대방향으로 시술한다.
③ 처음부터 끝까지 일정한 속도와 리듬감을 유지하도록 한다.
④ 동작은 근육이 처지지 않게 한다.

매뉴얼 테크닉의 시술방향은 아래에서 위로, 안면 중심에서 바깥쪽으로, 근육의 결을 따라 시행하며, 심장의 방향으로 실시한다.

004
밑줄 친 내용에 대한 범위의 설명으로 맞는 것은?

피부관리(skin care)는 인체의 피부를 대상으로 아름답게, 보다 건강한 피부로 개선, 유지, 증진, 예방하기 위해 피부관리사가 고객의 피부를 분석하고 분석 결과에 따라 적합한 화장품, 기구 및 식품 등을 이용하여 피부관리 방법을 제공하는 것을 말한다.

① 두피를 포함한 얼굴 및 전신의 피부를 말한다.
② 두피를 제외한 얼굴 및 전신의 피부를 말한다.
③ 얼굴과 손의 피부를 말한다.
④ 얼굴의 피부만을 말한다.

005
다음 중 피지분비가 많은 지성, 여드름성 피부의 노폐물 제거에 가장 효과적인 팩은?

① 오이팩　　　② 석고팩
③ 머드팩　　　④ 알로에겔팩

머드팩은 수분과 유분을 흡착하는 성질이 있어 피부의 청결, 수렴 등의 효과가 있다.

006
다음 중 노폐물과 독소 및 체액의 배출을 원활하

게 하는 효과에 가장 적합한 관리방법은?

① 지압
② 인디안 헤드 마사지
③ 림프 드레니지
④ 반사요법

림프 드레니지(Lymph drainage)는 림프순환을 촉진하고, 노폐물 배출을 용이하게 함으로써 조직의 대사를 원활하게 해 주며, 면역기능을 강화시킨다.

007
클렌징 순서가 가장 적합한 것은?

① 클렌징 손동작→화장품 제거→포인트메이크업 클렌징→클렌징제품 도포→습포
② 화장품 제거→포인트메이크업 클렌징→클렌징제품 도포→클렌징 손동작→습포
③ 클렌징제품 도포→클렌징 손동작→포인트메이크업 클렌징→화장품 제거→습포
④ 포인트메이크업 클렌징→클렌징제품 도포→클렌징 손동작→화장품 제거→습포

클렌징의 첫 단계는 포인트메이크업 클렌징이다.

008
피부유형에 맞는 화장품 선택이 아닌 것은?

① 건성피부 – 유분과 수분이 많이 함유된 화장품
② 민감성피부 – 향, 색소, 방부제를 함유하지 않거나 적게 함유된 화장품
③ 지성피부 – 피지 조절제가 함유된 화장품
④ 정상피부 – 오일이 함유되어 있지 않은 오일프리(oil free) 화장품

오일프리(oil free) 제품은 유분이 많은 지성피부에 사용한다.

009
건성피부의 특징과 가장 거리가 먼 것은?

① 각질층의 수분이 50% 이하로 부족하다.
② 피부가 손상되기 쉬우며 주름이 발생하기 쉽다.
③ 피부가 얇고 외관으로 피부결이 섬세해 보인다.
④ 모공이 작다.

정상피부의 수분은 10~20% 정도이며, 10% 이하로 부족하면 건성피부에 속한다.

010
화학적 제모와 관련된 설명이 틀린 것은?

① 화학적 제모는 털을 모근으로부터 제거한다.
② 제모제품은 강알칼리성으로 피부를 자극하므로 사용 전 첩포시험을 실시하는 것이 좋다.
③ 제모제품 사용 전 피부를 깨끗이 건조시킨 후 적정량을 바른다.
④ 제모 후 산성화장수를 바른 뒤에 진정로션이나 크림을 흡수시킨다.

털을 모근으로부터 제거하는 것은 족집게나 왁스 등을 이용한 물리적 제거방법이다.

011
딥클렌징의 분류가 옳은 것은?

① 고마쥐 – 물리적 각질관리
② 스크럽 – 화학적 각질관리
③ AHA – 물리적 각질관리
④ 효소 – 물리적 각질관리

딥클렌징
• 물리적 딥클렌징 : 스크럽, 고마쥐
• 화학적 딥클렌징 : 효소, AHA

012
효소 필링이 적합하지 않은 피부는?

① 각질이 두껍고 피부표면이 건조하여 당기는 피부
② 비립종을 가진 피부
③ 화이트헤드, 블랙헤드를 가지고 있는 지성피부
④ 자외선에 의해 손상된 피부

손상된 피부에는 딥클렌징을 금한다.

013
매뉴얼 테크닉 시 가장 많이 이용되는 기술로 손바닥을 편평하게 하고 손가락을 약간 구부려 근육이나 피부표면을 쓰다듬고 어루만지는 동작은?

① 프릭션(friction)
② 에플로라지(effleurage)
③ 페트리사지(petrissage)
④ 바이브레이션(vibration)

에플로라지(쓰다듬기, 경찰법, 무찰법)는 손바닥 전체를 이용하여 부드럽게 쓰다듬는 동작으로 모든 동작의 처음과 끝, 다른 동작으로의 전환 시에 사용된다.

014
림프 드레니지를 금해야 하는 증상에 속하지 않는 것은?

① 심부전증
② 혈전증
③ 켈로이드증
④ 급성염증

림프 드레니지를 금해야 하는 경우로는 색전증, 혈전증, 심부전증, 갑상선기능 장애, 악성종양, 천식, 임산부(최초 3개월까지는 절대 금함) 등이 해당된다.

015
팩의 목적이 아닌 것은?

① 노폐물의 제거와 피부정화
② 혈액순환 및 신진대사 촉진
③ 영양과 수분공급
④ 잔주름 및 피부건조 치료

치료는 의료의 영역이다.

016
습포에 대한 설명으로 틀린 것은?

① 타월은 항상 자비소독 등의 방법을 실시한 후 사용한다.
② 온습포는 팔의 안쪽에 대어서 온도를 확인한 후 사용한다.
③ 피부관리의 최종단계에서 피부의 경직을 위해 온습포를 사용한다.
④ 피부관리 시 사용되는 습포에는 온습포와 냉습포의 두 종류가 일반적이다.

피부관리의 최종단계에서는 냉습포를 사용하여 마무리한다.

017
매뉴얼 테크닉 시술에 대한 내용으로 틀린 것은?

① 매뉴얼 테크닉 시 모든 동작이 연결될 수 있도록 해야 한다.
② 매뉴얼 테크닉 시 중추부터 말초 부위로 향해서 시술해야 한다.
③ 매뉴얼 테크닉 시 손놀림은 균등한 리듬을 유지해야 한다.
④ 매뉴얼 테크닉 시 체온의 손실을 막는 것이 좋다.

매뉴얼 테크닉은 말초에서 심장을 향해 시술한다.

018
일시적 제모 방법 가운데 겨드랑이 및 다리의 털을 제거하기 위해 피부미용실에서 가장 많이 사용되는 제모방법은?

① 면도기를 이용한 제모
② 레이저를 이용한 제모
③ 족집게를 이용한 제모
④ 왁스를 이용한 제모

왁스제모는 넓은 부위의 털을 제거하는데 효과적이며 다른 일시적 제모에 비해 제모효과가 크다.

019
표피 중에서 피부로부터 수분이 증발하는 것을 막는 층은?

① 각질층
② 기저층
③ 과립층
④ 유극층

과립층은 수분 침투에 대한 방어막 역할과 피부 내부의 수분증발을 조절하여 피부의 건조를 방지하는 역할을 한다.

020
다음 중 원발진에 해당하는 피부변화는?

① 가피 ② 미란
③ 위축 ④ 구진

원발진과 속발진
- 원발진 : 피부질환의 초기 상태의 병변으로 반점, 홍반, 구진, 결절, 종양, 수포, 농포, 팽진, 낭종 등
- 속발진 : 피부질환의 2차적 단계의 병변으로 미란, 찰상, 가피, 궤양, 인설, 균열, 반흔, 태선화 등

021
접촉성 피부염의 주된 알러지원이 아닌 것은?

① 니켈 ② 금
③ 수은 ④ 크롬

금속에 의한 접촉성 피부염의 원인 물질은 니켈, 수은, 크롬, 코발트, 동, 주석 등이다.

022
다음 내용에 해당하는 세포질 내부의 구조물은?

- 세포내의 호흡생리에 관여
- 이중막으로 싸여진 계란형(타원형)의 모양
- 아데노신 삼인산(Adenosin Triphosphate)을 생산

① 형질내세망(Endolpasmic Reticulum)
② 용해소체(Lysosome)
③ 골기체(Golgi apparatus)
④ 사립체(Mitochondria)

미토콘드리아는 세포 내의 호흡생리를 담당하며, 영양물질을 산화시켜 세포활동에 필요한 에너지를 ATP(Adenosin Triphosphate) 형태로 생산, 세포 내 발전소로 불린다.

023
체내에서 근육 및 신경의 자극 전도, 삼투압 조절 등의 작용을 하며, 식욕에 관계가 깊기 때문에 부족하면 피로감, 노동력의 저하 등을 일으키는 것은?

① 구리(Cu) ② 식염(NaCl)
③ 요오드(I) ④ 인(P)

나트륨(NaCl)이 결핍되면 식욕부진, 두통, 근육경련이 일어나며, 과잉 시 고혈압, 부종이 발생한다.

024
셀룰라이트(cellulite)의 설명으로 옳은 것은?

① 수분이 정체되어 부종이 생긴 현상
② 영양섭취의 불균형 현상
③ 피하지방이 축적되어 뭉친 현상
④ 화학물질에 대한 저항력이 강한 현상

셀룰라이트는 혈액순환이나 림프순환의 장애에 의해 과도한 체액과 피하조직이 뭉쳐서 생기는 현상이다.

025
식후 12~16시간 경과되어 정신적, 육체적으로 아무 것도 하지 않고 가장 안락한 자세로 조용히 누워있을 때 생명을 유지하는데 소요되는 최소한의 열량을 무엇이라 하는가?

① 순환대사량 ② 기초대사량
③ 활동대사량 ④ 상대대사량

기초대사량은 생물체가 생명을 유지하는데 필요한 최소한의 에너지량으로 체온 유지나 호흡, 심장 박동 등 기초적인 생명 활동을 위한 신진대사에 쓰인다.

026
피부에 계속적인 압박으로 생기는 각질층의 증식 현상이며, 원추형의 국한성 비후증으로 경성과 연성이 있는 것은?

① 사마귀 ② 무좀
③ 굳은살 ④ 티눈

티눈과 굳은살
- 티눈 : 발가락이나 발바닥에 많이 생기며, 통증을 유발하나 원인을 제거하면 없어진다.
- 굳은살 : 피부의 일부가 두꺼워지고 단단해지는 것을 말하며, 티눈에 비해 크기가 크고 통증이 없는 경우가 많다.

027
에크린 한선에 대한 설명으로 틀린 것은?

① 실밥을 둥글게 한 것 같은 모양으로 진피 내에 존재한다.
② 사춘기 이후에 주로 발달한다.
③ 특수한 부위를 제외한 거의 전신에 분포한다.
④ 손바닥, 발바닥, 이마에 가장 많이 분포한다.

사춘기 이후에 주로 발달하는 것은 아포크린선(대한선)으로 겨드랑이, 유두, 항문 및 성기 주위에만 존재한다.

028
혈액의 구성 물질로 항체생산과 감염의 조절에 가장 관계가 깊은 것은?

① 적혈구　　② 백혈구
③ 혈장　　　④ 혈소판

백혈구는 탐식작용과 신체방어 기능을 담당한다.

029
세포막을 통한 물질의 이동 방법이 아닌 것은?

① 여과　　② 확산
③ 삼투　　④ 수축

세포막을 통한 물질의 수동적 이동방법에는 확산, 여과, 삼투가 있다.

030
다음 중 뼈의 기본구조가 아닌 것은?

① 골막　　② 골외막
③ 골내막　④ 심막

심막은 심장을 이중으로 싸고 있는 막을 말한다

031
신경계 중 중추신경계에 해당하는 것은?

① 뇌　　　② 뇌신경
③ 척수신경　④ 교감신경

신경계
- 중추신경계 : 뇌와 척수
- 말초신경계 : 뇌신경과 자율신경계(교감신경, 부교감신경)

032
내분비와 외분비를 겸한 혼합성 기관으로 3대 영양소를 분해할 수 있는 소화효소를 모두 가지고 있는 소화기관은?

① 췌장　　② 간
③ 위　　　④ 대장

췌장은 이자라고도 하면 인슐린과 글루카곤을 분비하여 혈당을 조절하고(내분비 기능), 췌관을 통해 소화액인 췌액을 분비(외분비 기능) 한다.

033
뇨의 생성 및 배설과정이 아닌 것은?

① 사구체 여과　　② 사구체 농축
③ 세뇨관 재흡수　④ 세뇨관 분비

뇨(尿)의 생성은 사구체 여과, 세뇨관 재흡수, 세뇨관 분비의 3과정을 통해 생성된다

034
승모근에 대한 설명으로 틀린 것은?

① 기시부는 두개골의 저부이다.
② 쇄골과 견갑골에 부착되어 있다.
③ 지배신경은 견갑배신경이다.
④ 견갑골의 내전과 머리를 신전한다.

견갑배신경은 견갑거근, 대방형근, 소방형근을 지배한다.

035
지성피부의 면포 추출에 사용하기 가장 적합한 기기는?

① 분무기　　② 진동브러쉬
③ 리프팅기　④ 진공흡입기

진공흡입기는 유리컵의 압력을 이용하여 피부를 흡입하여 사용하는 기기로 면포나 피지제거 시는 조금 강한 압력을 사용한다.

036
테슬라 전류(Tesla current)가 사용되는 기기는?

① 갈바닉(The Galvanic Machine)
② 전기분무기
③ 고주파기기
④ 스팀기(The Vaporizer)

테슬라 전류는 교류전류인 고주파를 사용한다.

037
피부에 미치는 갈바닉 전류의 양극(+)의 효과는?

① 피부진정
② 모공세정
③ 혈관확장
④ 피부유연화

갈바닉 전류
- 음극(-)의 효과 : 알칼리성 형성, 피부연화작용, 혈액공급 증가, 세정작용, 신경자극 효과, 피지분해
- 양극(+)의 효과 : 산 형성, 피부를 단단하게 함, 신경안정 효과, 혈액공급 감소, 수렴 및 진정효과

038
피부를 분석할 때 사용하는 기기로 짝지어진 것은?

① 진공흡입기, 패터기
② 고주파기, 초음파기
③ 우드램프, 확대경
④ 분무기, 스티머

피부분석기기로는 확대경, 우드램프, 스킨스코프, 유·수분측정기, pH 측정기 등이 있다.

039
스티머 사용 시 주의사항이 아닌 것은?

① 피부에 따라 적정 시간을 다르게 한다.
② 스팀 분사방향은 코를 향하도록 한다.
③ 스티머 물통에 물을 2/3 정도 적당량을 넣는다.
④ 물통을 일반세제로 씻는 것은 고장의 원인이 될 수 있으므로 사용을 금한다.

스티머와 얼굴과의 거리는 약 30~50cm 정도가 좋으며, 턱선을 따라 얼굴전체에 퍼지도록 기기를 조절한다.

040
괄호 안에 알맞은 말이 순서대로 나열된 것은?

> 물질의 변화에서 고체는 (ⓐ)이/가 (ⓑ)보다 강하다.

① 운동력, 기체
② 온도, 압력
③ 운동력, 응력
④ 응력, 운동력

고체는 응력(입자들이 한 곳에 모이려고 하는 성질)이 운동력보다 강하다.

041
다음 중 바디용 화장품이 아닌 것은?

① 샤워젤
② 바스 오일
③ 데오도란트
④ 헤어 에센스

헤어 에센스는 모발화장품에 속한다.

042
다음 중 기능성 화장품의 영역이 아닌 것은?

① 피부의 미백에 도움을 주는 제품
② 피부의 주름 개선에 도움을 주는 제품
③ 피부의 여드름 개선에 도움을 주는 제품
④ 자외선으로부터 피부를 보호하는데 도움을 주는 제품

기능성 화장품의 범위
- 미백제품 : 피부의 미백에 도움을 주는 제품
- 주름개선제품 : 피부의 주름개선에 도움을 주는 제품
- 자외선차단제품 : 피부를 곱게 태워주거나 자외선으로부터 피부를 보호하는데 도움을 주는 제품

043
화장품의 사용목적과 가장 거리가 먼 것은?

① 인체를 청결, 미화하기 위하여 사용한다.
② 용모를 변화시키기 위하여 사용한다.
③ 피부, 모발의 건강을 유지하기 위하여 사용한다.

④ 인체에 대한 약리적인 효과를 주기 위해 사용한다.

화장품의 사용 목적 이외에 질병진단이나 치료처치 또는 예방 등의 신체의 구조와 기능에 약리적 영향을 주는 의약품은 화장품에 포함되지 않는다.

044
다음 화장품 중 그 분류가 다른 것은?
① 화장수
② 클렌징 크림
③ 샴푸
④ 팩

샴푸는 모발화장품이다.

045
피부 거칠음의 개선, 미백, 탈모방지 등의 피부 면역학 등을 연구하는 유용성 분야는?
① 물리학적 유용성
② 심리학적 유용성
③ 화학적 유용성
④ 생리학적 유용성

046
아로마 오일의 사용법 중 확산법으로 맞는 것은?
① 따뜻한 물에 넣고 몸을 담근다.
② 아로마 램프나 스프레이를 이용한다.
③ 수건에 적신 후 피부에 붙인다.
④ 손수건, 티슈 등에 1~2 방울 떨어뜨리고 심호흡을 한다.

①은 목욕법, ②는 확산법, ③은 습포법, ④는 흡입법이다.

047
팩에 사용되는 주성분 중 피막제 및 점도 증가제로 사용되는 것은?
① 카올린(kaolin), 탈크(talc)
② 폴리비닐알코올(PVA), 잔탄검(xanthan gum)
③ 구연산나트륨(sodium citrate), 아미노산류(amino acids)
④ 유동파라핀(liquid paraffin), 스쿠알렌(squalene)

점도 증가제는 제품의 점도를 조절하여 안정성을 유지할 목적으로 사용되며 퀸스씨드검, 잔탄검, 카르복시비닐 폴리머 등이 이용되며, 피막 형성 능력을 가진 원료의 특성을 이용하는 피막제 고분자로는 폴리비닐알코올, 폴리비닐피롤리돈, 니트로셀룰로오스 등이 이용된다.

048
식품의 혐기성 상태에서 발육하여 체외독소로서 신경독소를 분비하며 치명률이 가장 높은 식중독으로 알려진 것은?
① 살모넬라 식중독
② 보툴리누스균 식중독
③ 웰치균 식중독
④ 알레르기성 식중독

보툴리누스균 식중독의 원인식품은 통조림, 소시지 등의 진공 포장 식품으로 시력저하, 언어곤란, 신경장애, 호흡곤란 등의 신경계 증상이 주로 나타난다.

049
다음 중 제2급 감염병에 속하지 않는 것은?
① 디프테리아
② 콜레라
③ 성홍열
④ 세균성이질

제2급 감염병은 전파가능성을 고려하여 발생 또는 유행 시 24시간 이내에 신고하여야 하고, 격리가 필요한 감염병으로 결핵, 수두, 홍역, 콜레라, 장티푸스, 파라티푸스, 세균성이질, 장출혈성대장균감염증, A형간염, 백일해, 유행성이하선염, 풍진, 폴리오, 수막구균 감염증, b형헤모필루스인플루엔자, 폐렴구균 감염증, 한센병, 성홍열, 반코마이신내성황색포도알균(VRSA) 감염증, 카바페넴내성장내세균속균종(CRE) 감염증, E형간염이 해당된다.

050
질병전파의 개달물(介達物)에 해당되는 것은?
① 공기, 물
② 우유, 음식물
③ 의복, 침구
④ 파리, 모기

개달물 감염은 환자가 쓰던 의복이나 수건에 의해 감염되는 것으로 결핵, 트라코마(눈병), 천연두 등이 이에 해당한다.

051
다음 중 파리가 매개할 수 있는 질병과 거리가 먼 것은?

① 아메바성 이질 ② 장티푸스
③ 발진티푸스   ④ 콜레라

발진티푸스와 재귀열은 이에 의해 감염되는 질병이다.

052
승홍에 소금을 섞었을 때 일어나는 현상은?

① 용액이 중성으로 되고 자극성이 완화된다.
② 용액의 기능을 2배 이상 증대시킨다.
③ 세균의 독성을 중화시킨다.
④ 소독대상물의 손상을 막는다.

승홍을 이용한 소독 시 소금 또는 염화칼륨, 식염 등을 첨가하면 용액이 중성으로 되고 자극성이 완화되며, 소독력은 상대적으로 강해진다.

053
일반적으로 사용하는 소독제로서 에탄올의 적정 농도는?

① 30%   ② 50%
③ 70%   ④ 90%

알코올(에탄올, 이소프로판올)은 미생물의 변성이나 용균, 대사기전에 저해작용을 초래하여 소독효과를 나타내는 것으로 손이나 피부, 기구 소독에 사용하며 70% 농도를 사용한다.

054
인체에 질병을 일으키는 병원체 중 대체로 살아있는 세포에서만 증식하고 크기가 가장 작아 전자현미경으로만 관찰할 수 있는 것은?

① 구균   ② 간균
③ 바이러스 ④ 원생동물

바이러스는 살아있는 생명체 중 가장 작은 20~300nm 크기의 병원체로 기침이나 재채기 등의 접촉에 의해 쉽게 감염된다.

055
다음 중 상처나 피부 소독에 가장 적합한 것은?

① 석탄산   ② 과산화수소
③ 포르말린수 ④ 차아염소산나트륨

과산화수소는 강력한 산화력에 의해 미생물을 살균하는 소독제로 보통 3%의 수용액을 사용하며, 자극성이 적어서 구내염, 인두염, 입안 세척, 상처 등에 사용한다.

056
이·미용사가 이·미용업소 외의 장소에서 이·미용을 한 경우의 3차 위반 행정처분 기준은?

① 영업장 폐쇄명령   ② 영업정지 10일
③ 영업정지 1월   ④ 영업정지 2월

행정처분
• 1차 위반 : 영업정지 1월
• 2차 위반 : 영업정지 2월
• 3차 위반 : 영업장 폐쇄명령

057
행정처분 사항 중 1차 위반 시 영업장 폐쇄명령에 해당하는 것은?

① 영업정지 처분을 받고도 그 영업정지 기간 중 영업을 한 때
② 손님에게 성매매알선 등의 행위를 한 때
③ 소독한 기구와 소독하지 아니한 기구를 각각 다른 용기에 넣어 보관하지 아니한 때
④ 1회용 면도기를 손님 1인에 한하여 사용하지 아니한 때

행정처분

항목	1차 위반	2차 위반	3차 위반	4차 위반
①	영업장 폐쇄명령	–	–	–
②	영업정지 3월	영업장 폐쇄명령	–	–
③ ④	경고	영업정지 5일	영업정지 10일	영업장 폐쇄명령

058
미용업영업자가 시장·군수·구청장에게 변경신고를 하여야 하는 사항이 아닌 것은?

① 영업소의 명칭의 변경
② 영업소의 소재지의 변경
③ 신고한 영업장 면적의 3분의 1이상의 증감
④ 영업소 내 시설의 변경

변경신고 사항은 ①, ②, ③ 외에 대표자의 성명(법인의 경우에 한함)이 변경된 경우가 포함된다.

059
위생교육 대상자가 아닌 것은?

① 공중위생영업의 신고를 하고자 하는 자
② 공중위생영업을 승계한 자
③ 공중위생영업자
④ 면허증 취득 예정자

위생교육은 공중위생영업자를 대상으로 하며, 공중위생영업자는 매년 3시간의 위생교육을 받아야 한다.

060
위생 서비스평가의 결과에 따른 위생관리등급별로 영업소에 대한 위생감시를 실시할 때의 기준이 아닌 것은?

① 위생교육 실시 횟수
② 영업소에 대한 출입, 검사
③ 위생감시의 실시 주기
④ 위생감시의 실시 횟수

위생감시실시 기준은 영업소에 대한 출입·검사와 위생 감시의 실시주기 및 횟수 등이다.

적중모의고사 6회 피부미용사 정답

001	002	003	004	005
④	④	②	②	③
006	007	008	009	010
③	④	④	①	①
011	012	013	014	015
①	④	②	③	④
016	017	018	019	020
③	②	④	③	④
021	022	023	024	025
②	④	②	③	②
026	027	028	029	030
④	②	②	④	④
031	032	033	034	035
①	①	②	③	④
036	037	038	039	040
③	①	③	②	④
041	042	043	044	045
④	③	④	③	④
046	047	048	049	050
②	②	②	①	③
051	052	053	054	055
③	①	③	③	②
056	057	058	059	060
①	①	④	④	①

적중모의고사 _ 피부미용사 제7회

001
피부미용사의 피부분석방법이 아닌 것은?

① 문진
② 견진
③ 촉진
④ 청진

청진은 의료의 진단방법이다.

002
림프 드레나지의 대상이 되지 않는 피부는?

① 모세혈관 피부
② 일반적인 여드름피부
③ 부종이 있는 셀룰라이트 피부
④ 감염성 피부

피부염증, 혈전증, 갑상선기능 장애, 천식, 감염성의 문제가 있는 피부 등은 림프 드레나지를 피한다.

003
셀룰라이트(cellulite)의 원인이 아닌 것은?

① 유전적 요인
② 지방세포수의 과다 증가
③ 내분비계 불균형
④ 정맥울혈과 림프정체

지방세포수의 과다 증가는 소아비만의 원인이다.

004
클렌징 제품과 그에 대한 설명이 바르게 짝지어진 것은?

① 클렌징 티슈 – 지방에 예민한 알레르기 피부에 좋으며 세정력이 우수하다.
② 폼 클렌징 – 눈 화장을 지울 때 자주 사용된다.
③ 클렌징 오일 – 물에 용해가 잘 되며 건성, 노화, 수분부족지성피부 및 민감성 피부에 좋다.
④ 클렌징 밀크 – 화장을 연하게 하는 피부 보다 두텁게 하는 피부에 좋으며, 쉽게 부패되지 않는다.

클렌징 오일은 클렌징 크림의 세정력과 클렌징 폼의 물세안 기능을 함께 갖춰 사용감이 좋고 세정력이 우수하다.

005
팩과 관련한 내용 중 틀린 것은?

① 피부 상태에 따라서 선별해서 사용해야 한다.
② 팩을 바르기 전 냉타월로 피부를 진정시킨 후 사용하면 효과적이다.
③ 피부에 상처가 있는 경우에는 사용을 삼간다.
④ 눈썹, 눈 주위, 입술 위는 팩 사용을 피한다.

팩을 바르기 전 스팀타월을 이용하여 모공을 열어 주는 것이 좋으며, 팩 제거 후에는 냉타월을 사용하여 모공을 조여주고, 일시적으로 올라간 피부의 온도를 낮춰준다.

006
벨벳 마스크 사용 시 기포를 제거해야 하는 이유는?

① 기포가 생기면 마스크의 모양이 예쁘지 않기 때문이다.
② 기포가 생기면 마스크의 적용시간이 길어지기 때문이다.
③ 기포가 생기면 고객이 불편해 하기 때문이다.
④ 기포가 생기는 부분에는 마스크의 성분이 피부에 침투하지 않기 때문이다.

007
딥 클렌징에 관한 설명으로 옳지 않은 것은?

① 화장품을 이용한 방법과 기기를 이용한 방법으로 구분된다.
② AHA를 이용한 딥 클렌징의 경우 스티머(Steamer)를 이용한다.
③ 피부표면의 노화된 각질을 부드럽게 제거함으로써 유용한 성분의 침투를 높이는 효과를 갖는다.
④ 기기를 이용한 딥 클렌징 방법에는 석션, 브러싱, 디스인크러스테이션 등이 있다.

AHA는 여러 과일에서 추출한 천연 과일산으로 각질세포의 응집력을 약화시켜 자연탈락을 유지시키는 딥 클렌징제이다. 피부자극이 있으므로 시술 후는 반드시 진정관리가 필요하다. 스티머를 이용하여 적당한 온도와 습도를 유지시켜 줘야 하는 딥 클렌징제로는 효소가 있다.

008
딥 클렌징의 효과로 틀린 것은?

① 모공 깊숙이 들어 있는 불순물을 제거한다.
② 미백효과가 있다.
③ 피부 표면의 각질을 제거한다.
④ 화장품의 흡수 및 침투가 좋아진다.

009
피부미용 시 처음과 마지막 동작 또는 연결 동작으로 이용되는 매뉴얼 테크닉은?

① 에플로라지(effleurage)
② 타포트먼트(tapotement)
③ 니딩(kneading)
④ 롤링(rolling)

에플로라지(경찰법)는 손 전체로 부드럽게 쓰다듬는 동작으로 마사지의 시작과 마지막 동작에 주로 쓰이며 지각신경자극, 피부휴식, 혈액순환 촉진 효과가 있다.

010
피부유형과 관리 목적과의 연결이 틀린 것은?

① 민감피부 : 진정, 긴장 완화
② 건성피부 : 보습작용 억제
③ 지성피부 : 피지 분비 조절
④ 복합피부 : 피지, 유·수분 균형 유지

건성피부는 보습효과와 피지선을 항진시키는 트리트먼트를 기본으로 한다.

011
매뉴얼 테크닉의 기본 동작 중 신경조직을 자극하여 혈액순환을 촉진시켜 피부 탄력성 증가에 가장 좋은 효과를 주는 것은?

① 쓰다듬기
② 문지르기
③ 두드리기
④ 반죽하기

두드리기는 손가락을 이용하여 피부를 빠르게 두드려주는 동작으로 혈액순환촉진, 신경조직 자극, 피부탄력 등의 효과가 있다.

012
피부관리실에서 피부관리 시 마무리관리에 해당하지 않는 것은?

① 피부타입에 따른 화장품 바르기
② 자외선 차단크림 바르기
③ 머리 및 뒷목부위 풀어주기
④ 피부상태에 따라 매뉴얼 테크닉하기

피부관리의 순서는 클렌징 – 피부진단 – 딥 클렌징 – 매뉴얼 테크닉 – 팩 – 마무리의 순이다.

013
다음 중 화학적인 제모방법은?

① 제모크림을 이용한 제모
② 온왁스를 이용한 제모
③ 족집게를 이용한 제모
④ 냉왁스를 이용한 제모

제모크림을 이용한 제모는 강알칼리성으로 털을 연화시켜 제거하는 방법으로, 털 제거 후 산성화장수와 진정로션이나 파우더를 발라 피부자극을 줄여주는 것이 좋다.

014
매뉴얼 테크닉의 효과가 아닌 것은?

① 내분비기능의 조절
② 결체조직에 긴장과 탄력성 부여
③ 혈액순환촉진
④ 반사 작용의 억제

매뉴얼 테크닉의 효과 : 혈액순환, 노폐물 제거, 피지선과 한선의 기능활성, 결체조직의 긴장과 탄력성 부여, 내분비 기능 조절, 근육이완, 모세혈관 강화, 심리적 안정감 부여 등

015
왁스를 이용한 제모 방법으로 적합하지 않은 것은?

① 피지막이 제거된 상태에서 파우더를 도포한다.
② 털이 성장하는 방향으로 왁스를 바른다.
③ 쿨 왁스를 바를 때는 털이 잘 제거 되도록 왁스를 얇게 바른다.
④ 남은 왁스는 오일로 제거한 후 온습포로 진정한다.

털 제거 후는 진정화장수나 젤을 발라 진정시켜야 감염의 위험을 줄일 수 있다

016
피부유형별 화장품 사용 시 AHA의 적용 피부가 아닌 것은?

① 예민 피부
② 노화 피부
③ 지성 피부
④ 색소침착 피부

AHA는 피부자극이 있으므로 민감성 피부, 피부염, 상처부위는 시술을 피한다.

017
피부유형에 대한 설명 중 틀린 것은?

① 정상피부 - 유·수분 균형이 잘 잡혀있다.
② 민감성피부 - 각질이 드문드문 보인다.
③ 노화피부 - 미세하거나 선명한 주름이 보인다.
④ 지성피부 - 모공이 크고 표면이 귤껍질같이 보이기 쉽다.

민감성피부는 모공이 작고 피부조직이 섬세하며 모세혈관이 드러나 보인다.

018
클렌징 제품의 선택과 관련된 내용과 가장 거리가 먼 것은?

① 피부에 자극이 적어야 한다.
② 피부의 유형에 맞는 제품을 선택해야 한다.
③ 특수 영양 성분이 함유되어 있어야 한다.
④ 화장이 짙을 때는 세정력이 높은 클렌징 제품을 사용하여야 한다.

특수영양 성분이 함유된 것은 마무리 크림제품에 속한다.

019
피지선에 대한 내용으로 틀린 것은?

① 진피층에 놓여 있다.
② 손바닥과 발바닥, 얼굴, 이마 등에 많다.
③ 사춘기 남성에게 집중적으로 분비된다.
④ 입술, 성기, 유두, 귀두 등에 독립피지선이 있다.

피지선은 손바닥과 발바닥을 제외한 전신에 분포한다.

020
켈로이드는 어떤 조직이 비정상으로 성장한 것인가?

① 피하지방조직
② 정상 상피조직
③ 정상 분비선 조직
④ 결합조직

켈로이드는 결합조직의 증대 및 경직으로 발생한다.

021
성장촉진, 생리대사의 보조역할, 신경안정과 면역 기능 강화 등의 역할을 하는 영양소는?

① 단백질　　② 비타민
③ 무기질　　④ 지방

비타민은 3대 영양소의 보조효소 작용을 하며, 질병에 대한 저항력 증강 및 세포의 성장촉진, 생리대사 기능을 돕는 역할을 한다.

022
교원섬유(collagen)와 탄력섬유(elastin)로 구성되어 있어 강한 탄력성을 지니고 있는 곳은?

① 표피　　② 진피
③ 피하조직　　④ 근육

피부 전체의 90%를 차지하는 진피는 교원섬유와 탄력섬유 등의 섬유성 단백질과 뮤코다당류인 기질이 젤 상태로 분포되어 있다. 진피는 유두층과 망상층의 2개의 층으로 구분된다.

023
물사마귀라고도 불리우며 황색 또는 분홍색의 반투명성 구진(2~3mm 크기)을 가지는 피부양성종양으로 땀샘관의 개출구 이상으로 피지분비가 막혀 생성되는 것은?

① 한관종　　② 혈관종
③ 섬유종　　④ 지방종

한관종은 한선관 개출구의 문제로 피부색의 작은 구진이 눈 주위에 다발성으로 발생한다.

024
기미피부의 손질방법으로 가장 틀린 것은?

① 정신적 스트레스를 최소화한다.
② 자외선을 자주 이용하여 멜라닌을 관리한다.
③ 화학적 필링과 AHA성분을 이용한다.
④ 비타민 C가 함유된 음식물을 섭취한다.

자외선은 멜라닌을 생성시켜 기미를 악화시키므로 피한다.

025
장기간에 걸쳐 반복하여 긁거나 비벼서 표피가 건조하고 가죽처럼 두꺼워진 상태는?

① 가피　　② 낭종
③ 태선화　　④ 반흔

026
피부의 피지막은 보통 상태에서 어떤 유화상태로 존재하는가?

① W/O 유화　　② O/W 유화
③ W/S 유화　　④ S/W 유화

피지막은 W/O 유화형태로 피부의 수분증발을 막아준다.

027
피부의 각화 과정(Keratinization)이란?

① 피부가 손톱, 발톱으로 딱딱하게 변하는 것을 말한다.
② 피부세포가 기저층에서 각질층까지 분열되어 올라가 죽은 각질세포로 되는 현상을 말한다.
③ 기저세포 중의 멜라닌 색소가 많아져서 피부가 검게 되는 것을 말한다.
④ 피부가 거칠어져서 주름이 생겨 늙는 것을 말한다.

기저층에서 각질형성세포가 분열과정을 통해 유극층-'과립층'-각질층으로 모양과 기능이 변화하는 과정을 각화과정이라 한다.

028
다음 중 수면을 조절하는 호르몬은?

① 티로신
② 멜라토닌
③ 글루카곤
④ 칼시토닌

멜라토닌은 송과선에서 생성, 분비되는 호르몬으로 수면 등 생체리듬에 관여한다.

029
다음 중 윗몸 일으키기를 하였을 때 주로 강해지는 근육은?

① 이두박근 ② 복직근
③ 삼각근 ④ 횡격막

복직근은 몸통을 굽히거나 배의 압력 상승에 관여하는 근육이다.

030
다음 중 척수신경이 아닌 것은?

① 경신경 ② 흉신경
③ 천골신경 ④ 미주신경

척수신경에는 경신경, 흉신경, 요신경, 천골신경, 미골신경이 있다.

031
인체의 혈액양은 체중의 약 몇 %인가?

① 약 2% ② 약 8%
③ 약 20% ④ 약 30%

032
각 소화기관별 분비되는 소화 효소와 소화시킬 수 있는 영양소가 올바르게 짝지어진 것은?

① 소장 : 키모트립신 – 단백질
② 위 : 펩신 – 지방
③ 입 : 락디이제 탄수화물
④ 췌장 : 트립신 – 단백질

키모트립신(췌장) – 단백질, 펩신(위) – 단백질, 아밀라제(입) – 탄수화물

033
성장기까지 뼈의 길이 성장을 주도하는 것은?

① 골막 ② 골단판
③ 골수 ④ 해면골

골 조직
- 골막 : 뼈의 표면을 싸고 있는 막
- 골수 : 조혈기관
- 해면골 : 뼈의 깊은 층으로 엉성한 그물 모양

034
난자를 형성하는 성선인 동시에, 에스트로겐과 프로게스테론을 분비하는 내분비선은?

① 난소 ② 고환
③ 태반 ④ 췌장

난소는 사춘기가 되면 난포호르몬(에스트로겐, 프로게스테론)을 분비한다.

035
용액 내에서 이온화되어 전도체가 되는 물질은?

① 전기분해 ② 전해질
③ 혼합물 ④ 분자

036
전류의 세기를 측정하는 단위는?

① 볼트(voltage)
② 암페어(amperage)
③ 와트(wattage)
④ 주파수(frequency)

전류의 세기는 단위 시간 동안 도선의 한 단면을 지나는 전하의 양으로 나타내며, 단위는 A(암페어)이다.

037
엔더몰로지 사용방법으로 틀린 것은?

① 시술 전 용도에 맞는 오일을 바른 후 시술한다.
② 지성의 경우 탈크 파우더를 약간 바른 후 시술한다.
③ 전신 체형관리 시 10~20분 정도 적용한다.
④ 말초에서 심장 방향으로 밀어 올리듯 시술한다.

전신 체형관리 시 약 40~50분 정도 적용시킨다.

038
자외선램프의 사용에 대한 내용으로 틀린 것은?

① 고객으로부터 1m 이상의 거리에서 사용한다.
② 주로 UVA를 방출하는 것을 사용한다.
③ 눈 보호를 위해 패드나 선글라스를 착용하게 한다.
④ 살균이 강한 화학선이므로 사용시 주의를 해야 한다.

자외선 램프는 UVA 만을 이용하여 피부를 갈색으로 태우는 기기로 주로 여름철 건강한 피부색을 나타내기 위해 사용한다.

039
고주파기의 효과에 대한 설명으로 틀린 것은?

① 피부의 활성화로 노폐물 배출의 효과가 있다.
② 내분비선의 분비를 활성화한다.
③ 색소침착 부위의 표백효과가 있다.
④ 살균, 소독 효과로 박테리아 번식을 예방한다.

고주파기는 피부노폐물 배출, 온열효과, 신진대사 촉진, 건조효과, 살균·소독, 박테리아 번식억제 효과가 있다.

040
프리마툴을 가장 잘 설명한 것은?

① 석션유리관을 이용하여 모공의 피지와 불필요한 각질을 제거하기 위해 사용하는 기기이다.
② 회전브러쉬를 이용하여 모공의 피지와 불필요한 각질을 제거하기 위해 사용하는 기기이다.
③ 스프레이를 이용하여 모공의 피지와 불필요한 각질을 제거하기 위해 사용하는 기기이다.
④ 우드램프를 이용하여 모공의 피지와 불 필요한 각질을 제거하기 위해 사용하는 기기이다.

프리마툴은 자극이 적은 천연모 브러쉬를 이용하여 클렌징, 딥클렌징, 필링, 마사지 등에 사용한다.

041
기능성 화장품에 속하지 않는 것은?

① 피부의 미백에 도움을 주는 제품
② 자외선으로부터 피부를 보호해 주는 제품
③ 피부 주름 개선에 도움을 주는 제품
④ 피부 여드름 치료에 도움을 주는 제품

화장품법의 내용에 따르면 기능성 화장품은 피부의 미백에 도움을 주는 제품, 자외선으로부터 피부를 보호해주는 제품, 피부 주름 개선에 도움을 주는 제품으로 규정되어 있다.

042
아로마 오일에 대한 설명 중 틀린 것은?

① 아로마 오일은 면역기능을 높여준다.
② 아로마 오일은 감기, 피부미용에 효과적이다.
③ 아로마 오일은 피부관리는 물론 화상, 여드름, 염증 치유에도 쓰인다.
④ 아로마 오일은 피지에 쉽게 용해되지 않으므로 다른 첨가물을 혼합하여 사용한다.

아로마 에센셜오일은 고농도 농축 유효성분으로 피부에 직접 사용 시 부작용이 생길 수 있으므로 알맞은 농도로 희석하여 사용하는 것이 좋다.

043
페이셜 스크럽(facial scrub)에 관한 설명 중 옳은 것은?

① 민감성 피부인 경우는 스크럽제를 문지를 때 무리하게 압을 가하지만 않으면 매일 사용해도 상관없다.
② 피부 노폐물, 세균, 메이크업 찌꺼기 등을 깨끗하게 지워주기 때문에, 메이크업을 했을 경우는 반드시 사용한다.
③ 각화된 각질을 제거해 줌으로써 세포의 재생을 촉진해준다.
④ 스크럽제로 문지르면 신경과 혈관을 자극하여 혈액순환을 촉진시켜 주므로 15분 정도 충분히 마사지가 되도록 문질러 준다.

스크럽제는 각질제거, 세안, 마사지의 효능이 있으나 지나친 사용은 피부에 자극을 줄 수 있다.

044
비누에 대한 설명으로 틀린 것은?

① 비누의 세정작용은 비누 수용액이 오염과 피부 사이에 침투하여 부착을 약화시켜 떨어지기 쉽게 하는 것이다.
② 비누는 거품이 풍성하고 잘 헹구어져야 한다.
③ 비누는 세정작용 뿐만 아니라 살균, 소독효과를 주로 가진다.
④ 메디케이티드(medicated) 비누는 소염제를 배합한 제품으로 여드름, 면도 상처 및 피부 거칠음 방지효과가 있다.

045
화장품 성분 중에서 양모에서 정제한 것은?

① 바셀린
② 밍크 오일
③ 플라센타
④ 라놀린

라놀린은 양모에서 정제한 유지로 피부친화성과 부착력이 좋아 크림이나 립스틱 등에 이용된다.

046
세정용 화장수의 일종으로 가벼운 화장의 제거에 사용하기에 가장 적합한 것은?

① 클렌징 오일
② 클렌징 워터
③ 클렌징 로션
④ 클렌징 크림

047
화장품의 4대 품질 조건에 대한 설명이 틀린 것은?

① 안전성 – 피부에 대한 자극, 알러지, 독성이 없을 것
② 안정성 – 변색, 변취, 미생물의 오염이 없을 것
③ 사용성 – 피부에 사용감이 좋고 잘 스며들 것
④ 유효성 – 질병 치료 및 진단에 사용할 수 있을 것

화장품의 품질 조건 중 유효성은 보습효과, 노화억제, 자외선차단, 미백, 세정, 색채효과 등과 관련이 있다.

048
식품의 혐기성 상태에서 발육하여 신경독소를 분비하는 세균성 식중독 원인균은?

① 살모넬라균
② 황색 포도상구균
③ 캠필로박터균
④ 보툴리누스균

보툴리누스균은 통조림, 소시지 등의 진공 포장 식품에서 발생하며, 시력저하, 언어곤란, 신경장애, 호흡곤란 등의 증세를 보인다.

049
사회보장의 분류에 속하지 않는 것은?

① 산재보험
② 자동차보험
③ 소득보장
④ 생활보호

050
감염병의 예방 및 관리에 관한 법률상 "생물테러감염병 또는 치명률이 높거나 집단 발생의 우려가 커서 발생 또는 유행 즉시 신고하여야 하고, 음압격리와 같은 높은 수준의 격리가 필요한 감염병"은?

① 제1급 감염병
② 제2급 감염병
③ 제3급 감염병
④ 제4급 감염병

법정감염병
- 제1급 감염병 : 생물테러감염병 또는 치명률이 높거나 집단 발생의 우려가 커서 발생 또는 유행 즉시 신고하여야 하고, 음압격리와 같은 높은 수준의 격리가 필요한 감염병
- 2급 감염병 : 전파가능성을 고려하여 발생 또는 유행 시 24시간 이내에 신고하여야 하고, 격리가 필요한 감염병
- 제3급 감염병 : 그 발생을 계속 감시할 필요가 있어 발생 또는 유행 시 24시간 이내에 신고하여야 하는 감염병
- 제4급 감염병 : 제급 감염병부터 제3급 감염병까지의 감염병 외에 유행 여부를 조사하기 위하여 표본감시 활동이 감염병

051
제1급 감염병에 속하는 것은?

① b형헤모필루스인플루엔자
② 중동호흡기증후군(MERS)

③ 후천성면역결핍증(AIDS)
④ 장출혈성대장균감염증

보기 중 b형헤모필루스인플루엔자와 장출혈성대장균감염증은 제2급 감염병, 후천성면역결핍증(AIDS)은 제3급 감염병에 속한다.

052
환자 접촉자가 손의 소독시 사용하는 약품으로 가장 부적당한 것은?

① 크레졸수 ② 승홍수
③ 역성비누 ④ 석탄산

석탄산은 환자의 오염의류, 오물, 토사물, 배설물 기구 등의 소독에 사용된다.

053
당이나 혈청과 같이 열에 의해 변성되거나 불안정한 액체의 멸균에 이용되는 소독법은?

① 저온살균법 ② 여과멸균법
③ 간헐멸균법 ④ 건열멸균법

여과멸균법은 열에 불안정한 혈청, 당, 요소, 효소 등 액체 시료의 멸균에 적합한 방법이다.

054
다음 중 화학적 소독법에 해당되는 것은?

① 알콜 소독법 ② 자비 소독법
③ 고압증기 멸균법 ④ 간헐 멸균법

자비소독법, 고압증기멸균법, 간헐멸균법은 물리적 소독방법에 속한다.

055
석탄산의 희석배수 90배를 기준으로 할 때 어떤 소독약의 석탄산 계수가 4였다면 이 소독약의 희석배수는?

① 90배 ② 94배
③ 360배 ④ 400배

계산방법
- 석탄산계수=다른 소독약의 희석배수/석탄산의 희석배수
- 따라서, 석탄산계수(4)×석탄산의 희석배수(90)=다른 소독약의 희석배수(360)

056
손님의 얼굴, 머리, 피부 등을 손질하여 손님의 외모를 아름답게 꾸미는 공중위생영업은?

① 위생관리용역업
② 이용업
③ 미용업
④ 목욕장업

이용업과 미용업
- 이용업 : 손님의 머리카락 또는 수염을 깎거나 다듬는 등의 방법으로 손님의 용모를 단정하게 하는 영업
- 미용업 : 손님의 얼굴·머리·피부 등을 손질하여 손님의 외모를 아름답게 꾸미는 영업

057
영업소의 폐쇄명령을 받고도 계속하여 영업을 하는 때에 관계공무원으로 하여금 영업소를 폐쇄할 수 있도록 조치를 취할 수 있는 자는?

① 보건복지부장관
② 시·도지사
③ 시장·군수·구청장
④ 보건소장

시장·군수·구청장은 공중위생영업자가 영업소폐쇄명령을 받고도 계속하여 영업을 하는 때에는 관계공무원으로 하여금 당해 영업소를 폐쇄하기 위하여 당해 영업소의 간판 기타 영업표지물의 제거, 당해 영업소가 위법한 영업소임을 알리는 게시물 등의 부착, 영업을 위하여 필수불가결한 기구 또는 시설물을 사용할 수 없게 하는 봉인의 조치를 하게 할 수 있다.

058
미용업 신고증 및 면허증 원본을 게시하지 않은 때에 대한 3차 위반 시 행정처분기준은?

① 영업정지 10일 ② 영업정지 15일
③ 영업정지 1월 ④ 영업장 폐쇄명령

행정처분기준
- 1차 : 경고 또는 개선명령
- 2차 : 영업정지 5일
- 3차 : 영업정지 10일
- 4차 : 영업장 폐쇄명령

059
공중이용시설의 위생관리 규정을 위반한 시설의 소유자에게 개선명령을 할 때 명시하여야 할 것에 해당되는 것은?(모두 고를 것)

① 위생관리기준   ② 개선 후 복구상태
③ 개선기간   ④ 발생된 오염물질의 종류

① ①, ③
② ②, ④
③ ①, ③, ④
④ ①, ②, ③, ④

시·도지사 또는 시장·군수·구청장은 공중이용시설의 소유자 등에게 개선명령을 하는 때에는 위생관리기준, 발생된 오염물질의 종류, 오염허용기준을 초과한 정도와 개선기간을 명시하여야 한다.

060
이·미용사의 면허증을 재교부 신청할 수 없는 경우는?

① 국가기술자격법에 의한 이·미용사 자격증이 취소된 때
② 면허증의 기재사항에 변경이 있을 때
③ 면허증을 분실한 때
④ 면허증이 못쓰게 된 때

면허증의 재교부 신청
- 면허증의 기재사항에 변경이 있는 때(성명 및 주민등록번호의 변경에 한함)
- 면허증을 잃어버린 때
- 면허증이 헐어 못쓰게 된 때

적중모의고사 7회

001	002	003	004	005
④	④	②	③	②
006	007	008	009	010
④	②	②	①	②
011	012	013	014	015
③	④	①	④	④
016	017	018	019	020
①	②	②	②	④
021	022	023	024	025
②	②	①	②	③
026	027	028	029	030
①	②	②	②	④
031	032	033	034	035
②	④	②	①	②
036	037	038	039	040
②	③	①	③	②
041	042	043	044	045
④	④	③	③	④
046	047	048	049	050
②	④	④	②	①
051	052	053	054	055
②	④	②	①	③
056	057	058	059	060
③	③	①	③	①

적중모의고사 _ 피부미용사 제8회

001
올바른 피부 관리를 위한 필수 조건과 가장 거리가 먼 것은?

① 관리사의 유창한 화술
② 정확한 피부타입 측정
③ 화장품에 대한 지식과 응용기술
④ 적절한 매뉴얼 테크닉 기술

002
여드름 관리에 효과적인 성분이 아닌 것은?

① 스테로이드(Steroid)
② 과산화 벤조일(Benzoyl peroxide)
③ 살리실산(Salicylic acid)
④ 글리콜산(Glycolic acid)

스테로이드 성분은 여드름을 악화시킨다.

003
크림타입의 클렌징 제품에 대한 설명으로 옳은 것은?

① W/O 타입으로 유성성분과 메이크업 제거에 효과적이다.
② 노화피부에 적합하고 물에 잘 용해가 된다.
③ 친수성으로 모든 피부에 사용 가능하다.
④ 클렌징 효과가 약하나 끈적임이 없고 지성피부에 특히 적합하다.

클렌징 크림은 오일이 다량 함유되어 진한화장을 지우는데 효과적이다.

004
딥 클렌징시 사용되는 제품의 형태와 가장 거리가 먼 것은?

① 액체(AHA) 타입
② 고마쥐(Gommage) 타입
③ 스프레이(Spray) 타입
④ 크림(Cream) 타입

딥 클렌징 제품은 액체타입, 고마쥐타입, 크림타입, 분말타입이 있다.

005
매뉴얼 테크닉의 방법에 대한 설명이 옳은 것은?

① 고객의 병력을 꼭 체크한다.
② 손을 밀착시키고 압을 강하게 한다.
③ 관리 시 심장에서 가까운 쪽으로부터 시작한다.
④ 충분한 상담을 통하되 피부미용사는 의사가 아니므로 몸 상태를 살펴볼 필요는 없다.

매뉴얼 테크닉 실시 부적용 대상이 있으므로 반드시 고객의 병력을 체크하는 것이 좋다.

006
두 가지 이상의 다른 종류의 마스크를 적용시킬 경우 가장 먼저 적용시켜야 하는 마스크는?

① 가격이 높은 것
② 수분 흡수 효과를 가진 것
③ 피부로의 침투시간이 긴 것
④ 영양성분이 많이 함유된 것

두 가지 이상의 팩을 적용시킬 경우 수분관리-영양관리의 순으로 실시한다.

007
제모의 방법에 대한 내용 중 틀린 것은?

① 왁스는 모간을 제거하는 방법이다.
② 전기응고술은 영구적인 제모방법이다.
③ 전기분해술은 모유두를 파괴시키는 방법이다.
④ 제모크림은 일시적인 제모 방법이다.

왁스는 모근까지를 제거하는 일시적 제모방법이다.

008
콜라겐 벨벳마스크의 설명으로 틀린 것은?

① 피부의 수분 보유량을 향상시켜 잔주름을 예방한다.
② 필링 후 사용하여 피부를 진정시킨다.
③ 천연 콜라겐을 냉동 건조시켜 만든 마스크이다.
④ 효과를 높이기 위해 비타민을 함유한 오일을 흡수시킨 후 실시한다.

콜라겐 벨벳마스크는 수용성 콜라겐의 침투가 어려우므로 유분을 잘 닦아내고 실시해야 한다.

009
피부미용의 기능적 영역이 아닌 것은?

① 관리적 기능   ② 실제적 기능
③ 심리적 기능   ④ 장식적 기능

피부미용의 기능에는 보호적(관리적) 기능, 심리적 기능, 장식적 기능이 있다.

010
안면 매뉴얼 테크닉의 효과와 가장 거리가 먼 것은?

① 피부세포에 산소와 영양소를 공급한다.
② 여드름을 없애준다.
③ 피부의 혈액순환을 촉진시킨다.
④ 피부를 부드럽고 유연하게 해주며 근육을 이완시켜 노화를 지연시킨다.

011
피부 미용영역이 아닌 것은?

① 눈썹정리   ② 제모
③ 피부관리   ④ 모발관리

모발관리는 헤어미용(미용사 일반)의 영역이다.

012
다음 설명에 따르는 화장품이 가장 적합한 피부형은?

저자극성 성분을 사용하며, 향, 알코올, 색소, 방부제가 적게 함유되어 있다.

① 지성피부   ② 복합성피부
③ 민감성피부 ④ 건성피부

민감성 피부는 피부조직이 섬세하고 모세혈관이 드러나며, 환경변화에 쉽게 반응하므로 무향, 무알코올, 무색소이면서 방부제가 적게 함유된 전용제품을 사용하는 것이 좋다.

013
딥 클렌징에 대한 내용으로 가장 적합한 것은?

① 노화된 각질을 부드럽게 연화하여 제거한다.
② 피부 표면의 더러움을 제거하는 것이 주목적이다.
③ 주로 메이크업의 제거를 위해 사용한다.
④ 고마쥐, 스크럽 등이 해당하며 화학적 필링이라고 한다.

딥 클렌징은 일반적인 클렌징으로 제거할 수 없는 모낭 속의 노폐물과 노화된 각질을 제거하는 목적으로 실시한다.

014
각 피부유형에 대한 설명으로 틀린 것은?

① 유성 지루피부 – 과잉 분비된 피지가 피부 표면에 기름기를 만들어 항상 번질거리는 피부
② 건성 지루피부 – 피지분비기능의 상승으로 피지는 과다 분비되어 표피에 기름기나 보습기능이 저하되어 표피에 기름기가 흐르나 보습기능

이 저하되어 피부표면의 당김 현상이 일어나는 피부
③ 표피 수분부족 건성피부 – 피부 자체의 내적원인에 의해 피부의 자체 수화기능에 문제가 되어 생기는 피부
④ 모세혈관 확장 피부 – 코와 뺨 부위 피부가 항상 붉거나 피부표면에 붉은 실핏줄이 보이는 피부

표피 수분부족 건성피부는 내적 요인이 아니라 외부환경의 영향에 의해 발생한다.

015
매뉴얼 테크닉 시 피부미용사의 자세로 가장 적합한 것은?

① 허리를 살짝 구부린다.
② 발은 가지런히 모으고 손목에 힘을 뺀다.
③ 양발은 편안한 상태로 손목에 힘을 준다.
④ 발은 어깨 넓이만큼 벌리고 손목에 힘을 뺀다.

016
온습포의 효과는?

① 혈행을 촉진시켜 조직의 영양공급을 돕는다.
② 혈관 수축 작용을 한다.
③ 피부 수렴 작용을 한다.
④ 모공을 수축시킨다.

②, ③, ④ 항은 냉습포의 효과이다.

017
유분이 많은 화장품보다는 수분공급에 효과적인 화장품을 선택하여 사용하고, 알코올 함량이 많아 피지제거 기능과 모공수축 효과가 뛰어난 화장수를 사용하여야 할 피부유형으로 가장 적합한 것은?

① 건성 피부　　② 민감성 피부
③ 정상 피부　　④ 지성 피부

018
매뉴얼 테크닉의 부적용 대상과 가장 거리가 먼 것은?

① 임산부의 복부, 가슴 매뉴얼 테크닉
② 외상이 있거나 수술 직후
③ 오랫동안 서 있는 자세로 인한 다리의 부종
④ 다리부위에 정맥류가 있는 경우

피부질환이나 외상, 수술 직후, 정맥류, 염증이나 화농성피부, 선번으로 인한 홍반, 근육이나 골격의 질병, 알레르기반응, 임산부 등은 매뉴얼 테크닉을 피한다.

019
손바닥과 발바닥 등 비교적 피부층이 두터운 부위에 주로 분포되어 있으며 수분침투를 방지하고 피부를 윤기 있게 해주는 기능을 가진 엘라이딘이라는 단백질을 함유하고 있는 표피 세포층은?

① 각질층　　② 유두층
③ 투명층　　④ 망상층

투명층은 각질층 아래에 위치하는 무핵의 편평세포로 되어있으며, 손바닥, 발바닥에 존재한다.

020
피부가 느끼는 오감 중에서 가장 감각이 둔감한 것은?

① 냉각(冷覺)　　② 온각(溫覺)
③ 통각(痛覺)　　④ 압각(壓覺)

피부 1cm² 당 통각점이 200개, 촉각점이 25개, 냉각점이 12개, 온각점이 2개 존재하고 있다.

021
피부색소인 멜라닌을 주로 함유하고 있는 세포층은?

① 각질층　　② 과립층
③ 기저층　　④ 유극층

멜라닌 세포는 표피의 기저층에 위치하며 긴 수지상의 형태를 가지고 있다.

022
모세혈관이 위치하며 콜라겐 조직과 탄력적인 엘라스틴 섬유 및 뮤코다당류로 구성되어 있는 피부의 부분은?

① 표피
② 유극층
③ 진피
④ 피하조직

023
기미가 생기는 원인으로 가장 거리가 먼 것은?

① 정신적 불안
② 비타민 C 과다
③ 내분비 기능 장애
④ 질이 좋지 않은 화장품의 사용

기미는 스트레스, 내분비질환, 화장품 등에 의해 발생될 수 있으며, 자외선에 의해 악화된다.

024
다음 중 원발진으로만 짝 지워진 것은?

① 농포, 수포
② 색소침착, 찰상
③ 티눈, 흉터
④ 동상, 궤양

원발진과 속발진
- 원발진 : 피부질환 초기 상태의 병변으로, 반점, 홍반, 구진, 결절, 종양, 수포, 농포, 팽진, 낭종 등
- 속발진 : 피부질환의 2차적 단계의 병변으로, 미란, 찰상, 가피, 궤양, 인설, 균열, 반흔, 태선화 등

025
나이아신 부족과 아미노산 중 트립토판 결핍으로 생기는 질병으로써 옥수수를 주식으로 하는 지역에서 자주 발생하는 것은?

① 각기증
② 괴혈병
③ 구부병
④ 펠라그라병

펠라그라(옥수수 홍반)는 피부가 거칠어지고 딱지가 생기고, 소화기 점막이상으로 인한 설사, 우울증, 정신분열 등의 증상을 보인다.

026
피부의 각질(케라틴)을 만들어 내는 세포는?

① 색소세포
② 기저세포
③ 각질형성세포
④ 섬유아세포

각질형성세포(keratinocyte)는 표피의 기저층에 분포하며 세포분열을 통해 유극층, 과립층, 각질층을 형성하면서 각질을 만들어 내는 세포이다.

027
대상포진(헤르페스)의 특징에 대한 설명으로 옳은 것은?

① 지각신경 분포를 따라 군집 수포성 발진이 생기며 통증이 동반된다.
② 바이러스를 갖고 있지 않다.
③ 감염되지 않는다.
④ 목과 눈꺼풀에 나타나는 감염성 비대 증식 현상이다.

대상포진의 원인 병원체는 대상포진 바이러스로 어린아이들에게 자주 나타나는 수두의 원인체인 수두 바이러스와 동일한 바이러스이다. 또한, 감염성은 약하지만 수포가 터진 상태의 대상포진 환자가 신생아, 질병으로 면역저하 상태인 사람과 접촉을 하면 감염될 위험이 있다.

028
다음 중 소화기관이 아닌 것은?

① 구강
② 인두
③ 기도
④ 간

기도는 호흡기관에 속한다.

029
다음 중 중추신경계가 아닌 것은?

① 대뇌
② 소뇌
③ 뇌신경
④ 척수

중추신경계와 자율신경계
- 중추신경계 : 뇌(대뇌, 간뇌, 중뇌, 소뇌, 교, 연수), 척수
- 자율신경계 : 체신경계(뇌신경, 척수신경), 자율신경계(교감신경, 부교감신경)

030
다음 중 뇌 척수를 보호하는 골이 아닌 것은?

① 두정골　　② 측두골
③ 척추　　　④ 흉골

흉골은 가슴뼈를 말한다.

031
평활근은 잡아 당기면 쉽게 늘어나서 장력의 큰 변화 없이 본래 길이의 몇 배까지도 되는데, 이와 같은 성질을 무엇이라고 하는가?

① 연축(twitch)
② 강직(contracture)
③ 긴장(tonus)
④ 가소성(plasticity)

용어설명
- 연축 : 근육이 짧은 시간동안 일시적인 수축을 일으키는 현상
- 강직 : 병적 상태로써 근육이 과도하게 피로할 때 발생
- 긴장 : 정상적인 근육이 운동신경으로부터 약한 자극을 계속 받아 강축하고 있는 현상

032
다음 중 혈액응고와 관련이 가장 먼 것은?

① 조혈자극인자　　② 피브린
③ 프로트롬빈　　　④ 칼슘이온

조혈자극인자는 혈액 생성을 촉진하는 역할을 한다.

033
다음 중 세포막의 기능 설명이 틀린 것은?

① 세포의 경계를 형성한다.
② 물질은 확산에 의해 통과시킬 수 있다.
③ 단백질을 합성하는 장소이다.
④ 조직을 이식할 때 자기 조직이 아닌 것을 인식할 수 있다.

단백질을 합성하는 곳은 리보솜(ribosome, 세포내 소기관)이다.

034
다음 중 신장의 신문으로 출입하는 것이 아닌 것은?

① 요도　　② 신우
③ 맥관　　④ 신경

요도는 방광에서 소변을 밖으로 배출하는 관이다.

035
진공흡입기 적용을 금지해야 하는 경우와 가장 거리가 먼 것은?

① 모세혈관 확장피부
② 알레르기성 피부
③ 지나치게 탄력이 저하된 피부
④ 건성피부

민감성피부, 모세혈관 확장피부, 피부염, 정맥류, 탄력저하 피부, 다모 부위, 수술 후 등은 진공흡입기 적용을 피한다.

036
전기장치에서 퓨즈의 역할은?

① 전압을 바꾸어 준다.
② 전류의 세기를 조절한다.
③ 부도체 전기가 잘 통하도록 한다.
④ 전선의 과열을 막아 주는 안전장치 역할을 한다.

037
열을 이용한 기기가 아닌 것은?

① 스티머　　② 이온토포레시스
③ 파라핀 왁스기　　④ 적외선등

이온토포레시스는 갈바닉전류를 이용하여 영양물질을 피부 깊숙이 침투시키는 기기이다.

038
브러싱 기기의 올바른 사용법은?

① 브러시 끝이 눌리도록 적당한 힘을 가한다.

② 손목으로 회전브러시를 돌리면서 적용시킨다.
③ 브러시는 피부에 대한 수평방향으로 적용시킨다.
④ 회전 시 내용물이 튀지 않도록 양을 적당히 조절한다.

브러싱 기기는 죽은 각질제거 및 혈액순환촉진의 효과를 준다.

039
교류 전류로 신경근육계의 자극이나 전기 진단에 많이 이용되는 감응 전류의 피부관리 효과가 가장 거리가 먼 것은?

① 근육상태를 개선한다.
② 세포의 작용을 활발하게 하여 노폐물을 제거한다.
③ 혈액순환을 촉진한다.
④ 산소의 분비가 조직을 활성화시켜준다.

감응전류는 혈액순환과 신진대사를 촉진시키며 근육을 부드럽게 한다.

040
피부 분석 시 사용하는 기기가 아닌 것은?

① 확대경
② 우드램프
③ 스킨스코프
④ 적외선램프

적외선램프는 온열기기이다.

041
다음 설명 중 파운데이션의 일반적인 기능과 가장 거리가 먼 것은?

① 피부색을 기호에 맞게 바꾼다.
② 피부의 기미, 주근깨 등 결점을 커버한다.
③ 자외선으로부터 피부를 보호한다.
④ 피지 억제와 화장을 지속시켜준다.

피지억제와 화장의 지속성을 높여주는 것은 파우더이다.

042
향장품을 선택할 때에 검토해야 하는 조건이 아닌 것은?

① 피부나 점막, 두발 등에 손상을 주거나 알레르기 등을 일으킬 염려가 없는 것
② 구성 성분이 균일한 성상으로 혼합되어 있지 않는 것
③ 사용 중이나 사용 후에 불쾌감이 없고, 사용감이 산뜻한 것
④ 보존성이 좋아서 잘 변질되지 않는 것

화장품의 품질 특성
• 안전성 : 피부에 대한 자극, 알레르기, 경구독성 등이 없을 것
• 안정성 : 보관에 따른 변질, 변색, 변위, 미생물 오염 등이 없을 것
• 사용성 : 사용감, 편리성, 기호성 등이 좋을 것
• 유효성 : 적절한 보습효과, 노화억제, 자외선차단, 미백, 세정 등의 효능이 좋을 것

043
바디 화장품의 종류와 사용 목적의 연결이 적합하지 않은 것은?

① 바디클렌저 – 세정·용제
② 데오도란트 파우더 – 탈색·제모
③ 썬스크린 – 자외선 방어
④ 바스솔트 – 세정·용제

데오도란트 파우더는 방취 화장품이다.

044
다음 중 아래 설명에 적합한 유화형태의 판별법은?

> 유화형태를 판별하기 위해서 물을 첨가한 결과 잘 섞여 O/W형으로 판별되었다.

① 전기전도도법
② 희석법
③ 색소첨가법
④ 질량분석법

전기전도도법과 색소첨가법
• 전기전도도법 : 전기저항의 차이를 이용하는 방법으로 O/W형은 W/O형에 비해 전기전도도가 크다.
• 색소첨가법 : 에멀전에 유성염료가 용해되면 W/O형, 수용성염료가 용해되면 O/W형으로 판별한다.

045
자외선 차단을 도와주는 화장품 성품이 아닌 것은?

① 파라아미노안식향산(para-aminobenzoic acid)
② 옥틸디메틸 파바(octyl dimethyl PABA)
③ 콜라겐(collagen)
④ 티타늄디옥사이드(titanium dioxide)

콜라겐 성분은 피부탄력 및 보습에 효과적이다.

046
바디샴푸의 성질로 틀린 것은?

① 세포간에 존재하는 지질을 가능한 보호
② 피부의 요소, 염분의 효과적으로 제거
③ 세균의 증식 억제
④ 세정제의 각질층 내 침투로 지질을 용출

047
향수를 뿌린 후 즉시 느껴지는 향수의 첫 느낌으로, 주로 휘발성이 강한 향료들로 이루어져 있는 노트는?

① 탑 노트(Top note)
② 미들 노트(Middle note)
③ 하트 노트(Heart note)
④ 베이스 노트(Base note)

향수의 발산 속도에 따른 구분
- 탑 노트(Top Note) : 향수를 뿌린 후 처음 느껴지는 첫 느낌으로 휘발성이 강한 향료로 구성
- 미들 노트(Middle Note) : 알코올이 날아간 다음 느껴지는 향취로 탑 노트와 베이스 노트를 연결
- 베이스 노트(Base Note) : 여러 시간이 지난 뒤 자신의 체취와 섞여서 나는 향취로 잔류성이 강한 향

048
보건행정의 특성과 가장 거리가 먼 것은?

① 공공성
② 교육성
③ 정치성
④ 과학성

보건행정의 특성은 공공성, 봉사성, 교육성, 과학성이다.

049
실내의 가장 쾌적한 온도와 습도는?

① 14℃, 20%
② 16℃, 30%
③ 18℃, 60%
④ 20℃, 80%

실내의 적정 온도는 18±2℃ 이며, 인체에 쾌적한 습도는 40~70% 정도이다.

050
이·미용업소에서 감염될 수 있는 트라코마에 대한 설명 중 틀린 것은?

① 수건, 세면기 등에 의하여 감염된다.
② 감염원은 환자의 눈물, 콧물 등이다.
③ 예방접종으로 사전 예방할 수 있다.
④ 실명의 원인이 될 수 있다.

트라코마의 경우 예방접종을 통해 예방할 수 없는 것으로 개인위생을 철저히 하는 것이 가장 중요한 예방방법이다.

051
다음 중 쥐와 관계없는 감염병은?

① 유행성출혈열
② 페스트
③ 공수병
④ 살모넬라증

공수병은 광견병이라고도 불리며 개와 사람 양쪽에 이환되는 인수공통감염병에 해당된다.

052
다음 소독제 중에서 할로겐계에 속하지 않는 것은?

① 표백분
② 석탄산
③ 차아염소산나트륨
④ 염소 유기화합물

석탄산은 페놀류에 속한다.

053
다음 중 예방법으로 생균백신을 사용하는 것은?

① 홍역　　　　② 콜레라
③ 디프테리아　　④ 파상풍

백신
- 생균백신 : 홍역, 결핵, 황열, 폴리오, 탄저, 두창, 광견병 등
- 사균백신 : 콜레라, 백일해, 장티푸스, 파라티푸스, 일본뇌염 등
- 순화독소 : 디프테리아, 파상풍 등

054
인체의 창상용 소독약으로 부적당한 것은?

① 승홍수　　　　② 머큐로크롬액
③ 희옥도정기　　④ 아크리놀

승홍수는 염화수은의 화합물로 맹독성이며, 금속 부식성이 강하므로 식기류나 피부소독에 부적합하다. 또한, 단백질과 결합하면 침전이 생기므로 유기물질을 소독할 때 주의해야 한다.

055
이·미용업 종사자가 손을 씻을 때 많이 사용하는 소독약은?

① 크레졸수　　　② 페놀수
③ 과산화수소　　④ 역성비누

역성비누는 무미, 무해, 무독이면서도 침투력과 살균력이 강하다.

056
다음 중 공중위생감시원의 업무가 아닌 것은?

① 공중위생 영업관련 시설 및 실비의 위생상태 확인 및 검사에 관한 사항
② 공중위생 영업소의 위생서비스 수준 평가에 관한 사항
③ 공중위생 영업소 개설자의 위생교육 이행여부 확인에 관한 사항
④ 공중위생 영업자의 위생관리의무 및 영업준수사항 이행여부의 확인에 관한 사항

공중위생감시원의 업무범위
- 공중위생영업 시설 및 설비의 확인
- 공중위생영업 관련 시설 및 설비의 위생상태 확인·검사
- 공중위생영업자의 위생관리의무 및 영업자 준수사항 이행여부의 확인
- 공중이용시설의 위생관리상태의 확인·검사
- 위생지도 및 개선명령 이행여부의 확인
- 공중위생영업소의 영업의 정지, 일부 시설의 사용중지 또는 영업소 폐쇄명령 이행여부의 확인
- 위생교육 이행여부의 확인

057
이·미용영업자가 신고를 하지 아니하고 영업소의 상호를 변경한 때의 1차 위반 행정처분기준은?

① 경고 또는 개선명령　② 영업정지 3월
③ 영업허가 취소　　　　④ 영업장 폐쇄명령

신고를 하지 않고 영업소의 명칭 및 상호 또는 영업장 면적의 1/3 이상을 변경한 때의 행정처분기준
- 1차 위반 : 경고 또는 개선명령
- 2차 위반 : 영업정지 15일
- 3차 위반 : 영업정지 1월
- 4차 위반 : 영업장 폐쇄명령

058
이·미용사의 면허를 받지 않은 자가 이·미용의 업무를 하였을 때의 벌칙기준은?

① 100만원 이하의 벌금
② 200만원 이하의 벌금
③ 300만원 이하의 벌금
④ 500만원 이하의 벌금

면허가 취소된 후 계속하여 업무를 행한 자 또는 면허정지기간 중에 업무를 행한 자, 이·미용사의 면허를 받지 않은 자가 이·미용의 업무를 행한 때에는 300만원 이하의 벌금에 처한다.

059
건전한 영업질서를 위하여 공중위생영업자가 준수하여 아니한 자에 대한 벌칙기준은?

① 1년 이하의 징역 또는 1천만원 이하의 벌금
② 6월 이하의 징역 또는 500만원 이하의 벌금

③ 3월 이하의 징역 또는 300만원 이하의 벌금
④ 300만원 이하의 벌금

6월 이하의 징역 또는 500만원 이하의 벌금
- 공중위생영업의 변경신고를 하지 아니한 자
- 공중위생영업자의 지위를 승계한 자로서 규정에 의한 신고를 하지 아니한 자
- 건전한 영업질서를 위하여 공중위생영업자가 준수하여야 할 사항을 준수하지 아니한 자

060
이·미용업소 내에서 게시하지 않아도 되는 것은?

① 이·미용업 신고증
② 개설자의 면허증 원본
③ 개설자의 건강진단서
④ 요금표

업소 내에는 이·미용업 신고증, 개설자의 면허증원본 및 이·미용 요금표를 게시하여야 한다.

적중모의고사 8회 — 피부미용사 정답

001	002	003	004	005
①	①	①	③	①
006	007	008	009	010
②	①	④	②	②
011	012	013	014	015
④	③	①	③	④
016	017	018	019	020
①	④	③	③	②
021	022	023	024	025
③	③	②	①	④
026	027	028	029	030
③	①	③	③	④
031	032	033	034	035
④	①	③	①	④
036	037	038	039	040
④	②	④	④	④
041	042	043	044	045
④	②	②	②	③
046	047	048	049	050
④	①	③	③	③
051	052	053	054	055
③	②	①	①	④
056	057	058	059	060
②	①	③	②	③

LESSON 09 적중모의고사 _ 피부미용사 제9회

001
화장수(스킨로션)를 사용하는 목적과 가장 거리가 먼 것은?

① 세안을 하고 나서도 지워지지 않는 피부의 잔여물을 제거하기 위해서
② 세안 후 남아있는 세안제의 알칼리성 성분 등을 닦아내어 피부표면의 산도를 약산성으로 회복시켜 피부를 부드럽게 하기 위해서
③ 보습제, 유연제의 함유로 각질층을 촉촉하고 부드럽게 하면서 다음 단계에 사용할 제품의 흡수를 용이하게 하기 위해서
④ 각종 영양물질을 함유하고 있어 피부의 탄력을 증진시키기 위해서

영양물질이 다량 함유되어 있는 것은 크림 종류이다.

002
딥 클렌징 시술과정에 대한 내용 중 틀린 것은?

① 깨끗이 클렌징이 된 상태에서 적용한다.
② 필링제를 중앙에서 바깥쪽, 아래에서 위쪽으로 도포한다.
③ 고마쥐 타입은 팩이 마른 상태에서 근육결 대로 가볍게 밀어준다.
④ 딥 클렌징 단계에서는 수분 보충을 위해 스티머를 반드시 사용한다.

딥 클렌징 단계에서 스티머를 사용할 경우는 효소 타입을 사용할 때이다.

003
제모할 때 왁스는 일반적으로 어떻게 바르는 것이 적합한가?

① 털이 자라는 방향
② 털이 자라는 반대 방향
③ 털이 자라는 왼쪽 방향
④ 털이 자라는 오른쪽 방향

004
피부타입에 다른 팩의 사용이 잘못된 것은?

① 건성피부 – 클레이 마스크
② 지성피부 – 클레이 마스크
③ 노화피부 – 벨벳 마스크
④ 여드름피부 – 머드 팩

클레이 마스크는 청정력과 흡착력이 뛰어나 지성 및 여드름 피부에 적합하다.

005
건성피부의 화장품 사용법으로 옳지 않은 것은?

① 영양, 보습 성분이 있는 오일이나 에센스
② 알코올이 다량 함유되어 있는 토너
③ 클렌저는 밀크타입이나 유분기가 있는 크림타입
④ 토닉으로 보습기능이 강화된 제품

알코올이 다량 함유된 토너는 지성피부용 화장품이다.

006
다음 매뉴얼 테크닉을 적용하는데 가장 적합한 사람은?

① 손발이 냉한 사람
② 독감이 심하게 걸린 사람
③ 피부에 상처나 질환이 있는 사람

④ 정맥류가 있어 혈관이 튀어나온 사람

매뉴얼 테크닉은 손을 이용하여 쓰다듬기, 주무르기, 문지르기, 두드리기, 떨기 등의 가벼운 마찰과 자극의 동작을 통해 혈액순환과 신진대사의 기능을 높이고, 세포를 활성화시켜 신체조직의 기능을 회복하거나 유지하기 위한 목적으로 시행한다.

007
매뉴얼 테크닉의 방법 중 두드리기의 효과와 가장 거리가 먼 것은?

① 피부진정과 긴장완화 효과
② 혈액순환 촉진
③ 신경자극
④ 피부의 탄력성 증대

피부진정과 긴장완화 효과가 있는 매뉴얼 테크닉은 쓰다듬기(에플로라지, 경찰법)이다.

008
매뉴얼 테크닉에 대한 설명 중 거리가 먼 것은?

① 체내의 노폐물 배설 작용을 도와준다.
② 신진대사의 기능이 빨라져 혈압을 내려준다.
③ 몸의 긴장을 풀어줌으로써 건강한 몸과 마음을 갖게 한다.
④ 혈액순환을 도와 피부에 탄력을 준다.

매뉴얼 테크닉의 효과
- 혈액순환 및 신진대사 촉진
- 조직의 노폐물 배출
- 피지선과 한선의 활성화
- 결체조직의 긴장 및 탄력부여, 근육이완
- 심리적 안정감 부여 등

009
다음 중 온습포의 효과가 아닌 것은?

① 혈액순환 촉진
② 모공확장으로 피지, 면포 등 불순물 제거
③ 피지선 자극
④ 혈관 수축으로 염증 완화

혈관 수축 및 염증완화는 냉습포의 효과이다.

010
실핏선 피부(cooper rose)의 특징이라고 볼 수 없는 것은?

① 혈관의 탄력이 떨어져 있는 상태이다.
② 피부가 대체로 얇다.
③ 지나친 온도 변화에 쉽게 붉어진다.
④ 모세혈관의 수축으로 혈액의 흐름이 원활하지 못하다.

실핏선 피부는 모세혈관이 확장되어 있는 피부를 말한다.

011
주로 피부관리실에서 사용되고 있는 제모방법은?

① 면도(Shaving)
② 왁싱(Waxing)
③ 전기응고술(Epilation Electrolysis)
④ 전기분해술(Coagulation)

왁싱은 넓은 부위의 제모를 효과적으로 할 수 있어 피부관리실에서 일반적으로 사용되는 제모방법이다.

012
입술화장을 지우는 방법이 틀리게 설명된 것은?

① 입술을 적당히 벌리고 가볍게 닦아낸다.
② 윗입술은 위에서 아래로 닦아낸다.
③ 아랫입술은 아래에서 위로 닦아낸다.
④ 입술 중간에서 외곽부위로 닦아낸다.

구각을 잡아주고 바깥쪽에서 안으로 닦아낸다.

013
피부미용 역사에 대한 설명이 틀린 것은?

① 고대 이집트에서는 피부미용을 위해 천연재료를 사용하였다.

② 고대 그리스에서는 식이요법, 운동, 마사지, 목욕 등을 통해 건강을 유지하였다.
③ 고대 로마인은 청결과 장식을 중요시하여 오일, 향수, 화장이 생활의 필수품이었다.
④ 국내의 피부미용이 전문화되기 시작한 것은 19세기 중반부터였다.

국내 피부미용은 1981년 YMCA에서 피부미용사 교육을 통해 피부관리사를 배출하면서 본격화되었다.

014
딥 클렌징과 관련이 가장 먼 것은?

① 더마스코프(Dermascope)
② 프리마톨(Frimator)
③ 엑스폴리에이션(Exfoliation)
④ 디스인크러스테이션(Disincrustation)

더마스코프는 피부진단기기이다.

015
다음 중 클렌징의 목적과 가장 관계가 깊은 것은?

① 피지 및 노폐물 제거
② 피부막 제거
③ 자외선으로부터 피부보호
④ 잡티제거

클렌징은 피부표면에 붙어있는 피지, 죽은 각질, 땀 잔여물 등의 피부생리 대사물질이니 외부로부터 피생되는 먼지, 미생물, 이물질, 메이크업의 잔여물 등을 제거하는 것을 목적으로 한다.

016
셀룰라이트에 대한 설명이 틀린 것은?

① 노폐물 등이 정체되어 있는 상태
② 피하지방이 비대해져 정체되어 있는 상태
③ 소성결합조직이 경화되어 뭉쳐져 있는 상태
④ 근육이 경화되어 딱딱하게 굳어 있는 상태

지방세포가 과도하게 지방을 축적하게 되어 부피가 증가하면서 울퉁불퉁한 표면을 형성하게 된 것을 셀룰라이트라 한다.

017
세안 후 이마, 볼 부위가 당기며, 잔주름이 많고 화장이 잘 들뜨는 피부유형은?

① 복합성피부 ② 건성피부
③ 노화피부   ④ 민감피부

건성피부의 특징
• 모공이 작아 외관상 피부가 고와 보이나 맑지는 않다.
• 피지와 땀의 분비가 적어 건조하고 윤기가 없다.
• 각질층의 수분 함량이 10%이하로 부족하다.
• 세안 후 심하게 당김이 있다.
• 피부가 거칠어 보이고 잔주름이 많이 나타난다.
• 화장이 잘 받지않고 들뜨기 쉽다.
• 노화현상이 빠르게 나타난다.

018
피부 관리에서 팩 사용 효과가 아닌 것은?

① 수분 및 영양 공급
② 각질 제거
③ 치유 작용
④ 피부 청정작용

팩은 피부 청정 및 수렴작용, 각질제거, 유효성분의 침투를 통한 보습, 미백, 재생 등의 효과가 있다.

019
다음 중 피지선이 분포되어 있지 않은 부위는?

① 손바닥 ② 코
③ 가슴   ④ 이마

손바닥, 발바닥에는 피지선이 분포되어 있지 않다.

020
다음 중 원발진에 속하는 것은?

① 수포, 반점, 인설
② 수포, 균열, 반점
③ 반점, 구진, 결절
④ 반점, 가피, 구진

원발진과 속발진
- 원발진 : 피부질환 초기 상태의 병변으로 반점, 홍반, 구진, 결절, 종양, 수포, 농포, 팽진, 낭종 등
- 속발진 : 피부질환의 2차적 단계의 병변으로 미란, 찰상, 가피, 궤양, 인설, 균열, 반흔, 태선화 등

021
손톱, 발톱의 설명으로 틀린 것은?

① 정상적인 손·발톱의 교체는 대략 6개월 가량 걸린다.
② 개인에 따라 성장의 속도는 차이가 있지만 매일 1mm 가량 성장한다.
③ 손끝과 발끝을 보호한다.
④ 물건을 잡을 때 받침대 역할을 한다.

손톱은 하루에 약 0.1mm 씩 자라며, 발톱은 손톱의 약 1/3 정도의 속도로 자란다.

022
피부의 구조 중 콜라겐과 엘라스틴이 자리 잡고 있는 층은?

① 표피　　　　② 진피
③ 피하조직　　④ 기저층

진피는 유두층과 망상층의 두 층으로 구분되며, 망상층에는 그물 모양의 섬유조직인 교원섬유(Collagen Fiber)와 탄력섬유(Elastic Fiber)가 치밀하게 구성되어 있다.

023
다음 중 세포 재생이 더 이상 되지 않으며 기름샘과 땀샘이 없는 것은?

① 흉터　　　　② 티눈
③ 두드러기　　④ 습진

흉터는 진피나 심부에 생긴 손상이 정상적으로 회복되지 못한 상태로 세포의 재생이 더 이상 되지않으며 모낭과 땀샘, 피지선이 없다.

024
비듬이나 때처럼 박리현상을 일으키는 피부층은?

① 표피의 기저층　　② 표피의 과립층
③ 표피의 각질층　　④ 진피의 유두층

표피의 각질층은 약 14일 정도의 기간을 두고 떨어져 나간다.

025
다음 중 각질이상에 의한 피부질환은?

① 주근깨(작반)　　② 기미(간반)
③ 티눈　　　　　　④ 리일 흑피증

티눈은 계속적인 압박으로 인해 발가락이나 발바닥에 생기는 각질 층의 증식현상이다.

026
다음 중 감염성 피부질환인 두부 백선의 병원체는?

① 리케차　　　② 바이러스
③ 사상균　　　④ 원생동물

백선은 피부사상균에 의한 피부의 표재성 감염을 총칭하는 것으로, 그 중 두부 백선은 두피의 모낭과 그 주위 피부에 피부사상균이 감염되어 발생하는 백선증을 말한다.

027
다음 중 입모근과 가장 관련 있는 것은?

① 수분 조절　　② 체온 조절
③ 피지 조절　　④ 호르몬 조절

입모근은 추위에 노출되었을 때 수축하여 체온을 조절한다.

028
성장호르몬에 대한 설명으로 틀린 것은?

① 분비 부위는 뇌하수체 후엽이다.
② 기능 저하시 어린이의 경우 저신장증이 된다.
③ 기능으로는 골, 근육, 내장의 성장을 촉진한다.
④ 분비 과다시 어린이는 거인증, 성인의 경우 말단 비대증이 된다.

성장호르몬은 뇌하수체 전엽에서 분비된다.

029
심장에 대한 설명 중 틀린 것은?

① 성인 심장은 무게가 평균 250~300g 정도이다.
② 심장은 심방중격에 의해 좌우심방, 심실은 심실중격에 의해 좌우심실로 나누어진다.
③ 심장은 2/3가 흉골 정중선에서 좌측으로 치우쳐 있다.
④ 심장근육은 심실보다는 심방에서 매우 발달되어 있다.

심장근육은 심방보다 심실이 발달되어 있으며, 좌심실이 우심실보다 약 3배 정도 두껍다.

030
3대 영양소를 소화하는 모든 효소를 가지고 있으며, 인슐린(insulin)과 글루카곤(glucagon)을 분비하여 혈당량을 조절하는 기관은?

① 췌장　　　　② 간장
③ 담낭　　　　④ 충수

췌장에서는 3대 영양소의 소화효소를 모두 생성하며, 생성된 소화효소는 십이지장으로 분비된다. 이 중 리파아제는 지방, 아밀라아제는 탄수화물, 트립신은 단백질 분해효소이다.

031
인체의 골격은 약 몇 개의 뼈(골)로 이루어져 있는가?

① 약 206개　　　② 약 216개
③ 약 265개　　　④ 약 365개

인체에는 약 206개의 뼈가 있고, 여기에 연골이 첨가되어 골격을 구성한다.

032
심장근을 무늬모양과 의지에 따라 분류하면 옳은 것은?

① 횡문근, 수의근
② 횡문근, 불수의근
③ 평활근, 수의근
④ 평활근, 불수의근

심장근은 구조상으로는 횡문근이고, 기능상으로는 불수의근으로 스스로 박동한다.

033
세포내 소기관 중에서 세포내의 호흡생리를 담당하고, 이화작용과 동화작용에 의해 에너지를 생산하는 기관은?

① 미토콘드리아　　② 리보솜
③ 리소좀　　　　　④ 중심소체

세포내 소기관
• 리보솜 : 아미노산을 이용하여 단백질 합성
• 리소좀 : 박테리아, 세포 파괴물을 분해
• 중심소체 : 세포분열의 중심적 역할

034
신경계에 관한 내용 중 틀린 것은?

① 뇌와 척수는 중추신경계이다.
② 대뇌의 주요 부위는 뇌간, 간뇌, 중뇌, 교뇌 및 연수이다.
③ 척수로부터 나오는 31쌍의 척수신경은 말초신경에 이른다.
④ 척수의 전각에는 감각신경세포가 그리고 후각에는 운동신경세포가 분포한다.

척수의 전각은 운동신경세포가 분포히여 운동을 일으키고, 후각은 감각신경세포가 분포하여 감각을 전달한다.

035
이온토포레시스(inontophoresis)의 주 효과는?

① 세균 및 미생물을 살균시킨다.
② 고농축 유효성분을 피부 깊숙이 침투시킨다.
③ 셀룰라이트를 감소시킨다.
④ 심부열을 증가시킨다.

이온토포레시스는 갈바닉전류를 이용하여 피부 깊숙이 유효성분을 침투시키는 기기이다.

036
고주파 사용방법으로 옳은 것은?

① 스파킹(sparking)을 할 때는 거즈를 사용한다.
② 스파킹을 할 때는 피부와 전극봉 사이의 간격을 7mm 이상으로 한다.
③ 스파킹을 할 때는 부도체인 합성섬유를 사용한다.
④ 스파킹을 할 때는 여드름용 오일을 면포에 도포한 후 사용한다.

스파킹은 살균, 소독, 박테리아 번식을 억제하는 효과가 있으며, 고객이 놀라지 않도록 거즈를 덮고 시술하는 것이 좋다.

037
직류(Direct current)에 대한 설명으로 옳은 것은?

① 시간의 흐름에 따라 방향과 크기가 비대칭적으로 변한다.
② 변압기에 의해 승압 또는 강압이 가능하다.
③ 정현파 전류가 대표적이다.
④ 지속적으로 한쪽 방향으로만 이동하는 전류의 흐름이다.

038
우드램프 사용 시 피부에 색소침착을 나타내는 색깔은?

① 푸른색
② 보라색
③ 흰색
④ 암갈색

우드램프의 색 판정
• 정상피부 : 푸른형광색
• 건성피부 : 연보라색
• 민감성피부 : 진보라색
• 지성피부 : 오렌지색
• 노화피부 : 암적색
• 색소침착피부 : 암갈색
• 각질 : 흰색

039
다음 중 피부 분석을 위한 기기가 아닌 것은?

① 고주파기
② 우드램프
③ 확대경
④ 유분측정기

피부분석기기는 확대경, 우드램프, 피부분석기(스킨스코프), 유분측정기, 수분측정기, pH측정기 등이 있다.

040
모세혈관 확장피부의 안면관리로 적당한 것은?

① 스티머(steamer)는 거리를 가까이 한다
② 왁스나 전기마스크를 사용하지 않도록 한다
③ 혈관확장 부위는 안면진공흡입기를 사용한다.
④ 비타민 P의 섭취를 피하도록 한다.

모세혈관 확장피부는 피부자극에 대해 민감한 반응을 보이므로 전용제품을 사용하며, 필링 및 기기 사용을 피하고 비타민 P, 비타민 B, 비타민 C를 섭취하는 것이 좋다.

041
화장품의 제형에 따른 특징의 설명이 틀린 것은?

① 유화제품 – 물에 오일성분이 계면활성제에 의해 우유빛으로 백탁화된 상태의 제품
② 유용화제품 – 물에 다량의 오일 성분이 계면활성제에 의해 현탁하게 혼합된 상태의 제품
③ 분산제품 – 물 또는 오일 성분에 미세한 고체입자가 계면활성제에 의해 균일하게 혼합된 상태의 제품
④ 가용화제품 – 물에 소량의 오일 성분이 계면활성제에 의해 투명하게 용해되어 있는 상태의 제품

화장품의 제형은 가용화, 유화, 분산제품으로 분류된다.

042
내가 좋아하는 향수를 구입하여 샤워 후 바디에 나만의 향으로 산뜻하고 상쾌함을 유지시키고자 한다면, 부향률은 어느 정도로 하는 것이 좋은가?

① 1~3%
② 3~5%
③ 6~8%
④ 9~12%

부향률 1~3%는 가볍고 시원한 느낌을 주며 목욕이나 샤워 후 사용이 적합하다.

043
대부분 O/W형 유화타입이며, 오일량이 적어 여름철에 많이 사용하고 젊은 연령층이 선호하는 파운데이션은?

① 크림 파운데이션   ② 파우더 파운데이션
③ 트윈 케이크   ④ 리퀴드 파운데이션

리퀴드 파운데이션은 오일량이 10% 정도로 가벼운 사용감을 준다.

044
보습제가 갖추어야 할 조건이 아닌 것은?

① 다른 성분과 혼용성이 좋을 것
② 휘발성이 있을 것
③ 적절한 보습능력이 있을 것
④ 응고점이 낮을 것

보습제는 저휘발성인 것이 좋다.

045
진달래과의 월귤나무의 잎에서 추출한 하이드로퀴논 배당체로 멜라닌 활성을 도와주는 티로시나아제 효소의 작용을 억제하는 미백화장품의 성분은?

① 감마-오리자놀   ② 알부틴
③ AHA   ④ 비타민 C

046
"피부에 대한 자극, 알러지, 독성이 없어야 한다"는 내용은 화장품의 4대 요건 중 어느 것에 해당하는가?

① 안전성   ② 안정성
③ 사용성   ④ 유효성

화장품의 품질 특성
• 안전성 : 피부에 대한 자극, 알레르기, 경구독성 등이 없을 것
• 안정성 : 보관에 따른 변질, 변색, 변위, 미생물 오염 등이 없을 것
• 사용성 : 사용감, 편리성, 기호성 등이 좋을 것
• 유효성 : 적절한 보습효과, 노화억제, 자외선차단, 미백, 세정 등의 효과가 좋을 것

047
바디관리 화장품이 가지는 기능과 가장 거리가 먼 것은?

① 세정   ② 트리트먼트
③ 연마   ④ 일소방지

048
다음 중 산업종사자와 직업병의 연결이 틀린 것은?

① 광부 – 진폐증   ② 인쇄공 – 납중독
③ 용접공 – 규폐증   ④ 항공정비사 – 난청

규폐증은 유리규산 분진에 의해 발생하는 직업병으로 광부에서 발생한다.

049
다음 중에서 접촉 감염지수(감수성지수)가 가장 높은 질병은?

① 홍역   ② 소아마비
③ 디프테리아 ④ 공수병

홍역은 감염성이 강하여 감수성 있는 접촉자의 90% 이상이 발생한다.

050
인수공통감염병에 해당하는 것은?

① 천연두   ② 콜레라
③ 디프테리아 ④ 공수병

인수공통감염병이란 사람과 동물을 공동 숙주로 하는 병원체에 의해 발생한 질병이나 감염상태를 말하는 것으로 공수병은 광견병이라 불리는 인수공통감염병이다.

051
매개곤충과 전파하는 감염병의 연결이 틀린 것은?

① 쥐 – 유행성 출혈열   ② 모기 – 일본뇌염
③ 파리 – 사상충   ④ 쥐벼룩 – 페스트

사상충은 모기가 전파한다.

052
다음 중 소독약품의 적정 희석농도가 틀린 것은?

① 석탄산 – 3%   ② 승홍 – 0.1%
③ 알코올 – 70%   ④ 크레졸 – 0.3%

크레졸은 크레졸 비누액 3%, 물 97%의 비율로 사용한다.

053
병원성 또는 비병원성 미생물 및 아포를 가진 것을 전부 사멸 또는 제거하는 것을 무엇이라고 하는가?

① 멸균(sterilization)
② 소독(disinfection)
③ 방부(antiseptic)
④ 정균(microbiostasis)

용어설명
- 소독 : 유해한 미생물을 파괴시켜 감염의 위험을 제거하는 비교적 약한 살균
- 방부 : 병원성 미생물의 발육과 작용을 제거하거나 정지시켜 부패나 발효를 방지
- 정균 : 세균의 성장이나 대사를 저지

054
결핵환자의 객담 처리방법 중 가장 효과적인 것은?

① 소각법   ② 알콜소독
③ 크레졸소독   ④ 매몰법

물리적 소독법에서 가장 효과적인 방법은 소각법이다.

055
자외선의 작용이 아닌 것은?

① 살균작용   ② 비타민 D 형성
③ 피부의 색소침착   ④ 아포 사멸

260nm(2,600A) 부근의 자외선 파장인 경우 살균작용이 강하지만, 아포를 사멸시킬 수는 없다. 참고로 아포까지 사멸시키기 위해서는 고압증기멸균법을 이용한다.

056
광역시 지역에서 이·미용업소를 운영하는 사람이 영업소의 소재지를 변경하고자 할 때의 조치사항으로 옳은 것은?

① 시장에게 변경허가를 받아야 한다.
② 관할 구청장에게 변경허가를 받아야 한다.
③ 시장에게 변경신고를 하면 된다.
④ 관할 구청장에게 변경신고를 하면 된다.

광역시 지역인 경우 신고 및 변경신고는 영업장 소재지 관할 구청장에게 한다.

057
다음 중 이·미용영업에 있어 벌칙기준이 다른 것은?

① 영업신고를 하지 아니한 자
② 영업소 폐쇄 명령을 받고도 계속하여 영업을 한 자
③ 일부 시설의 사용중지 명령을 받고 그 기간 중에 영업을 한 자
④ 면허가 취소된 후 계속하여 업무를 행한 자

보기 중 ①, ②, ③ 항의 경우 1년 이하의 징역 또는 1천만원 이하의 벌금에 처해지며, ④ 항의 경우에는 300만원 이하의 벌금에 처해진다.

058
1회용 면도날을 2인 이상 손님에게 사용한 때의 1차 위반 행정처분 기준은?

① 경고
② 영업정지 5일
③ 영업정지 10일
④ 영업정지 1월

1회용 면도날을 2인 이상의 손님에게 사용한 때의 행정처분기준
- 1차 위반 : 경고
- 2차 위반 : 영업정지 5일
- 3차 위반 : 영업정지 10일
- 4차 위반 : 영업장 폐쇄명령

059

이·미용사의 면허를 받을 수 없는 사람은?

① 전문대학 또는 이와 동등 이상의 학력이 있다고 교육부장관이 인정하는 학교에서 이·미용에 관한 학과를 졸업한 자
② 국가기술자격법에 의한 이·미용사 자격을 취득한 자
③ 교육부장관이 인정하는 고등기술학교에서 6월 이상 이·미용의 과정을 이수한 자
④ 고등학교 또는 이와 동등의 학력이 있다고 교육부장관이 인정하는 학교에서 이·미용에 관한 학과를 졸업한 자

교육부장관이 인정하는 고등기술학교에서 1년 이상 이용 또는 미용에 관한 소정의 과정을 이수한 자는 이·미용사의 면허를 받을 수 있다.

060

면허증 분실로 인해 재교부를 받았을 때, 잃어버린 면허를 찾은 경우 반납하여야 하는 기간은?

① 지체없이 ② 7일
③ 30일 ④ 6개월

면허증을 잃어버린 후 재교부 받은 자가 그 잃어버린 면허증을 찾은 때에는 지체없이 재교부 받은 시장·군수·구청장에게 이를 반납하여야 한다.

적중모의고사 9회

001	002	003	004	005
④	④	①	①	②
006	007	008	009	010
①	①	②	④	④
011	012	013	014	015
②	④	④	①	①
016	017	018	019	020
④	②	③	①	③
021	022	023	024	025
②	②	①	③	③
026	027	028	029	030
③	②	①	④	①
031	032	033	034	035
①	②	①	④	②
036	037	038	039	040
①	④	④	①	②
041	042	043	044	045
②	①	④	②	②
046	047	048	049	050
①	③	③	①	④
051	052	053	054	055
③	④	①	①	④
056	057	058	059	060
④	④	①	③	①

적중모의고사 _ 피부미용사 제10회

001
딥 클렌징에 대한 설명으로 틀린 것은?

① 제품으로 효소, 스크럽 크림 등을 사용할 수 있다.
② 여드름성 피부나 지성 피부는 주 3회 이상 하는 것이 효과적이다.
③ 피부 노폐물을 제거하고 피지의 분비를 조절하는데 도움이 된다.
④ 건성, 민감성 피부는 2주에 1회 정도가 적당하다.

여드름이나 지성피부는 주 2회 정도 효소나 스크럽, AHA 등을 이용하여 딥클렌징을 해 주며, 지나칠 경우 유·수분의 부족을 가져와 오히려 악화될 수 있다.

002
우드램프에 의한 피부의 분석 결과 중 틀린 것은?

① 흰색 – 죽은 세포와 각질층의 피부
② 연한 보라색 – 건조한 피부
③ 오렌지색 – 여드름, 피지, 지루성피부
④ 암갈색 – 산화된 피지

암갈색은 색소침착 피부에 해당된다.

003
매뉴얼 테크닉 작업 시 주의사항으로 옳은 것은?

① 동작은 강하게 하여 경직된 근육을 이완시킨다.
② 속도는 빠르게 하여 고객에게 심리적인 안정을 준다.
③ 손동작은 머뭇거리지 않도록 하며 손목이나 손가락의 움직임은 유연하게 한다.
④ 매뉴얼 테크닉을 할 때는 반드시 마사지 크림을 사용하여 시술한다.

매뉴얼 테크닉 시 지나치게 강한 자극을 피하고 피부 상태에 맞춰 시술방법(방향, 속도, 압력, 리듬, 시간 등)을 고려하여 실시한다.

004
피부타입과 화장품과의 연결이 틀린 것은?

① 지성피부 – 유분이 적은 영양크림
② 정상피부 – 영양과 수분 크림
③ 민감피부 – 지성용 데이크림
④ 건성피부 – 유분과 수분 크림

저자극성 성분(무향, 무알콜, 무방부제)을 사용한 민감성 전용크림을 사용한다.

005
다음 중 당일 적용한 피부관리 내용을 고객카드에 기록하고 자가 관리 방법을 조언하는 단계는?

① 피부관리 계획 단계
② 피부분석 및 진단 단계
③ 트리트먼트(Treatment) 단계
④ 마무리 단계

자가관리 조언은 가정에서의 제품 사용법을 위주로 설명한다.

006
매뉴얼 테크닉의 효과와 가장 거리가 먼 것은?

① 피부의 흡수 능력을 확대시킨다.
② 심리적 안정감을 준다.
③ 혈액의 순환을 촉진한다.
④ 여드름이 정리된다.

매뉴얼 테크닉의 효과는 보기 중 ①, ②, ③항 외에 조직의 노폐물 제거, 피지선과 한선의 기능 활성화, 근육이완 및 모세혈관 강화, 결체조직의 탄력 부여, 신진대사 촉진 등이 있다.

007
일시적인 제모방법에 해방되지 않는 것은?

① 제모크림 ② 왁스
③ 전기응고술 ④ 족집게

전기응고술은 단파에서 발생하는 높은 열로 모근을 가열하여 응고시키는 방법으로 영구제모에 속한다.

008
천연팩에 대한 설명 중 틀린 것은?

① 사용할 횟수를 모두 계산하여 미리 만들어 준비해둔다.
② 신선한 무공해 과일이나 야채를 이용한다.
③ 만드는 방법과 사용법을 잘 숙지한 다음 제조한다.
④ 재료의 혼용 시 각 재료의 특성을 잘 파악한 다음 사용하여야 한다.

천연팩은 신선한 재료를 사용하며, 필요할 때 마다 즉시 만들어 사용하는 것이 좋다.

009
클렌징에 대한 설명으로 가장 거리가 먼 것은?

① 피부 노폐물과 더러움을 제거한다.
② 피부 호흡을 원활히 하는데 도움을 준다.
③ 피부 신진대사를 촉진한다.
④ 피부 산성막을 파괴하는데 도움을 준다.

클렌징은 피부표면의 피지, 죽은 각질, 땀 잔여물 등의 피부생리 대사물질이나 외부로부터 파생되는 먼지나 이물질 등을 제거하여 신진대사 및 혈액순환을 돕는 트리트먼트 준비단계라 할 수 있다.

010
딥클렌징 관리 시 유의 사항 중 옳은 것은?

① 눈의 점막에 화장품이 들어가지 않도록 조심한다.
② 딥클렌징한 피부를 자외선에 직접 노출시킨다.
③ 흉터 재생을 위하여 상처부위를 가볍게 문지른다.
④ 모세혈관 확장 피부는 부작용증에 해당하지 않는다.

딥클렌징 제형 중 스크럽제품은 눈에 들어갈 경우 각막손상을 일으킬 수 있으므로 특히 주의해야 한다.

011
기초화장품의 사용 목적 및 효과와 가장 거리가 먼 것은?

① 피부의 청결 유지 ② 피부 보습
③ 잔주름, 여드름 방지 ④ 여드름의 치료

여드름 치료제는 의약품에 속한다.

012
림프드레나지 기법 중 손바닥 전체 또는 엄지손가락을 피부 위에 올려놓고 앞으로 나선형으로 밀어내는 동작은 무엇인가?

① 정지 상태 원 동작 ② 펌프 기법
③ 퍼 올리기 동작 ④ 회전동작

림프드레나지 기법
- 정지상태 원 동작 : 손가락을 평평하게 겹치거나 펴서 림프배출 방향으로 원 동작이나 나선형으로 시행하는 동작
- 펌프 기법 : 엄지와 네 손가락을 직각이 되게 한 후 타원형으로 펌프 하듯이 미는 동작
- 퍼 올리기 동작 : 손바닥을 위로향하고 손목회전과 함께 위로 올리면서 압을 주는 동작

013
제모관리 중 왁싱에 대한 내용과 가장 거리가 먼 것은?

① 겨드랑이 및 입술 주위의 털을 제거 시에는 하드왁스를 사용하는 것이 좋다.
② 콜드왁스(cold wax)는 데울 필요가 없지만 온왁스(warm wax)에 비해 제모능력이 떨어진다.
③ 왁싱은 레이저를 이용한 제모와는 달리 모유두의 모모세포를 퇴행시키지 않는다.
④ 다리 및 팔등의 넓은 부위의 털을 제거할 때에는 부직포 등을 이용한 온왁스가 적합하다.

왁싱을 자주하면 모낭염 등을 일으키며, 털이 가늘어지고 자라는 속도가 느려진다.

014
온열 석고마스크의 효과가 아닌 것은?

① 열을 내어 유효성분을 피부 깊숙이 흡수시킨다.
② 혈액순환을 촉진시켜 피부에 탄력을 준다.
③ 피지 및 노폐물 배출을 촉진한다.
④ 자극 받은 피부에 진정효과를 준다.

피부에 진정효과를 주는 것은 고무마스크이다.

015
신체 각 부위별 매뉴얼 테크닉을 하는 경우 고려해야 할 유의사항과 가장 거리가 먼 것은?

① 피부나 근육, 골격에 질병이 있는 경우는 피한다.
② 피부에 상처나 염증이 있는 경우는 피한다.
③ 너무 피곤하거나 생리중일 경우는 피한다.
④ 강한 압으로 매뉴얼 테크닉을 오래하여야 한다.

매뉴얼 테크닉은 너무 오래하거나 강한 압을 주지 말아야 한다.

016
피부미용의 목적이 아닌 것은?

① 노화예방을 통하여 건강하고 아름다운 피부를 유지한다.
② 심리적, 정신적 안정을 통해 피부를 건강한 상태로 유지시킨다.
③ 분장, 화장 등을 이용하여 개성을 연출한다.
④ 질환적 피부를 제외한 피부를 관리를 통해 상태를 개선시킨다.

보기 중 ③항은 메이크업의 목적이다.

017
클렌징 과정에서 제일 먼저 클렌징을 해야 할 부위는?

① 볼 부위   ② 눈 부위
③ 목 부위   ④ 턱 부위

포인트 메이크업 전용 리무버를 이용하여 눈의 색조화장을 클렌징한 후 얼굴 및 목 부위의 노폐물을 제거한다.

018
피부분석을 하는 목적은?

① 피부분석을 통해 고객의 라이프스타일을 파악하기 위해서
② 피부의 증상과 원인을 파악하여 올바른 피부 관리를 하기 위해서
③ 피부의 증상과 원인을 파악하여 의학적 치료를 하기 위해서
④ 피부분석을 통해 운동처방을 하기 위해서

고객의 피부유형과 피부상태에 따라 적합한 제품을 선택하여 고객에 알맞은 프로그램을 선정하여 올바른 피부 관리를 하기 위한 것이 피부분석의 목적이다.

019
다음 중 적외선에 관한 설명으로 옳지 않은 것은?

① 혈류의 증가를 촉진시킨다.
② 피부에 생성물을 흡수되도록 돕는 역할을 한다.
③ 노화를 촉진시킨다.
④ 피부에 열을 가하여 피부를 이완시키는 역할을 한다.

적외선은 신진대사 촉진 및 세포를 활성화 하여 노화를 방지하는 효과가 있다.

020
다음 중 자외선이 피부에 미치는 영향이 아닌 것은?

① 색소침착   ② 살균효과
③ 홍반형성   ④ 비타민 A 합성

자외선은 비타민 D를 합성한다.

021
피부에 있어 색소세포가 가장 많이 존재하고 있는 곳은?

① 표피의 각질층　　② 표피의 기저층
③ 진피의 유두층　　④ 진피의 망상층

표피의 기저층에는 각질형성세포와 멜라닌 형성세포가 존재한다.

022
우리 피부의 세포가 기저층에서 생성되어 각질세포로 변화하여 피부표면으로부터 떨어져 나가는데 걸리는 기간은?

① 대략 60일　　② 대략 28일
③ 대략 120일　　④ 대략 280일

세포가 각질세포를 형성하는 기간이 약 14일, 피부표면으로부터 떨어져 나가는 기간이 약 14일 걸린다.

023
사춘기 이후에 주로 분비가 되며, 모공을 통하여 분비되어 독특한 체취를 발생시키는 것은?

① 소한선　　② 대한선
③ 피지선　　④ 갑상선

대한선(아포크린한선)은 모낭과 연결되어 있으며 귀 언저리, 겨드랑이, 사타구니, 유두, 배꼽주변에 주로 분포되어 있다.

024
피지선에 대한 설명으로 틀린 것은?

① 피지를 분비하는 선으로 진피 중에 위치한다.
② 피지선은 손바닥에는 없다.
③ 피지의 1일 분비량은 10~20g 정도이다.
④ 피지선이 많은 부위는 코 주위이다.

피지의 하루 분비량은 약 1~2g이다.

025
체내에 부족하면 괴혈병을 유발시키며, 피부와 잇몸에서 피가 나오게 하고 빈혈을 일으켜 피부를 창백하게 하는 것은?

① 비타민 A　　② 비타민 B_2
③ 비타민 C　　④ 비타민 K

비타민 C는 항산화 기능으로 노화예방 및 멜라닌 생성을 억제하고 콜라겐 합성에 관여하여 피부 등을 단단하게 한다.

026
한선에 대한 설명 중 틀린 것은?

① 체온 조절기능이 있다.
② 진피와 피하지방 조직의 경계부위에 위치한다.
③ 입술을 포함한 전신에 존재한다.
④ 에크린선과 아포크린선이 있다.

한선을 입술과 음부를 제외한 피부 전신에 존재한다.

027
피부의 기능이 아닌 것은?

① 보호작용　　② 체온조절작용
③ 비타민 A 합성작용　　④ 호흡작용

비타민 D의 합성

028
혈액 중 혈액응고에 주로 관여하는 세포는?

① 백혈구　　② 적혈구
③ 혈소판　　④ 헤마토크리트

혈소판은 혈액응고 촉진작용 등 지혈을 담당하며, 수명은 약 9~10일이다. 참고로 헤마토크리트(he matocrit)는 혈액 중 적혈구가 차지하는 용적비(%)를 의미한다.

029
눈살을 찌푸리고 이마에 주름을 짓게 하는 근육은?

① 구륜근　　② 안륜근
③ 추미근　　④ 이근

추미근은 눈썹을 안쪽과 아래로 잡아당겨 이마에 세로주름을 형성한다.

030
피질의 세포 중 전해질 및 수분대사에 관여하는 염류피질 호르몬을 분비하는 세포군은?

① 속상대 ② 사구대
③ 망상대 ④ 경팽대

피질은 3개의 층으로 되어 있으며 가장 바깥층인 사구대에서는 신장에서 전해질 및 수분대사에 관여하는 염류피질 호르몬을 분비하며, 가운데인 속상대에는 당질대사에 관여하는 염류피질호르몬을, 가장 안쪽의 망상대에서는 성장에 관여하는 성호르몬인 안드로겐을 분비한다.

031
뇌신경과 척수신경은 각각 몇 쌍인가?

① 뇌신경 – 12, 척수신경 – 31
② 뇌신경 – 11, 척수신경 – 31
③ 뇌신경 – 12, 척수신경 – 30
④ 뇌신경 – 11, 척수신경 – 30

뇌신경(12쌍)은 뇌에서 나오는 말초신경으로 주로 두부에 분포되어 운동과 감각을 담당하며, 척수신경(31쌍)은 척수양측을 출입하는 말초신경이다.

032
다음 중 간의 역할에 가장 적합한 것은?

① 소화와 흡수촉진
② 담즙의 생성과 분비
③ 음식물의 역류방지
④ 부신피질 호르몬 생산

간은 지방의 소화 및 흡수촉진을 위한 담즙을 생성하여 십이지장으로 보낸다.

033
두개골(skull)을 구성하는 뼈로 알맞은 것은?

① 미골 ② 늑골
③ 사골 ④ 흉골

두개골은 두정골, 후두골, 측두골, 접형골, 사골로 구성되어 있다.

034
물질 이동시 물질을 이루고 있는 입자들이 스스로 운동하여 농도가 높은 곳에서 낮은 곳으로 액체나 기체 속을 분자가 퍼져나가는 현상은?

① 능동수송 ② 확산
③ 삼투 ④ 여과

용어설명
• 능동수송 : 에너지나 효소를 이용하여 농도가 낮은 곳에서 높은 곳으로 이동
• 삼투 : 반투막을 경계로 상호 다른 용액이 같아지려는 현상
• 여과 : 막의 안과 밖의 압력과 중력의 차이에 의해 작은 구멍을 통해 용액이 이동하는 현상

035
전류에 대한 설명이 틀린 것은?

① 전류의 방향은 도선을 따라 (+)극에서 (−)극쪽으로 흐른다.
② 전류는 주파수에 따라 초음파, 저주파, 중주파, 고주파 전류로 나뉜다.
③ 전류의 세기는 1초동안 도선을 따라 움직이는 전하량을 말한다.
④ 전자의 방향과 전류의 방향은 반대이다.

전류는 주파수에 따라 직류와 교류로 나뉘며 교류는 저주파, 중주파, 고주파로 나뉜다.

036
미용기기로 사용되는 진공흡입기(vacuum or suction)와 관련이 없는 것은?

① 피부에 적절한 자극을 주어 피부기능을 왕성하게 한다.
② 피지제거, 불순물 제거에 효과적이다.
③ 민감성 피부나 모세혈관 확장증에 적용하면 좋은 효과가 있다.

④ 혈액순환촉진, 림프순환촉진에 효과가 있다.

민감성 피부, 모세혈관 확장피부, 정맥류 등은 진공흡입기를 피한다.

037
확대경에 대한 설명으로 틀린 것은?
① 피부상태를 명확히 파악하게 하여 정확한 관리가 이루어지도록 해준다.
② 확대경을 켠 후 고객의 눈에 아이패드를 착용시킨다.
③ 열린 면포 또는 닫힌 면포 등을 제거할 때 효과적으로 이용할 수 있다.
④ 세안 후 피부분석 시 아주 작은 결점도 관찰할 수 있다.

고객의 눈을 보호하기 위해 아이패드를 먼저 착용한 후 불을 켠다.

038
갈바닉 전류의 음극에서 생성되는 알칼리를 이용하여 피부표면의 피지와 모공속의 노폐물을 세정하는 방법은?
① 이온토포레시스
② 리프팅트리트먼트
③ 디스인크러스테이션
④ 고주파트리트먼트

이온토포레시스는 전류의 음극(-)과 양극(+)의 성질을 이용하여 피부침투가 어려운 수용성 물질을 흡수시킨다.

039
다음 중 pH의 옳은 설명은?
① 어떤 물질의 용액 속에 들어있는 수소이온의 농도를 나타낸다.
② 어떤 물질의 용액 속에 들어있는 수소분자의 농도를 나타낸다.
③ 어떤 물질의 용액 속에 들어있는 수소이온의 질량을 나타낸다.
④ 어떤 물질의 용액 속에 들어있는 수소분자의 질량을 나타낸다.

수소이온의 농도가 높을수록 용액은 산성에 가깝다.

040
우드램프 사용 시 지성부위의 코메도(comedo)는 어떤 색으로 보이는가?
① 흰색 형광
② 밝은 보라
③ 노랑 또는 오렌지
④ 자주색 형광

흰색 – 각질화피부, 밝은 보라 – 건성피부, 자주색 형광 – 노화피부

041
손을 대상으로 하는 제품 중 알코올을 주 베이스로 하며, 청결 및 소독을 주된 목적으로 하는 제품은?
① 핸드워시(Hand wash)
② 새니타이저(sanitizer)
③ 비누
④ 핸드크림

새니타이저는 손소독제(손세정제)이다.

042
클렌징크림의 설명으로 맞지 않은 것은?
① 메이크업화장을 지우는데 사용한다.
② 클렌징 로션보다 유성성분 함량이 적다.
③ 피지나 기름때와 같은 물에 잘 닦이지 않는 오염물질을 닦아내는데 효과적이다.
④ 깨끗하고 촉촉한 피부를 위해서 비누로 세정하는 것보다 효과적이다.

클렌징크림은 유성성분이 많이 함유되어 진한 화장을 지우는데 효과적이다.

043
미백화장품에 사용되는 원료가 아닌 것은?

① 알부틴 ② 코직산
③ 레티놀 ④ 비타민 C 유도체

레티놀은 노화화장품 성분이다.

044
다음 중 여드름의 발생 가능성이 가장 적은 화장품 성분은?

① 호호바 오일
② 라놀린
③ 미네랄 오일
④ 이소프로필 팔미테이트

호호바 오일은 구조가 피지와 유사하여 피부 흡수가 쉽고, 여드름, 피부연화, 건성피부 등에 좋다.

045
캐리어 오일로써 부적합한 것은?

① 미네랄 오일 ② 살구씨 오일
③ 아보카도 오일 ④ 포도씨 오일

미네랄 오일은 석유에서 정제한 오일로 캐리어 오일로는 적합하지 않다.

046
다음 중 화장품의 사용되는 주요 방부제는?

① 에탄올
② 벤조산
③ 파라옥시안식향산메칠
④ BHT

화장품 방부제로는 파라옥시안식향산메칠, 파라옥시안식향산프로필, 이미다졸리디닐우레아 등이 있다.

047
주름개선 기능성 화장품의 효과와 가장 거리가 먼 것은?

① 피부탄력 강화
② 콜라겐 합성 촉진
③ 표피 신진대사 촉진
④ 섬유아세포 분해 촉진

주름개선 화장품은 섬유아세포의 성장을 촉진한다.

048
공중보건학의 정의로 가장 적합한 것은?

① 질병예방, 생명연장, 질병치료에 주력하는 기술이 과학이다.
② 질병예방, 생명유지, 조기치료에 주력하는 기술이며 과학이다.
③ 질병의 조기발견, 조기예방, 생명연장에 기술이며 과학이다.
④ 질병예방, 생명연장, 건강증진에 주력하는 기술이며 과학이다.

공중보건학의 대상은 개인이 아니라 지역사회이다.

049
성층권의 오존층을 파괴시키는 대표적인 가스는?

① 아황산가스 ② 일산화탄소
③ 이산화탄소 ④ 염화불화탄소

염화불화탄소는 냉매, 발포제, 세정제, 분사제 등에 폭넓게 사용되고 있으나 오존층 파괴의 주범으로 사용이 금지되었다.

050
기생충과 중간숙주의 연결이 틀린 것은?

① 광절열두조충증 – 물벼룩, 송어
② 유구조충증 – 오염된 풀, 소
③ 폐흡충증 – 민물게, 가재
④ 간흡충증 – 쇠우렁, 잉어

유구조충증 – 육류

051
질병 발생의 3대 요인이 옳게 구성된 것은?

① 병인, 숙주, 환경
② 숙주, 감염력, 환경
③ 감염력, 연령, 인종
④ 병인, 환경, 감염력

052
다음 중 소독에 영향을 가장 적게 미치는 인자는?

① 온도　　　　　② 대기압
③ 수분　　　　　④ 시간

053
다음 중 넓은 지역의 방역용 소독제로 적당한 것은?

① 석탄산　　　　② 알코올
③ 과산화수소　　④ 역성비누액

방역용 석탄산의 농도는 3%로 의류, 오물, 용기 등에 사용한다.

054
100℃ 이상 고온의 수증기를 고압상태에서 미생물, 포자 등과 접촉시켜 멸균할 수 있는 것은?

① 자외선 소독기　　② 건열 멸균기
③ 고압증기 멸균기　④ 자비소독기

용어설명
- 건열멸균기 : 170℃에서 1~2시간 처리(주사침, 유리기구, 금속제품)
- 자비소독기 : 100℃ 이상의 끓는 물에 15~20분간 처리(식기류, 도자기류, 주사기, 의류소독)
- 자외선 소독기 : 태양광선 중 자외선영역인 290~320nm의 파장을 사용(무균실, 수술실, 공기, 식품소독)

055
모기를 매개곤충으로 하여 일으키는 질병이 아닌 것은?

① 말라리아　　　　② 사상충염
③ 일본뇌염　　　　④ 발진티푸스

발진티푸스는 이를 매개로 하여 감염되는 질병이다.

056
이·미용업소에서 손님이 보기 쉬운 곳에 게시하지 않아도 되는 것은?

① 개설자의 면허증원본
② 신고증
③ 사업자 등록증
④ 이·미용 요금표

업소 내에는 이·미용업 신고증, 개설자의 면허증원본 및 이·미용 요금표를 게시하여야 한다.

057
이·미용사의 면허를 받기 위한 자격요건으로 틀린 것은?

① 교육부장관이 인정하는 고등기술학교에서 1년 이상 이·미용에 관한 소정의 과정을 이수한 자
② 이·미용에 관한 업무에 3년 이상 종사한 경험이 있는 자
③ 국가기술자격법에 의한 이·미용사의 자격을 취득한 자
④ 전문대학에서 이·미용에 관한 학과를 졸업한 자

이·미용사 면허를 받기 위한 자격요건
- 전문대학 또는 이와 동등 이상의 학력이 있다고 교육부장관이 인정하는 학교에서 이용 또는 미용에 관한 학과를 졸업한 자
- 대학 또는 전문대학을 졸업한 자와 동등 이상의 학력이 있는 것으로 인정되어·이용 또는 미용에 관한 학위를 취득한 자
- 고등학교 또는 이와 동등의 학력이 있다고 교육부장관이 인정하는 학교에서 이용 또는 미용에 관한 학과를 졸업한 자
- 교육부장관이 인정하는 고등기술학교에서 1년 이상 이용 또는 미용에 관한 소정의 과정을 이수한 자
- 국가기술자격법에 의한 이용사 또는 미용사의 자격을 취득한 자

058
영업정지처분을 받고 그 영업정지 기간 중 영업을 한 때에 대한 1차 위반 시 행정처분기준은?

① 영업정지 10일
② 영업정지 20일
③ 영업정지 1월
④ 영업장 폐쇄 명령

영업정지 처분을 받고도 그 영업정지 기간 중 영업을 한 때는 1차 위반 시 영업장 폐쇄 명령을 받게 된다.

059

이·미용사의 면허증을 다른 사람에게 대여한 때의 벌칙 행정처분 조치 사항으로 옳은 것은?

① 시·도지사가 그 면허를 취소하거나 6월 이내의 기간을 정하여 업무정지 명할 수 있다.
② 시·도지사가 그 면허를 취소하거나 1년 이내의 기간을 정하여 업무 정지를 명할 수 있다.
③ 시장, 군수, 구청장은 그 면허를 취소하거나 6월 이내의 기간을 정하여 업무정지를 명할 수 있다.
④ 시장, 군수, 구청장은 그 면허를 취소하거나 1년 이내의 기간을 정하여 업무 정지를 명할 수 있다.

면허증을 대여한 때 시장, 군수, 구청장은 그 면허를 취소하거나 6월 이내의 기간을 정하여 업무정지를 명할 수 있으며, 그 세부적인 기준은 보건복지부령으로 정한다.

060

이·미용사는 영업소 외의 장소에는 이·미용 업무를 할 수 없다. 그러나 특별한 사유가 있는 경우는 예외가 인정되는 데 다음 중 특별한 사유에 해당하지 않는 것은?

① 질병으로 영업소까지 나올 수 없는 자에 대한 이·미용
② 혼례기타 의식에 참여하는 자에 대하여 그 의식 직전에 행하는 이·미용
③ 긴급히 국외에 출타하는 자에 대한 이·미용
④ 시장, 군수, 구청장이 특별한 사정이 있다고 인정하는 경우에 행하는 이·미용

영업소 외의 장소에서 이용 및 미용 업무가 가능한 경우
- 질병이나 그 밖의 사유로 영업소에 나올 수 없는 자에 대하여 이용 또는 미용을 하는 경우
- 혼례나 그 밖의 의식에 참여하는 자에 대하여 그 의식 직전에 이용 또는 미용을 하는 경우
- 사회복지시설에서 봉사활동으로 이용 또는 미용을 하는 경우
- 위의 경우 외에 특별한 사정이 있다고 시장·군수·구청장이 인정하는 경우

적중모의고사 10회 피부미용사 정답

001	002	003	004	005
②	④	③	③	④
006	007	008	009	010
④	③	①	④	①
011	012	013	014	015
④	④	③	④	④
016	017	018	019	020
③	②	②	③	④
021	022	023	024	025
②	②	②	③	③
026	027	028	029	030
③	③	③	③	②
031	032	033	034	035
①	②	③	②	②
036	037	038	039	040
③	②	③	①	③
041	042	043	044	045
②	②	③	①	①
046	047	048	049	050
③	④	④	④	②
051	052	053	054	055
①	②	①	③	④
056	057	058	059	060
③	②	④	③	③

LESSON 11 적중모의고사 _ 피부미용사 제11회

001
클렌징 제품에 대한 설명이 틀린 것은?

① 클렌징 밀크는 O/W 타입으로 친유성이며 건성, 노화, 민감성 피부에만 사용할 수 있다.
② 클렌징 오일은 일반 오일과 다르게 물에 용해되는 특성이 있고 탈수 피부, 민감성 피부, 약건성 피부에 사용하면 효과적이다.
③ 비누는 사용 역사가 가장 오래된 클렌징 제품이고 종류가 다양하다.
④ 클렌징 크림은 친유성과 친수성이 있으며 친유성은 반드시 이중 세안을 해서 클렌징 제품이 피부에 남아 있지 않도록 해야 한다.

클렌징 밀크는 O/W 타입으로 친수성으로 모든 피부에 적합하다

002
딥 클렌징의 효과와 가장 거리가 먼 것은?

① 모공의 노폐물 제거
② 화장품의 피부 흡수를 도와줌
③ 노화된 각질제거
④ 심한 민감성 피부의 민감도 완화

심한 민감성 피부는 딥 클렌징을 피한다.

003
팩의 제거 방법에 따른 분류가 아닌 것은?

① 티슈 오프 타입 (Tissue off type)
② 석고 마스크 타입 (Gysum mask type)
③ 필오프 타입 (Peel off type)
④ 워시 오프 타입 (Wash off type)

팩의 제거방법에 따른 분류 : 필 오프 타입, 워시 오프 타입, 티슈 오프 타입

004
클렌징 시술에 대한 내용 중 틀린 것은?

① 포인트 메이크업 제거시 아이 립 메이크업 리무버를 사용한다.
② 방수(Waterproof) 마스카라를 한 고객의 경우에는 오일 성분의 아이메이크업 리무버를 사용하는 것이 좋다.
③ 클렌징 동작 중 원을 그리는 동작은 얼굴의 위를 향할 때 힘을 빼고 내릴 때는 힘을 준다.
④ 클렌징 동작은 근육결에 따르고, 머리쪽을 향하게 하는 것에 유념한다.

클렌징은 부드럽고 큰 동작으로 위로 쓸어 주는 기본동작을 행한다.

005
피부 분석표 작성시 피부 표면의 혈액순환상태에 따른 분류표시가 아닌 것은?

① 홍반피부(Erythrosis skin)
② 심한 홍반피부(Couperose skin)
③ 주사성 피부(Rosacea skin)
④ 과색소 피부(Hyper pigmentation skin)

과색소 피부는 멜라닌 색소의 과다한 생성에 의한 것이 원인이다.

006
신체 각 부위 관리에서 매뉴얼 테크닉의 효과와 가장 거리가 먼 것은?

① 혈액 순환 및 림프 순환 촉진

② 근육의 이완 및 강화
③ 피부의 염증과 홍반 증상의 예방
④ 심리적 안정감을 통한 스트레스 해소

매뉴얼 테크닉의 효과는 ①, ②, ④ 외에 조직의 노폐물 제거, 피지선과 한선의 기능 활성화, 모세혈관 강화 등이 있다.

007
화장수의 도포 목적 및 효과로 옳은 것은?

① 피부 본래의 정상적인 pH 밸런스를 맞추어 주며 다음 단계에 사용할 화장품의 흡수를 용이하게 한다.
② 죽은 각질 세포를 쉽게 박리 시키고 새로운 세포 형성 촉진을 유도한다.
③ 혈액 순환촉진 시키고 수분 증발을 방지하여 보습효과가 있다.
④ 항상 피부를 pH 5.5 약산성으로 유지시켜 준다.

화장수는 일시적으로 상승된 피부 pH를 정상화시키고 유·수분의 밸런스를 맞춰주며 다음 단계의 화장품 흡수를 용이하게 하는 작용을 한다.

008
피부 미용의 역사에 대한 설명 중 옳은 것은?

① 르네상스 시대 – 비누의 사용이 보편화
② 이집트 시대 – 약초 스팀법의 개발
③ 로마시대 – 향수, 오일, 화장이 생활의 필수품으로 등장
④ 중세시대 – 매뉴얼 테크닉크림 개발

로마시대에는 공중 목욕탕이 발달하였고 건강하고 매력적인 피부를 가꾸는 피부손질 제품이 다양하게 개발되었다.

009
다음 중 피부 미용에서의 딥 클렌징에 속하지 않은 것은?

① 스크럽
② 엔자임
③ AHA
④ 크리스탈 필

크리스탈 필은 피부과에서 사용된다.

010
피부 유형을 결정하는 요인이 아닌 것은?

① 얼굴형
② 피부조직
③ 피지 분비
④ 모공

피부유형은 ②, ③, ④ 외에도 피부탄력도, 수분량, 민감도, 순환상태, 색소분포 여부에 따라 분류된다.

011
매뉴얼 테크닉의 효과와 가장 거리가 먼 것은?

① 혈액순환 촉진
② 피부결의 연화 및 개선
③ 심리적 안정
④ 주름제거

012
일시적 제모에 해당하지 않은 것은?

① 족집게
② 제모용 크림
③ 왁싱
④ 레이저 제모

레이저 제모는 영구적 제모에 속한다.

013
팩에 대한 내용 중 적합하지 않은 것은?

① 건성 피부에는 진흙 팩이 적합하다
② 팩은 사용목적에 따른 효과가 있어야 한다.
③ 팩 재료는 부드럽고 바르기 쉬워야 한다.
④ 팩의 사용에 있어서 안전하고 독성이 없어야 한다.

진흙 팩은 피지흡착 작용이 있어 유분이 부족한 건성피부에는 적합하지 않고 지성피부에 적합하다.

014
카르테(고객카드)작성에 반드시 기입되어야 할 사항과 가장 거리가 먼 것은?

① 성명, 생년월일, 주소, 전화번호
② 직업, 가족사항, 환경, 기호식품
③ 건강상태, 정신상태, 병력, 화장품
④ 취미, 특기사항, 재산정도

고객의 개인 사생활에 대한 것은 작성하지 않는다.

015
림프 드레니지의 주 대상이 되지 않는 피부는?

① 모세혈관확장 피부
② 튼 피부
③ 감염성 피부
④ 부종이 있는 셀룰라이트 피부

감염성 피부의 경우는 더 악화될 수 있으므로 피한다.

016
안면관리시 제품의 도포 순서로 가장 바르게 연결된 것은?

① 앰플 – 로션 – 에센스 – 크림
② 크림 – 에센스 – 앰플 – 로션
③ 에센스 – 로션 – 앰플 – 크림
④ 앰플 – 에센스 – 로션 – 크림

낮에는 데이크림-자외선 차단제품을, 밤에는 나이트 크림으로 마무리한다.

017
셀룰라이트(cellulite)에 대한 설명 중 틀린 것은?

① 오렌지 껍질 피부모양으로 표현된다.
② 주로 여성에게 많이 나타난다.
③ 주로 허벅지, 둔부, 상완 등에 많이 나타나는 경향이 있다
④ 스트레스가 주 원인이다.

셀룰라이트는 비만이 주 원인이다.

018
다리 제모의 방법으로 틀린 것은?

① 머슬린천을 이용할 때는 수직으로 세워서 떼어낸다.
② 대퇴부는 윗부분부터 밑 부분으로 각 길이를 이등분 정도 나누어 내려가며 실시한다.
③ 무릎부위는 세워놓고 실시한다.
④ 종아리는 고객을 엎드리게 한 후 실시한다.

머슬린천은 털이 자라는 반대방향으로 약 45도 각도로 빠르게 떼어낸다.

019
피부의 색소와 관계가 가장 먼 것은?

① 에크린
② 멜라닌
③ 카로틴
④ 헤모글로빈

피부 색소
- 멜라닌 : 검정(표피기저층)
- 카로틴 : 황색(피하조직)
- 헤모글로빈 : 붉은색(혈관)

020
다음 중 땀샘의 역할이 아닌 것은?

① 체온 조절
② 분비물 배출
③ 땀 분비
④ 피지 분비

피지 분비는 피지선의 역할이다.

021
피부 각질형성세포의 일반적 각화 주기는?

① 약 1주
② 약 2주
③ 약 3주
④ 약 4주

각질형성세포의 각화주기는 각질형성과정이 14일, 각질탈락과정이 14일 정도로 약 28일을 주기로 한다.

022
콜라겐과 엘라스틴이 주성분으로 이루어진 피부 조직은?

① 표피상층 ② 표피하층
③ 진피조직 ④ 피하조직

진피는 피부의 90%를 차지하며 콜라겐과 엘라스틴, 기질물질로 구성되어 있다.

023
어부들에게 피부의 노화가 조기에 나타나는 가장 큰 원인은?

① 생선을 너무 많이 섭취하여서
② 햇볕에 많이 노출되어서
③ 바다에 오존 성분이 많아서
④ 바다의 일에 과로하여서

햇볕에 과다 노출되면 광노화 현상이 일어난다.

024
광노화 현상이 아닌 것은?

① 표피 두께 증가
② 멜라닌 세포 이상 항진
③ 체내 수분 증가
④ 진피내의 모세혈관 확장

광노화 시 피부건조가 심해져 체내 수분이 감소한다.

025
피부의 천연보습인자(NMF)의 구성 성분 중 가장 많은 분포를 나타내는 것은?

① 아미노산
② 요소
③ 피롤리돈 카르본산
④ 젖산염

NMF는 각질층에 존재하는 자연 보습성분으로 주요 성분은 아미노산(40%)이다.

026
표피에서 촉감을 감지하는 세포는?

① 멜라닌 세포
② 머켈 세포
③ 각질형성 세포
④ 랑게르한스 세포

머켈 세포는 촉각세포로 주로 손바닥, 발바닥, 입술 등에 많이 분포되어 있다.

027
우리 몸의 대사 과정에서 배출되는 노폐물, 독소 등이 배설되지 못하고 피부조직에 남아 비만으로 보이며 림프 순환이 원인인 피부 현상은?

① 쿠퍼로제 ② 켈로이드
③ 알레르기 ④ 셀룰라이트

셀룰라이트는 과도한 지방세포의 축적으로 인해 부피가 증가하면서 울퉁불퉁한 표면을 형성하여 림프순환의 원인이 된다.

028
담즙을 만들어 포도당을 글리코겐으로 저장하는 소화기관은?

① 간   ② 위
③ 충수 ④ 췌장

포도당은 글리코겐의 형태로 간이나 근육에 저장된다.

29
세포막을 통한 물질이동 방법 중 수동적 방법에 해당하는 것은?

① 음세포작용
② 능동수송
③ 확산
④ 식세포 작용

물질이동 방법
- 수동적 이동방법 : 확산, 삼투, 여과
- 능동적 이동방법 : 식작용, 음세포작용, 토세포작용

030
중추신경계는 어떻게 구성되어 있나?

① 중뇌와 대뇌
② 뇌와 척수
③ 교감신경과 뇌간
④ 뇌간과 척수

신경계
- 중추 신경계 : 뇌와 척수
- 말초 신경계 : 뇌신경과 자율 신경계

031
다음 중 배부(back)의 근육이 아닌 것은?

① 승모근　　② 광배근
③ 견갑거근　　④ 비복근

비복근은 종아리를 형성하는 근육이다.

032
골격계에 대한 설명 중 옳지 않은 것은?

① 인체의 골격은 약 206개의 뼈로 구성된다.
② 체중의 약 20%를 차지하며 골, 연골, 관절 및 인대를 총칭한다.
③ 기관을 둘러싸서 내부 장기를 외부의 충격으로부터 보호한다.
④ 골격에서는 혈액세포를 생성하지 않는다.

골수는 중요한 조혈기능을 가진 조혈기관이다.

033
다리의 혈액순환 이상으로 피부 밑에 형성되는 검푸른 상태를 무엇이라 하는가?

① 혈관 축소
② 심박동 증가
③ 하지정맥류
④ 모세혈관확장증

하지정맥류는 오래 서 있는 등 하지 정맥 내의 압력이 높아지는 경우, 판막의 손상으로 인해 심장으로 가는 혈액이 역류하여 정맥이 늘어나 피부 밖으로 보이는 현상이다.

034
남성의 2차 성장에 영향을 주는 성스테로이드 호르몬으로 두정부 모발의 발육을 억제시키고 피지분비를 촉진시키는 것은?

① 알도스테론(aldosterone)
② 에스트로겐(estrogen)
③ 테스토스테론(testosterone)
④ 프로게스테론(progesterone)

테스토스테론은 탈모의 원인으로 작용한다.

035
고형의 파라핀을 녹이는 파라핀기의 적용범위가 아닌 것은?

① 손 관리
② 혈액순환 촉진
③ 살균
④ 팩 관리

파라핀기의 적용범위 : 건조한 손·발 관리, 팩 관리, 혈액순환 촉진

036
컬러테라피의 색상 중 활력, 세포재생, 신경긴장 완화, 호로몬대사 조절 효과를 나타내는 것은?

① 주황색　　② 노란색
③ 보라색　　④ 초록색

칼라테라피의 색상
- 노란색 : 콜라겐 및 엘라스틴의 생성 증가
- 녹색 : 심리적 안정, 긴장완화, 면역력 증가
- 보라색 : 림프계에 영향
- 빨강색 : 심장기능 활성, 지방분해효과
- 파랑색 : 진정작용, 염증 및 열 진정효과

037
다음 중 전류와 관련된 설명으로 가장 거리가 먼 것은?

① 전류의 세기는 1초에 한 점을 통과하는 전하량으로 나타낸다.
② 전류의 단위로는 A(암페어)를 사용한다.
③ 전류는 전압과 저항이라는 두 개의 요소에 의한다.
④ 전류는 낮은 전류에서 높은 전류로 흐른다.

전류는 (+)극에서 (−)극으로 흐른다.

038
브러시(프리마톨)의 사용 방법으로 틀린 것은?

① 브러시는 피부에 90도 각도로 사용한다.
② 건성, 민감성 피부는 빠른 회전수로 사용 한다.
③ 회전속도는 얼굴은 느리게, 신체는 빠르게 한다.
④ 사용 후에는 즉시 중성 세제로 깨끗하게 세척한다.

건성 및 민감성 피부는 느린 회전을 이용하여 가볍게 돌려준다.

039
피부미용기기의 부작용과 가장 거리가 먼 경우는?

① 임산부
② 알레르기, 피부상처, 피부질병이 진행 중인 경우
③ 지성피부
④ 치아, 뼈, 보철 등 몸속에 금속장치를 지닌 경우

피부미용기기는 ①, ②, ④ 외에 수술환자, 전기에 민감한 사람, 선번이나 화상을 입은 사람, 간질, 당뇨환자 등은 피한다.

040
피부분석 시 사용하는 기기가 아닌 것은?

① pH 측정기
② 우드램프
③ 초음파기기
④ 확대경

음파기기는 피부관리기기이다.

041
다음 중 옳은 것만을 모두 짝지은 것은?

> A. 자외선 차단제에는 물리적 차단제와 화학적 차단제가 있다.
> B. 물리적 차단제에는 벤조페논, 옥시벤존, 옥틸디메칠파바 등이 있다.
> C. 화학적 차단제는 피부에 유해한 자외선을 흡수하여 피부 침투를 차단하는 방법이다.
> D. 물리적 차단제는 자외선이 피부에 흡수되지 못하도록 피부 표면에서 빛을 반사 또는 산란시키는 방법이다.

① A, B, C
② A, C, D
③ A, B, D
④ B, C, D

물리적 차단제는 자외선을 산란·반사시켜주는 것으로 이산화티탄, 산화아연, 탈크, 카올린 등이 있다.

042
화장품 제조의 3가지 주요기술이 아닌 것은?

① 가용화 기술
② 유화 기술
③ 분산 기술
④ 용융 기술

화장품 제조의 주요기술은 가용화, 유화, 분산기술이 있다.

043
에센셜 오일을 추출하는 방법이 아닌 것은?

① 수증기 증류법
② 혼합법
③ 압착법
④ 용제 추출법

에센셜 오일 추출법은 ①, ③, ④ 외에 냉침법, 온침법, 침적법, 침출법 등이 있다.

044
기능성 화장품류의 주요 효과가 아닌 것은?

① 피부 주름개선에 도움을 준다.
② 자외선으로부터 보호한다.
③ 피부를 청결히 하여 피부 건강을 유지한다.
④ 피부 미백에 도움을 준다.

기능성화장품은 피부주름개선, 자외선차단, 미백에 도움을 주는 제품을 말한다.

045
다음 중 향료의 함유량이 가장 적은 것은?

① 퍼퓸(Perfume)
② 오데 토일렛(Eau de Toilet)
③ 샤워 코롱(Shower Cologne)
④ 오데 코롱(Eau de Cologen)

퍼퓸 > 오데 토일렛 > 오데 코롱 > 샤워 코롱

046
팩제의 사용 목적이 아닌 것은?

① 팩제가 건조하는 과정에서 피부에 심한 긴장을 준다.
② 일시적으로 피부의 온도를 높여 혈액순환을 촉진한다.
③ 노화한 각질층 등을 팩제와 함께 제거시키므로 피부 표면을 청결하게 할 수 있다.
④ 피부의 생리 기능에 적극적으로 작용하여 피부에 활력을 준다.

팩제는 건조과정에서 적당한 피부 긴장감을 준다.

047
화장품에서 요구되는 4대 품질 특성이 아닌 것은?

① 안전성
② 안정성
③ 보습성
④ 사용성

화장품 품질특성 : 안전성, 안정성, 사용성, 유효성

048
통조림, 소시지 등 식품의 혐기성 상태에서 발육하여 신경독소를 분비하여 중독이 되는 식중독은?

① 포도상구균 식중독
② 솔라닌 독소형 식중독
③ 병원성 대장균 식중독
④ 보툴리누스균 식중독

보툴리누스 균은 신경계에 주로 나타나며 시력저하, 언어곤란, 신경장애, 호흡곤란 등의 증세가 나타난다.

049
실내 공기의 오염지표로 주로 측정되는 것은?

① N_2
② NH_3
③ CO
④ CO_2

CO_2의 실내공기오염의 허용한계는 0.1%(=1,000ppm)이다.

050
관련법상 제2급 감염병에 속하는 것은?

① 디프테리아
② A형간염
③ 공수병
④ 매독

보기 중 디프테리아는 제1급, 공수병과 매독은 제3급 감염병에 속한다.

051
예방접종에 있어서 디.피.티(D.P.T)와 무관한 질병은?

① 디프테리아
② 파상풍
③ 결핵
④ 백일해

DPT : 디프테리아, 백일해, 파상풍

052
훈증 소독법에 대한 설명 중 틀린 것은?

① 분말이나 모래, 부식되기 쉬운 재질 등을 멸균할 수 있다.
② 가스(gas)나 증기(fum)를 사용한다.
③ 화학적 소독방법이다.
④ 위생해충 구제에 많이 이용된다.

훈증소독법은 미생물과 해충을 죽이는 소독방법이다.

053
100% 크레졸 비누액을 환자의 배설물, 토사물, 객담소독을 위한 소독용 크레졸 비누액 100mL로 조제하는 방법으로 가장 적합한 것은?

① 크레졸 비누액 0.5mL + 물 99.5mL
② 크레졸 비누액 3mL + 물 97mL
③ 크레졸 비누액 10mL + 물 90mL
④ 크레졸 비누액 50mL + 물 50mL

크레졸수는 크레졸 3%, 물 97%가 적합하다.

054
질병 발생의 3대 요소가 아닌 것은?

① 병인   ② 환경
③ 숙주   ④ 병소

질병 발생의 3요소
- 병인 : 병원체, 병원소, 환자, 보균자, 토양 등
- 환경 : 접촉, 공기전파, 매개동물전파, 개달물 전파
- 숙주 : 병원체의 기생으로 손상을 당하는 생물

055
화학약품으로 소독시 약품의 구비조건이 아닌 것은?

① 살균력이 있을 것
② 부식성, 표백성이 없을 것
③ 경제적이고 사용방법이 간편할 것
④ 용해성이 낮을 것

소독약은 용해성이 높고 안정성이 있어야 한다.

056
손님의 얼굴, 머리, 피부 등에 손질을 통하여 손님의 외모를 아름답게 꾸미는 영업에 해당하는 것은?

① 미용업   ② 피부미용업
③ 메이크업   ④ 종합미용업

- 이용업 : 손님의 머리카락 또는 수염을 깎거나 다듬는 등의 방법으로 손님의 용모를 단정하게 하는 영업
- 미용업 : 손님의 얼굴·머리·피부 등을 손질하여 손님의 외모를 아름답게 꾸미는 영업
- 미용업(일반) : 파마·머리카락자르기·머리카락모양내기·머리피부손질·머리카락염색·머리감기, 의료기기나 의약품을 사용하지 아니하는 눈썹손질을 하는 영업
- 미용업(피부) : 의료기기나 의약품을 사용하지 아니하는 피부상태 분석·피부관리·제모(除毛)·눈썹손질을 하는 영업
- 미용업(네일) : 손톱과 발톱을 손질·화장(化粧)하는 영업
- 미용업(메이크업) : 얼굴 등 신체의 화장, 분장 및 의료기기나 의약품을 사용하지 아니하는 눈썹손질을 하는 영업
- 미용업(종합) : 미용업(일반), 미용업(피부), 미용업(네일), 미용업(메이크업)의 업무를 모두 하는 영업

057
변경신고를 하지 아니하고 영업소의 소재지를 변경한 때의 3차 위반 행정처분기준은?

① 영업정지 1월   ② 영업정지 2월
③ 영업장 폐쇄명령   ④ 영업허가 취소

058
이·미용업소에서 1회용 면도날을 손님 몇 명까지 사용할 수 있는가?

① 1명   ② 2명
③ 3명   ④ 4명

미용업자의 준수사항
- 의료기구와 의약품을 사용하지 아니하는 순수한 화장 또는 피부미용을 할 것
- 미용기구는 소독을 한 기구와 소독을 하지 아니한 기구로 분리하여 보관하고, 면도기는 1회용 면도날만을 손님 1인에 한하여 사용할 것
- 미용사면허증을 영업소안에 게시할 것

059
위생교육은 일 년에 몇 시간을 받아야 하는가?

① 2시간   ② 3시간
③ 5시간   ④ 6시간

공중위생영업자는 매년 3시간의 위생교육을 받아야 하며, 위생교육의 방법·절차 등에 관하여 필요한 사항은 보건복지부령으로 정한다.

060

다음 중 이·미용업무에 종사할 수 있는 자는?

① 공인 이·미용학원에서 3개월 이상 이·미용에 관한 강습을 받은 자
② 이·미용업소에 취업하여 6개월 이상 이·미용에 관한 기술을 수습한 자
③ 이·미용업소에서 이·미용사의 감독하에 이·미용 업무를 보조하고 있는 자
④ 시장·군수·구청장이 보조원이 될 수 있다고 인정하는 자

이용사 또는 미용사의 면허를 받은 자가 아니면 이용업 또는 미용업을 개설하거나 그 업무에 종사할 수 없다. 다만, 이용사 또는 미용사의 감독을 받아 이용 또는 미용 업무의 보조를 행하는 경우에는 그러하지 아니하다.

적중모의고사 11회

001	002	003	004	005
①	④	②	③	④
006	007	008	009	010
③	①	③	④	①
011	012	013	014	015
④	④	①	④	③
016	017	018	019	020
④	④	①	①	④
021	022	023	024	025
④	③	②	③	①
026	027	028	029	030
②	④	①	③	②
031	032	033	034	035
④	④	③	③	③
036	037	038	039	040
①	④	②	③	③
041	042	043	044	045
②	④	②	③	③
046	047	048	049	050
①	③	④	④	②
051	052	053	054	055
③	①	②	④	④
056	057	058	059	060
①	③	①	②	③

적중모의고사 _ 피부미용사 제12회

001
매뉴얼 테크닉의 종류 중 기본동작이 아닌 것은?

① 두드리기(Tapotement)
② 문지르기(Friction)
③ 흔들어주기(Vibration)
④ 누르기(Press)

매뉴얼 테크닉의 기본동작 : 쓰다듬기, 문지르기, 주무르기, 두드리기, 흔들어주기

002
팩 사용 시 주의사항이 아닌 것은?

① 피부타입에 맞는 팩제를 사용한다.
② 잔주름 예방을 위해 눈 위에 직접 덧바른다.
③ 한방팩, 천연팩 등은 즉석에서 만들어 사용한다.
④ 안에서 바깥방향으로 바른다.

팩 사용 시 눈과 입술은 바르지 않는다.

003
파우더 타입의 머드팩에 대한 설명이 옳은 것은?

① 유분을 공급하므로 노화, 재생관리가 필요한 피부에 사용
② 피지를 흡착하고 살균, 소독 및 항염 작용이 있어 지성 및 여드름피부에 사용
③ 항염 작용이 있어 민감 피부 관리에 사용
④ 보습작용이 뛰어나 눈가나 입술관리에 사용

파우더 타입은 부드러운 형태일수록 유·수분의 흡수력이 뛰어나다.

004
클렌징 로션에 대한 알맞은 설명은?

① 사용 후 반드시 비누세안을 해야 한다.
② 친유성 에멀젼(W/O타입)이다.
③ 눈화장, 입술화장을 지우는데 주로 사용한다.
④ 민감성 피부에도 적합하다.

클렌징 로션은 수분을 많이 함유한 친수성으로 피부 부담감이 적고 사용감이 좋으나 세정력이 다소 떨어져 옅은 화장을 지울 때 좋다.

005
습포의 효과에 대한 내용과 가장 거리가 먼 것은?

① 온습포는 모공을 확장시키는데 도움을 준다.
② 온습포는 혈액순환촉진, 적절한 수분공급의 효과가 있다.
③ 냉습포는 모공을 수축시키며 피부를 진정시킨다.
④ 온습포는 팩 제거 후 사용하면 효과적이다.

팩 제거 후는 냉습포를 사용하여 모공을 축소시키고 피부에 긴장감을 준다.

006
피부상담 시 고려해야할 점으로 가장 거리가 먼 것은?

① 관리 시 생길 수 있는 만약의 경우에 대비하여 병력사항을 반드시 상담하고 기록해둔다.
② 피부 관리 유경험자의 경우 그동안의 관리 내용에 대해 상담하고 기록해 둔다.
③ 여드름을 비롯한 문제성 피부고객의 경우 과거 병원치료나 약물 치료의 경험이 있는지 기록해 두어 피부 관리 계획표 작성에 참고한다.

④ 필요한 제품을 판매하기 위해 고객이 사용하고 있는 화장품의 종류를 체크한다.

고객이 사용하고 있는 화장품의 종류를 체크하는 것은 필요한 제품 판매를 하기 위함이 아니라 고객의 피부상태 등을 체크하기 위해 필요한 사항이다.

007
매뉴얼 테크닉을 적용할 수 있는 경우는?

① 피부나 근육, 골격에 질병이 있는 경우
② 골절상으로 인한 통증이 있는 경우
③ 염증성 질환이 있는 경우
④ 피부에 셀룰라이트(cellulite)가 있는 경우

매뉴얼 테크닉은 ①, ②, ③ 외에 수술직후, 선번이나 홍반현상이 심한 경우, 피부질환이나 외상이 있는 경우 등은 시술할 수 없다.

008
신체 각 부위 매뉴얼 테크닉 방법에 대한 내용 중 틀린 것은?

① 규칙적인 리듬과 속도를 유지하면서 관리한다.
② 전신에 대한 매뉴얼 테크닉은 강하면 강할수록 효과가 좋다.
③ 전신 매뉴얼 테크닉은 림프절이 흐르는 방향으로 실시한다.
④ 전신에 손바닥을 밀착시키고 체간(몸통)을 이용하여 관리한다.

지나치게 강하거나 약한 압력은 피하며, 부위별 상태에 따라 적절한 힘의 세기를 이용한 압력이 필요하다.

009
매뉴얼 테크닉의 효과가 아닌 것은?

① 내분비기능의 조절
② 결체조직에 긴장과 탄력성 부여
③ 혈액순환촉진
④ 반사 작용의 억제

매뉴얼 테크닉의 효과는 ①, ②, ③ 외에 조직의 노폐물 제거, 피지선과 한선의 기능 활성화, 모세혈관 강화 등이 있다.

010
건성피부의 관리방법으로 가장 거리가 먼 것은?

① 알칼리성 비누를 이용하여 자주 세안을 한다.
② 화장수는 알코올 함량이 적고 보습기능이 강화된 제품을 사용한다.
③ 클렌징 제품은 부드러운 밀크타입이나 유분기가 있는 크림타입을 선택하여 사용한다.
④ 세라마이드, 호호바 오일, 아보카도 오일, 알로에베라, 히아루론산 등의 성분이 함유된 화장품을 사용한다.

알칼리성 비누를 이용한 잦은 세안은 유·수분을 지나치게 제거하여 건성피부를 더욱 악화 시킨다.

011
피부미용의 영역이 아닌 것은?

① 신체 각 부위관리
② 레이저 필링
③ 눈썹정리
④ 제모

레이저 필링은 피부과 영역이다.

012
세안에 대한 설명으로 틀린 것은?

① 클렌징제의 선택이나 사용방법은 피부상태에 따라 고려되어야한다.
② 청결한 피부는 피부관리 시 사용되는 여러 영양성분의 흡수를 돕는다.
③ 피부표면은 pH 4.5~6.5로서 세균의 번식이 쉬워 문제 발생이 잘 되므로 세안을 잘해야 한다.
④ 세안은 피부관리에 있어서 가장 먼저 행하는 과정이다.

건강한 피부의 표면은 pH 4.5~6.5의 약산성으로 세균의 번식을 억제한다.

013
림프 드레니지를 적용할 수 있는 경우에 해당되는 것은?

① 림프절이 심하게 부어있는 경우
② 전염성의 문제가 있는 피부
③ 열이 있는 감기 환자
④ 여드름이 있는 피부

림프 드레니지는 여드름과 홍반증상을 완화시킨다.

014
피부유형에 맞는 화장품 선택이 아닌 것은?

① 건성피부 – 유분과 수분이 많이 함유된 화장품
② 민감성피부 – 향, 색소, 방부제를 함유하지 않거나 적게 함유된 화장품
③ 지성피부 – 피지조절제가 함유된 화장품
④ 정상피부 – 오일이 함유되어 있지않은 오일 프리(oil free) 화장품

오일 프리 제품은 지성피부나 여드름피부에 적합하다.

015
딥 클렌징의 대상으로 적합하지 않은 것은?

① 모세혈관 확장피부
② 모공이 넓은 지성피부
③ 비염증성 여드름피부
④ 잔주름이 많은 건성피부

모세혈관 확장피부에 딥 클렌징을 시행할 경우 악화될 수 있다.

016
제모 시 유의사항이 아닌 것은?

① 염증이나 상처, 피부질환이 있는 경우는 하지 말아야 한다.
② 장시간의 목욕이나 사우나 직후는 피한다.
③ 제모 부위는 유분기와 땀을 제거한 다음 완전히 건조된 후 실시한다.
④ 제모한 부위는 즉시 물로 깨끗하게 씻어 주어야 한다.

제모한 후는 진정 화장수를 발라주어 피부를 진정시켜야 염증 유발을 억제할 수 있다.

017
수요법(water trerapy, hydrotherapy) 시 지켜야 할 수칙이 아닌 것은?

① 식사 직후에 행한다.
② 수요법은 대개 5분에서 30분까지가 적당하다.
③ 수요법에 전에 잠깐 쉬도록 한다.
④ 수요법 후에는 물을 마시도록 한다.

식사 직후에는 전신관리를 피한다.

018
다음 중 물리적인 딥 클렌징이 아닌 것은?

① 스크럽제
② 브러쉬(프리마톨)
③ AHA(alphahydroxy acid)
④ 고마쥐

화학적 딥 클렌징 : AHA, 효소(Enzyme)

019
건강한 손톱에 대한 설명으로 틀린 것은?

① 바닥에 강하게 부착되어야 한다.
② 단단하고 탄력이 있어야 한다.
③ 윤기가 흐르며 노란색을 띄어야 한다.
④ 아치모양을 형성해야 한다

건강한 손톱은 매끄럽고 윤기가 흐르며 분홍색을 띄어야 한다.

020
천연보습인자의 설명으로 틀린 것은?

① NMF(natural moisturizing factor)이다.
② 피부수분보유량을 조절한다.

③ 아미노산, 젖산, 요소 등으로 구성되고 있다.
④ 수소이온농도의 지수유지를 말한다.

> 수소이온농도의 지수는 pH를 말하는 것으로 용액의 산성도를 가늠하는 척도를 나타낸다.

021
진피에 함유되어 있는 성분으로 우수한 보습능력을 지니고 있어 피부관리 제품에도 많이 함유되어 있는 것은?

① 알코올(alcohol)
② 콜라겐(collagen)
③ 판테놀(panthenol)
④ 글리세린(glycerine)

> 진피는 콜라겐, 엘라스틴, 기질물질로 구성되어 있다.

022
피부의 기능에 대한 설명으로 틀린 것은?

① 인체 내부 기관을 보호한다.
② 체온조절을 한다.
③ 감각을 느끼게 한다.
④ 비타민 B를 생성한다.

> 피부는 보호작용, 체온조절작용, 저장작용, 감각작용, 분비 및 배설작용, 흡수작용, 비타민 D 형성작용, 재생작용, 표정작용 등의 기능을 가지다.

023
다음 중 피부표면의 pH에 가장 큰 영향을 주는 것은?

① 각질 생성
② 침의 분비
③ 땀의 분비
④ 호르몬의 분비

> 땀은 산성막 형성에 관여하며, 피부 pH를 4.5~6.5의 약산성으로 조절하여 피부표면에 세균이 번식하는 것을 억제한다.

024
탄수화물에 대한 설명으로 옳지 않은 것은?

① 당질이라고도 하며 신체의 중요한 에너지원이다.
② 장에서 포도당, 과당 및 갈락토오스로 흡수된다.
③ 지나친 탄수화물의 섭취는 신체를 알칼리성 체질로 만든다.
④ 탄수화물의 소화흡수율은 99%에 가깝다.

> 탄수화물의 과다섭취는 비만과 당뇨를 유발한다.

025
원주형의 세포가 단층으로 이어져 있으며 각질형성세포와 색소형성세포가 존재하는 피부 세포층은?

① 기저층
② 투명층
③ 각질층
④ 유극층

> 기저층은 표피의 가장 아래층으로 진피와 접하고 있으며 모세혈관으로부터 영양을 공급받아 세포분열을 한다.

026
다음 중 표피층에 존재하는 세포가 아닌 것은?

① 각질형성 세포
② 멜라닌 세포
③ 랑게르한스 세포
④ 비만 세포

> 비만 세포는 피하조직(피하지방)에 존재한다.

027
인체중에서 피지선이 전혀 없는 곳은?

① 이마
② 코
③ 귀
④ 손바닥

> 피지선은 손바닥과 발바닥을 제외한 전신에 분포되어 있다.

028
골격계의 형태에 따른 분류로 옳은 것은?

① 장골(긴뼈) : 상완골(위팔뼈), 요골(노뼈), 척골(자뼈), 대퇴골(넙다리뼈), 경골(정강뼈), 비골(종아리뼈) 등
② 단골(짧은뼈) : 슬개골(무릎뼈), 대퇴골(넙다리

뼈), 두정골(마루뼈) 등
③ 편평골(납작뼈) : 척주골(척주뼈), 관골(광대뼈) 등
④ 종자골(종강뼈) : 전두골(이마뼈), 후두골(뒤통수뼈), 두정골(마루뼈), 견갑골(어깨뼈), 늑골(갈비뼈) 등

골격계
- 단골 : 수근골, 족근골
- 편평골 : 견갑골, 늑골, 흉골, 두개골의 일부
- 종자골 : 슬개골, 기절골

029
비뇨기계에서 배출기관의 순서를 바르게 표현한 것은?

① 신장 – 요관 – 요도 – 방광
② 신장 – 요도 – 방광 – 요관
③ 신장 – 요관 – 방광 – 요도
④ 신장 – 방광 – 요도 – 요관

030
다음 설명 중 틀린 내용은?

① 소화란 포도당을 산화하여 에너지를 생산하는 과정이다.
② 소화한 탄수화물은 단당류로, 단백질은 아미노산 등으로 분해하는 과정이다.
③ 소화한 유기물들이 소장의 융모상피가 흡수할 수 있는 크기로 잘리는 과정을 말한다.
④ 소화계에는 입과 위, 소장은 물론 간과 췌장도 포함한다.

소화는 섭취한 음식물 속의 영양소가 흡수 가능한 상태로 분해되는 과정을 말한다.

031
폐에서 이산화탄소를 내보내고 산소를 받아들이는 역할을 수행하는 순환은?

① 폐순환   ② 체순환
③ 전신순환   ④ 문맥순환

순환
- 폐순환 : 소순환, 폐에서 이산화탄소와 산소를 교환
- 체순환 : 전신순환 혹은 대순환, 조직에 영양분과 산소를 공급하고 이산화탄소 및 노폐물을 모아 돌아오는 순환

032
성인의 척수신경은 모두 몇 쌍 인가?

① 12쌍   ② 13쌍
③ 30쌍   ④ 31쌍

척수신경 : 경신경(8쌍), 흉신경(12쌍), 요신경(5쌍), 천골신경(5쌍), 미골신경(1쌍)

033
인체에서 방어 작용에 관여하는 세포는?

① 적혈구   ② 백혈구
③ 혈소판   ④ 항원

혈액세포의 기능
- 적혈구 : 산소운반
- 백혈구 : 인체면역(방어작용)
- 혈소판 : 혈액응고

034
근육은 어떤 작용으로 움직일 수 있는가?

① 수축에 의해서만 움직인다.
② 이완에 의해서만 움직인다.
③ 수축과 이완에 의해서 움직인다.
④ 성장에 의해서만 움직인다.

골격근의 일반적 기능
- 운동 : 근의 수축과 이완
- 자세유지 : 부분적 수축
- 열생산 : 근의 수축시 근세포들의 이화작용

035
스티머 사용 시 주의해야할 사항으로 틀린 것은?

① 오존이 함께 장착되어 있는 경우 스팀이 나오기 전 오존을 미리 켜 두어야 한다.

② 일광에 손상된 피부나 감염이 있는 피부에는 사용을 금한다.
③ 수조내부를 세제로 씻지 않도록 한다.
④ 물은 반드시 정수된 물을 사용하도록 한다.

오존은 세포의 산소공급 증가 및 세균과 박테리아를 제거하는 효과가 있으며, 맨 얼굴일 경우에만 쓴다. 오존은 스팀이 나오기 시작할 때 켠다.

036
진공흡입기(suction)의 효과로 틀린 것은?

① 피부를 자극하여 한선과 피지선의 기능을 활성화 시킨다.
② 영양물질을 피부 깊숙이 침투시킨다.
③ 림프순환을 촉진하여 노폐물을 배출한다.
④ 면포나 피지를 제거한다.

진공흡입기는 컵의 압력을 이용하여 피부를 흡입하는 작용을 하는 것으로 다양한 형태의 유리관을 이용하여 림프와 혈액의 흐름을 원활하게 한다.

037
진동 브러시(Frimator)의 올바른 사용 방법이 아닌 것은?

① 모세혈관확장 피부에는 사용하지 않는다.
② 브러시를 미지근한 물에 적신 후 사용한다.
③ 손목에 힘을 주어 눌러가며 돌려준다.
④ 사용한 브러시는 비눗물로 세척 후 물기를 제거하고 소독기로 소독한 후 보관한다.

진동 브러시는 피부타입에 맞는 회전속도로 솔이 직각이 되도록 하고 가볍게 누르듯 원을 그리며 돌려준다.

038
우드램프에 대한 설명으로 틀린 것은?

① 피부 분석을 위한 기기이다.
② 밝은 곳에서 사용하여야 한다.
③ 클렌징 한 후 사용하여야 한다.
④ 자외선을 이용한 기기이다.

우드램프를 이용해서 피부측정 시 조명을 어둡게 한다.

039
갈바닉(galvanic) 기기의 음극 효과로 틀린 것은?

① 모공의 수축
② 피부의 연화
③ 신경의 자극
④ 혈액공급의 증가

갈바닉 기기의 효과
• 음극의 효과 : 알칼리 형성, 피부연화, 혈액공급의 증가, 세정작용, 피지분해효과, 신경자극 효과
• 양극의 효과 : 산생성, 신경안정, 혈액공급감소, 수렴효과, 진정효과

040
고주파 전류의 주파수(진동수)를 측정하는 단위는?

① W (와트)
② A (암페어)
③ Ω (옴)
④ Hz (헤르츠)

단위 설명
• 와트 : 전력의 단위
• 암페어 : 전류의 양
• 옴 : 전기저항
• 헤르츠 : 진동의 수

041
캐리어 오일에 대한 설명으로 틀린 것은?

① 캐리어는 운반이란 뜻으로 캐리어 오일은 마사지 오일을 만들 때 필요한 오일이다.
② 베이스 오일이라고도 한다.
③ 에센셜 오일을 추출할 때 오일과 분류되어 나오는 증류액을 말한다.
④ 에센셜 오일의 향을 방해하지 않도록 향이 없어야 하고 피부흡수력이 좋아야한다.

캐리어 오일은 에센셜 오일을 희석해서 사용하는 식물성 오일을 말한다.

042
계면활성제에 대한 설명으로 옳은 것은?

① 계면활성제는 일반적으로 둥근 머리모양의 소수성기와 막대꼬리모양의 친수성기를 가진다.
② 계면활성제의 피부에 대한 자극은 양쪽성 〉양이온성 〉음이온성 〉비이온성의 순으로 감소한다.
③ 비이온성 계면활성제는 피부자극이 적어 화장수의 가용화제, 크림의 유화제, 클렌징 크림의 세정제 등에 사용된다.
④ 양이온성 계면활성제는 세정작용이 우수하여 비누, 샴푸 등에 사용된다.

계면활성제란 물과 기름의 경계면을 변화시키는 특성을 가진 물질로 양이온성(살균, 소독작용, 정전기발생억제), 음이온성(세정작용, 기포형성작용), 비이온성(자극이 적어 화장품에 쓰임), 양쪽성(세정작용, 저자극) 계면활성제가 있다.

043
다음 중 냉각기에 의해 제조된 제품은?
① 립스틱　　② 화장수
③ 아이섀도우　　④ 에센스

립스틱은 마지막 공정에서 분산 후 틀에 흘려 넣어 급냉각시켜 스틱상을 만든다.

044
화장품의 분류와 사용목적, 제품이 일치하지 않는 것은?
① 모발 화장품 - 정발 - 헤어스프레이
② 방향 화장품 - 향취부여 - 오데코롱
③ 메이크업 화장품 - 색채 부여 - 네일 에나멜
④ 기초화장품 - 피부정돈 - 클렌징 폼

기초화장품 - 피부정돈 - 화장수

045
팩의 분류에 속하지 않는 것은?
① 필 오프(peel-off) 타입
② 워시 오프(wash-off) 타입
③ 패치(patch) 타입
④ 워터(water) 타입

팩의 분류 : 필 오프 타입, 워시 오프 타입, 티슈 오프, 패치 타입, 분말 타입

046
색소를 염료(dye)와 안료(pigment)로 구분할 때 그 특징에 대해 잘못 설명되어진 것은?
① 염료는 메이크업 화장품을 만드는데 주로 사용된다.
② 안료는 물과 오일에 모두 녹지 않는다.
③ 무기 안료는 커버력이 우수하고 유기안료는 빛, 산, 알칼리에 약하다.
④ 염료는 물이나 오일에 녹는다.

염료는 물이나 오일에 잘 녹기 때문에 메이크업 화장품에는 사용하지 않는다.

047
기능성 화장품에 해당되지 않는 것은?
① 피부의 미백에 도움을 주는 제품
② 인체에 비만도를 줄여주는데 도움을 주는 제품
③ 피부의 주름개선에 도움을 주는 제품
④ 피부를 곱게 태워주거나 자외선으로부터 피부를 보호하는데 도움을 주는 제품

기능성 화장품은 피부주름개선, 자외선차단, 미백에 도움을 주는 제품을 말한다.

048
보건행정의 제 원리에 관한 것으로 맞는 것은?
① 일방행정원리의 관리과정적 특성과 기획과정은 적용되지 않는다.
② 의사결정과정에서 미래를 예측하고, 행동하기 전의 행동계획을 결정한다.
③ 보건행정에서는 생태학이나 역학적 고찰이 필요 없다.
④ 보건행정은 공중보건학에 기초한 과학적 기술이 필요하다.

보건행정은 정부 및 공공단체에 의해 국가나 지역주민의 보건향상을 위해 행해지는 행정활동으로, 공중보건학을 기초로 하는 과학적 기술을 필요로 한다.

049
체온은 유지하는데 영향을 주는 온열인자가 아닌 것은?

① 기온　　　② 기습
③ 복사열　　④ 기압

기압은 지구를 둘러싸고 있는 대기의 압력을 말한다.

050
법정 감염병 중 제2급 감염병이 아닌 것은?

① 결핵　　　② C형간염
③ 수두　　　④ 폴리오

C형간염은 제3급 감염병에 속한다.

051
예방접종 중 세균의 독소를 약독화(순화)하여 사용하는 것은?

① 폴리오　　② 콜레라
③ 장티푸스　④ 파상풍

순화독소를 예방접종에 사용하는 질병은 파상풍과 디프테리아이다.

052
어떤 소독약의 석탄계수가 2.0 이라는 것은 무엇을 의미하는가?

① 석탄산의 살균력이 2이다.
② 살균력이 석탄산의 2배이다.
③ 살균력이 석탄산의 2%이다.
④ 살균력이 석탄산의 120%이다.

석탄계수는 살균농도지수와 병행하여 살균특성을 나타내는 것으로 어떤 살균력이 페놀의 살균력의 몇 배에 해당하는가를 나타내는 값을 말한다.

053
다음 중 소독약의 구비조건으로 틀린 것은?

① 인체에는 독성이 없어야 한다.
② 소독 물품에 손상이 없어야 한다.
③ 사용방법이 간단하고 경제적이어야 한다.
④ 소독 실시 후 서서히 소독 효력이 증대되어야 한다.

소독약은 미량으로도 침투력과 살균력이 강해야 한다.

054
자비소독시 살균력을 강하게 하고 금속기자재가 녹스는 것을 방지하기 위하여 첨가하는 물질이 아닌 것은?

① 2% 중조
② 2% 크레졸 비누액
③ 5% 승홍수
④ 5% 석탄산

자비소독은 물을 끓여서 하는 열탕소독법으로 소독효과를 높이기 위해 석탄산(5%), 크레졸(2~3%), 중조 (1~2%)를 넣어 준다.

055
무수알코올(100%)을 사용해서 70%의 알코올 1800mL를 만드는 방법으로 옳은 것은?

① 무수알코올 700mL에 물 1100mL를 가한다.
② 무수알코올 70mL에 물 1730mL를 가한다.
③ 무수알코올 1260mL에 물 540mL를 가한다.
④ 무수알코올 126mL에 물 1674mL를 가한다.

알코올 70%는 무수알코올 70에 물 30을 혼합한 용액이다.

056
공중위생업소의 위생서비스수준의 평가는 몇 년마다 실시해야 하는가?

① 매년　　　② 2년
③ 3년　　　④ 4년

057
이·미용업소의 위생관리 의무를 지키지 아니한 자의 과태료 기준은?

① 30만원 이하
② 50만원 이하
③ 100만원 이하
④ 200만원 이하

200만원 이하의 과태료
- 미용업소의 위생관리 의무를 지키지 아니한 자
- 영업소 외의 장소에서 이용 또는 미용업무를 행한 자
- 규정에 위반하여 위생교육을 받지 아니한 자

058
공중위생업자에게 개선 명령을 명할 수 없는 것은?

① 보건복지부령이 정하는 공중위생업의 종류별 시설 및 설비기준을 위반한 경우
② 공중위생업자는 그 이용자에게 건강상 위해 요인이 발생하지 아니하도록 영업 관련 시설 및 설비를 위생적이고 안전하게 관리해야 하는 위행관리 의무를 위반한 경우
③ 면도기는 1회용 면도날만을 손님 1인에 한하여 사용한 경우
④ 이·미용기구는 소독을 한 기구와 소독을 하지 아니한 기구로 분리하여 보관해야 하는 위생관리 의무를 위반한 경우

059
영업허가 취소 또는 영업장 폐쇄명령을 받고도 계속하여 이·미용 영업을 하는 경우에 시장·군수·구청장이 취할 수 있는 조치가 아닌 것은?

① 당해 영업소의 간판 기타 영업표지물의 제거
② 당해 영업소가 위법한 것임을 알리는 게시물 등의 부착
③ 영업을 위하여 필수불가결한 기구 또는 시설물을 사용할 수 없게 하는 봉인
④ 당해 영업소의 업주에 대한 손해배상 청구

060
이·미용사 면허를 받을 수 있는 자가 아닌 것은?

① 고등학교에서 이용 또는 미용에 관한 학과를 졸업한 자
② 국가기술자격법에 의한 이용사 또는 미용사 자격을 취득한 자
③ 보건복지부 장관이 인정하는 외국인 이용사 또는 미용사 자격 소지자
④ 전문대학에서 이용 또는 미용에 관한 학과 졸업자

적중모의고사 12회				피부미용사 정답
001 ④	002 ②	003 ②	004 ④	005 ④
006 ④	007 ④	008 ②	009 ④	010 ①
011 ②	012 ③	013 ④	014 ④	015 ①
016 ④	017 ①	018 ③	019 ③	020 ④
021 ②	022 ④	023 ③	024 ③	025 ①
026 ④	027 ④	028 ①	029 ③	030 ①
031 ①	032 ④	033 ②	034 ③	035 ①
036 ②	037 ③	038 ②	039 ①	040 ④
041 ③	042 ③	043 ①	044 ④	045 ④
046 ①	047 ②	048 ④	049 ④	050 ②
051 ④	052 ②	053 ④	054 ③	055 ③
056 ②	057 ④	058 ③	059 ④	060 ③

피부미용사 필기
적중모의고사(상시시험 대비)

2026년 01월 05일 인쇄
2026년 01월 20일 발행

저자	김은희
발행처	(주)도서출판 책과상상
등록번호	제2020-000205호
발행인	이강복
주소	경기도 고양시 일산동구 장항로 203-191
대표전화	(02)3272-1703~4
팩스	(02)3272-1705
홈페이지	www.sangsangbooks.co.kr
ISBN	979-11-6967-315-0

값 16,000원
Copyright© 2026
Book & SangSang Publishing Co.

※저자와의 협의하에 인지를 생략합니다.